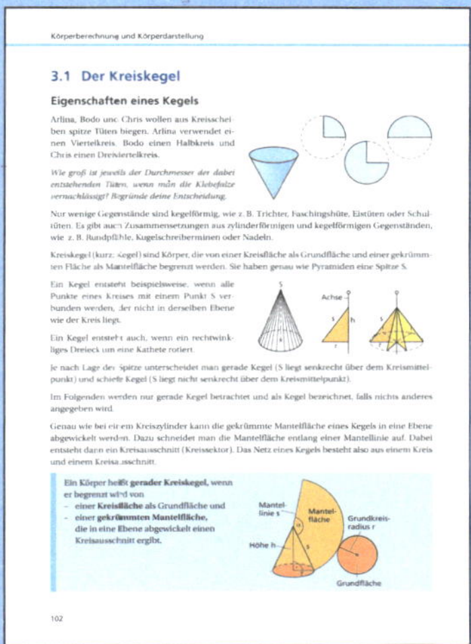

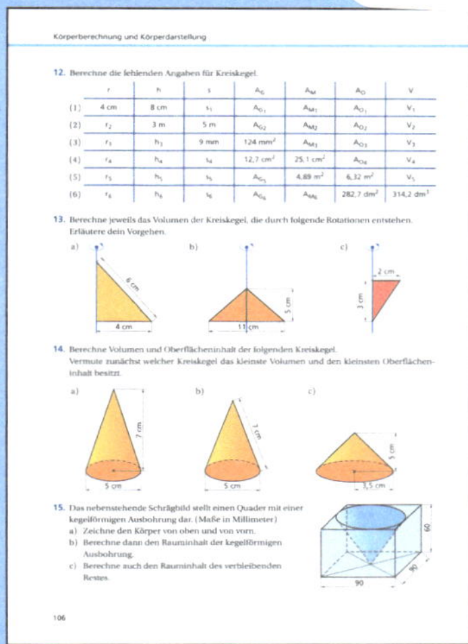

Inhalte

Auf diesen Seiten findest du Merkstoffe und Beispiele, mathematisches Wissen über wichtige Begriffe, Gesetze und Zusammenhänge.

Aufgaben

Diese Aufgaben sollen zum Wiederholen, Üben und Knobeln dienen.
Mit einem Stern gekennzeichnete Aufgaben haben einen höheren Schwierigkeitsgrad.

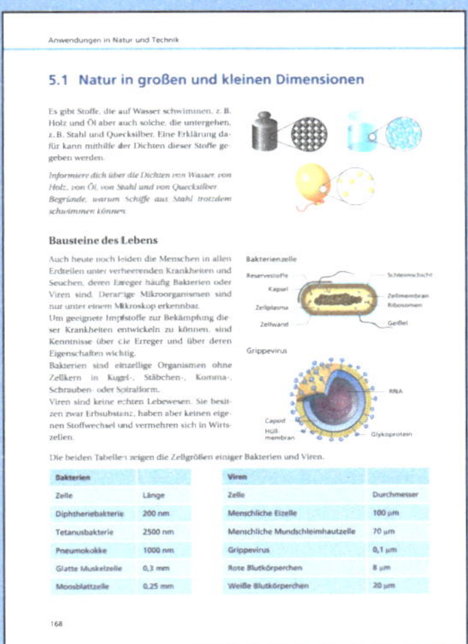

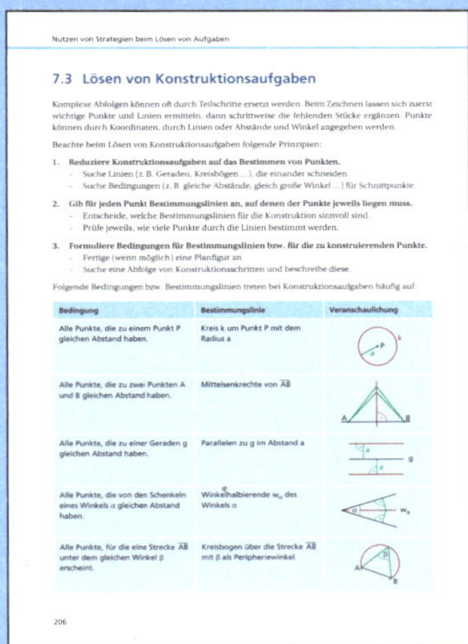

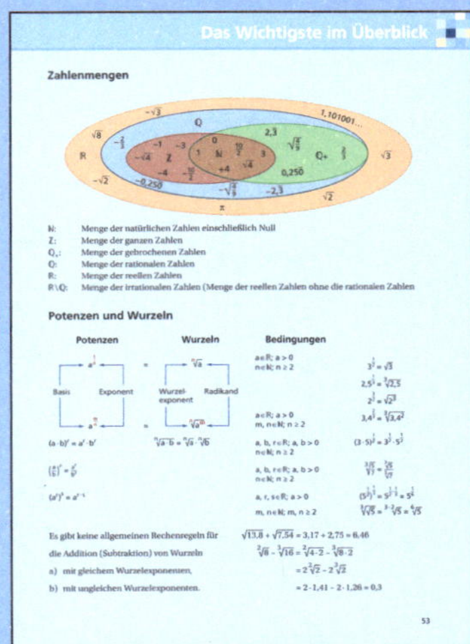

Anwendungen

Hier werden mathematische Probleme in größere Sachverhalte eingeordnet.
Im Mittelpunkt stehen Aufgaben aus Natur und Kunst.

Nutzen von Strategien

Auf diesen Seiten findest du Hinweise zum Lösen von Aufgaben, die im Mathematikunterricht immer wieder auftreten.

Das Wichtigste im Überblick

Auf diesen Seiten am Kapitelende ist noch einmal das Wichtigste in übersichtlicher Form zusammengestellt.

Mathematik 9

Gymnasium Brandenburg

Herausgeber

Dr. Axel Brückner

DUDEN PAETEC Schulbuchverlag

Berlin · Mannheim

Autoren
Dr. Hubert Bossek
Gero Konstroffer
Dr. Axel Brückner
Dr. Günter Liesenberg
Gunter Gerth
Wilhelm Münchow
Thomas Klatte
Rosemarie Schulz

Mit Beiträgen von:
Heidemarie Heinrich, Ingo Postler, Simone Roloff, Gisela Scheibe, Dr. Klaus Scheibe,
Dr. Christine Sikora, Prof. Dr. Hans-Dieter Sill, Helmut Wunderling

Redaktion
Dr. Günter Liesenberg
Gestaltungskonzept
Britta Scharffenberg
Einband
Britta Scharffenberg
Layout
Ute Winkler
Grafik
Wolfgang Beyer, Ute Winkler

www.duden-schulbuch.de

1. Auflage, 4. Druck 2015

Alle Drucke dieser Auflage sind inhaltlich unverändert und können im Unterricht nebeneinander verwendet werden.

Druck: Mohn Media Mohndruck, Gütersloh

ISBN 978-3-8355-1098-2

PEFC
PEFC/04-31-1033

PEFC zertifiziert
Dieses Produkt stammt aus nachhaltig bewirtschafteten Wäldern und kontrollierten Quellen.

www.pefc.de

Inhaltsverzeichnis

3 Körperberechnung und Körperdarstellung 94

4 Mit Zufall und Wahrscheinlichkeiten rechnen 132

5 Anwendungen in Natur und Technik 164

6 Mit Computerprogrammen rechnen 180

7 Nutzen von Strategien beim Lösen von Aufgaben 200

A Anhang 220

1 Rechnen mit Termen, Potenzen und Wurzeln

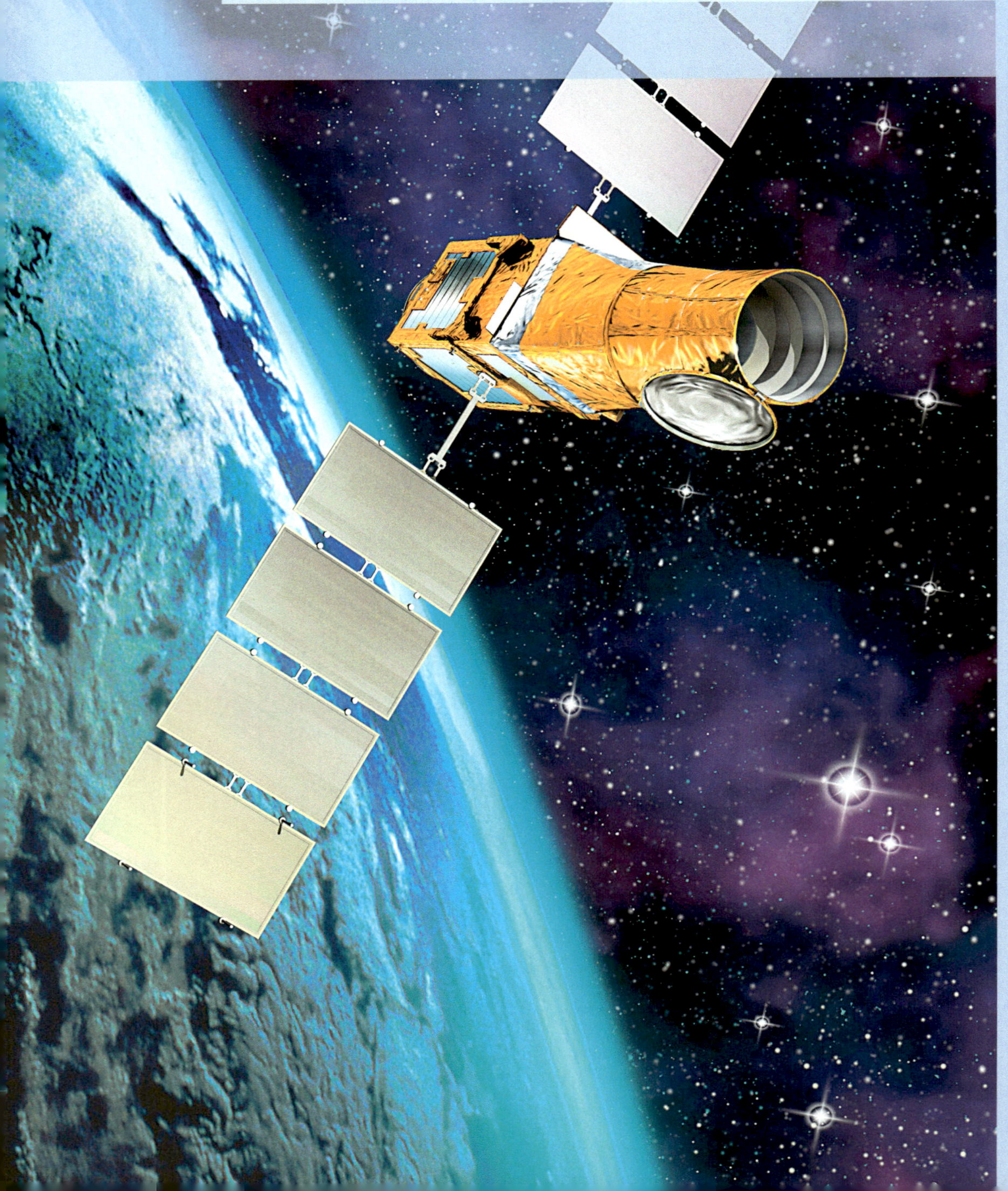

Geschwindigkeiten von Satelliten im erdnahen Raum

Damit sich ein Körper auf einer erdnahen Umlaufbahn bewegen kann, muss er mindestens die erste kosmische Geschwindigkeit haben.
Für die Geschwindigkeit gilt:

$$v = \sqrt{\frac{G \cdot m_E}{r}}$$

Gib die Geschwindigkeit eines Satelliten an, der sich in 36 000 km Höhe über der Erdoberfläche auf einer Kreisbahn um die Erde bewegt.

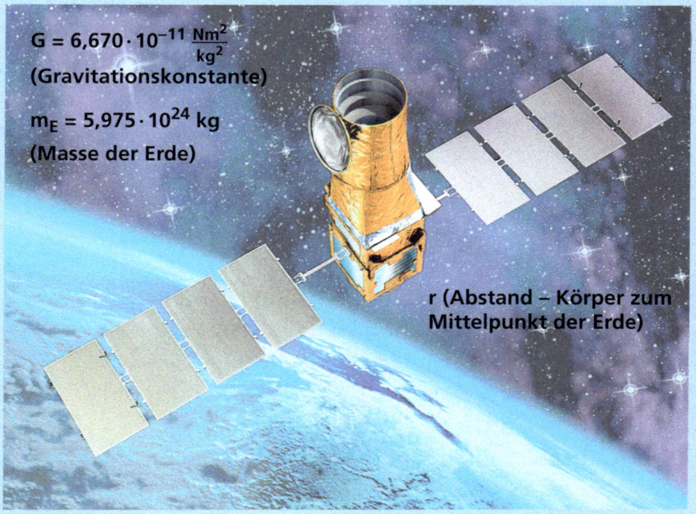

Taschenrechnergenauigkeiten

Lisa glaubt, dass ihr Taschenrechner kaputt sei.
Beim Berechnen von $\sqrt{2}$ liest sie als Ergebnis den Wert 1.4142136 ab. Danach hat sie 1.4142136 quadriert und als Ergebnis 2.0000001 und nicht 2 erhalten. Deshalb stutzt sie.
Was meinst du? Begründe deine Entscheidung. Welchen Wert sollte Lisa eingeben, damit der Rechner nach dem Quadrieren als Ergebnis genau die Zahl 2 anzeigt?

Datenarchivierung auf Speichermedien

Ziel der Weiterentwicklung optischer Datenträger (CDs und DVDs) ist es u. a., die Datendichte immer weiter zu erhöhen. Informationen werden spiralförmig, aber, im Gegensatz zu Schallplatten, von innen nach außen geschrieben. Eine 0,67 µm breite Spirale beginnt z. B. 22 mm vom Mittelpunkt einer Scheibe entfernt und endet 58,1 mm davon.
Versuche, aus den bekannten Größen näherungsweise die Länge der Datenspur zu berechnen. Erläutere dein Vorgehen.

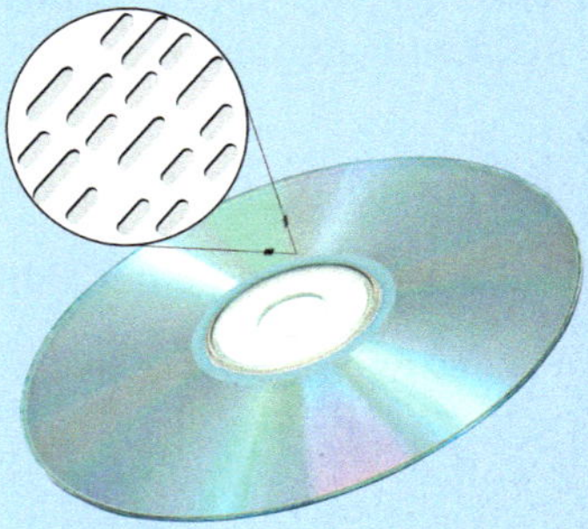

Zahlenbereiche

Menge der ganzen Zahlen ℤ

Die Menge der **ganzen Zahlen** ℤ besteht aus der Menge der natürlichen Zahlen ℕ und den zu ihnen entgegengesetzten Zahlen.

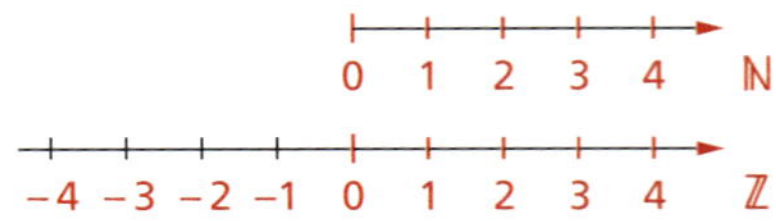

Menge der gebrochenen Zahlen $\mathbb{Q}_+$

Jede **gebrochene Zahl** ist als Bruch oder Dezimalbruch darstellbar. Dezimalbrüche sind entweder endlich oder unendlich und periodisch.
Um einen Bruch in einen Dezimalbruch umzuwandeln, dividiert man den Zähler durch den Nenner.
Die natürlichen Zahlen ℕ sind in den gebrochenen Zahlen $\mathbb{Q}_+$ enthalten.

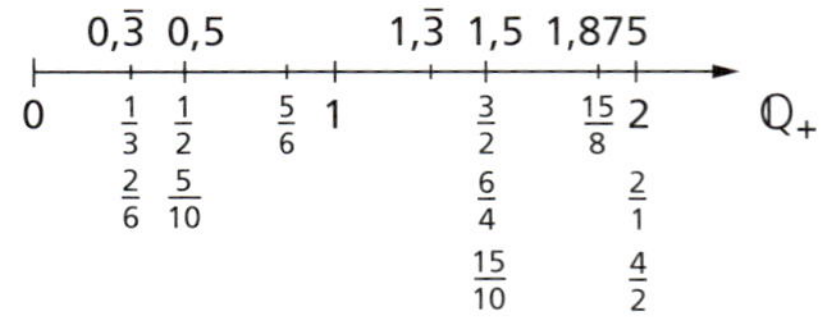

$\frac{32}{16} = 32:16 = 2 = \frac{2}{1}$

$\frac{13}{5} = 13:5 = 2{,}6$

$\frac{1}{3} = 1:3 = 0{,}33333... = 0{,}\overline{3}$

$\frac{3}{7} = 3:7 = 0{,}428571428571... = 0{,}\overline{428571}$

Menge der rationalen Zahlen ℚ

Die Menge der **rationalen Zahlen** ℚ besteht aus den gebrochenen Zahlen und den zu ihnen entgegengesetzten Zahlen. Die rationalen Zahlen sind (wie auch die gebrochenen Zahlen) überall dicht, d. h., zwischen je zwei rationalen Zahlen liegt immer noch eine weitere rationale Zahl.

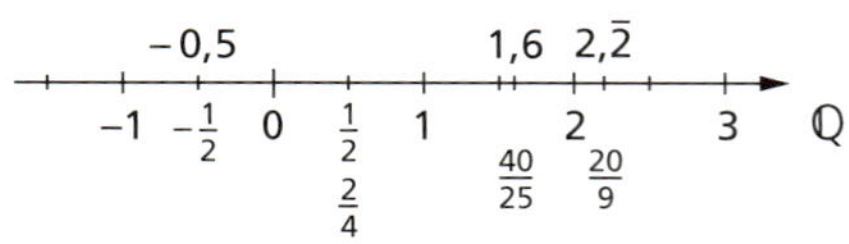

Zwischen −0,0001 und −0,0002 liegt z. B. −0,00015.
Zwischen $\frac{1}{10} = 0{,}1$ und $\frac{2}{10} = 0{,}2$ liegt z. B. $\frac{15}{100} = 0{,}15$.

Mengendiagramm

Beziehungen zwischen Zahlenmengen, können in **Mengendiagrammen** dargestellt werden.

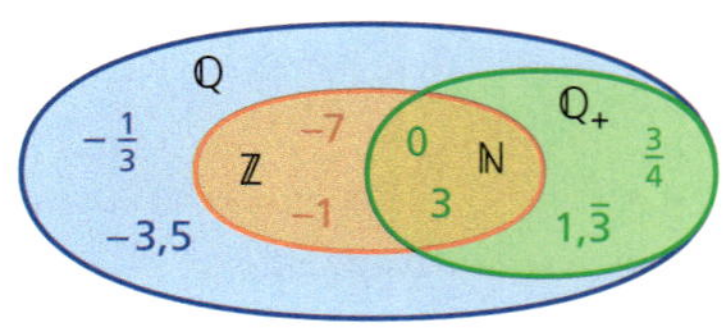

Rechengesetze

Kommutativgesetz der Addition bzw. Multiplikation rationaler Zahlen

Für alle rationalen Zahlen x, y gilt: $x + y = y + x$ und $x \cdot y = y \cdot x$

$\frac{1}{2} + \frac{1}{4} = \frac{1}{4} + \frac{1}{2} = 0{,}5 + 0{,}25 = 0{,}25 + 0{,}5 = 0{,}75 = \frac{3}{4}$

$-4 \cdot 9 = 9 \cdot (-4) = -36$

Assoziativgesetz der Addition bzw. Multiplikation rationaler Zahlen

Für alle rationalen Zahlen x, y, z gilt: $x + (y + z) = (x + y) + z$ und $x \cdot (y \cdot z) = (x \cdot y) \cdot z$

$(-1) + (-9) + 38 = (-1) + 29 = (-10) + 38 = 28$
$-1 \cdot 2 \cdot (-3) = -1 \cdot (-6) = -2 \cdot (-3) = 6$

Distributivgesetz rationaler Zahlen

Für alle rationalen Zahlen x, y, z gilt: $x \cdot (y + z) = xy + xz$ bzw. $(x + y) \cdot z = xz + yz$

$(-3) \cdot (-5 + 15) = (-3) \cdot (-5) + (-3) \cdot 15 = 15 - 45 = -30$
$15 \cdot (-9) + 15 \cdot 12 = 15 \cdot (-9 + 12) = 15 \cdot 3 = 45$

Potenzen und Wurzeln

Potenzen mit natürlichen Zahlen

Potenzen mit natürlichen Zahlen n ($n \geq 2$) im Exponent sind Produkte aus n gleichen Faktoren:
$a^n = a \cdot a \cdot a \cdot \ldots \cdot a = c$ ($a \in \mathbb{Q}$; $n \in \mathbb{N}$; $n \geq 2$); a heißt **Basis**; n heißt **Exponent**; c heißt **Potenzwert**

$3^5 = 3 \cdot 3 \cdot 3 \cdot 3 \cdot 3 = 243$ $(-5)^3 = (-5) \cdot (-5) \cdot (-5) = -125$
$(4x)^2 = (4x) \cdot (4x) = 4 \cdot x \cdot 4 \cdot x = 4 \cdot 4 \cdot x \cdot x = 16x^2$

Es gibt (spezielle) Potenzen mit speziellen Bezeichnungen:

Bezeichnung	Bedingung	Beispiel
Zehnerpotenzen	10^k; $k \in \mathbb{Z}$	$10^3 = 10 \cdot 10 \cdot 10 = 1000$
Quadratzahlen	n^2; $n \in \mathbb{N}$	$12^2 = 12 \cdot 12 = 144$
Kubikzahlen	n^3; $n \in \mathbb{N}$	$5^3 = 5 \cdot 5 \cdot 5 = 125$

Quadratwurzelziehen

Beim Quadrieren natürlicher Zahlen erhält man Quadratzahlen. Die Umkehrung des Quadrierens ist das Quadratwurzelziehen.

> a ist die Quadratwurzel aus b, wenn $a^2 = b$ für $a, b \in \mathbb{Q}$ und $a, b \geq 0$ gilt.
> *Schreibweise:* $a = \sqrt{b}$

$\sqrt[2]{25} = 5$, denn $5^2 = 25$
$\sqrt{-4} \neq -2$, denn $(-2) \cdot (-2) = 4 \neq -4$
Der Wurzelexponent 2 kann weggelassen werden. Es gilt: $\sqrt[2]{25} = \sqrt{25} = 5$

Umformen von Termen

Die Struktur eines Terms entscheidet darüber, ob bzw. wie eine Termumformung erfolgen kann. Eine Termanalyse erfolgt „von außen nach innen“.

Der Term $\frac{5x-y}{6x^2y}$ ist ein Quotient $\frac{T_1}{T_2}$.

Der **Zähler** $T_1 = 5x - y = 5x + (-y)$ ist eine Summe.

Der **Nenner** $T_2 = 6x^2y = 6x^2 \cdot y$ ist ein Produkt.

Zusammenfassen gleichartiger Glieder

Gleichartige Glieder in Termen lassen sich zusammenfassen.

$2ab^2 + 5ab^2 = 2a \cdot b \cdot b + 5a \cdot b \cdot b = 7ab^2$

$2ab^2 + 5a^2b^2 = 2a \cdot b \cdot b + 5a \cdot a \cdot b \cdot b$

Die Terme $2ab^2$ und $5a^2b^2$ sind nicht gleichartig, da bei der Variablen a verschiedene Exponenten auftreten.

Multiplizieren von Produkten

Ein Produkt aus Zahlen und Variablen wird in folgenden Schritten ermittelt:
1. Es wird das Vorzeichen angegeben.
2. Es werden die Zahlen multipliziert.
3. Produkte aus gleichen Variablen werden als Potenz geschrieben.

Die Variablen werden alphabetisch geordnet.

$$\begin{aligned} 7xy \cdot (-3)x^2y &= -7 \cdot 3 \cdot xy \cdot x^2y \\ &= -21x \cdot x^2 \cdot y \cdot y \\ &= -21x^3 \cdot y^2 \end{aligned}$$

Ausmultiplizieren von Summen

Eine Summe wird mit einem Faktor multipliziert, indem man jeden Summanden (jedes Glied) mit dem Faktor multipliziert und die erhaltenen Produkte addiert. Nur gleichartige Produkte lassen sich addieren.

$$T_1 \cdot (T_2 + T_3) = T_1 \cdot T_2 + T_1 \cdot T_3$$

$$\begin{aligned} 2a \cdot (6b - 3c) &= 2a \cdot 6b + 2a \cdot (-3c) \\ &= 12ab - 6ac \end{aligned}$$

Die Terme 12ab und 6ac sind nicht gleichartig, da in 12ab die Variable b, aber in 6ac die Variable c enthalten ist.

Ausklammern von Termen

Aus einer Summe kann ein gemeinsamer Faktor in folgenden Schritten ausgeklammert werden:

1. Es wird der gemeinsame Faktor (Teiler) der Zahlen ermittelt.
2. Es werden gemeinsame Faktoren der Variablen ermittelt.
3. Die gemeinsamen Faktoren werden vor die Klammer gesetzt.
   In der Klammer werden die gemeinsamen Faktoren weggelassen.

$$12a^2 - 20ab = 4 \cdot 3a^2 - 4 \cdot 5ab$$
$$= \mathbf{4} \cdot 3 \cdot \mathbf{a} \cdot a - \mathbf{4} \cdot 5 \cdot \mathbf{a} \cdot b$$
$$= \mathbf{4a} \cdot (3a - 5b)$$

Multiplizieren von Summen

Zwei Summen werden miteinander multipliziert, indem man jeden Summanden (jedes Glied) der ersten Summe mit jedem Summanden (jedem Glied) der zweiten Summe multipliziert und dann die Produkte addiert. Es lassen sich nur gleichartige Produkte addieren.

$$(T_1 + T_2) \cdot (T_3 + T_4) =$$
$$T_1 \cdot T_3 + T_1 \cdot T_4 + T_2 \cdot T_3 + T_2 \cdot T_4$$

$$(2a - 3b)(-6a + b) = 2a \cdot (-6a) + 2a \cdot b + (-3b) \cdot (-6a) + (-3b) \cdot b$$
$$= -12a^2 + 2ab + 18ab - 3b^2$$
$$= -12a^2 + 20ab - 3b^2$$

Die Terme 2ab und 18ab sind gleichartig. Die Terme $-12a^2$ und $3b^2$ sind nicht gleichartig.

Aufgaben

Potenzen und Wurzeln

1. Berechne die Potenzwerte.

a) $0{,}5 \cdot 0{,}5 \cdot 0{,}5 \cdot 0{,}5$ b) $\frac{1}{4} \cdot \frac{1}{4}$ c) $(-3) \cdot (-3) \cdot (-3) \cdot (-3)$
d) $(-5) \cdot (-5) \cdot (-5)$ e) $\sqrt{3} \cdot \sqrt{3}$ f) $\left(-\frac{1}{10}\right) \cdot \left(-\frac{1}{10}\right)$

2. Vereinfache.

a) $x \cdot x \cdot x \cdot x \cdot x$ b) $(-a) \cdot (-a) \cdot (-a)$ c) $\frac{1}{r} \cdot \frac{1}{r}$ d) $xy \cdot xy \cdot xy$ e) $(a + b)(a + b)$

3. Berechne und vergleiche. Achte auf die Potenz- bzw. Produktschreibweise.

a) 10^2 und $2 \cdot 10$ b) $3 \cdot 4$ und 3^4 c) $(-2) \cdot 2$ und $(-2)^2$ d) 3^5 und 5^3
e) $(-5)^4$ und -5^4 f) 10^5 und $10 \cdot 10^4$ g) $(-7)^2$ und $\left(\frac{1}{7}\right)^2$ h) $\left(2^3\right)^2$ und 2^{3^2}

4. Berechne. Schreibe dazu die Potenzen mit positiven Exponenten.

a) 10^{-3} b) 2^{-5} c) $0{,}1^{-4}$ d) $(-3)^{-3}$ e) $\frac{1}{7^{-2}}$ f) $(-1{,}2)^{-2}$
g) $\frac{10^0}{10^{-1}}$ h) $\frac{8^{-1}}{8^0}$ i) $\frac{2^{-3}}{3^{-2}}$ j) $5^0 + 5^{-1}$ k) $5^{-1} - 5^0$ l) $(\sqrt{5})^{-1}$

5. Schreibe als Potenz mit geeigneter Basis. Nutze verschiedene Basen.

a) 10 000 b) 81 c) −27 d) 144 e) $\frac{1}{9}$ f) 0,008
g) 0,00001 h) $\frac{1}{64}$ i) $\frac{1}{8}$ j) $\frac{1}{1000}$ k) $-\frac{1}{4}$ l) 0,125

6. Berechne und ordne. Achte auf negative Exponenten.

a) 10^2; 10^{-2}; -10^2; -10^{-2}; $(-10)^2$; $(-10)^{-2}$ b) -5^2; 5^{-2}; $(-5)^{-2}$; $(-5)^2$; -5^{-2}

*c) $\left(\frac{1}{2}\right)^3$; $\left(\frac{1}{2}\right)^{-3}$; $\frac{1}{2^{-3}}$; $\left(-\frac{1}{2}\right)^{-3}$; $\left(-\frac{1}{2}\right)^3$; $\frac{1}{(-2)^3}$ d) $0{,}5^3$; $-0{,}5^3$; $(-0{,}5)^3$; $0{,}5^{-3}$; $-0{,}5^{-3}$

7. Verwende eine Schreibweise, in der kein Bruchstrich mehr auftaucht.

a) $\frac{1}{x^4}$ b) $\frac{1}{a^h}$ c) $\frac{x}{y}$ d) $\frac{1}{25x^2}$ e) $\frac{x^{-2}}{y^3}$ *f) $\frac{1}{a+b}$

8. Für welche a und b gilt die Gleichung $\left(\frac{a}{b}\right)^{-n} = \left(\frac{a}{b}\right)^n$ nicht?

9. Fasse (wenn möglich) zusammen.

a) $3x^2 + 4x^2 - 5x^2$ b) $0{,}5a^3 - \frac{1}{4}a^3 + a^3$ c) $-m^4 + m^{-5} - 4m^{-5} + 5m^4$
d) $ab^2 + a_2b_2 + a^2b$ e) $3(x+y)^2 - 2(x+y)^2$ f) $2\sqrt{2} - 3\sqrt{2} + \sqrt{2}$

10. Potenziere.

a) $(10^2)^4$ b) $(2^3)^2$ c) $\left(5\frac{a^2}{b}\right)^3$ d) $(15^2)^{-1}$ e) $(0{,}2^{-3})^0$
f) $(x^3)^5$ g) $(5^r)^2$ h) $(10^x)^{-2}$ *i) $(10^2)^{x+1}$ *j) $(x^{2r})^r$

11. Berechne bzw. vereinfache. Es soll keine Potenz mit negativem Exponenten auftreten.

a) $\frac{10^4 \cdot 10^{-2}}{(10^3)^2}$ b) $5^{-4} \cdot 2^{-4} \cdot (-1)^{-4}$ c) $(4d^{-2})^3$ d) $\frac{3xy^{-3}}{y^5}$ e) $\left(\frac{2}{3}\right)^{-4}$
f) $\left(\frac{5}{2}x\right)^{-3}$ g) $\left(\frac{7x}{4y}\right)^{-2}$ h) $(x+1)^{-2}$ *i) $\frac{x-1}{x^2-1}$ *j) $\frac{x+1}{x^2-1}$

12. „Schaffe Ordnung“. *Beispiel:* $4x^{-3} \cdot 4x^2 \cdot 4x^4 = 4^3 \cdot x^3 = (4x)^3$

a) $8a \cdot 8 \cdot 8a \cdot a$ b) $-2 \cdot x \cdot (-2x) \cdot x \cdot x \cdot 2^2$ c) $ab \cdot b \cdot a \cdot (-b) \cdot (-a)$
d) $(a+b) \cdot (a+b)^2$ e) $-m^2n \cdot 2 \cdot mn^2 \cdot 2$ f) $\left(\frac{p}{2}\right)^2 + \frac{p^2}{4}$
g) $\frac{x^6 + 2x^6}{3x^2}$ h) $\left(-\frac{1}{2}\right)^2 \cdot \left(\frac{1}{4}\right)^2 \cdot 8^2$ i) $\frac{24x^{-3}z}{21y^5} \cdot \frac{3y^7z^{-2}}{48x^{-5}}$

13. Welche Zahlen „stecken“ hinter den Produkten? Schreibe sie auf.

a) $1{,}8 \cdot 10^6$; $1{,}8 \cdot 10^{-6}$ b) $3{,}65 \cdot 10^7$; $3{,}65 \cdot 10^{-7}$ c) $-3{,}5 \cdot 10^3$; $-3{,}5 \cdot 10^{-3}$

14. Löse die Gleichungen bzw. Ungleichungen für $x \in \mathbb{N}$; $x > 0$.

a) $10^x = 10\,000$ b) $x^2 = 36$ c) $x^3 = 64$ d) $10^x = 0{,}001$ e) $4 \cdot 10^x = 400$
f) $3^x = \frac{1}{9}$ g) $5^{-3} = \frac{1}{x}$ h) $\frac{1}{36} = 6^x$ i) $8^x < 64$ j) $6^x \leq 216$

15. Berechne die Quadratwurzeln im Kopf. Kontrolliere mithilfe der Umkehroperation.

a) $\sqrt{100}$ b) $\sqrt{0{,}25}$ c) $\sqrt{0}$ d) $\sqrt{\frac{288}{512}}$ e) $\sqrt{-2 \cdot (-32)}$ f) $\sqrt{-4}$

16. Berechne die Quadratwurzeln mit deinem Taschenrechner.
Runde das Ergebnis auf Tausendstel.

a) $\sqrt{120}$ b) $\sqrt{\frac{1}{\sqrt{0{,}4}}}$ c) $\sqrt{0{,}5 \cdot 1{,}7}$ d) $\sqrt{1{,}7 \cdot 10^5}$ e) $\sqrt{2{,}8 \cdot 10^{-4}}$ f) $\sqrt{(-2{,}8)^2}$

17. Berechne mit dem Taschenrechner. Runde auf drei Dezimalstellen.

a) $2 \cdot \sqrt{3} - 4 \cdot \sqrt{7} + 8 \cdot \sqrt{11}$ b) $21 \cdot \sqrt{15} - 3 \cdot \sqrt{2{,}5} \cdot \sqrt{1{,}5}$

c) $(\sqrt{3{,}2 \cdot 1{,}8} - \sqrt{5}) \cdot (\sqrt{0{,}2} + \sqrt{72{,}9})$ d) $1{,}2 \cdot \sqrt{27} + 3 \cdot \sqrt{2{,}5^2} \cdot \sqrt{14{,}8}$

18. Berechne mit dem Taschenrechner. Schreibe mit abgetrennten Zehnerpotenzen.

a) $(2{,}9 \cdot 10^{-2})^3$ b) $(6{,}6 \cdot 10^{-5})^{-2}$ c) $\frac{(4 \cdot 10^{-2})^2 \cdot 1{,}21}{(11 \cdot 10^3)^3 \cdot 8}$ d) $\frac{7{,}2 \cdot 10^{-4} \cdot 3{,}6 \cdot 10^8}{2 \cdot 10^{10}}$

Terme und Termwertberechnungen

19. Berechne bzw. fasse zusammen. Achte auf die Vorrangregeln.

a) $-12 + (-13)^2$ b) $(2 \cdot 3)^2$ c) $2 \cdot 3^2$ d) $2^3 \cdot 3^4 - 5^2$ e) $-18^2 : 2$

f) $\left(\frac{16}{48}\right)^3$ g) $x^2 + 2x^2 - 3x^2$ h) $4 \cdot 10^5 + 3 \cdot 10^4 + 2 \cdot 10^3 - 10^2 - 2 \cdot 10^1$

20. Bestimme die Werte der Terme näherungsweise. Runde und rechne im Kopf. Berechne dann mithilfe des Taschenrechners. Gib die Ergebnisse jeweils mit Taschenrechnergenauigkeit an und runde dann auf zwei Dezimalstellen.

a) $1{,}45^3$ b) 2^{12} c) $\frac{8{,}73 - 5{,}96}{384 \cdot 0{,}79}$ d) $\frac{1}{3} \cdot 0{,}7^3 \cdot (4{,}85 - 1{,}96)$ e) $\sqrt{18{,}7^2 - 9{,}31^2}$

Termumformungen

21. Beschreibe die Struktur der folgenden Terme sowohl mit Worten als auch mithilfe von Teiltermen T_1 und T_2. *Beispiel:* **$3xy^2$ ist ein Produkt; $T_1 \cdot T_2$ mit $T_1 = 3x$ und $T_2 = y^2$**

a) $\frac{5x + y}{3y^2}$ b) $(x + 1)^n$ c) $\frac{2}{x} + \frac{4}{x}$ d) $\frac{1}{n} + n^2 - n(n + 1)$

22. Beschreibe die Struktur der Terme mithilfe von vier Teiltermen T_1; T_2; T_3 und T_4. Gib jeweils die Teilterme an.

a) $7{,}5x : (10 - 2y)$ b) $-7xy^3$ c) $(3x)^{2n}$ d) $(2a)^m \cdot b^{(n+1)}$ e) $\frac{2xy}{6x - y}$

f) $\frac{3ab}{c} + \frac{a - b}{2c}$ g) $\frac{m^2n^3}{m^3n^2}$ h) $\frac{a - b}{2c} - \frac{3b}{2c}$ i) $ab + \frac{a}{b}$ j) $\frac{(x - y)^2}{x^2} - \frac{x \cdot y^2}{2x}$

23. Fasse so weit wie möglich zusammen.

a) $-2a^2b + 8a^2b$ b) $-7xy^2 + 4xy^2$ c) $-5abc - 9a^2bc$ d) $(-3xy) \cdot 6x^2 \cdot (-2zy)$

24. Multipliziere aus.

a) $3ab(2a - b)$ b) $-4x^2y \cdot (y^2 - 3x)$ c) $(7rs + 12rq)(-rsq)$ d) $-a\left(4{,}9a^2 - \frac{3}{a}\right)$

25. Klammere alle gemeinsamen Faktoren aus.

a) $8a^2b + 12ab^2$ b) $-15xy^2 + 20xy^2$ c) $60mnp - 80m^2n$

d) $3{,}2xy - 1{,}6x^2y^2$ e) $8abc - 12a^2b + 36ac^2$ f) $7{,}5x - 15x^2$

26. Beschreibe die Inhalte der Formulierungen mithilfe von Termen bzw. Gleichungen.

a) Das Dreifache einer Zahl wird mit dem um eins vermehrten Quadrat der Zahl multipliziert.

b) Das Quadrat der Summe zweier Zahlen wird um das Quadrat der Differenz derselben Zahl vermindert.

c) Wird das Quadrat der Summe zweier Zahlen um das Quadrat der Differenz dieser Zahlen vermindert, so erhält man das Vierfache des Produkts der beiden Zahlen.

1.1 Rechnen mit Quotienten

Maria und Paul berechnen den Termwert von $(5ab - 10b^2):(a - 2b)$ für $a = -17{,}5$ und $b = -0{,}5$.

Maria: $(5ab - 10b^2):(a - 2b) = \frac{5ab - 10b^2}{a - 2b} = \frac{5b \cdot (a - 2b)}{a - 2b} = 5b$

$5 \cdot (-0{,}5) = -2{,}5$

Paul: $(5ab - 10b^2):(a - 2b) = (43{,}75 - 2{,}5):(-17{,}5 + 1) = 41{,}25:(-17{,}5 + 1) = 41{,}25:(-16{,}5) = -2{,}5$

Was sagst du zu Marias und Pauls Rechnungen?

Jeder Quotient aus zwei Termen kann in Bruchform dargestellt werden.

$2a:3b = \frac{2a}{3b}$ $\qquad s:t = \frac{s}{t}$

$(2x + 5):(x - 1) = \frac{2x + 5}{x - 1}$ $\qquad 15a^2b:3ab = \frac{15a^2b}{3ab}$

Das Rechnen mit Quotienten erfolgt analog zum Rechnen mit Brüchen.

Rechnen mit Brüchen	**Rechnen mit Quotienten**
Erweitern und Kürzen	
Zähler und Nenner mit der gleichen Zahl $n \neq 0$ multiplizieren bzw. durch die gleiche Zahl $n \neq 0$ dividieren. $\frac{3}{4} \overset{\cdot 2}{=} \frac{6}{8}$; $\frac{12}{15} \overset{:3}{=} \frac{4}{5}$	Zähler und Nenner mit dem gleichen Term multiplizieren bzw. durch den gleichen Term dividieren. Der Term darf nicht den Wert 0 annehmen. $\frac{3}{a} \overset{\cdot b}{=} \frac{3b}{ab}$; $\frac{2x}{3xy} \overset{:x}{=} \frac{2}{3y}$
Addieren und Subtrahieren	
1. Hauptnenner (HN) und Erweiterungszahlen (EZ) ermitteln. 2. Brüche auf Hauptnenner erweitern. 3. Zähler addieren bzw. subtrahieren und Nenner beibehalten. $\frac{3}{4} + \frac{5}{6}$; HN: 12; EZ: 3 und 2 $\frac{3}{4} + \frac{5}{6} = \frac{9}{12} + \frac{10}{12} = \frac{19}{12}$	1. Gemeinsamen Nenner (GN) und Erweiterungsterme (ET) bestimmen. 2. Brüche auf gemeinsamen Nenner erweitern. 3. Zähler addieren bzw. subtrahieren und Nenner beibehalten. $\frac{2}{ab} + \frac{3}{a^2c}$; GN: a^2bc; ET: ac und b $\frac{2}{ab} + \frac{3}{a^2c} = \frac{2ac}{a^2bc} + \frac{3b}{a^2bc} = \frac{2ac + 3b}{a^2bc}$
Multiplizieren	
1. Brüche mit einem Bruchstrich darstellen und so weit wie möglich kürzen. 2. Zähler vereinfachen (multiplizieren) und Nenner vereinfachen (multiplizieren).	
$\frac{5}{9} \cdot \frac{12}{25} = \frac{^{1}\cancel{5} \cdot \cancel{12}^{4}}{_{3}\cancel{9} \cdot \cancel{25}_{5}} = \frac{4}{15}$	$\frac{2xy}{x + 1} \cdot \frac{(x + 1)^2}{xy^2} = \frac{2\cancel{xy} \cdot (x + 1)^{\cancel{2}}}{\cancel{(x + 1)} \cdot \cancel{xy^2}} = \frac{2(x + 1)}{y}$
Dividieren	
1. Kehrwert des Divisors bilden. 2. Dividend mit Kehrwert des Divisors multiplizieren.	
$\frac{5}{9} : \frac{25}{12} = \frac{5}{9} \cdot \frac{12}{25} = \frac{^{1}\cancel{5} \cdot \cancel{12}^{4}}{_{3}\cancel{9} \cdot \cancel{25}_{5}} = \frac{4}{15}$	$\frac{2xy}{x + 1} : \frac{xy^3}{(x + 1)^2} = \frac{2\cancel{xy} \cdot (x + 1)^{\cancel{2}}}{5\cancel{(x + 1)} \cdot \cancel{xy^3}} = \frac{2(y + 1)}{y^2}$

Division von Summen

So wie Zahlen schriftlich (mit Übertrag) dividiert werden können, lassen sich in analoger Weise auch Summen durch andere Summen dividieren. Bei der Division von Summen durch Summen wird immer nur das erste Glied des Dividenden durch das erste Glied des Divisors dividiert.

■ Schriftliche Division von Zahlen

$$
\begin{array}{ll}
3555 : 15 = 237 & (35 : 15 = 2) \\
\underline{-30} \leftarrow \cdot 15 & \\
\quad 55 & (55 : 15 = 3) \\
\quad \underline{-45} \leftarrow \cdot 15 & \\
\quad 105 & (105 : 15 = 7) \\
\quad \underline{-105} \leftarrow \cdot 15 & \\
\qquad 0 &
\end{array}
$$

Division einer Summe durch eine Summe

$$
\begin{array}{ll}
(a^2 + a - 6) : (a - 2) = a + 3 & (a^2 : a = a) \\
\underline{-(a^2 - 2a)} \leftarrow \cdot (a - 2) & \\
\quad 3a - 6 & (3a : a = 3) \\
\quad \underline{-(3a - 6)} \leftarrow \cdot (a - 2) & \\
\qquad 0 &
\end{array}
$$

Aufgaben

1. Erweitere jeweils.

a) $\frac{1}{2}$ (mit 7) b) $\frac{1}{2x}$ (mit 5) c) $\frac{5}{a^2}$ (mit −3) d) $\frac{1}{2}$ (mit x)
e) $\frac{x}{4}$ (mit x) f) $\frac{2a}{3b}$ (mit 5a) g) $\frac{4r^2}{9rs}$ (mit rs^2) h) $\frac{1}{r+1}$ (mit 4)
i) $\frac{3}{a-b}$ (mit a) j) $\frac{1}{a-b}$ (mit a + b) k) $\frac{r}{r+s}$ (mit r + s) l) $\frac{r+1}{r-1}$ (mit r + 1)

2. Erweitere jeweils auf den angegebenen Nenner.
Gib den Zähler und den Erweiterungsterm an.

a) $\frac{a}{36} = \frac{\blacksquare}{72}$ b) $\frac{2}{3} = \frac{\blacksquare}{3a}$ c) $\frac{3}{x} = \frac{\blacksquare}{4x^2}$ d) $\frac{2x}{15y} = \frac{\blacksquare}{45xy^2}$
e) $\frac{a+3}{5ab} = \frac{\blacksquare}{25a^2b}$ f) $\frac{1}{a-b} = \frac{\blacksquare}{a^2-1}$ g) $\frac{mn}{m+n} = \frac{\blacksquare}{m^2+2mn+n^2}$ h) $\frac{\blacksquare}{(2n+1)^2} = \frac{2n-1}{2n+1}$

3. Die folgenden Quotienten sollen jeweils (durch Erweitern) gleichnamig gemacht werden:

a) $\frac{7}{8}$ und $\frac{5}{24}$ b) $\frac{a}{5}$ und $\frac{b}{7}$ c) $\frac{1}{8}$ und $\frac{1}{16a}$ d) $\frac{2a}{3b}$ und $\frac{4}{9ab}$
e) $\frac{1}{4x^2}$ und $\frac{1}{28x}$ f) $\frac{c}{5ab^2}$ und $\frac{c^2}{a^2b}$ g) $\frac{r}{3}$ und $\frac{3}{r+3}$ h) $\frac{1}{a+1}$ und $\frac{1}{a-1}$
i) $\frac{x}{x+3}$ und $\frac{x}{x-3}$ j) $\frac{a}{2^3}$ und $\frac{b}{2^5}$ k) $\frac{4t}{f^2-9}$ und $\frac{3s}{f-3}$ l) $\frac{1}{5^m}$ und $\frac{2}{5^{m+2}}$
m) $\frac{1}{4a}$; $\frac{2}{3ab}$ und $\frac{3}{2a^2b}$ n) $\frac{2y}{5x^2}$; $\frac{3x}{10y}$ und $\frac{4}{3xy}$ o) $\frac{5}{x}$; $\frac{x}{x+1}$ und $\frac{x-1}{5x}$ p) $\frac{2a}{(x+1)}$ und $\frac{2b}{(x-1)}$

4. Kürze so weit wie möglich.
In einigen Fällen muss vorher eine Termumformung erfolgen.

a) $\frac{28}{42}$ b) $\frac{4 \cdot 5 \cdot 2}{10 \cdot 8}$ c) $\frac{8a}{9a}$ d) $\frac{42x}{84y}$ e) $\frac{3ab}{12b}$
f) $\frac{13+7}{10 \cdot 14}$ g) $\frac{3 \cdot 5}{9+6}$ h) $\frac{-11uv^2w^3}{-22u^2vw^2}$ i) $\frac{(xy)^2}{2xy^3}$ j) $\frac{2(a+b)}{5(a+b)^2}$
k) $\frac{1{,}5a(b+4)^2}{4{,}5(b+4)}$ l) $\frac{5x-15}{10x}$ m) $\frac{a-b}{3a-3b}$ n) $\frac{36 \cdot (x+y)}{48 \cdot (x^2-y^2)}$ *o) $\frac{(x+y)^2-2xy}{x^2+y^2}$

5. Rechne. Vereinfache die Quotienten danach so weit wie möglich.

a) $\frac{2}{7} + \frac{3}{7}$ b) $\frac{2}{5} + \frac{4}{7}$ c) $\frac{5}{2} - \frac{5}{6}$ d) $\frac{2}{3} - \frac{1}{4} + \frac{1}{8}$ e) $\frac{4x}{9} + \frac{5x}{9}$

f) $\frac{5e}{8} - \frac{e}{4}$ g) $\frac{2a+1}{5} + \frac{4-3a}{5}$ h) $\frac{5}{x} - \frac{4}{x}$ i) $\frac{2a}{5x} - \frac{3b}{10x}$ j) $\frac{1}{x^2} + \frac{2}{x}$

k) $\frac{a}{4b} + \frac{4}{3a}$ l) $\frac{2}{3xy^2} + \frac{5}{6x^2y}$ m) $\frac{1}{2x} + \frac{2}{3x^2} - \frac{3}{4x^3}$ n) $\frac{a}{a+b} + \frac{a^2}{a^2-b^2} + \frac{b}{a-b}$

6. Hier haben sich Fehler eingeschlichen. Finde sie heraus und korrigiere sie.

a) $\frac{1}{a} + \frac{1}{b} = \frac{2}{ab}$ b) $\frac{x}{y} - \frac{y}{x} = \frac{x-y}{xy}$ c) $\frac{7}{35c} + \frac{6}{42c} = \frac{12}{35c}$

d) $4 - \frac{1}{d} = \frac{4d-1}{d}$ e) $\frac{1}{4+e} + \frac{1}{4-e} = \frac{8}{16-e^2}$ f) $\frac{8}{5-f} - 3 = \frac{f-7}{5-f}$

g) $\frac{g+3}{g-5} - \frac{g+2}{g-5} = 1$ h) $\frac{x+y}{x-y} - \frac{x-y}{x+y} = \frac{2xy}{x^2-y^2}$

*i) $\frac{a+b}{6(a-b)^2} - \frac{a-b}{6a^2-12ab+6b^2} - \frac{4a^3}{3(a^2-b^2)^2} = \frac{4a^3+3a^2b+b^2}{3(a^2-b^2)^2}$

7. Es sei $T_1 = x$; $T_2 = x+1$ und $T_3 = 4x$. Berechne.

a) $\frac{T_1}{T_2} + \frac{T_3}{T_2}$ b) $\frac{T_2}{T_1} - \frac{T_2}{T_3}$ c) $\frac{T_1}{T_2} + T_3$ d) $T_2 - \frac{T_1}{T_3}$ e) $\frac{1}{T_2} - T_3 + \frac{1}{T_1}$

8. Nenne alle Zahlen, für die die Terme nicht definiert sind. Zeige, dass für alle anderen Zahlen die folgenden Gleichungen gelten:

a) $\frac{x-1}{x} + \frac{2}{x} = \frac{x+1}{x}$ b) $\frac{a-b}{a} - \frac{1}{2} = \frac{a-2}{2a}$ c) $\frac{1}{3+r} - \frac{1}{3-r} = \frac{2r}{r^2-9}$

d) $\frac{d+3}{d-5} - \frac{d+2}{d-5} = 1$ e) $\frac{1}{4+e} + \frac{1}{4-e} = \frac{8}{16-e^2}$ f) $4 - \frac{1}{f} = \frac{4f-1}{f}$

g) $\frac{8}{5-g} - 3 = \frac{g-7}{5-g}$ h) $\frac{x+y}{x-y} - \frac{x-y}{x+y} = \frac{4xy}{x^2-y^2}$ i) $\frac{x-y}{x+y} + \frac{x+y}{x-y} = \frac{2(x^2+y^2)}{x^2-y^2}$

9. Multipliziere. Versuche, vor dem Ausmultiplizieren zu kürzen.

a) $\frac{2}{5} \cdot \frac{1}{3}$ b) $\frac{12}{16} \cdot \frac{48}{36}$ c) $\frac{a}{2} \cdot \frac{b}{3}$ d) $\frac{a^2b}{cd^3} \cdot \frac{c^2d^4}{ab}$

e) $\frac{8xy}{-14z} \cdot \frac{-7z}{xy^2}$ f) $\left(\frac{2x}{3y}\right)^2 \cdot (-y^2)$ g) $\frac{abc}{a-b} \cdot \frac{(a-c)^2}{ab}$ h) $\frac{15x}{x+y} \cdot \frac{2(x+y)}{45x^2}$

i) $\frac{a+b}{a-b} \cdot \frac{a+b}{a+1}$ j) $(x+2) \cdot \frac{1}{x+2}$ k) $\frac{1}{m^2-16} \cdot (m-4)$ l) $\frac{k^2-1}{4} \cdot \frac{-8}{k+1}$

10. Dividiere. Versuche, vor dem Ausmultiplizieren zu kürzen.

a) $\frac{1}{3} : \frac{2}{5}$ b) $\frac{12}{21} : \frac{24}{14}$ c) $\frac{3}{x} : \frac{9}{x}$ d) $\frac{1}{a} : \frac{1}{k}$

e) $\frac{15x^2}{6y^3} : \frac{45x}{18y}$ f) $\frac{28u^2v}{u^3} : \frac{56v}{u^4}$ g) $\frac{x+2}{y} : \frac{x}{4y}$ h) $\frac{2x-3y}{x-y} : \frac{x+y}{2x-3y}$

i) $\frac{x^2y^3z}{x^{-1}y} : \frac{x^3yz}{y^{-2}}$ j) $\frac{a^2-1}{a^2+2ab+b^2} : \frac{a+1}{a+b}$ k) $\frac{7ab^{-2}}{4c^{-4}} : \frac{7a^{-3}b^5}{12b^3}$ *l) $\frac{2x+2}{x+2} : \frac{4+4x}{4-x^2}$

11. Wurde hier richtig umgeformt? Beseitige gegebenenfalls die Fehler.

a) $\frac{16x}{48ab} \cdot \frac{a}{3x} = \frac{1}{9b}$ b) $\frac{2x}{x-y} \cdot (x-y)^2 = 2x^2 - 2xy$ c) $\left(\frac{1}{a} - \frac{1}{\pi}\right) \cdot \pi a = \pi + a$

d) $\frac{m^2-h^2}{5} \cdot \frac{5}{m-h} = m - h$ e) $\frac{8y^2}{x} : \frac{4y}{3x^2} = 6xy$ f) $\frac{2-a}{2a} : \frac{a-2}{4a} = \frac{1}{2}$

g) $\frac{a+b}{a^2-b^2} \cdot \frac{x-y}{x^2-y^2} = \frac{1}{(a-b)(x+y)}$ h) $\left(\frac{2u}{u^2+2uw+w^2} - \frac{1}{u+w}\right) : \frac{u-w}{u+w} = \frac{1}{uw}$

12. Hier etwas für Könner – vereinfache so, dass im Ergebnis ein Quotient steht, der so weit wie möglich gekürzt ist.

a) $\frac{25-a}{12-3a^2} - \frac{1}{a^3-4a} + \frac{a-2}{3a^2}$

b) $\frac{x(x-3y)}{x^2y-y^3} - \frac{x-y}{xy+y^2} + \frac{x+y}{x^2-xy}$

c) $\frac{10x^2-20x+10}{9x^2+18x+9} \cdot \frac{2x^2-2-2x}{15x^2-30+15x}$

d) $\frac{13ab}{(6a-b)^2} : \frac{19ab+95a^2}{36a^2-b^2}$

13. Schreibe das Ergebnis als Quotient. Vereinfache durch Kürzen, wenn möglich.

a) $\left(\frac{1}{x}+\frac{1}{y}\right)^2$ b) $\left(\frac{1}{a}-a\right)^2$ c) $\left(\frac{a}{b}+\frac{b}{a}\right)^2$

d) $\left(\frac{x}{y}+\frac{y}{x}\right)\left(\frac{y}{x}-\frac{x}{y}\right)$ e) $(a+b):\left(1-\frac{a^2}{b^2}\right)$ f) $\left(\frac{1}{x^2}+\frac{2}{xy}+\frac{1}{y2}\right):\frac{1}{xy}$

g) $\left(\frac{1}{a}+\frac{1}{b}\right):\frac{a^2-b^2}{ab}$ *h) $\left(a+\frac{1}{a}+\frac{1}{a^2}\right)^3$ i) $\left(\frac{1}{x}-\frac{y}{2}\right):\frac{y-1}{2x}$

14. Vereinfache den Doppelbruch. Ersetze den Hauptbruchstrich durch das Divisionszeichen.

a) $\frac{\frac{17}{12}}{\frac{13}{4}}$ b) $\frac{\frac{a}{b}}{\frac{x}{y}}$ c) $\frac{\frac{a^2}{b}}{a \cdot b}$

d) $\frac{x^2y}{\frac{x^2}{y}}$ e) $\frac{\frac{1}{a+b}}{\frac{1}{a-b}}$ f) $\frac{\frac{a+b}{a-b}}{\frac{a^2-b^2}{a^2+b^2}}$

g) $\frac{\frac{a-b}{a^2-b^2}}{\frac{a^2+b^2}{a+b}}$ *h) $\frac{\frac{p}{q}+\frac{q}{p}}{\frac{p}{q}-\frac{q}{p}}$ *i) $\frac{\frac{r}{s}-\frac{s}{r}}{\frac{r}{s}+\frac{s}{r}+1}$

15. Multipliziere.

a) $273 \cdot 85$ b) $(x-2x+3)\cdot\frac{1}{2}x^2$ c) $(x-2x+3)\cdot(x+1)$ d) $(a-2)\cdot(a^2-2)$

16. Dividiere. Führe zur Kontrolle die Multiplikation aus.

a) $5340:15$ b) $35505:789$ c) $51470:25$

d) $(12x^2-4x^3y):(4x)$ e) $(8a^3b^3-6a^2b^2+4ab^3):(2ab^2)$

f) $(x^3+x^2y-2xy^2):(x-y)$ g) $(a^3-3a^2+3a-1):(a-1)$

h) $(x^3-2xy^2+y^3):(x-y)$ i) $(a^4+a^3-2a^2-2a):(a+1)$

j) $(16x^3+8x^2):(4x+2)$ k) $(2a^3-6a^2-8a+24):(2a-6)$

17. Überprüfe. Korrigiere – falls erforderlich – in deinem Heft.

a) $(x^3-5x^2+8x-4):(x-1) = \underline{x^2-4x+4}$

$\underline{x^3-x^2}$

$-4x^2+8x$

$\underline{-4x^2+4x}$

$4x-4$

$\underline{4x-4}$

0

b) $(a^3+1):(a-1) = \underline{a^2+a+1,}$ Rest 2

$\underline{a^3-a^2}$

a^2+1

$\underline{a^2-a}$

$a+1$

$\underline{a-1}$

Rest 2

18. Prüfe, ob die Division richtig durchgeführt wurde.

a) $(x^5-1):(x-1) = x^4+x^3+x^2+x+1$

*b) $\frac{q^n-1}{q-1} = q^{n-1}+q^{n-2}+q^{n-3}+\ldots+q^2+q+1$ $(n \in \mathbb{N};\ n \neq 0)$

1.2 Terme mit Potenzen

Leon und Marie wollen die Mindestlänge des benötigten Bandes zum Einwickeln des nebenstehenden Paketes ermitteln.
Sie schreiben:

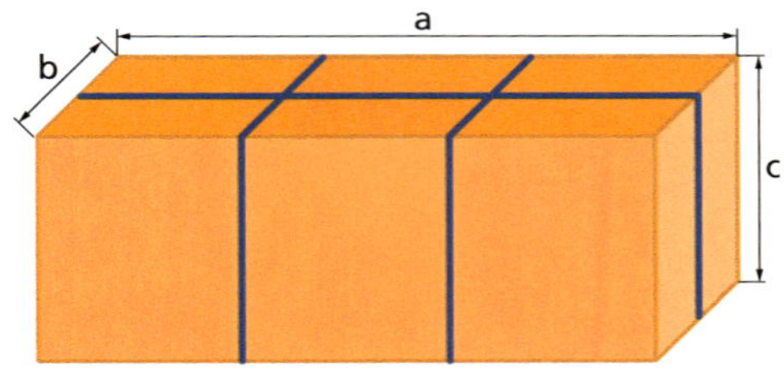

Leon:
$2 \cdot a + 4 \cdot b + 6 \cdot c$

Marie:
$2(a + 2 \cdot b + 3 \cdot c)$

Was sagst du zu Leons und Maries Vorschlägen?

Vereinfachen von Termen, in denen Potenzen enthalten sind

Termumformungen dienen häufig dem Vereinfachen von Termen. In Abhängigkeit von der Struktur eines Terms sind unterschiedliche Umformungsschritte möglich bzw. erforderlich.

Summen können zusammengefasst werden, wenn die Summanden gleiche Variablen und die Variablen gleiche Exponenten enthalten.

$3ax^2 + 2a^3x - \frac{3}{4}ax^2 = 2a^3x + \frac{9}{4}ax^2$

Der Term $2a^3x + \frac{9}{4}ax^2$ kann nicht weiter zusammengefasst werden, da die Variablen in den Summanden unterschiedliche Potenzen haben.

$5r^4y + 6r^2r^2y = 5r^4y + 6r^4y = 11r^4y$

Vor dem Zusammenfassen von Summen sollten die Summanden vereinfacht werden.

Produkte können durch Ausmultiplizieren (mithilfe des Distributivgesetzes) in Summen umgeformt werden. Umgekehrt können Summen in Produkte umgeformt werden.

$3xy\left(\frac{2}{5}x^2 + \frac{1}{5}y^2\right) = \frac{6}{5}x^3y + \frac{3}{5}xy^3$

$12x^2y^3 - 4x^3y^2 = 4x^2y^2(3y - x)$

Quotienten (Brüche) können vereinfacht werden, wenn im Dividend und im Divisor (im Zähler und im Nenner) gleiche Faktoren vorkommen.

- $(3x^2z):(6xz) = \frac{3x^2z}{6xz} = \frac{x}{2}$
- $4(y + z)^2:(2y + 2z) = \frac{4(y + z)^2}{(2y + 2z)} = \frac{4(y + z)^2}{2(y + z)} = 2(y + x) = 2y + 2x$
- $\frac{12x^2y + 18x^2y^2}{4xy + 6xz^2} = \frac{{}^{3}\cancel{6}x^{\cancel{2}}\cancel{(2y + 3z^2)}^{1}}{{}_{1}\cancel{2}\cancel{x}\cancel{(2y + 3z^2)}_{1}} = 3x$

In manchen Fällen müssen geeignete Faktoren erst durch Ausklammern erzeugt werden.

Binomische Formeln

Eine Summe oder eine Differenz, die aus zwei Gliedern besteht, heißt Binom.

Binome sind z. B.:

$x + 1$ $a - b$ $3z + 4u$ $a^2 + b^2$ $2A - abc$ $x - \frac{p}{2}$

Produkte zweier Binome können durch mehrfaches Anwenden des Distributivgesetzes in Summen umgeformt werden. Der Term $(2x + 3) \cdot (2x + 3)$ besteht aus zwei gleichen Binomen.

Erste Möglichkeit:

Jedes Glied der ersten Klammer wird mit der zweiten Klammer multipliziert. Dann werden die entstandenen Produkte ausmultipliziert.

$(2x + 3) \cdot (2x + 3) = 2x(2x + 3) + 3(2x + 3)$
$= 4x^2 + 6x + 6x + 9 = 4x^2 + 12x + 9 = (2x)^2 + 2 \cdot 2x \cdot 3 + 3^2$

Zweite Möglichkeit:

Die erste Klammer wird mit jedem Glied der zweiten Klammer multipliziert. Dann werden die entstandenen Produkte ausmultipliziert.

$(2x + 3) \cdot (2x + 3) = (2x + 3) \cdot 2x + (2x + 3) \cdot 3$
$= 4x^2 + 6x + 6x + 9 = 4x^2 + 12x + 9 = (2x)^2 + 2 \cdot 2x \cdot 3 + 3^2$

Das Ergebnis ist in beiden Fällen gleich. Vereinfachend gilt:

Bilde das Quadrat des ersten Gliedes, das doppelte Produkt beider Glieder, das Quadrat des zweiten Gliedes und addiere diese.

Die Regeln für das Ausmultiplizieren bestimmter Binome werden **binomische Formeln** genannt:

$$(a + b) \cdot (a + b) = a \cdot a + a \cdot b + b \cdot a + b \cdot b = a^2 + 2ab + b^2$$
$$(a - b) \cdot (a - b) = a \cdot a - a \cdot b - b \cdot a - b \cdot b = a^2 - 2ab + b^2$$
$$(a + b) \cdot (a - b) = a \cdot a - a \cdot b + b \cdot a - b \cdot b = a^2 - b^2$$

Hinweise:
- Die Glieder a^2 und b^2 heißen **quadratische Glieder.**
- Das Glied 2ab heißt **gemischtes Glied.**
- Die Variablen a und b können auch durch Terme belegt sein.

Die binomischen Formeln lassen sich geometrisch veranschaulichen. Zur Veranschaulichung der ersten binomischen Formel wird ein Quadrat mit der Seitenlänge $a + b$ in vier Teilflächen zerlegt.
Der Flächeninhalt des Quadrates $(a + b) \cdot (a + b) = (a + b)^2$ ist dabei gleich der Summe aus den Flächeninhalten der Teilflächen $a^2 + ab + ab + b^2 = a^2 + 2ab + b^2$.

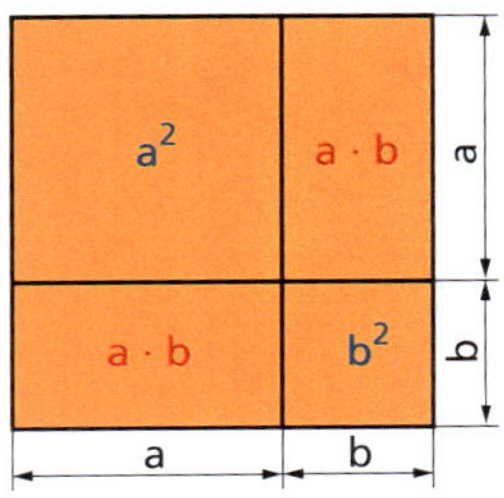

$(a + b)^2 = a^2 + 2ab + b^2$

Produkte können bei entsprechender Grundstruktur mithilfe binomischer Formeln in Summen umgewandelt werden.

Term	Grundstruktur	a	b	Anwendung der Formel
$(7x + 3y)^2$	$(a + b)^2$	$7x$	$3y$	$(7x)^2 + 2 \cdot 7x \cdot 3y + (3y)^2$ $= 49x^2 + 42xy + 9y^2$
$(2x - 3y) \cdot (-2x - 3y) = (-3y + 2x) \cdot (-3y - 2x)$	$(a + b) \cdot (a - b)$	$-3y$	$2x$	$(-3y)^2 - (2x)^2 = 9y^2 - 4x^2$

Das Quadrat eines Produktes ist gleich dem Produkt der Quadrate der Faktoren.
$(3x)^2 = (3 \cdot x)^2 = 3^2 \cdot x^2 = 9 \cdot x^2 = 9x^2$

Das Quadrat einer Summe ist **nicht** gleich der Summe der Quadrate der Summanden.
Es gilt: $(a + b)^2 \neq a^2 + b^2$ für $a; b \neq 0$
Für a = 3 und b = 2 gilt: $(3 + 2)^2 = 5^2 = 25$, aber $3^2 + 2^2 = 9 + 4 = 13$; $25 \neq 13$

Summen können bei entsprechender Grundstruktur mithilfe binomischer Formeln in Produkte umgewandelt werden. Dieses Verfahren wird auch **Faktorisieren** genannt.

Summe	Quadratische Glieder	Gemischtes Glied	Anwendung einer Formel
$49e^2 - 84ef + 36f^2$	$49e^2 = (7e)^2 = a^2$ $36f^2 = (6f)^2 = b^2$	$2 \cdot 7e \cdot 6f = 84ef$	$a^2 - 2ab + b^2 = (a - b) \cdot (a - b)$ $(7e - 6f)^2$
$121y^2 - 16x^2$	$121y^2 = (11y)^2 = a^2$ $16x^2 = (4x)^2 = b^2$	nicht vorhanden	$a^2 - b^2 = (a + b) \cdot (a - b)$ $(11y + 4x) \cdot (11y - 4x)$

1. $a^2 + 2ab + b^2 = (a + b) \cdot (a + b)$; $a = 3x$, $b = 2y$; $2ab = 2 \cdot 3x \cdot 2y = 12xy$
   $9x^2 + 12xy^2 + 4y^4 = (3x + 2y) \cdot (3x + 2y) = (3x + 2y)^2$
2. $a^2 - b^2 = (a + b) \cdot (a - b)$; $a = 8s$, $b = 5t$
   $64s^2 - 25t^2 = (8s + 5t) \cdot (8s - 5t)$

Das pascalsche Dreieck

Eine einfache Übersicht über die Binomialkoeffizienten ist das sogenannte „pascalsche Dreieck".

0. Zeile						1					
1. Zeile					1		1				
2. Zeile				1		2		1			
3. Zeile			1		3		3		1		
4. Zeile		1		4		6		4		1	
5. Zeile	1		5		10		10		5		1

$(a + b)^2 = 1 \cdot a^2 + 2ab + 1 \cdot b^2$

$$(a + b)^3 = (a + b)^2(a + b) = (a^2 + 2ab + b^2)(a + b)$$
$$= a^3 + a^2b + 2a^2b + 2ab^2 + ab^2 + b^3$$
$$= 1 \cdot a^3 + 3 \cdot a^2b + 3 \cdot ab^2 + 1 \cdot b^3$$

Terme mit mehreren Klammern

Treten bei Produkten mehrere (ineinander verschachtelte) Klammern auf, gibt es zwei Möglichkeiten, sie in eine Summe umzuwandeln.

Erste Möglichkeit:
(Terme möglichst schnell zusammenfassen)
Die „innere Klammer“ wird zuerst aufgelöst, dann wird zusammengefasst.
$2x \cdot [3y - (5x + 3y)] - 9xy = 2x \cdot [3y - 5x - 3y] - 9xy = 2x \cdot [-5x] - 9xy = -10x^2 - 9xy$

Zweite Möglichkeit:
(Alle Klammern möglichst schnell auflösen)
Es werden zuerst alle Klammern aufgelöst, dann wird zusammengefasst.
$2x \cdot [3y - (5x + 3y)] - 9xy = 2x \cdot [3y - 5x - 3y] - 9xy = 2x \cdot 3y - 2x \cdot 5x - 2x \cdot 3y - 9xy$
$= 6xy - 10x^2 - 6xy - 9xy = -10x^2 - 9xy$

Hinweis:
- Terme sollten möglichst frühzeitig zusammengefasst werden.
- Um Fehler zu vermeiden, sollten Klammern von innen nach außen aufgelöst werden.

Vereinfache den Term $-(6 + 4x) - [12x - 21 - (3x - 5) + (-10 + 7x)]$. Schreibe ohne Klammern.
$-(6 + 4x) - [12x - 21 - (3x - 5) + (-10 + 7x)] = -6 - 4x - [12x - 21 - 3x + 5 - 10 + 7x]$
$= -6 - 4x - [16x - 26] = -6 - 4x - 16x + 26 = -20x + 20$

Aufgaben

Vereinfachen von Termen, in denen Potenzen enthalten sind

1. Ordne und fasse zusammen.

a) $a + 2b + 3a - 5b$
b) $-x - 6y + 12y + 5x$
c) $0{,}05q + 0{,}53p + q + 1{,}3p - 1{,}1q$
d) $4a^2 + 7b - a^2 - 12b + 3a^2$
e) $\frac{12}{17}a^2 - 0{,}22ab + a + \frac{49}{51}a^2 + a^2 - 3{,}1ab$
f) $mn - 0{,}75m + \frac{3}{5}mn - \frac{m}{2} + m$
*g) $-2{,}5 + cx^2 - 3c^2x + \frac{7}{2} - 14c^2x + \frac{3}{7}cx^2$
*h) $\frac{5}{12}s^3 + \frac{1}{5}s - \frac{5}{4}s^2 + \frac{4}{15}s - \frac{7}{18}s^3 + \frac{1}{10}$

2. Vereinfache die Terme so weit wie möglich.

a) $4a \cdot 2b \cdot (-c) + 10abc - 8ab \cdot 0{,}2c$
b) $4x \cdot (-13y) \cdot 0{,}3z - 8xy \cdot 5z + 0{,}7y \cdot 6xz$
c) $-9r \cdot 2st + 4rt \cdot (-3s) - 10rs \cdot 2t$
d) $\frac{16}{7}m \cdot \left(-\frac{21}{8}n\right) \cdot \frac{1}{2}o + \frac{5}{4}no \cdot \frac{4}{15}m - mno$
e) $0{,}02d \cdot 0{,}002ef - def + 0{,}0001f \cdot d \cdot (-e)$
*f) $\frac{1}{3}a \cdot 2b(-3a)\frac{1}{4}b^2\left(-\frac{a}{2}\right) - \frac{2a}{3}\left(\frac{a^2}{8}\right)b^2\left(-\frac{4}{3}b\right)$

3. Löse die Klammern auf.

a) $(p - q)u$
b) $rt(r + 4t)$
c) $4a(3b - 2c)$
d) $(14k + 7kl)(-5k)$
e) $-7mn(r - 0{,}5n)$
f) $12a^2c(12a - 0{,}3c^2)$
g) $(-a)(c + d - f)m$
h) $(-3)(-f + 2s - 4d + 0{,}25i)$
i) $\frac{1}{10}g^2h \cdot \left(\frac{4}{5}hk^2 + \frac{7}{9}gk\right)$
j) $(48uv^2 - 56wv^2) \cdot \frac{1}{88}uvw$
k) $\frac{1}{2}ab^2(512a^2 - 1024ab)$

4. Multipliziere aus und fasse so weit wie möglich zusammen.

a) $3x(4x - 5 - x^2) + 7(x^3 + 4x)$
b) $13r - 4s(3 - r + 2s) + (2 + r) \cdot 7$
c) $t^2d(td - td^2) + (t^3 - t^3d^2)d + t^3d^3$
d) $kl(abk + kl) + l(abk^2 - k^2l) + (-kl^2 - abk^2)l$
e) $14pq - 5p + 4q(q - 2p + 8 - 7pq) + 8p(2q + 5q^2) + (2pq - p^2)(-2)$
*f) $\frac{7}{10}xyz\left(\frac{1}{8}x^2z + 5\right) + \frac{1}{3}x^2y\left(\frac{1}{2}xz^2 - 8\right) + (-4z - yz^2)x^3$

5. Finde Fehler und korrigiere.

a) $-4d(w + v^2) = -4dw + 4dv^2$
b) $5a(b + 9) + 6b\,(b - 9) = 5ab + 9 + 6b^2 - 9 = 5ab + 6b^2$
c) $s(s + z) + z(-s - z) = s^2 + z^2$
d) $(t - 5) \cdot 5 + 2 \cdot (t + 8) = (t - 5) \cdot 10 \cdot (t + 8)$

6. Klammere aus.

a) $2x + 2y$
b) $8uv + 6vw$
c) $21 - 49z$
d) $3rt + 15rt^2$
e) $38cd + 144abcd$
f) $36op + 48pq + 96p$
g) $5abc + 14a^2b^2c - 124ab^2c^2$
h) $\frac{1}{4}rst + \frac{1}{16}stu$
i) $0{,}020n - 0{,}001mn$
j) $(0{,}02a)b + 0{,}04a^2b$
k) $\frac{8}{55}ab - \frac{24}{25}a^2b^2$
l) $\frac{32}{625}d^2e + \frac{64}{3125}d^3e^2$

7. Klammere so aus, dass der Term in der Klammer möglichst einfach wird.

a) $2{,}5x^2y^2z^2 - 25xy^3z^3 - 0{,}5xyz^2$
b) $\frac{2}{100}s^2t + \frac{4}{10}rst + \frac{2}{10\,000}r^2t$
c) $10\,000\,000gk + 1\,000\,000gh - 1000ghk$
d) $\frac{1}{10}f^2u + \frac{1}{1000}fu^2 + fu$
e) $\frac{2}{9}u^4v^3w^4 + \frac{4}{27}u^3v^3w^4 + \frac{11}{99}u^2v^3w^2$
f) $\frac{64}{121}mn^2 - \frac{9}{11}m^2n - \frac{10}{33}mno$

8. Klammere aus. *Beispiele:* **$xy - x + y - 1 = x(y - 1) + 1(y - 1) = (y - 1)(x + 1)$ oder**
$xy + y - x - 1 = y(x + 1) - 1(x + 1) = (x + 1)(y - 1)$

a) $(a - b)h + (a - b)k$
b) $(h + k)a - (h + k)b$
c) $(a + b)u + (a + b)$
d) $(r - 6z)t - r + 6z$
e) $de + df + e^2 + ef$
f) $x^2 - x + 2x - 2$
g) $cw - c - w + 1$
h) $1 + s^2t^2 - s^2 - t^2$
i) $b^2x - 1 + x - b^2$

9. Multipliziere.

a) $(8x - 6)\left(\frac{1}{2} - \frac{1}{3}x\right)$
b) $(4x + 2f) \cdot (2 - 3x)$
c) $(15a + 3b) \cdot (2b + 6)$
d) $(0{,}7g + 4d) \cdot (3d - 6g)$
e) $(d^2 + 6) \cdot (ad - 0{,}8d^2)$
f) $(0{,}001w + 2r) \cdot (0{,}01r + 0{,}002w)$

10. Schreibe als Summe.

a) $(1 + x)(2 + x)(3 + x)$
b) $(a - b)(4a + b)(a + b)$
c) $g(3w - 7u)(-3w + 5z)$
d) $4t\left(\frac{1}{2}r - 5t\right)(-0{,}5t + r)$
e) $b^2c^4(2b - 3a)(a + b)$
f) $-(-5e - 12h + 7t)(9e + 21t)$

11. Untersuche, ob gilt:

a) $(a - b)(c - d) = ac - ad - bc + bd$
b) $(a - b)(-a - b) = -(a + b)(a - b)$
c) $(r + s)(-r + s) = r^2 - s^2$
d) $(-x - y)(-x - y) = (x + y)(x + y)$

12. Multipliziere aus und fasse zusammen.

a) $(a + 4)(b - 2) + (b - 3)(a + 5)$
b) $(-a + b - 4)(a + 2) + (a - b + 7)(a + 2)$
c) $(z + 1)(z^4 + z^3 + z^2 + z)$
d) $(x^2 + 2xy + 1)(x^2 - 2xy + 1)$
*e) $(u + v)(u - v)(4u + v)(4u - v)$
*f) $(3s^2 - 5t^2) - (5 + s - t)(-s + 7t - 15)$

Binomische Formeln

13. Forme mithilfe der binomischen Formeln jeweils in eine Summe um.

a) $(g + h)^2$ b) $(2x + 6)^2$ c) $(3r - 8f)^2$
d) $(5d^2 - t)^2$ e) $(z - 4s)^2$ f) $(5v - 4e)(5v + 4e)$
g) $(0{,}5w + 7)(0{,}5w - 7)$ h) $(5{,}6u + 6vw^3)(5{,}6u - 6vw^3)$ i) $(-5x - 3y)^2$
j) $\left(\frac{1}{2}a + \frac{1}{3}\right)^2$ k) $\left(\frac{2}{3}t - \frac{1}{3}\right)^2$ l) $\left(-\frac{2}{5} - \frac{x}{3}\right)^2$
m) $(-6q - 1)(-6q + 1)$ n) $(x^2 - y)(-y - x^2)$ o) $\left(\frac{12}{5}g - \frac{7}{3}h\right)^2$
p) $(-2{,}7d + 1{,}4e)^2$ q) $(0{,}1f^4 + 0{,}04e^3)^2$ r) $\left(\frac{3}{4}bx + \frac{7}{8}az\right)\left(\frac{3}{4}bx - \frac{7}{8}az\right)$

14. Forme in eine Summe um.

a) $(-a + b)(-4)(b - a) \cdot 4$ b) $(x - 2)(x + 2)(4x + 8)$ c) $(a - b)(a + b)(a - b)(a + b)$
d) $(v + 5)(-v - 5)(v + 5)$ e) $(x - 5)^2(x + 5)^2$ f) $(r^2 - 9)(r^4 - 81)(r^2 + 9)$

15. Multipliziere aus. Was stellst du fest?

a) $(a - b)(a + b)$ b) $(a - b)(a^2 + ab + b^2)$
c) $(a - b)(a^3 + a^2b + ab^2 + b^3)$ d) $(a - b)(a^4 + a^3b + a^2b^2 + ab^3 + b^4)$

16. Berechne mithilfe einer binomischen Formel wie in den Beispielen.

Beispiele: $101^2 = (100 + 1)^2 = 10\,000 + 200 + 1 = 10\,201$
$112 \cdot 108 = (110 + 2)(110 - 2) = 12\,100 - 4 = 12\,096$

a) 61^2; 42^2; 91^2 b) 99^2; 49^2; 58^2
c) 55^2; 65^2; 105^2 d) $49 \cdot 51$; $43 \cdot 37$; $98 \cdot 102$
e) $390 \cdot 410$; $93 \cdot 107$; $991 \cdot 1009$ f) $72 \cdot 68$; $18 \cdot 22$; $111 \cdot 89$

***17.** Paul hat sich zum Berechnen von Quadratzahlen folgendes Verfahren ausgedacht.

$11^2 = 121$
$12^2 = 121 + 11 + 12 = 144$
$13^2 = 144 + 12 + 13 = 169$
$14^2 = 169 + 13 + 14 = 196$ usw.

Rechne weiter bis 25^2 und begründe, warum das funktioniert.

18. Wandle jeweils in ein Produkt um.

a) $9 + 24r + 16r^2$ b) $9a^2 + 30a + 25$ c) $4x^2 - 8xy + 4y^2$
d) $64t^2 + 240t + 225$ e) $9z^2 - 64e^4$ f) $144u^6 - 72u^3 + 9$
g) $a^2b^2 + 2abcd + c^2d^2$ h) $25r^2s^2 - 81w^4$ i) $p^2 - 1$
j) $1024 - 256d^2$ k) $2{,}25w^2 - 6{,}25b^2$ l) $\frac{1}{100}x^2 - \frac{1}{900}y^2$

19. Klammere aus und faktorisiere dann mithilfe einer binomischen Formel.

a) $3r^2 - 6rs + 3s^2$ b) $12a^2 - 48b^2$ c) $8 - 0{,}5t^2$
d) $11w^2 + 44w + 44$ e) $abh^2 + 2abhg + abg^2$ f) $u^2v + 2uv^2 + v^3$
g) $\frac{1}{28}a^2b - \frac{1}{63}b^3$ *h) $\frac{1}{25}x^3yz + \frac{1}{10}x^2y^2z + \frac{1}{16}xy^3z$ *i) $\frac{3}{2}d^2f - 2def + \frac{2}{3}e^2f$

20. Ergänze so, dass du mithilfe einer binomischen Formel faktorisieren kannst.

a) $w^2 +$? $+ t^4$ b) $25a^2 - 20ab +$? c) ? $+ 8u + 1$ d) ? $- 8xv + 16x^2$
e) $\frac{1}{4}d^2 +$? $+ \frac{1}{9}z^4$ f) $64r^2 -$? g) ? $+ 1{,}125ab + 2{,}25b^2$ h) $f^2 - \frac{4}{3}fg +$?

21. Ergänze und faktorisiere.

a) (**?** + **?**)(– **?**) = 196 – 400z^2

b) 0,25s^2 – 1,5st + **?** = **?**

c) **?** – 442de + **?** = (13 **?** – **?** $)^2$

d) $\frac{36}{121}a^2$ – **?** + $\frac{81g^2}{100}$ = **?**

e) (**?** + tack$)^2$ = (tick$)^2$ + **?** + **?**

*f) **?** + $\frac{1}{400}$ab + (0,05b$)^2$ = **?**

22. Im Beispiel siehst du eine weitere Möglichkeit, wie du faktorisieren kannst. Erläutere das Vorgehen und verfahre mit den angegebenen Termen ebenso.

Beispiel: $x^2 - 6x + 5 = x^2 - 6x + 9 - 4 = (x-3)^2 - 4 = [(x-3)+2][(x-3)-2] = (x-1)(x-5)$

a) $x^2 + 14x + 24$

b) $x^2 + 2x - 120$

c) $x^2 + 16x + 48$

d) $x^2 - 6x + 8$

e) $x^2 - 2x - 3$

*f) $\frac{1}{4}x^2 + \frac{3}{8}x - \frac{1}{4}$

***23.** Faktorisiere die Terme aus der vorigen Aufgabe mithilfe eines Ansatzes wie auf Seite 20.

24. Forme die Summen in Produkte um.

Beispiel: **6ac + 18ad – 4bc – 12bd = 6a(c + 3d) – 4b(c + 3d) = (c + 3d)(6a – 4b) oder**
6ac + 18ad – 4bc – 12bd = 6ac – 4bc + 18ad – 12bd = 2c(3a – 2b) + 6d(3a – 2b)
= (3a – 2b)(2c + 6d)

a) 3xy – 9sy – 5xt + 15st

b) 4eh – 4fg – 5eh + 5fh

c) uv – v – 2u + 2

d) h^2 + 11hg – 11hk – 121gk

*e) $\frac{1}{15}$rt – $\frac{1}{3}$r + $\frac{9}{5}$st – 9s

*f) mn + 16m – n^2 – 16n

25. Setze das pascalsche Dreieck auf Seite 20 bis zur 10. Zeile fort. Welcher binomische Term gehört zur 0. Zeile und welcher gehört zur 1. Zeile? Erläutere dein Vorgehen.

26. Bestimme mithilfe des pascalschen Dreiecks.

a) $(e + f)^7$

b) $(x + y)^9$

c) $(s + t)^{10}$

27. Berechne. (Auch hier kann das pascalsche Dreieck verwendet werden.)

a) $(6c + d)^4$

b) $(1 - 3x)^5$

c) $(0{,}3x - 0{,}4)^3$

d) $(1{,}1 + 1{,}2y)^4$

e) $\left(\frac{2}{3}a + \frac{3}{5}\right)^5$

Terme mit mehreren Klammern

28. Berechne ohne Taschenrechner.

a) $(14:2+7)\cdot[30-(3+6\cdot4)]$

b) $[8-(-2)\cdot(-5)]\cdot[24+15:(-3)]$

c) $6+(-2)\cdot[1-4\cdot(3+(-6))]$

d) $40-2\cdot[(-4)-(2\cdot(-5+(-2)))]$

e) $[1^{68}-(-1)^{70}]:(-1)^2$

*f) $\left[-\left(4:\left(-\frac{1}{4}\right)^2\right)-\left(2:\left(-\frac{1}{2}\right)^3\right)\right]:(-3)$

29. Löse die Klammern auf und fasse so weit wie möglich zusammen.

a) $-2w[18w-(3w-4+w^2)-6w^2]+7w^3$

b) $-4(14a+7ab^2)-[2ab-(7-3b)]$

c) $[-5z^2+8f-7(3f^2+z^2)]$

*d) $-8[2x(3x-4)-4(6x^2-4x+8)]\cdot\left(\frac{1}{16}\right)$

*e) $-m^2[3m(2-5m)+6]\cdot(m+1)$

*f) $[6t(-4s+2t)-1]\cdot(t-2)-(-12t^3-1)$

30. Löse die Klammern auf und fasse so weit wie möglich zusammen.

a) $\{3n+[3m(2-2n)]+12m\}-6m$

b) $3(12u-3v+4uv)-[(24u+10uv)]\cdot2$

c) $-2y\{3x-[4x+5-6y(x+y)]\}$

d) $2\{4x[3x-(2c-3d)\cdot4cd]-12x^2\}$

*e) $\{2ab[(a+b)(a-b)]-2ab\}+3ab(a^2-b^2)$

*f) $[6t(-4+2t)-3]\cdot(t-1)-(-8t^3-1)$

1.3 Potenzen mit ganzzahligen Exponenten

Taschenrechneranzeigen von sehr großen und von sehr kleinen Zahlen verwenden u. a. die Darstellung mit abgetrennten Zehnerpotenzen. Die Anzeige 1.067×10^{15} bedeutet ein Verschieben des Kommas um 15 Stellen nach rechts.
1.06700000000000,0

Die Anzeige $3{,}845 \times 10^{-14}$ bedeutet ein Verschieben des Kommas um 14 Stellen nach links.
0,00000000000003.845

Schreibe die beiden Zahlen ohne Potenzschreibweise und lies diese laut vor.

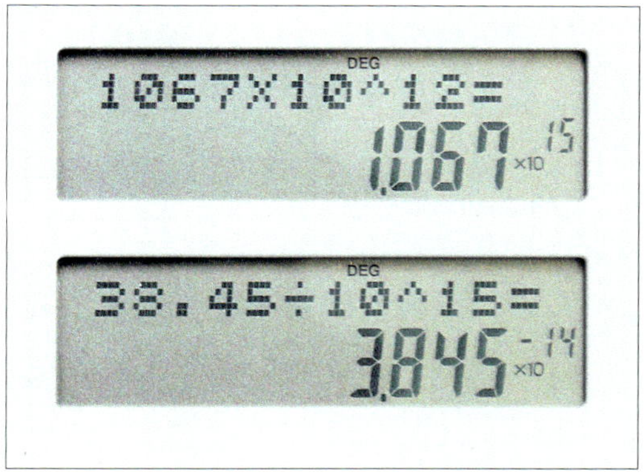

Zehnerpotenzen

Beim Darstellen sehr großer oder sehr kleiner Zahlen ist es vorteilhaft, abgetrennte Zehnerpotenzen zu verwenden. Rechnungen sind kürzer und übersichtlicher.

Die Lichtgeschwindigkeit im Vakuum beträgt $299\,792\,\frac{\text{km}}{\text{s}}$.
Berechne die Zeit, die ein Lichtstrahl benötigt, um die mittlere Entfernung von der Sonne bis zur Erde (149 597 800 km) zurückzulegen. Gib das Ergebnis in Minuten an.

Gegeben: $v = 299\,792\,\frac{\text{km}}{\text{s}} = 2{,}99792 \cdot 10^5\,\frac{\text{km}}{\text{s}} \approx 3 \cdot 10^5\,\frac{\text{km}}{\text{s}}$ *Gesucht:* t in Minuten

$s = 149\,597\,800\text{ km} = 1{,}49597800 \cdot 10^8\text{ km} \approx 1{,}5 \cdot 10^8\text{ km}$

Lösung: $t = \frac{s}{v} = \frac{1{,}5 \cdot 10^8\text{ km}}{3 \cdot 10^5\,\frac{\text{km}}{\text{s}}} = 0{,}5 \cdot 10^{8-5}\text{ s} = 0{,}5 \cdot 10^3\text{ s} = 500\text{ s} \approx 8{,}3\text{ min}$

Antwort: Das Licht benötigt etwa 8,3 min von der Sonne bis zur Erde.

Für das Rechnen mit Zehnerpotenzen gelten folgende Regeln ($m, n \in \mathbb{Z}$):

(1) Zehnerpotenzen werden multipliziert, indem man die Exponenten addiert.
$10^m \cdot 10^n = 10^{m+n}$

(2) Zehnerpotenzen werden dividiert, indem man die Exponenten subtrahiert.
$\frac{10^m}{10^n} = 10^{m-n}$

(3) Zehnerpotenzen werden potenziert, indem man die Exponenten multipliziert.
$(10^m)^n = 10^{m \cdot n}$

In allen Fällen wird die Basis 10 beibehalten.

$10^2 \cdot 10^3 = (10 \cdot 10) \cdot (10 \cdot 10 \cdot 10) = 10^{2+3} = 10^5$

$\frac{10^5}{10^3} = \frac{10 \cdot 10 \cdot 10 \cdot 10 \cdot 10}{10 \cdot 10 \cdot 10} = 10^{5-3} = 10^2$ $(10^2)^3 = 10^2 \cdot 10^2 \cdot 10^2 = 10^{2 \cdot 3} = 10^6$

Potenzen mit ganzzahligen Exponenten

Die Regeln für das Rechnen mit Zehnerpotenzen lassen sich auf das Rechnen mit Potenzen mit ganzzahligen Exponenten und beliebiger Basis übertragen.

Für das Rechnen mit Potenzen gleicher Basis gilt ($a \in \mathbb{Q}$; $a \neq 0$; $m, n \in \mathbb{Z}$):

(1) Potenzen mit gleichen Basen werden multipliziert, indem man die Exponenten addiert.
$a^m \cdot a^n = a^{m+n}$

(2) Potenzen mit gleichen Basen werden dividiert, indem man die Exponenten subtrahiert.
$a^m : a^n = \frac{a^m}{a^n} = a^{m-n}$

(3) Potenzen mit gleichen Basen werden potenziert, indem man die Exponenten multipliziert.
$(a^m)^n = a^{m \cdot n}$

In allen Fällen wird die gemeinsame Basis beibehalten.

$2^6 \cdot 2^{-3} = 2^{6+(-3)} = 2^3 = 8$ $\qquad r^8 \cdot r^{-4} \cdot r = r^{8-4+1} = r^5$

$3^4 : 3^6 = 3^{4-6} = 3^{-2} = \frac{1}{3^2} = \frac{1}{9}$ $\qquad x^4 : x^6 = x^{4-6} = x^{-2} = \frac{1}{x^2}$

$(2^3)^2 = 2^{3 \cdot 2} = 2^6 = 64$ $\qquad (a^2)^x = a^{2x}$

Für Potenzen wird festgelegt:

$a^1 = a$; $a^0 = 1$; $a^{-n} = \frac{1}{a^n}$; ($a \in \mathbb{Q}$, $a \neq 0$, $n \in \mathbb{Z}$)

$2^1 = 2$ $\qquad (-10)^0 = 1$ $\qquad 0^0$ gibt es nicht

$5^{-2} = \frac{1}{5^2} = \frac{1}{25} = 0{,}04$ $\qquad 2^{-5} = \frac{1}{2^5} = 0{,}03125$ $\qquad x^{-2} = \frac{1}{x^2}$

$7{,}8\,\frac{g}{cm^3} = 7{,}8\,g \cdot cm^{-3}$ $\qquad 140\,km \cdot h^{-1} = 140\,\frac{km}{h}$

Mithilfe negativer Exponenten lassen sich Brüche und Einheiten als Potenzen schreiben. Umgekehrt lassen sich auch Potenzen in Brüche umwandeln.

$0{,}5 = \frac{1}{2} = \frac{1}{2^1} = 2^{-1}$ $\qquad 0{,}3 = \frac{1}{3} = \frac{1}{3^1} = 3^{-1}$ $\qquad 0{,}1 = \frac{1}{10} = \frac{1}{10^1} = 10^{-1}$

$0{,}25 = \frac{1}{4} = \frac{1}{2^2} = 2^{-2}$ $\qquad 0{,}6 = \frac{2}{3} = \frac{2}{3^1} = 2 \cdot 3^{-1}$ $\qquad 0{,}01 = \frac{1}{100} = \frac{1}{10^2} = 10^{-2}$

$0{,}125 = \frac{1}{8} = \frac{1}{2^3} = 2^{-3}$ $\qquad 0{,}\overline{1} = \frac{1}{9} = \frac{1}{3^2} = 3^{-2}$ $\qquad 0{,}001 = \frac{1}{1000} = \frac{1}{10^3} = 10^{-3}$

Potenzen können addiert bzw. subtrahiert werden, wenn sie nicht nur gleiche Basen, sondern auch gleiche Exponenten haben.
Durch Ausklammern ist ein Zusammenfassen möglich.

Es gilt: $b \cdot a^n \pm c \cdot a^n = (b \pm c) \cdot a^n \quad (a, b, c \in \mathbb{Q}; a \neq 0; n \in \mathbb{Z})$

$8 \cdot 4^2 - 12 \cdot 4^2 + 14 \cdot 4^2 = (8 - 12 + 14) \cdot 4^2 = 10 \cdot 4^2 = 10 \cdot 16 = 160$
$4 \cdot x^2 - 2 \cdot x^3 - 9 \cdot x^2 + 5 \cdot x^3 = -5 \cdot x^2 + 3 \cdot x^3$

Bisher mussten die Basen beim Rechnen mit Potenzen immer gleich sein. Es gibt aber auch Fälle, bei denen nicht die Basen, sondern die Exponenten von Potenzen gleich sind.
Haben Produkte gleiche Faktoren, lassen sie sich in Potenzschreibweise darstellen.

Es gilt z. B.: $(a \cdot b)^2 = (a \cdot b) \cdot (a \cdot b) = a \cdot a \cdot b \cdot b = a^2 \cdot b^2$

$(a : b)^2 = \left(\frac{a}{b}\right)^2 = \frac{a}{b} \cdot \frac{a}{b} = \frac{a \cdot a}{b \cdot b} = \frac{a^2}{b^2}$

Für das Rechnen mit Potenzen, die gleiche Exponenten haben, gilt ($a, b \in \mathbb{Q}$; $a, b \neq 0$; $n \in \mathbb{Z}$):

(1) Potenzen mit gleichen Exponenten werden multipliziert, indem man die Basen multipliziert.
$(a \cdot b)^n = a^n \cdot b^n$

(2) Potenzen mit gleichen Exponenten werden dividiert, indem man die Basen dividiert.
$\left(\frac{a}{b}\right)^n = \frac{a^n}{b^n} = a^n : b^n$

In allen Fällen wird der gemeinsame Exponent beibehalten.

Durch Anwenden dieser Regeln ergeben sich Rechenvorteile und Möglichkeiten für Termvereinfachungen:

$(25x)^2 = 25^2 \cdot x^2 = 625x^2$ $\quad$ $\left(\frac{d}{2}\right)^2 = \frac{d^2}{4}$

$x^3y^3z^3 = (xyz)^3$ $\quad$ $2^2 \cdot 12{,}5^2 \cdot 4^2 = (2 \cdot 12{,}5 \cdot 4)^2 = (100)^2 = 10\,000$

Aufgaben

Zehnerpotenzen

1. Schreibe jeweils als Zehnerpotenz.
a) 1 000 000 000 b) 0,0000001 c) 10 Milliarden d) 1 Millionstel e) 10 Billionen

2. Schreibe ausführlich (ohne Exponent). Gib möglichst jeweils auch ein Zahlwort an.
a) 10^4 b) 10^{-3} c) 10^8 d) 10^{-6} e) 10^{-5}
f) 10^0 g) 10^{13} h) 10^{-1} i) 10^{10} j) 10^{-10}

3. Schreibe mit abgetrennten Zehnerpotenzen.
Beispiel: $126\,000\,000 = 1{,}26 \cdot 100\,000\,000 = 1{,}26 \cdot 10^8$
a) 34 500 b) 206 000 c) 8 674 000 d) 54 Milliarden
e) 0,345 f) 0,00206 g) 0,00008674 h) 0,0000000000054

4. Wie können folgende Zahlen in einen Taschenrechner eingegeben werden:

a) 81 700 000 000 b) 4 123 000 000 000 000 c) 0,0000000000019
d) 0,00010020304 e) 10 000 000 000 000 f) 0,00000000001

5. Schreibe jeweils mit abgetrennten Zehnerpotenzen. Runde sinnvoll, wo es erforderlich ist.

a) 1995 betrug die Anzahl der Menschen auf der Erde 5 629 614 000.
b) Ein Mensch hat insgesamt ca. 60 000 000 000 000 Zellen, davon sind ca. 100 000 000 000 Nervenzellen im Gehirn.
c) Der Erreger der Tollwut hat einen Durchmesser von 0,000125 cm.
d) Die Dauer eines Blitzes beträgt etwa 0,0001 s.
e) Spürhunde suchen nach radioaktiven Bestandteilen bis zu 0,000001 g.

6. Welche der folgenden Zahlen sind gleich groß:

a) $1{,}4 \cdot 10^6$; 14 Millionen; 1 Million vierhunderttausend; $14 \cdot 10^5$; $0{,}140 \cdot 10^8$
b) 0,00038; $\frac{38}{10\,000}$; $3{,}8 \cdot 10^{-4}$; $380 \cdot 10^{-6}$; $\frac{0{,}38}{1000}$

7. Schreibe jeweils mit den entsprechenden Vorsätzen der Einheiten.

a) 10^3 m b) 10^{-2} m c) 10^{-3} *l* d) 10^3 W e) 10^2 *l*
f) 10^{-12} F g) 10^{-1} t h) 10^6 J i) 10^9 Byte j) 10^{-6} m

8. Berechne und schreibe die Ergebnisse ohne Zehnerpotenzen.

a) $8{,}9 \cdot 10^2 \cdot 10^4$ b) $10^9 \cdot 1{,}8 \cdot 10^{-4}$ c) $5{,}87 \cdot 10^{-2} \cdot 10^{-3}$
d) $3{,}9 \cdot 10^7 \cdot 2 \cdot 10^3$ e) $5 \cdot 10^{-3} \cdot 4{,}8 \cdot 10^6$ f) $4{,}2 \cdot 10^9 \cdot 10^{-3} \cdot 10^{-4}$

9. Berechne. Forme so um, dass die Glieder der Summen gleiche Zehnerpotenzen haben.

a) $8{,}1 \cdot 10^6 + 4{,}9 \cdot 10^6 - 1{,}8 \cdot 10^7 + 9 \cdot 10^5 + 2{,}5 \cdot 10^7$
b) $2{,}16 \cdot 10^{13} - 1{,}08 \cdot 10^{11} + 8{,}4 \cdot 10^{12} - 3{,}7 \cdot 10^{11}$

10. Führe nur eine Überschlagsrechnung durch. Runde dazu auf einstellige Faktoren und schreibe mit abgetrennten Zehnerpotenzen.

a) $722\,500\,000 \cdot 32\,000$ b) $0{,}00147 : 3\,480\,000$ c) $940\,000\,000\,000 : 2\,700\,000$
d) $81\,400\,000 : 0{,}000048$ e) $811\,000\,000^2$ f) $0{,}00041017^3$

11. Wie viele 100-Watt-Glühlampen könnten mit der Leistung eines 800-Megawatt-Kraftwerkes gleichzeitig zum Leuchten gebracht werden?

Potenzen mit ganzzahligen Exponenten

12. Schreibe als Bruch (Quotient) mit nur positiven Exponenten.

Beispiel: $\mathbf{4a^2b^{-3} = 4a^2\frac{1}{b^3} = \frac{4a^2}{b^3}}$

a) $3xy^{-2}$ b) $\frac{1}{2}xy^{-1}$ c) $-x^{-2}y$ d) $x^{-1}y^{-2}$ e) $\frac{(a+b)^{-2}}{(a-b)^{-2}}$

13. Forme die Brüche in Produkte um.

Beispiel: $\mathbf{\frac{4}{b^4} = 4 \cdot b^{-4} = 4b^{-4}}$

a) $\frac{5}{b^3}$ b) $\frac{a^5}{c^3}$ c) $\frac{3a}{d^4}$ d) $\frac{a}{e^2f^3}$ e) $\frac{x^2y^2}{z^4}$
f) $\frac{0{,}5}{a^{-2}}$ g) $\frac{2x^2}{y^{-3}z^4}$ h) $\frac{1}{e^{-k}}$ i) $\frac{x^{-5}}{x^5}$ j) $\frac{x^5}{x^{-5}}$

14. Berechne. Kürze, wenn möglich.

a) $7 \cdot 5^{-2}$ b) $4 \cdot 3^{-3}$ c) $625 \cdot 5^{-3}$ d) $0{,}1 \cdot 10^{-2}$ e) $-5 \cdot 2^{-4}$

f) $\frac{1}{8} \cdot 4^{-3}$ g) $16 \cdot (-2)^{-3}$ h) $\frac{4}{2^{-4}}$ i) $\frac{2^{-3}}{3^{-2}}$ j) $\frac{0{,}6^0}{2^{-7}}$

15. Welcher Potenzwert ist größer? Begründe.

a) 16^{-2} oder 2^{-16} b) -2^{-16} oder -16^2 c) $0{,}01^{-2}$ oder $0{,}1^{-1}$

16. Welche Potenzen sind positiv, welche negativ? Begründe.

a) -1^8 b) $(-1)^8$ c) -1^{-8} d) $(-1)^{-8}$ e) -8^{-1}

17. Berechne. Vereinfache dazu die Terme.

a) $2^3 \cdot 2^5$ b) $3^5 \cdot 3^{-3}$ c) $5^4 \cdot 5^{-6}$ d) $(-2)^3 \cdot (-2)$ e) $0{,}2^3 \cdot 0{,}2^2$

f) $6^{-2} \cdot 6^{-1}$ g) $0{,}1^7 \cdot 0{,}1^{-7}$ h) $\frac{2^7}{2^5}$ i) $\frac{3^4}{3^5}$ j) $\frac{0{,}5^3}{0{,}5^2}$

18. Exponenten mit natürlichen Zahlen größer 1 geben an, wie oft die Basis als Faktor auftritt.

a) Untersuche, ob diese Feststellung für Potenzen mit den Exponenten 1 und 0 sowie für negative ganze Zahlen auch gilt.

*b) Formuliere eine analoge Aussage für Potenzen mit negativen ganzzahligen Exponenten kleiner als –1.

19. Vereinfache die Terme so weit, dass im Ergebnis kein negativer Exponent auftritt.

a) $a^3 \cdot a^4$ b) $x^{-5} \cdot x^2$ c) $y^{-6} \cdot y^5$ d) $z^{2n} \cdot z^n$ e) $w^{a+1} \cdot w^{a-1}$

f) $-k^3 \cdot k^{-2} \cdot k^a$ g) $\frac{x^7}{x^4}$ h) $\frac{v^4}{v^6}$ i) $\frac{(-a)^3}{(-a)^4}$ j) $\frac{u^{n+1}}{u^{n-1}}$

20. Vereinfache so weit wie möglich. Fasse zusammen.

a) $7a^4 + 2a^4$ b) $3b^5 - 7b^5$ c) $0{,}8c^2 - 1{,}8c^4$ d) $5a^{-2} - 3a^{-2}$ e) $e^4 - \frac{1}{4}e^4$

f) $4 \cdot 5^n + 5^n$ g) $ax^3 - bx^3$ h) $5 \cdot (a+b)^2 - 3 \cdot (a+b)^2$

21. Vereinfache so weit wie möglich. Achte auf die Koeffizienten.

a) $(-3a)^2 \cdot 2a^3$ b) $0{,}5b^3 \cdot (0{,}1b)^{-2}$ c) $2x^2 \cdot 3y^2 \cdot 4x^3 \cdot 5y^4$ d) $\frac{9a^4b^{-5}}{18b^2a^{-4}}$

e) $a^x \cdot b^{-1} \cdot a^5 \cdot b^y \cdot ab$ f) $\frac{12c^{-6}d^6}{36c^4d^{-4}}$ g) $(2a)^5 \cdot (5b)^5$ h) $(-x)^4 \cdot (3y)^4 \cdot \left(\frac{1}{9y}\right)^4$

22. Schreibe als Produkt bzw. Quotient (Bruch).

a) $(7a)^2$ b) $(-5b)^3$ c) $(2c)^{-5}$ d) $\left(\frac{y}{4}\right)^3$ e) $\left(\frac{2}{5} \cdot \frac{u^2 \cdot v^3}{w^4}\right)^3$

23. Salmonellen kommen insbesondere in Geflügelfleisch vor. 60 % aller Tiefkühlhähnchen sind von Salmonellen befallen. Berechne, wie viele Salmonellen aus einer Salmonelle nach 24 Stunden entstanden sind, wenn man annimmt, dass sich ihre Anzahl nach einer Stunde verdoppelt.

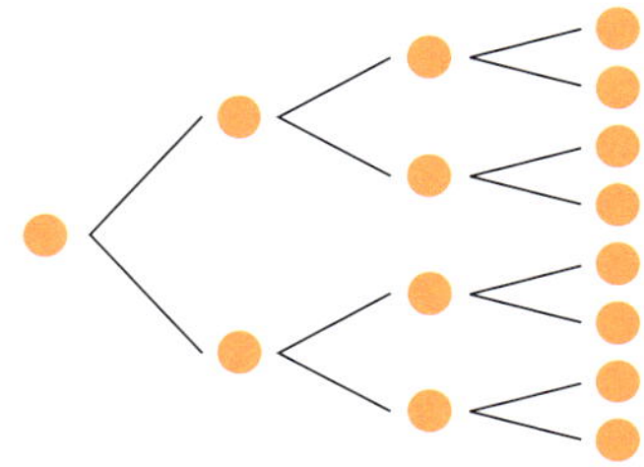

***24.** In einem Rechenbuch steht folgende Aufgabe:
7 Personen besitzen 7 Katzen, jede Katze frisst 7 Mäuse, jede Maus frisst 7 Ähren, aus jeder Ähre können 7 Maß Getreide entstehen. Wie viel Maß sind das?

25. Berechne den ohmschen Widerstand einer Kupferleitung mit einem Querschnitt von 17 mm^2 und einer Länge von 250 m. ($\varrho = 1{,}7 \cdot 10^{-2}\ \Omega \cdot mm^2 \cdot m^{-1}$) Verwende die Formel $R = \varrho \cdot \frac{l}{A}$.

1.4 Potenzen mit rationalen Exponenten und Wurzeln

Anne findet heraus, dass sie mit der „Potenztaste" ihres Taschenrechners und dem Exponenten 0,5 das gleiche Ergebnis erzielen kann wie mit der „Wurzeltaste".
$4^{0,5} = 2$ und $\sqrt{4} = 2$
$25^{0,5} = 5$ und $\sqrt{25} = 5$
Sie überlegt und findet eine Begründung:
$5^2 = (25^{0,5})^2 = 25^{0,5 \cdot 2} = 25^1 = 25$

Prüfe Annes Rechnungen an deinem Taschenrechner nach. Nimm zu ihrer Begründung Stellung.

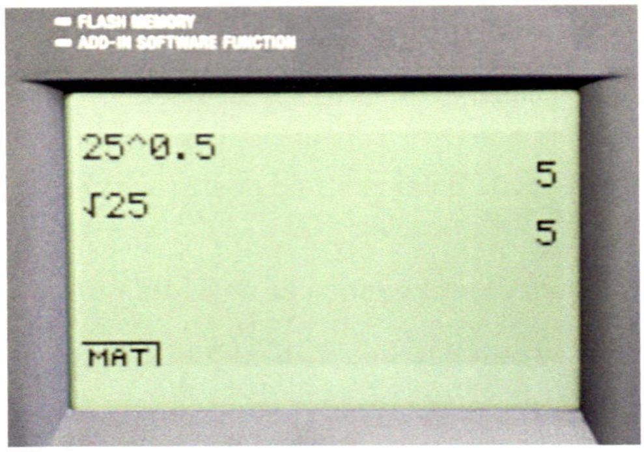

Der Radius eines Kreises mit einem Flächeninhalt von 31,4 cm² kann mithilfe der Gleichung $A = \pi \cdot r^2$ berechnet werden. Dabei muss man nach Division von $\pi = 3{,}14$ „rückwärts" eine Zahl ermitteln, von der man das Quadrat kennt. Solche Rechnung wird Quadratwurzelziehen genannt und mit dem Zeichen $\sqrt{\ }$ oder $\sqrt[2]{\ }$ gekennzeichnet.

Beim Berechnen der Quadratwurzel einer Zahl a wird diejenige Zahl b gesucht, die mit sich selbst multipliziert a ergibt. Für „Quadratwurzel aus a" oder „zweite Wurzel aus a" schreibt man kurz $\sqrt{a}$.
$\sqrt{a} = b$ bedeutet $b^2 = a$ für $a, b \in \mathbb{Q}$; $a, b > 0$

Analog zum Quadratwurzelziehen lässt sich das Kubikwurzelziehen erklären:

$\sqrt[3]{a} = b$ bedeutet $b^3 = a$ für $a, b \in \mathbb{Q}$; $a, b > 0$ *gesprochen:* **Kubikwurzel** aus a ist gleich b
oder dritte Wurzel aus a ist gleich b

$\sqrt{25} = 5$, da $5^2 = 25$
$\sqrt[3]{125} = 5$, da $5^3 = 125$
$\sqrt{4 \cdot 10^4} = 2 \cdot 10^2$, da $(2 \cdot 10^2)^2 = 2^2 \cdot 10^{2 \cdot 2} = 4 \cdot 10^4$
$\sqrt[3]{8 \cdot 10^{-6}} = 2 \cdot 10^{-2}$, da $(2 \cdot 10^{-2})^3 = 2^3 \cdot 10^{-2 \cdot 3} = 8 \cdot 10^{-6}$

Hinweis:
Kubikwurzeln aus negativen Zahlen sind nicht definiert.
Obwohl z. B. $(-2)^3 = -8$ und die Gleichung $x^3 = -8$ die Lösung $x = -2$ hat, ist $\sqrt[3]{-8}$ nicht erklärt.
Einige Taschenrechner zeigen aber das Ergebnis −2 an.

Das Wurzelziehen (auch Radizieren genannt) kann für natürliche Wurzelexponenten n > 1 verallgemeinert werden.

$\sqrt[n]{a} = b$ bedeutet $b^n = a$ für $a, b \in \mathbb{Q}$; $a, b > 0$ *gesprochen:* n-te Wurzel aus a ist gleich b
a heißt **Radikand** und n heißt **Wurzelexponent.**

$\sqrt[4]{81} = 3$, da $3^4 = 81$
$\sqrt[5]{32} = 2$, da $2^5 = 32$
$\sqrt[5]{2^{10}} = 4$, da $4^5 = 1024$
$\sqrt[5]{2^{10}} = 2^2$, da $(2^2)^5 = 2^{2 \cdot 5} = 2^{10} = 1024$

Hinweis:
Auch n-te Wurzeln können nur aus positiven Zahlen gezogen werden. Trotzdem kann die Gleichung $x^n = a$ für negative Zahlen a eine Lösung haben. ($x^5 = -32$, Lösung $x = -2$, denn $(-2)^5 = -32$)

Damit z. B. $\left(\sqrt[3]{8}\right)^3 = 8$ gilt, d. h., damit sich auch beim Wurzelziehen entgegengesetzte Rechenoperationen gegenseitig aufheben, muss gelten:

$\sqrt[3]{8} = 8^{\frac{1}{3}}$, denn $\left(8^{\frac{1}{3}}\right)^3 = 8^{\frac{1}{3} \cdot 3} = 8^1 = 8$

Somit, wird festgelegt:

> Die Potenz $a^{\frac{1}{n}}$ ist gleich der n-ten Wurzel aus a:
> $a^{\frac{1}{n}} = \sqrt[n]{a} \quad (n \in \mathbb{N};\ n \geq 2;\ a \in \mathbb{Q};\ a > 0)$

Es ist erkennbar, dass das **Radizieren** für nichtnegative Wurzelexponenten eine Umkehrung des **Potenzierens** ist.

$36^{\frac{1}{2}} = \sqrt{36} = 6$ $\qquad$ $125^{\frac{1}{3}} = \sqrt[3]{125} = 5$ $\qquad$ $x^{\frac{1}{2}} = \sqrt{x}$ $\qquad$ $y^{\frac{1}{3}} = \sqrt[3]{y}$

Durch diese Festlegung können n-te Wurzeln mit der Potenztaste des Taschenrechners berechnet werden.

Aufgabe	mögliche Tastenfolge	Ergebnis
$\sqrt[3]{7}$	[7] [y^x] [3] [1/x] [=]	1,91293...

Der Zusammenhang zwischen Potenz- und Wurzelschreibweise lässt sich auf Potenzen mit beliebigen rationalen Exponenten übertragen.

> Die Potenz $a^{\frac{m}{n}}$ ist gleich der n-ten Wurzel aus a hoch m:
> $a^{\frac{m}{n}} = \sqrt[n]{a^m} = \left(\sqrt[n]{a}\right)^m \quad (n \in \mathbb{N};\ n > 1;\ m \in \mathbb{Z};\ a \in \mathbb{Q};\ a > 0)$

Stelle jeweils in Wurzelschreibweise dar und vereinfache.

(1) $4^{\frac{3}{2}} = \sqrt[2]{4^3} = \sqrt{4^3} = \left(\sqrt{4}\right)^3 = 2^3 = 8$ $\qquad$ (2) $a^{-\frac{1}{2}} = \sqrt{a^{-1}} = \left(\sqrt{a}\right)^{-1} = \frac{1}{\sqrt{a}}$ $\qquad$ $(a > 0)$

Hinweis:
Weil Wurzeln nur für positive Radikanden definiert sind, muss bei einer Potenz a^r mit rationalem Exponenten r die Basis a stets positiv sein.

Die Regeln für Potenzen mit ganzzahligen Exponenten lassen sich auch auf solche mit rationalen Exponenten übertragen.

> Für $a, b, r, s \in \mathbb{Q};\ a, b > 0$ gilt:
> (1) $a^r \cdot a^s = a^{r+s}$ $\qquad$ (2) $a^r : a^s = \frac{a^r}{a^s} = a^{r-s}$ $\qquad$ (3) $(a^r)^s = a^{r \cdot s}$
> (4) $(a \cdot b)^r = a^r \cdot b^r$ $\qquad$ (5) $\left(\frac{a}{b}\right)^r = \frac{a^r}{b^r}$

Durch diese Regeln sind Vereinfachungen möglich.

$$10^{\frac{1}{2}}\cdot 10^{\frac{1}{2}} = 10^{\frac{1}{2}} + 10^{\frac{1}{2}} = 10^{\frac{3}{6}} + 10^{\frac{4}{6}} = 10^{\frac{7}{6}} = 10^{1+\frac{1}{6}} = 10\sqrt[6]{10}$$

$$x^{\frac{1}{3}} : x^{\frac{3}{4}} = x^{\frac{1}{3}} - x^{\frac{3}{4}} = x^{\frac{4}{12}} - x^{\frac{9}{12}} = x^{\frac{-5}{12}} = \sqrt[12]{x^{-5}} \qquad (x > 0;\ x \in \mathbb{Q})$$

$$\left(m^{\frac{1}{4}}\right)^{\frac{2}{5}} = m^{\frac{1\cdot 4}{2\cdot 5}} = m^{\frac{1}{10}} = \sqrt[10]{m} \qquad (m > 0;\ m \in \mathbb{Q})$$

$$2^{\frac{2}{5}}\cdot 5^{\frac{2}{5}} = (2\cdot 5)^{\frac{2}{5}} = 10^{\frac{2}{5}} = \sqrt[5]{10^2} = \sqrt[5]{100}$$

$$81^{\frac{4}{3}} : 3^{\frac{4}{3}} = (81:3)^{\frac{4}{3}} = 27^{\frac{4}{3}} = \sqrt[3]{27^4} = 3^4 = 81$$

Mit $r = \frac{1}{n}$ und $s = \frac{1}{m}$ lassen sich die Regeln (4), (5) und (3) auf Seite 31 in Wurzelschreibweise darstellen.

Für $(a, b \in \mathbb{Q};\ a, b > 0;\ n, m \in \mathbb{N})$ gilt:

(1) $\sqrt[n]{a\cdot b} = \sqrt[n]{a}\cdot\sqrt[n]{b}$ (2) $\sqrt[n]{\frac{a}{b}} = \frac{\sqrt[n]{a}}{\sqrt[n]{b}}$ (3) $\sqrt[m]{\sqrt[n]{a}} = \sqrt[n\cdot m]{a}$

Diese Regeln bieten oft Rechenvorteile.

$$\sqrt[4]{810\,000} = \sqrt[4]{81\cdot 10^4} = \sqrt[4]{81}\cdot\sqrt[4]{10^4} = 3\cdot 10 = 30$$

$$\sqrt[3]{125a^3b^6} = \sqrt[3]{125}\cdot\sqrt[3]{a^3}\cdot\sqrt[3]{b^6} = 5ab^2$$

$$\sqrt[5]{\frac{x}{32}} = \frac{\sqrt[5]{x}}{\sqrt[5]{32}} = \frac{\sqrt[5]{x}}{2} = \frac{1}{2}\cdot\sqrt[5]{x}$$

$$\sqrt[5]{100}\cdot\sqrt[5]{1000} = \sqrt[5]{100\,000} = \sqrt[5]{10^5} = 10$$

$$\sqrt[3]{48} : \sqrt[3]{6} = \sqrt[3]{48:6} = \sqrt[3]{8} = 2$$

$$\sqrt{\sqrt[3]{225}} = \sqrt[3]{\sqrt{225}} = \sqrt[3]{15}$$

$$\sqrt{\sqrt[3]{64}} = \sqrt[2\cdot 3]{64} = \sqrt[6]{64} = 2$$

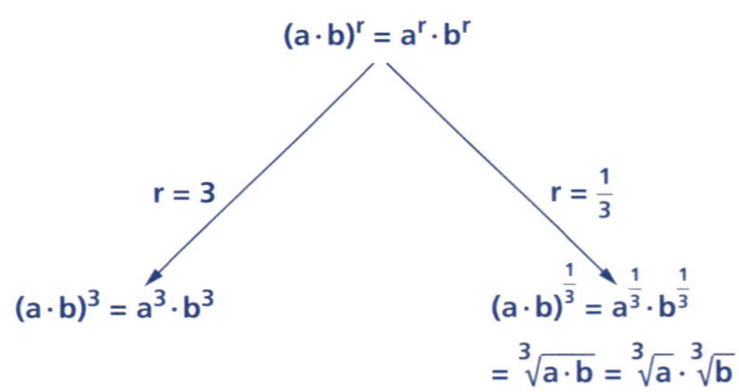

Hinweis:
Man kann Terme mit Wurzeln auch ohne Regeln für das Rechnen mit Wurzeln umformen. Dazu werden die Wurzeln als Potenzen mit rationalen Exponenten geschrieben und die Potenzgesetze angewendet.

$$\sqrt[3]{\left(\frac{64x^6}{27y^5}\right)^{-1}} = \sqrt[3]{\frac{27y^5}{64x^6}} = \left(\frac{27y^5}{64x^6}\right)^{\frac{1}{3}} = \frac{27^{\frac{1}{3}}\cdot y^{\frac{5}{3}}}{64^{\frac{1}{3}}\cdot x^{\frac{6}{3}}} = \frac{\sqrt[3]{27}\cdot\sqrt[3]{y^3}\cdot\sqrt[3]{y^2}}{\sqrt[3]{64}\cdot\sqrt[3]{x^6}} = \frac{3y}{4x^2}\cdot\sqrt[3]{y^2}$$

In manchen Fällen ist es hilftreich, die Exponenten als gemischte Zahlen zu schreiben.
Danach lassen sich weitere Vereinfachungen erkennen.

$$2^{\frac{7}{3}} = 2^{2\frac{1}{3}} = 2^{2+\frac{1}{3}} = 2^2\cdot 2^{\frac{1}{3}} = 4\cdot\sqrt[3]{2}$$

$$5^{\frac{5}{3}} = 5^{1+\frac{1}{3}} = 5\cdot\sqrt[3]{5^2} = 5\cdot\sqrt[3]{25}$$

$$x^{\frac{7}{2}} = x^{3+\frac{1}{2}} = x^3\cdot x^{\frac{1}{2}} = x^3\cdot\sqrt{x}$$

$$a^{-\frac{3}{2}} = \frac{1}{a^{\frac{3}{2}}} = \frac{1}{a^{1+\frac{1}{2}}} = \frac{1}{a^1\cdot a^{\frac{1}{2}}} = \frac{1}{a\cdot\sqrt{a}}$$

Aufgaben

1. Schreibe die Wurzeln als Potenzen. Kürze den Exponenten, wenn möglich.

a) $\sqrt{10}$ b) $\sqrt[3]{4}$ c) $\sqrt[5]{2}$ d) $\sqrt[4]{5}$ e) $\sqrt{3^4}$ f) $\sqrt[5]{12^{10}}$ g) $\sqrt{1}$

h) $\sqrt{11^6}$ i) $\sqrt{1{,}5^3}$ j) $\sqrt[7]{\left(\frac{4}{5}\right)^2}$ k) $\left(\sqrt[3]{5}\right)^2$ l) $\sqrt[4]{\frac{1}{5^2}}$ m) $\sqrt[3]{2^{-6}}$ n) $\sqrt{\frac{5}{7}}$

o) $\sqrt{a}$ p) $\sqrt[3]{b}$ q) $\sqrt[3]{c^2}$ r) $\sqrt[4]{d^8}$ s) $\sqrt[3]{e^{-6}}$ *t) $\sqrt{100a^3}$ *u) $\sqrt[3]{8t^3}$

2. Schreibe die Potenzen als Wurzeln.

a) $100^{\frac{1}{3}}$ b) $5^{\frac{1}{2}}$ c) $8^{\frac{1}{4}}$ d) $10^{\frac{1}{5}}$ e) $2^{\frac{3}{5}}$ f) $8^{\frac{4}{3}}$ g) $2^{0,5}$

h) $10^{0,75}$ i) $(3^2)^{\frac{1}{3}}$ j) $16^{-\frac{1}{2}}$ k) $(8^{-2})^{\frac{1}{4}}$ l) $10^{-0,5}$ *m) 1^0 *n) 1

o) $x^{\frac{1}{2}}$ p) $x^{\frac{2}{3}}$ q) $y^{\frac{3}{4}}$ r) $\left(y^{\frac{1}{3}}\right)^2$ s) $(z^{-1})^{\frac{1}{2}}$ t) $(8x)^{\frac{1}{2}}$ *u) $(9a)^{\frac{1}{3}}$

3. Berechne den Wert der Wurzel ohne Hilfsmittel. Prüfe durch Potenzieren so wie im Beispiel.

Beispiel: $\sqrt[5]{32} = 2$, **denn** $2^5 = (2 \cdot 2 \cdot 2 \cdot 2 \cdot 2) = 32$

a) $\sqrt{10\,000}$ b) $\sqrt[3]{64}$ c) $\sqrt[4]{81}$ d) $\sqrt[5]{0{,}00032}$ e) $\sqrt[6]{729}$ f) $\sqrt[7]{1}$

g) $\sqrt[3]{\frac{1}{27}}$ h) $\sqrt[4]{\frac{1}{16}}$ i) $\sqrt[10]{1024}$ j) $\sqrt[5]{0{,}00001}$ k) $\sqrt[4]{0{,}0625}$ *l) $\sqrt[4]{\frac{32}{162}}$

4. Vereinfache die folgenden Terme und berechne dann ihre Wurzelwerte.

a) $\sqrt[8]{100^4}$ b) $\sqrt[3]{10^{-6}}$ c) $\sqrt[11]{11^{11}}$ d) $\sqrt[6]{8^2}$ e) $\sqrt[10]{1024^{-1}}$ f) $\sqrt[20]{4^{10}}$

5. Berechne die Potenzwerte ohne Taschenrechner. Schreibe in Wurzelschreibweise.

a) $100^{\frac{1}{2}}$ b) $27^{\frac{1}{3}}$ c) $0{,}25^{\frac{1}{2}}$ d) $\left(\frac{1}{64}\right)^{\frac{1}{2}}$ e) $16^{\frac{2}{4}}$ f) $0{,}008^{\frac{1}{3}}$

g) $32^{-\frac{1}{5}}$ h) $81^{-\frac{1}{4}}$ i) $(64^{-1})^{\frac{1}{3}}$ j) $16^{0,25}$ k) $0{,}25^{-\frac{1}{2}}$ l) $36^{-0,5}$

6. Zwischen welchen benachbarten ganzen Zahlen liegt jeweils der Wert des Terms?

a) $\sqrt{90}$ b) $\sqrt[3]{90}$ c) $\sqrt[4]{90}$ d) $50^{\frac{1}{3}}$ e) $\sqrt[3]{10^2}$ *f) $\left(10^{\frac{1}{4}}\right)^3$

7. Berechne mithilfe des Taschenrechners. Suche nach rationellen Tastenfolgen. Runde auf drei Dezimalstellen. Kontrolliere durch eine andere Rechnung oder einen anderen Rechenweg.

a) $\sqrt{0{,}4}$ b) $\sqrt[3]{7}$ c) $\sqrt[4]{10}$ d) $\sqrt[5]{100}$ e) $\sqrt{2} + \sqrt[3]{3}$ f) $10^{-2} \cdot \sqrt{2}$

g) $20^{\frac{1}{3}}$ h) $32^{-\frac{1}{2}}$ i) $(-7)^{\frac{1}{2}}$ j) $(-240)^{\frac{1}{3}}$ k) $18^{0,75}$ l) $\left(\frac{14}{15}\right)^{\frac{1}{3}}$

8. Berechne. Runde auf Hundertstel. Nutze Kontrollmöglichkeiten.

a) $\sqrt[4]{2{,}8}$ b) $\sqrt[4]{28}$ c) $\sqrt[4]{280}$ d) $\sqrt[4]{2\,800}$ e) $\sqrt[4]{2{,}8 \cdot 10^3}$ f) $\sqrt[4]{2{,}8 \cdot 10^4}$

g) $2{,}8^{\frac{1}{4}}$ h) $2{,}8^{\frac{2}{8}}$ i) $(2{,}8 \cdot 10^{-4})^{\frac{1}{4}}$ j) $\sqrt[4]{28} \cdot \sqrt[4]{100}$ k) $\sqrt[4]{-2{,}8}$ l) $\sqrt[4]{0{,}28}$

9. Überprüfe, ob die Aussagen wahr sind. Berichtige, wo es erforderlich ist.

a) $\sqrt[3]{\frac{1}{7}} = 7^{-\frac{1}{3}}$ b) $\sqrt[8]{32} = 2$ c) $\left(\sqrt[4]{0{,}01}\right)^2 = 0{,}1$ d) $\sqrt[5]{243^{-1}} = \frac{1}{3}$

e) $10^{-\frac{1}{2}} = \sqrt{\frac{1}{100}}$ f) $\frac{2}{5} = \left(\frac{8}{125}\right)^{\frac{1}{3}}$ *g) $\sqrt[3]{(-3)^3} = -3$ *h) $\sqrt[4]{(-3)^4} = 3$

10. Vereinfache den Term und berechne seinen Wert. *Beispiel:* $\mathbf{1000^{\frac{3}{3}} = 1000^1 = 1000}$

a) $\sqrt[3]{1000^3}$ b) $(\sqrt{64})^2$ c) $\sqrt[3]{2^6}$ d) $\left(\sqrt[6]{\frac{1}{64}}\right)^2$ e) $\sqrt[5]{10^5}$ f) $\sqrt[7]{(-1)^7}$

g) $(-10)^{\frac{2}{2}}$ h) $\sqrt{(-10)^2}$ i) $\sqrt{0{,}1^{-2}}$ j) $\sqrt[3]{10^{-3}}$ k) $\sqrt[3]{(-10)^3}$ l) $\sqrt[8]{3^4}$

m) $\sqrt[-5]{1^{10}}$ n) $\sqrt[4]{(-100)^2}$ o) $-7^{\frac{8}{4}}$ p) $\left(\sqrt[3]{5^2}\right)^6$ q) $\sqrt[3]{0^{-1}}$ r) $\sqrt[3]{1^0}$

11. Welche Terme sind zu $\left(\frac{1}{2}\right)^{-\frac{1}{2}}$ gleichwertig? Begründe.

a) $2^{\frac{1}{2}}$ b) $0{,}5^{-0{,}5}$ c) $0{,}5^2$ d) $\frac{1}{\sqrt{0{,}5^2}}$ e) $\sqrt{\left(\frac{1}{2}\right)^{-1}}$ f) $\sqrt{2}$ g) $\left(\frac{1}{2}\right)^{\frac{1}{2}}$

12. Löse folgende Gleichungen im Grundbereich der rationalen Zahlen:

a) $x^3 = 125$ b) $x^2 = 1{,}44$ c) $x^4 + 4 = 20$ d) $x^{-6} = \frac{1}{64}$ e) $x^3 - 2 = 25$

f) $8x^3 = 1$ g) $\sqrt[3]{x} = 4$ h) $\sqrt{x - 1} = 6$ i) $x^{\frac{1}{5}} = \frac{1}{2}$ j) $\sqrt[4]{x} = 0{,}1$

13. Welche der Terme sind nicht definiert? Begründe.

a) $\sqrt[3]{25}$ b) $\sqrt{-9}$ c) $\sqrt[4]{0}$ d) $\sqrt{(-4)^2}$ e) $\sqrt[3]{-64}$ f) $(-5)^0$ g) 0^{-1}

14. Für welche Zahlen a sind die folgenden Terme definiert:

a) $\sqrt{a}$ b) $\sqrt{-a}$ c) $\sqrt{|a|}$ d) $\sqrt{a^2}$ e) $(\sqrt{a})^2$ f) $\sqrt[3]{-a}$

15. Berechne bzw. vereinfache. Gib die Ergebnisse ohne negative Zahlen im Exponenten an.

a) $10^{\frac{1}{2}} \cdot 10^{\frac{1}{4}}$ b) $5^{\frac{2}{3}} \cdot 5^{\frac{1}{6}}$ c) $2^{\frac{3}{4}} \cdot 2^{-\frac{1}{4}}$ d) $3^2 \cdot 3^{-\frac{1}{2}}$ e) $0{,}5^{-\frac{1}{3}} \cdot \left(\frac{1}{2}\right)^{\frac{1}{3}}$

f) $a^{\frac{1}{2}} \cdot a^{\frac{1}{3}}$ g) $y^{\frac{3}{2}} \cdot y^{\frac{5}{2}}$ h) $x^{-\frac{1}{4}} \cdot x^{\frac{1}{8}}$ i) $(ab)^{\frac{1}{2}} \cdot (ab)^{\frac{1}{2}}$ j) $x^{-\frac{2}{7}} \cdot x^{\frac{1}{14}} \cdot x^{\frac{1}{2}}$

k) $10^{\frac{2}{3}} : 10^{\frac{1}{3}}$ l) $5^{\frac{3}{4}} : 5^{\frac{1}{2}}$ m) $3^{-\frac{1}{4}} : 3^{\frac{3}{4}}$ n) $2^{-2} : 2^{\frac{1}{2}}$ o) $\left(\frac{1}{2}\right)^{\frac{1}{2}} : 0{,}5^{-\frac{1}{2}}$

p) $v^{\frac{3}{4}} : v^{\frac{1}{4}}$ q) $w^{\frac{1}{4}} : w^{-\frac{1}{8}}$ r) $a^{\frac{2}{3}} : a^2$ s) $(ab)^{\frac{1}{2}} : (ab)^{\frac{1}{2}}$ *t) $x^0 : x^{-2} : x^{\frac{1}{2}}$

16. Vereinfache die Basen. Gib die Ergebnisse ohne Brüche im Exponenten an.

a) $8^{\frac{1}{5}} \cdot 4^{\frac{1}{5}}$ b) $2^{\frac{3}{4}} \cdot 8^{\frac{3}{4}}$ c) $5^{\frac{1}{2}} \cdot 6$ d) $-5^{\frac{1}{8}} \cdot 5^{\frac{1}{8}}$ e) $\left(\frac{1}{6}\right)^{\frac{3}{4}} \cdot \left(\frac{18}{9}\right)^{\frac{3}{4}}$

f) $x^{\frac{1}{3}} \cdot y^{\frac{1}{3}}$ g) $x^{\frac{3}{4}} \cdot y^{\frac{3}{4}}$ h) $x^{-\frac{3}{4}} \cdot y^{-\frac{3}{4}}$ i) $2x^{\frac{1}{3}} \cdot \frac{1}{2} y^{\frac{2}{6}}$ j) $\left(\frac{1}{\pi}\right)^{\frac{1}{2}} \cdot \pi^{-\frac{1}{2}}$

k) $48^{\frac{1}{4}} : 3^{\frac{1}{4}}$ l) $5^{\frac{1}{2}} : 10^{\frac{1}{2}}$ m) $\left(\frac{1}{3}\right)^{\frac{1}{3}} : \left(\frac{1}{24}\right)^{\frac{1}{3}}$ n) $19^{-\frac{1}{2}} : 19^{-\frac{1}{2}}$ o) $242^{0{,}5} : 2^{0{,}5}$

p) $a^{\frac{1}{2}} \cdot b^{\frac{1}{2}}$ q) $a^{\frac{2}{3}} \cdot b^{\frac{2}{3}}$ r) $\frac{a^{-0{,}1}}{b^{-0{,}1}}$ s) $\frac{3a^{\frac{2}{4}}}{6b^{\frac{1}{2}}}$ t) $z^{0{,}5} : z^{-\frac{1}{2}}$

17. Potenziere. Vereinfache die Exponenten und gib das Ergebnis in Wurzelschreibweise an.

a) $\left(10^{\frac{1}{2}}\right)^{\frac{1}{3}}$ b) $\left(100^{\frac{5}{2}}\right)^{\frac{4}{5}}$ c) $\left(36^{\frac{3}{4}}\right)^{\frac{2}{3}}$ d) $\left(7^{\frac{3}{4}}\right)^2$ e) $\left(144^{-\frac{3}{4}}\right)^{\frac{2}{3}}$

f) $\left(a^{\frac{1}{3}}\right)^{\frac{3}{4}}$ g) $(x^4)^{\frac{3}{4}}$ h) $\left(c^{\frac{1}{8}}\right)^{-4}$ i) $(y^{-2})^{\frac{1}{4}}$ j) $(4a^2)^{\frac{1}{2}}$

18. Fasse zusammen.

a) $7\sqrt{10} + 6\sqrt{10} - 4\sqrt{10}$ b) $11\sqrt{a} - 6\sqrt{a}$ c) $7\sqrt{xy} + 5\sqrt{x^2y} - 4\sqrt{xy} - \sqrt{x^2y}$

d) $3x\sqrt{4} + 5x\sqrt{9}$ e) $\sqrt[3]{a} - 2\sqrt{ab} + 5\sqrt[3]{a} - \sqrt{ab}$ f) $\frac{1}{4}\sqrt{x} - 0{,}2\sqrt{x}$

19. Fasse zu einer Wurzel zusammen. Berechne die Wurzeln ohne Hilfsmittel.
Gelingt dir das nicht, prüfe, ob du den Radikanden weiter vereinfachen kannst.

a) $\sqrt{10}\cdot\sqrt{10}$ b) $\sqrt[3]{5}\cdot\sqrt[3]{25}$ c) $\sqrt{2}\cdot\sqrt{2}$ d) $\sqrt[4]{2}\cdot\sqrt[4]{8}$ e) $\sqrt{3{,}2}\cdot\sqrt{0{,}2}$

f) $\frac{\sqrt{90}}{\sqrt{10}}$ g) $\frac{\sqrt{84}}{\sqrt{21}}$ h) $\frac{\sqrt[3]{2}}{\sqrt[3]{54}}$ i) $\frac{\sqrt[4]{32}}{\sqrt[4]{2}}$ j) $\frac{\sqrt{0{,}75}}{\sqrt{3}}$

k) $\sqrt[3]{2}\cdot\sqrt[3]{4}\cdot\sqrt[3]{8}$ l) $\sqrt[3]{100}\cdot\sqrt[3]{100}\cdot\sqrt[3]{100}$ m) $\sqrt[5]{10^7}\cdot\sqrt[5]{100}$ n) $\sqrt[4]{\frac{27}{16}}\cdot\sqrt[4]{\frac{3}{4}}$

20. Zerlege die Radikanden und berechne.

a) $\sqrt{8100}$ b) $\sqrt[3]{8000}$ c) $\sqrt[3]{0{,}125}$ d) $\sqrt[3]{\frac{1}{64}}$ e) $\sqrt[4]{16\cdot 10^{12}}$

f) $\sqrt[3]{1{,}6\cdot 5}$ g) $\sqrt{\frac{2}{18}}$ h) $\sqrt[3]{\frac{64}{1000}}$ i) $\sqrt[4]{0{,}0081}$ j) $\sqrt[3]{2\cdot 4\cdot 27}$

k) $\sqrt[3]{8\cdot 16^{-6}}$ l) $2\cdot\sqrt{4\cdot 10^4}$ m) $\sqrt[5]{1{,}1^0}$ n) $\sqrt[3]{8^4}$ o) $\sqrt[6]{10^{-6}}$

21. Vereinfache die Terme, indem du die Radikanden in geeignete Faktoren zerlegst und dann die Wurzel ziehst. Für die Aufgaben i) und j) gilt: $|a| > |b|$

a) $\sqrt[3]{a^6b^3}$ b) $\sqrt[4]{x^8y^{12}}$ c) $\sqrt{r^4s^{-2}}$ d) $\sqrt{9z^4}$ e) $\sqrt[5]{32k^5}$

*f) $\sqrt[3]{x^3y^4z^5}$ g) $\sqrt{\frac{a^2b}{c^2d}}$ h) $\sqrt{10a^2b^3}$ i) $\sqrt{(a-b)^{-2}}$ j) $\sqrt{a^2-b^2}$

22. Vereinfache und berechne.

a) $\sqrt{\sqrt{16}}$ b) $\sqrt[3]{\sqrt{27}}$ c) $\sqrt{\sqrt[3]{100}}$ d) $\sqrt[3]{\sqrt[4]{8}}$ e) $\sqrt[3]{\sqrt{0{,}125}}$

f) $\sqrt[15]{\sqrt[3]{a^{15}}}$ g) $\left(\sqrt[3]{5}\right)^{\frac{1}{2}}$ h) $\sqrt{\sqrt[3]{x^{-6}}}$ i) $\sqrt[4]{\sqrt[3]{81x^8}}$ *j) $\sqrt{\sqrt[3]{\sqrt[4]{x^{12}}}}$

23. Vereinfache so, dass keine Potenzen mit negativen Exponenten bzw. keine Wurzeln auftreten.

a) $a^{-4}+4a^{-4}-3a^{-4}$ b) $(m^{-3})^{-2}$ c) $b^{3a}:b^{5a}$ d) $-(a^2)^{-2}$

e) $\frac{a^{-2}\cdot x^4\cdot z^{\frac{1}{2}}}{b^3\cdot y^{-5}\cdot z}$ *f) $\frac{\sqrt{ab}}{\sqrt[3]{a}\cdot\sqrt[4]{b}}$ *g) $\frac{3x^{\frac{1}{2}}\cdot\sqrt{y}}{4x^{\frac{1}{2}}\cdot\sqrt{xy}}$ h) $\frac{\sqrt{a^{11}}\cdot y^{-1}}{\sqrt{a^5}\cdot x^{-2}}$

24. Stelle die Formeln nach den in Klammern geschriebenen Größen um.

a) $s=\frac{a}{2}t^2$ (t) b) $V=\frac{4}{3}\pi r^3$ (r) c) $T=2\pi\cdot\sqrt{\frac{l}{g}}$ (l)

25. Eine Algenkultur verdoppelt ihre ursprüngliche Masse von einem Gramm alle drei Tage.

a) Berechne die Algenmasse am sechsten, neunten und zwölften Tag.
b) Wie viel Gramm wiegt die Kultur nach einem Tag, nach zwei Tagen bzw. nach fünf Tagen?
c) Gib eine Gleichung für n Tage an. Zeige, dass sich die Masse nach sechs Tagen verdoppelt hat.
d) Berechne mit der Gleichung die Masse der Algenkultur nach zehn Tagen (nach 20 Tagen).
e) Löse die Aufgaben a) bis d) für eine Ausgangsmasse von 5 g.

26. Die Herstellungskosten für ein Produkt kann man senken, wenn es in hoher Stückzahl produziert werden kann. Durch die Gleichung $K = a\cdot n^{-0{,}25}$ wird der Zusammenhang zwischen den Fertigungskosten K je Produkt und der gefertigten Stückzahl n beschrieben. Der Faktor a wird durch andere Einflüsse auf die Kosten bestimmt.

a) Wie ändern sich die Kosten K, wenn sich die Anzahl n verdoppelt?
*b) Wie muss sich n ändern, damit K um 10 % sinken kann?

1.5 Reelle Zahlen

Lisa will wissen, welche Zahl mit sich selbst multipliziert genau 2 ergibt.
Sie rechnet mit dem Taschenrechner: $\sqrt{2} \cdot \sqrt{2}$

Welches Ergebnis wird der Taschenrechner zeigen? Warum ist das so? Gib $\sqrt{2}$ möglichst genau an. Was stellst du fest?

$\sqrt{2} \approx 1{,}4$	$1{,}4 \cdot 1{,}4 = 1{,}96$
$\sqrt{2} \approx 1{,}41$	$1{,}41 \cdot 1{,}41 = 1{,}9881$
$\sqrt{2} \approx 1{,}414$	$1{,}414 \cdot 1{,}414 = \ldots$
...	...

Die Zahl, deren Quadrat 2 ist, stellte eine grundlegende Auffassung der Gelehrten der Antike infrage. Der griechische Mathematiker PYTHAGORAS VON SAMOS gründete (um 530 v. Chr.) den Geheimbund der PYTHAGOREER. Es wurde die Auffassung vertreten, dass alle Größen natürliche Zahlen oder Verhältnisse natürlicher Zahlen sind.

Als HIPPASOS VON METAPONT (um 450 v. Chr.) bei der Untersuchung der Länge der Diagonalen im Einheitsquadrat erkannte, dass diese Strecke keine rationale Maßzahl haben kann, wurde diese Entdeckung lange geheim gehalten. HIPPASOS wurde aus der Sekte ausgeschlossen und starb eines mysteriösen Todes.
Einen Beweis dafür, dass $\sqrt{2}$ keine rationale Zahl (also irrational) ist, fand EUKLID (um 300 v. Chr.).

Einheitsquadrat

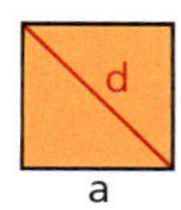

a = 1 cm
A = 1 cm^2

2 Einheitsquadrate

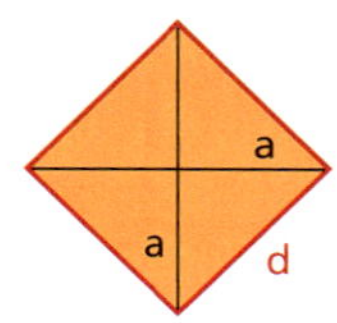

A = 2 cm^2
d = $\sqrt{2}$ cm

Reelle Zahlen auf der Zahlengeraden

Für $\sqrt{2}$ gibt es auf einer Zahlengeraden keinen Punkt, dem eine rationale Zahl zugeordnet werden kann. Rationale Zahlen lassen sich immer mithilfe von Brüchen darstellen. Das ist für $\sqrt{2}$ nicht möglich.

Um $\sqrt{2}$ auf der Zahlengeraden darzustellen, kann ein Kreis um den Nullpunkt mit dem Radius r gezeichnet werden. Der Radius r ist die Diagonale des Einheitsquadrates. Der Kreis schneidet die Zahlengerade im Punkt P. Dem Punkt P der Zahlengeraden wird die irrationale Zahl $\sqrt{2} = 1{,}4142\ldots$ zugeordnet.

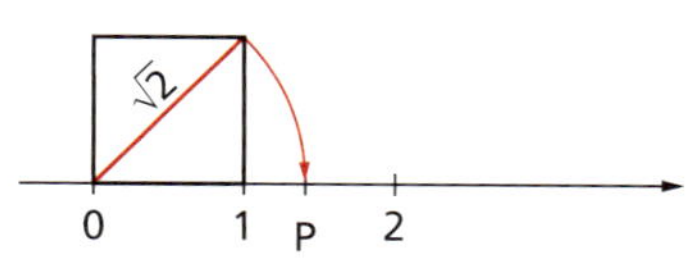

Die Dezimalstellen der irrationalen Zahl $x = \sqrt{2}$ können schrittweise mithilfe einer **Intervallschachtelung** bestimmt werden. Es wird in Zehntel-, Hundertstel- bzw. Tausendstelschritten geprüft, ob das Quadrat des vermuteten Wertes 2 ergibt.

1. Bestimmen der ersten Dezimalstelle

x	1,1	1,2	1,3	1,4	1,5
x^2	$1{,}1^2 = 1{,}21$	$1{,}2^2 = 1{,}44$	$1{,}3^2 = 1{,}69$	$1{,}4^2 = 1{,}96$	$1{,}5^2 = 2{,}25$

Die Zahl liegt zwischen 1,4 und 1,5.
x = 1,4...

2. Bestimmen der zweiten Dezimalstelle

x	1,4 = 1,40	1,4**1**	1,4**2**
x^2	$1{,}40^2 = 1{,}96$	$1{,}41^2 = 1{,}9881$	$1{,}42^2 = 2{,}0164$

Die Zahl liegt zwischen 1,41 und 1,42.
x = 1,4**1**...

Dieses Verfahren lässt sich beliebig weit fortsetzen. Die Annäherung an $\sqrt{2}$ kann durch eine Folge von Ungleichungen beschrieben werden. Der Abstand zweier Zahlen wird bei jedem Schritt auf ein Zehntel der Länge des vorhergehenden Abstandes verkürzt. Will man $\sqrt{2}$ auf n Stellen nach dem Komma zuverlässig angeben, so müssen n Schritte ausgeführt werden.

Es gilt für $\sqrt{2}$:

$1{,}4 < \sqrt{2} < 1{,}5$ weil 1,42 = 1,96 < 2 < 2,25 = 1,52

$1{,}41 < \sqrt{2} < 1{,}42$ weil 1,412 = 1,9881 < 2 < 2,0164 = 1,422

$1{,}414 < \sqrt{2} < 1{,}415$ weil 1,4142 = 1,999396 < 2 < 2,002225 = 1,4152

$1{,}4142 < \sqrt{2} < 1{,}4143$ weil 1,4142 = 1,99996164 < 2 < 2,00024449 = 1,41432

⋮ ⋮

Alle Zahlen zwischen zwei gegebenen Zahlen (den Intervallgrenzen) bilden ein **Intervall.**

Bei abgeschlossenen Intervallen gehören die beiden äußeren Zahlen (die Intervallgrenzen) zum Intervall dazu: Schreibweise: [a; b] bzw. $\{x \mid a \le x \le b\}$

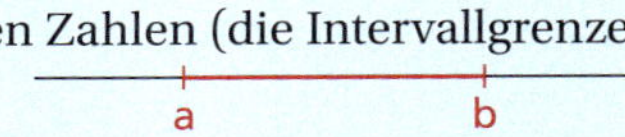

Bei offenen Intervallen gehören die beiden äußeren Zahlen (die Intervallgrenzen) nicht zum Intervall dazu: Schreibweise:]a; b[bzw. $\{x \mid a < x < b\}$

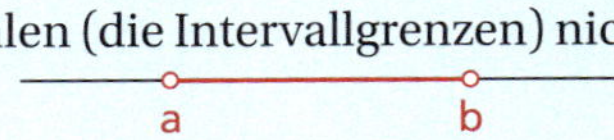

Alle Quadratwurzeln natürlicher Zahlen (außer den Wurzeln aus Quadratzahlen) sind irrationale Zahlen. Es gibt unendlich viele irrationale Zahlen, wie sich leicht zeigen lässt.

Die beiden Zahlen **0,1234567891011121314151617 1...** und **0,101001000100001000001000000...** sind irrational, weil sie keine periodischen Dezimalbrüche sind.

Die Menge der reellen Zahlen

Unter Einbeziehung der irrationalen Zahlen kann eine neue Zahlenmenge gebildet werden.

Die Menge der rationalen Zahlen $\mathbb{Q}$ bildet zusammen mit der Menge der irrationalen Zahlen die **Menge der reellen Zahlen.** Die Menge der reellen Zahlen wird mit $\mathbb{R}$ gekennzeichnet.

$\sqrt{3} = 1{,}7320...$	(nichtperiodisch)	$\frac{10}{27} = 0{,}37037... = 0{,}\overline{370}$	(periodisch)
$-\sqrt{72} = -8{,}4852813...$	(nichtperiodisch)	$-\frac{141}{40} = -3{,}525$	(periodisch)
$15 = 15{,}0$	(periodisch)	0,01012012301234012345...	(nichtperiodisch)

Die reellen Zahlen schließen alle anderen Zahlenbereiche ein.
Die Teilmengenbeziehungen zwischen den Mengen der natürlichen Zahlen $\mathbb{N}$, der ganzen Zahlen $\mathbb{Z}$, der gebrochenen Zahlen $\mathbb{Q}_+$, der rationalen Zahlen $\mathbb{Q}$ und der reellen Zahlen $\mathbb{R}$ können in Mengendiagrammen veranschaulicht werden.

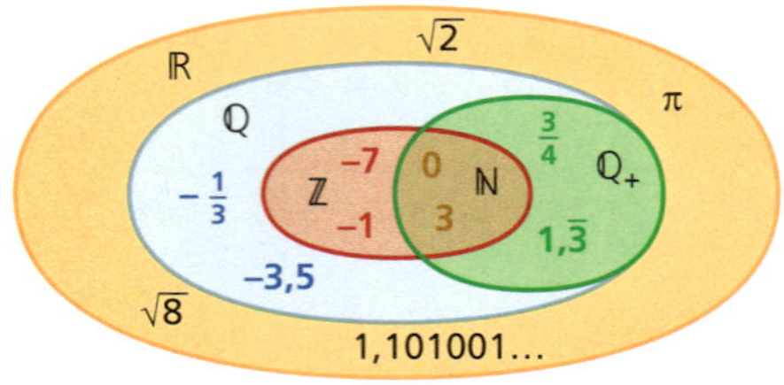

Jede reelle Zahl lässt sich als Dezimalbruch darstellen.
Folgende Arten lassen sich unterscheiden:

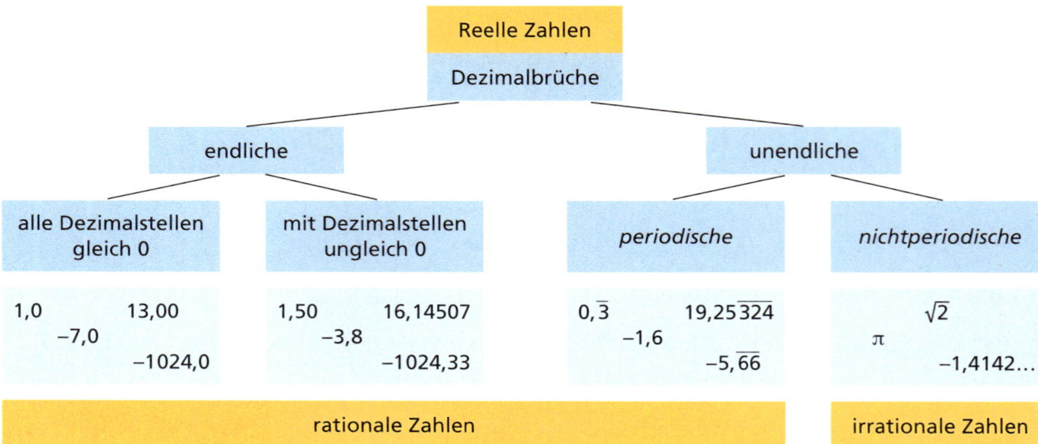

Aus Gründen der Eindeutigkeit werden Zahlen mit der Periode 9 ausgeschlossen. Sie lassen sich als endliche Dezimalbrüche darstellen.

In der Menge der reellen Zahlen sind alle Grundrechenoperationen sowie das Quadratwurzelziehen aus nichtnegativen Zahlen uneingeschränkt ausführbar.
Die Begriffe „Quadratwurzel“ und „Kubikwurzel“ können in folgender Weise definiert werden:

Die **Quadratwurzel** der reellen Zahl a mit $a \geq 0$ ist diejenige nichtnegative reelle Zahl b, deren zweite Potenz a ergibt.

Schreibweise: $b = \sqrt{a}$, wenn $b^2 = a$

Die **Kubikwurzel (dritte Wurzel)** der reellen Zahl a mit $a \geq 0$ ist diejenige reelle Zahl b, deren dritte Potenz a ergibt.

Schreibweise: $b = \sqrt[3]{a}$, wenn $b^3 = a$

$\sqrt[3]{512} = 8$, denn $8^3 = 512$ $\quad \sqrt{2} = 1{,}4142...$ $\quad \sqrt[3]{2} = 1{,}25992...$

$\sqrt{512} = \sqrt{256 \cdot 2} = \sqrt{256} \cdot \sqrt{2} = 16 \cdot \sqrt{2}$, denn $(16 \cdot \sqrt{2})^2 = 256 \cdot 2 = 512$

Wichtige Eigenschaften irrationaler bzw. reeller Zahlen sind:

- Irrationale Zahlen liegen überall dicht, d.h., zwischen zwei irrationalen Zahlen gibt es immer eine weitere Zahl und damit unendlich viele irrationale Zahlen.
- Mit reellen Zahlen sind alle Grundrechenoperationen (mit Ausnahme der Division durch 0) und das Wurzelziehen für nichtnegative Radikanden ausführbar.
- Reelle Zahlen füllen die Zahlengerade lückenlos aus. Jeder reellen Zahl kann genau ein Punkt der Zahlengeraden zugeordnet werden. Jeder Punkt der Zahlengeraden entspricht genau einer reellen Zahl.
- Jede irrationale Zahl kann durch eine rationale Zahl mit beliebiger Genauigkeit beschrieben werden.

Reelle Zahlen in Termen und Gleichungen

Reelle Zahlen treten in Termen und Gleichungen häufig auf. Aus Gründen des übersichtlichen und einfachen Arbeitens wird darauf geachtet, in Nennern von Brüchen nur rationale Zahlen zu verwenden. Deshalb sollte z. B. bei Ergebnisdarstellungen im Nenner eines Bruches kein Wurzelzeichen stehen. Durch Erweitern und Kürzen lassen sich immer „rationale Nenner" angeben. Man spricht dann vom Rationalmachen des Nenners.

Für Quadratwurzeln gilt:

$$\frac{1}{\sqrt{a}} = \frac{\sqrt{a}}{\sqrt{a}\cdot\sqrt{a}} = \frac{\sqrt{a}}{(\sqrt{a})^2} = \frac{\sqrt{a}}{a} \qquad (\text{für } a > 0;\ a \in \mathbb{R})$$

Das Rationalmachen des Nenners kann auch auf Terme angewendet werden, bei denen andere Wurzelexponenten auftreten.

$$\frac{8}{\sqrt{2}} = \frac{8\cdot\sqrt{2}}{\sqrt{2}\cdot\sqrt{2}} = \frac{8\cdot\sqrt{2}}{2} = 4\sqrt{2}$$

$$\frac{16}{\sqrt{12}} = \frac{16}{\sqrt{4\cdot 3}} = \frac{16\cdot\sqrt{3}}{\sqrt{4}\cdot\sqrt{3}\cdot\sqrt{3}} = \frac{16\cdot\sqrt{3}}{2\cdot 3} = \frac{8}{3}\sqrt{3}$$

$$\frac{4}{\sqrt[3]{24}} = \frac{4}{\sqrt[3]{8\cdot 3}} = \frac{4}{\sqrt[3]{8}\cdot\sqrt[3]{3}} = \frac{4}{2\cdot\sqrt[3]{3}} = \frac{2}{\sqrt[3]{3}} = \frac{3\cdot\left(\sqrt[3]{3}\right)^2}{\sqrt[3]{3}\cdot\left(\sqrt[3]{3}\right)^2} = \frac{2}{3}\left(\sqrt[3]{3}\right)^2$$

$$\frac{5}{\sqrt{5}} = \frac{5\cdot\sqrt{5}}{\sqrt{5}\cdot\sqrt{5}} = \frac{5\cdot\sqrt{5}}{5} = \sqrt{5}$$

$$\frac{3}{\sqrt[3]{3}} = \frac{3\cdot\left(\sqrt[3]{3}\right)^2}{\sqrt[3]{3}\cdot\left(\sqrt[3]{3}\right)^2} = \frac{3\cdot\left(\sqrt[3]{3}\right)^2}{3} = \left(\sqrt[3]{3}\right)^2$$

Gleichungen mit Potenzen und Wurzeln, in denen Variablen auftreten, können häufig durch inhaltliches Überlegen gelöst werden. Man muss für die Variablen dabei Zahlen aus dem Grundbereich finden, durch die die Gleichung zu einer wahren Aussage wird.

Die Lösung der Gleichung $(y\cdot\sqrt{2})^3 = 64$ kann man durch folgende Überlegungen finden:
Der Term in der Klammer muss den Wert 4 haben, denn $4^3 = 64$.

Damit gilt:

$y\cdot\sqrt{2} = 4$ und $y = \frac{4}{\sqrt{2}} = \frac{4\cdot\sqrt{2}}{\sqrt{2}\cdot\sqrt{2}} = \frac{4\cdot\sqrt{2}}{\sqrt{4}} = \frac{4\cdot\sqrt{2}}{2} = 2\cdot\sqrt{2}$

$(4 + 45)^x = 7;\ x = \frac{1}{2}$, denn $49^{\frac{1}{2}} = \sqrt{49} = 7$

Bei komplizierten Termen lassen sich die Gleichungen schrittweise durch Anwenden der Umkehroperationen umformen.

$$\frac{\sqrt{(x-3)^3}}{2} = 4 \quad | \cdot 2$$
$$\sqrt{(x-3)^3} = 8 \quad | \text{ quadrieren}$$
$$(x-3)^3 = 64 \quad | \sqrt[3]{}$$
$$x - 3 = 4 \quad | +3$$
$$x = 7$$

Probe:
$$\frac{\sqrt{(7-3)^3}}{2} = \frac{\sqrt{4^3}}{2} = \frac{\sqrt{64}}{2} = \frac{8}{2} = 4$$

Es ist zu beachten, dass das Potenzieren und das Radizieren keine äquivalenten Umformungen sind. Die Lösungsmenge kann sich durch die Anwendung dieser Operationen verändern.

1. Die Gleichung $x^2 = 4$ hat offensichtlich zwei Lösungen: -2 und 2.
   Berechnet man auf beiden Seiten der Gleichung die Quadratwurzel, so erhält man durch formales Rechnen $x = 2$. Die zweite Lösung ist „verloren gegangen".
2. $x + 2 = 5$ ist nur für $x = 3$ eine wahre Aussage. Nach dem Quadrieren beider Seiten entsteht $(x + 2)^2 = 25$. Die neue Gleichung besitzt die Lösungen -7 und 3.
   Durch das Quadrieren ist eine Lösung „hinzugekommen".

Man sollte stets überprüfen, ob das ermittelte Ergebnis die Ausgangsgleichung erfüllt und ob alle Lösungen gefunden worden sind.

Aufgaben

1. Ordne der Größe nach.

a) $1{,}4142136\ldots;\ \sqrt{3};\ 1{,}73205081\ldots;\ 1{,}8320508\ldots;\ \sqrt{2};\ 1{,}4142134\ldots$

b) $-3{,}872984\ldots;\ -5{,}872984\ldots;\ -\sqrt{35};\ -3{,}872974\ldots;\ -\sqrt{15};\ -5{,}91608\ldots$

c) $2{,}6457513\ldots;\ -2{,}645751;\ -\sqrt{7};\ 2{,}645751;\ \sqrt{7};\ -\sqrt{7{,}1}$

d) $4;\ \frac{9}{2};\ \frac{13}{3};\ \frac{48}{11};\ \sqrt{19};\ \frac{61}{14};\ \frac{170}{39};\ \frac{1421}{362}$

2. Beseitige die Klammern und fasse zusammen.

a) $4\sqrt{3}(7 - \sqrt{3})$

b) $(2\sqrt{3} + 3\sqrt{2} - 5\sqrt{4}) \cdot \sqrt{6}$

c) $\sqrt{5} \cdot (\sqrt{3} - \sqrt{5}) \cdot (-\sqrt{3})$

d) $(3 - \sqrt{5} + \sqrt{8}) \cdot (\sqrt{3} - \sqrt{2})$

e) $(\sqrt{8} + \sqrt{5} - \sqrt{3}) \cdot (3\sqrt{5} + 5\sqrt{3} - 2\sqrt{15})$

f) $((\sqrt{2} - \sqrt{3}) \cdot 1 + \sqrt{3}) \cdot (\sqrt{3} + \sqrt{2})$

g) $2\sqrt{3} + (\sqrt{3} - \sqrt{7}) - (5\sqrt{7} - 3\sqrt{3} + \sqrt{7})$

h) $3\sqrt{6} \cdot (4 - (2\sqrt{3} - 5\sqrt{6}))$

3. Klammere möglichst weitgehend aus.

a) $3\sqrt{5} + 2\sqrt{5} - 6\sqrt{5} - \sqrt{5}$

b) $4\sqrt{r} - 7\sqrt{r} + 2\sqrt{r} - 3\sqrt{r}$

c) $\sqrt{a}\sqrt{a+b} - \sqrt{b}\sqrt{a+b}$

d) $\sqrt{3}\sqrt{8} + \sqrt{3}\sqrt{18} - \sqrt{2}\sqrt{3}$

e) $8\sqrt{a} + 2\sqrt{b} - \sqrt{a} + 5\sqrt{b}$

f) $x\sqrt{8} - y\sqrt{3} + x\sqrt{2} + y\sqrt{27}$

g) $\sqrt{25a^3} - \sqrt{144a^3} + \sqrt{49a^3}$

h) $\frac{1}{2}\sqrt{3} + \frac{2}{3}\sqrt{3} - \frac{5}{4}\sqrt{3}$

4. Klammere aus.

a) $3\sqrt{6}-\sqrt{24}$ b) $\sqrt{28a^3}+\sqrt{7a^5}$ c) $5x\sqrt{z}-y^2\sqrt{z}$ d) $d\sqrt{z\cdot d}-\sqrt{z^3\cdot d}$

5. Zerlege in zwei Faktoren.

a) $25a^2-16b^2$ b) $25a^2-16b$ c) $25a-16b$ d) $5a^2-4b^2$

e) $5a^2-2b^2$ f) $4x^2+4xy+y^2$ g) $4x^2+4x\sqrt{y}+y$ h) $88+30\sqrt{7}$

6. Forme so um, dass im Nenner keine Wurzel steht.

a) $\frac{b}{\sqrt{c}}$ b) $\frac{1}{1+\sqrt{2}}$ c) $\frac{1}{1-\sqrt{2}}$ d) $\frac{60}{3+\sqrt{3}}$ e) $\frac{3-\sqrt{3}}{3+\sqrt{3}}$ f) $\frac{1}{\sqrt{5}-\sqrt{4}}$

7. Forme so um, dass im Nenner keine Wurzel steht, und fasse zusammen.

a) $\frac{3\sqrt{2}+2\sqrt{3}}{2\sqrt{2}-\sqrt{3}}$ b) $\frac{3\sqrt{a}-2\sqrt{b}}{2\sqrt{a}+3\sqrt{b}}$ c) $\frac{\sqrt{x}+\sqrt{y}}{\sqrt{x}-\sqrt{y}}$

d) $\frac{\sqrt{4u}}{2-3\sqrt{u}}+\frac{2}{3\sqrt{u}+2}$ e) $\frac{6+\sqrt{3}}{3-2\sqrt{5}}-\frac{\sqrt{3}-2}{3+2\sqrt{5}}$ f) $\frac{4}{\sqrt{a}-\sqrt{b}}+\frac{5}{\sqrt{a}+\sqrt{b}}-\frac{9\sqrt{a}}{a-b}$

g) $\frac{1}{3+5\sqrt{2}}+\frac{2}{\sqrt{2}+1}-\frac{3}{8\sqrt{2}+13}$ h) $\frac{1}{3+5\sqrt{2}}+\frac{2}{\sqrt{2}+1}-\frac{7+11\sqrt{2}}{8\sqrt{2}+13}$ i) $\frac{2}{\sqrt{a}-3}+\frac{5}{\sqrt{a}+3}+\frac{6}{(\sqrt{a}-3)^2}$

8. Vereinfache wie im Beispiel. *Beispiel:* $\sqrt{a^2+2ab+b^2}=\sqrt{(a+b)^2}=|a+b|$

a) $\sqrt{9a^2+6ab+b^2}$ b) $\sqrt{4-4x+x^2}$ c) $\sqrt{r^2+4r\sqrt{t}+4t}$

d) $\sqrt{w-2\sqrt{w}+1}$ e) $\sqrt{4u^2-(20uv-25v^2)}$ f) $\sqrt{\frac{9}{x^2}+x^2-6}$

g) $\sqrt{2a^2+2\sqrt{6}ab+3b^2}$ h) $\sqrt{4r^4+16s^4+16(rs)^2}$ i) $5x^2-\sqrt{20}\cdot xy+y^2$

9. Löse die Gleichungen möglichst inhaltlich.

a) $\left(x+\frac{1}{2}\right)^2=2$ b) $\sqrt{2}\cdot x=2$ c) $\sqrt[x]{\frac{1}{8}}=\frac{1}{2}$ d) $\sqrt[3]{20+x}=3$

e) $x+x^2+x^3=3$ f) $x^3+x^2+x=14$ g) $\sqrt[x]{0{,}0001}=\frac{1}{10}$ h) $\sqrt{x}+2\sqrt{x}=9$

i) $\sqrt{\frac{1}{x+3}}=0{,}2$ j) $\sqrt{x}=x^2$

10. Löse die Gleichungen.

a) $\sqrt{2x}=2x^2$ b) $16^x+4^x=6$ c) $\frac{27}{x}=x^2$ d) $1x=\frac{1}{x}$

e) $\sqrt{4a^2+4a+1}=3$ f) $\frac{\sqrt{x+3}}{2}=\frac{2}{\sqrt{x-3}}$ g) $x^x=4$ *h) $\frac{\sqrt[3]{\left(\frac{1}{3}x+6\right)^2}}{\sqrt[3]{x-3}}=\frac{\sqrt[3]{(x-3)^2}}{\sqrt[3]{\frac{1}{3}x+6}}$

i) $\sqrt{x}\cdot\sqrt[3]{x}=2\sqrt[6]{x}$ j) $y^2\cdot\sqrt{y}=10^{-5}$

11. Stelle die Formeln nach den angegebenen Größen um.

a) $V=\frac{1}{3}a^2h$ (a) b) $V=\frac{\pi}{3}r^2h$ (r) c) $R=\sqrt{h(2r-h)}$ (r) d) $A=2\cdot\sqrt{3}a^2$ (a)

e) $F=\sqrt{F_1^2+F_2^2}$ (F_1) f) $F=m\frac{v^2}{r}$ (v) g) $s=\frac{g}{2}t^2$ (t) h) $T=2\pi\sqrt{\frac{l}{g}}$ (g)

12. Wandle die periodischen Dezimalbrüche in gemeine Brüche um.

Beispiel: $x=0{,}\overline{27}\ \Rightarrow\ 100x=27{,}\overline{27}\ \Rightarrow\ 99x=27\ \Rightarrow\ x=\frac{27}{99}=\frac{3}{11}$

a) $0{,}1\overline{3}$ b) $0{,}\overline{7}$ c) $0{,}\overline{123}$ d) $2{,}\overline{4}$ e) $1{,}\overline{23}$

1.6 Rechnen mit Näherungswerten

Leon soll mit seinem Lineal die Höhe und die Breite seines Mathematikbuches messen.
Er gibt als Ergebnis für die Höhe 24,45 cm und für die Breite 17,35 cm an.
Sein Lineal hat aber nur eine Millimetereinteilung.

Was hat Leon deiner Meinung nach übersehen?

Genaue Werte und Näherungswerte

Wenn der Flächeninhalt geometrischer Objekte berechnet werden soll, ist es für die Angabe des Ergebnisses wichtig, ob die dabei verwendeten Angaben Messwerte sind oder nicht.

1. *Gegeben:* $a = 2{,}3\ \text{cm};\ b = 11{,}9\ \text{cm}$ (Beide Wert sind genaue Werte.)
   Gesucht: A (in cm^2)
   Lösung: $A = a \cdot b = 2{,}3\ \text{cm} \cdot 11{,}9\ \text{cm}$
   $A = 27{,}37\ \text{cm}^2$

2. *Gegeben:* $a = 2{,}3\ \text{cm};\ b = 11{,}9\ \text{cm}$ (Beide Werte sind auf eine Stelle nach dem Komma gerundet.)
   Gesucht: A (in cm^2)
   Lösung: $A_1 = a \cdot b = 2{,}35\ \text{cm} \cdot 11{,}95\ \text{cm} = 28{,}0825\ \text{cm}^2$
   $A_2 = a \cdot b = 2{,}25\ \text{cm} \cdot 11{,}85\ \text{cm} = 26{,}6625\ \text{cm}^2$

Bei den gerundeten Werten könnte das wahre Ergebnis zwischen $26{,}6625\ \text{cm}^2$ und $28{,}0825\ \text{cm}^2$ liegen. Es ist also sinnvoll, auf die vielen Stellen nach dem Komma zu verzichten und als Ergebnis $27\ \text{cm}^2$ anzugeben.

Für das **Rechnen mit Näherungswerten** sind bereits einfache Regeln bekannt:

Beim **Addieren** und **Subtrahieren** von Näherungswerten sucht man denjenigen Wert, bei dem die letzte zuverlässige Ziffer am weitesten links steht, und rundet das Ergebnis auf diese Stelle.

	26 ? ?		50,0 ?
	12,7 ?	−	17,46
+	3,89	−	3,8 ?
	42,59		28,74
	$42{,}59 \approx 43$		$28{,}74 \approx 28{,}7$

Beim **Multiplizieren (Dividieren)** von Näherungswerten wird das Ergebnis auf die Anzahl der zuverlässigen Ziffern gerundet, die der Wert mit der geringsten Anzahl von zuverlässigen Ziffern hat. Dabei werden die Nullen, die links von der ersten von Null verschiedenen Ziffer stehen, nicht mitgezählt.

Näherungswert	3275 s	0,73 kg	0,05 m^3	1,0 mm	1,00 m	10,01 g
Anzahl der zu berücksichtigenden Stellen	4	2	1	2	3	4

$2{,}74\ \mathrm{m} \cdot 8{,}6\ \mathrm{m} = 23{,}564\ \mathrm{m}^2 \approx 24\ \mathrm{m}^2$ $\qquad 452\ \mathrm{g} : 57\ \mathrm{cm}^3 = 7{,}92982\ldots\ \frac{\mathrm{g}}{\mathrm{cm}^3} \approx 7{,}9\ \frac{\mathrm{g}}{\mathrm{cm}^3}$

Beim **Potenzieren** und **Wurzelziehen** von Näherungswerten gelten die Regeln der Multiplikation und der Division von Näherungswerten. Entscheidend ist die Anzahl der zuverlässigen Ziffern.

1,2 ist die Maßzahl eines Messwertes, also ein Näherungswert. Es sind zwei Stellen zu berücksichtigen. Das Ergebnis hat somit 2 zuverlässige Ziffern.

$\frac{4}{3}\pi \cdot (1{,}2)^3 = 2{,}304 \cdot \pi = 7{,}2382\ldots \approx 7{,}2$ $\qquad \sqrt{\frac{3 \cdot 1{,}2}{4\pi}} = \sqrt[3]{0{,}2864\ldots} = 0{,}6592\ldots \approx 0{,}66$

Irrationale Zahlen können angenähert durch Dezimalbrüche dargestellt werden. Für die reelle Zahl π ist 3,14 ein Näherungswert mit drei zuverlässigen Ziffern. Für $\sqrt{2}$ ist 1,414 ein Näherungswert mit vier zuverlässigen Ziffern.

Intervalle, Toleranzen

Beim Bau eines Hauses wird eine **Toleranz** festgelegt.
Es wird eine Abweichung von 0,5 cm nach oben und von 0,5 cm nach unten zugelassen.
Auf der Bauzeichnung steht für die Fensterbreite b = 2,35 m.
Häufig schreibt man auch $b = (2{,}35 \pm 0{,}005)$ m.
Bei der Endkontrolle muss also für die Fensterbreite b gelten:
$2{,}345\ \mathrm{m} \le b < 2{,}355\ \mathrm{m}$ bzw. [2,345 m; 2,355 m[

In vielen Fällen wird die Toleranz von der letzten Stelle eines Näherungswertes bestimmt.

Näherungswert	Intervall für genauen Wert	Abweichung
234,1	[234,05; 234,15[	0,05
234,10	[234,095; 234,105[	0,005
0,999	[0,9985; 0,9995[	0,0005
100 001	[100 000,5; 100 001,5[	0,5

Der Näherungswert 12 000 ist ganzzahlig und endet auf Nullen. Hier ist die Toleranz bzw. das zugehörige Intervall für den genauen Wert nicht ohne Weiteres angebbar.
Häufig wird aus dem Sachverhalt deutlich, wie genau der angegebene Wert ist. Es gibt mehrere Möglichkeiten.

Näherungswert	Intervall für genauen Wert	Abweichung
12 000	[11 999,5; 12 000,5[	0,5
12 000	[11 995; 12 005[	5
12 000	[11 950; 12 050[	50
12 000	[11 500; 12 500[	500

Für Messwerte bei Geschwindigkeitskontrollen werden in Abhängigkeit vom Messverfahren Toleranzen festgelegt, da diese Werte Näherungswerte sind. Bei einer Messung von 54 $\frac{km}{h}$, wird z. B. angenommen, dass die tatsächliche Geschwindigkeit des Fahrzeugs zum Zeitpunkt der Messung zwischen 51 $\frac{km}{h}$ und 57 $\frac{km}{h}$ lag.
Die Beurteilung des Fahrverhaltens bezieht sich in diesem Fall immer zugunsten des Verkehrsteilnehmers auf die untere Intervallgrenze von 51 $\frac{km}{h}$.

Rechnen mit Wertschranken

Häufig werden beim Rechnen mit Näherungswerten die Intervalle, in denen die wahren Werte liegen dürfen, berücksichtigt. Dabei führt man die Rechnung zweimal aus. Einmal mit der unteren Intervallgrenze (**untere Wertschranke**) und ein zweites Mal mit der oberen Intervallgrenze (**obere Wertschranke**). Man bekommt ein „minimales" und ein „maximales" Ergebnis.

Berechne das Volumen eines Zylinders mit einem Radius von 12,0 cm und einer Höhe von 22,0 cm. Die angegebenen Werte sind Näherungswerte mit einer Toleranz von 1 cm.

Gegeben: $r = 12{,}0$ cm [11,5 cm; 12,5 cm[
$h = 22{,}0$ cm [21,5 cm; 22,5 cm[

Gesucht: V (in cm^3)

Lösung:

1. Minimum:
$V \geq \pi r^2 h$
$V \geq \pi \cdot (11{,}5\text{ cm})^2 \cdot 21{,}5\text{ cm}$
Taschenrechneranzeige: 8932,726
$V > 8932\text{ cm}^3$

2. Maximum:
$V \leq \pi r^2 h$
$V \leq \pi \cdot (12{,}5\text{ cm})^2 \cdot 22{,}5\text{ cm}$
Taschenrechneranzeige: 11044,662
$V < 11045\text{ cm}^3$

Antwort: Der wahre Wert des Volumens liegt zwischen 8932 cm^3 und 11045 cm^3.

Wendet man die Regeln für das sinnvolle Rechnen mit Näherungswerten an, so erhält man auf zwei zuverlässige Ziffern gerundet $V \approx 10000\text{ cm}^3$. Das würde bedeuten, der wahre Wert läge im Intervall [9500 cm^3; 10500 cm^3[. Das nach den „Faustregeln" berechnete Ergebnis täuscht eine zu große Genauigkeit vor.
Beim Dividieren von Näherungswerten muss man genau prüfen, welche Intervallgrenzen auf den kleinstmöglichen bzw. auf den größtmöglichen Wert führen.

Aufgaben

1. Die angegebenen Werte sind durch Runden entstanden. Gib die dazugehörigen Intervalle an, in denen jeweils der wahre Wert liegt.

a) 9,81 b) 0,968 c) 1,3332 d) 9,081
e) 750 f) $7{,}36 \cdot 10^{-5}$ g) $1{,}99 \cdot 10^{-12}$ h) $(1{,}99 \pm 0{,}03) \cdot 10^{-12}$
i) $1236 \pm 1{,}5$ j) $630 \pm 1\,\%$ k) $12{,}4 \pm 5\,‰$ l) $(0{,}125 \pm 0{,}005) \cdot 10^4$

2. Bei Messungen treten immer Messfehler auf. Gib für die Geräte sinnvolle Toleranzen an.
a) Lineal b) Tachometer c) Stoppuhr d) Thermometer e) Barometer

3. Eine Firma fertigt Wellen für die Autoindustrie. Bestimme für die angegebenen Werte und Toleranzen die maximalen und die minimalen Abmessungen der Wellen.
a) $l = 225$ mm; $r = 31$ mm; $\pm 0{,}1\,\%$
b) $l = 2\,000$ mm; $r = 120$ mm; $\pm 0{,}1$ mm
c) $l = 12{,}4$ mm; $r = 2{,}2$ mm; $\pm 0{,}2\,\%$
d) $l = 1005$ mm; $d = 162$ mm; $\pm 1\,\%$

4. Die angegebenen Werte sind Näherungswerte: $r = 12{,}3$; $s = 0{,}4$; $t = 1205$; $u = 75{,}2$
Bestimme die dazugehörigen Intervalle und berechne die Intervalle, die zu den Werten der folgenden Terme gehören:
a) $r \cdot s \cdot t^2$ b) $\frac{u^2 + s}{r}$ c) $\frac{s^2 + r}{t}$ d) $\frac{\sqrt{r \cdot u}}{t^2}$ e) $\frac{t^2}{s^2}$ f) $\frac{(u - r)^2}{\sqrt{t \cdot s}}$

5. a) Berechne in Aufgabe 4 mithilfe der Regeln für das Rechnen mit Näherungswerten.
b) Bestimme die Intervalle, die zu den berechneten Werten gehören.
c) Vergleiche die Intervalle mit den in Aufgabe 4 berechneten.

6. Die Wellen aus Aufgabe 3 werden aus Stahl gefertigt $\left(\varrho = 7{,}8\ \frac{g}{cm^3}\right)$.
a) Berechne die Toleranzen für die Rauminhalte der Wellen.
b) Berechne die Toleranzen für die Masse der Wellen. Betrachte r als Näherungswert.

7. Beseitige zunächst die Klammern und fasse zusammen. Berechne die Werte der Terme näherungsweise mit dem Taschenrechner.
a) $4\sqrt{7}(7 - \sqrt{5})$
b) $(2\sqrt{5} + 3\sqrt{2} - 5\sqrt{4}) \cdot \sqrt{10}$
c) $\sqrt{3}\,9(\sqrt{3} - \sqrt{5}) \cdot (-\sqrt{5})$
d) $(3 - \sqrt{3} + \sqrt{8}) \cdot (\sqrt{5} - \sqrt{2})$
e) $(\sqrt{8} + \sqrt{3} - \sqrt{5}) \cdot (3\sqrt{3} + 5\sqrt{5} - 2\sqrt{15})$
f) $(\sqrt{2} - \sqrt{7}) \cdot (1 + \sqrt{7}) \cdot (\sqrt{7} + \sqrt{2})$
g) $2\sqrt{3} + (\sqrt{3} - \sqrt{7}) - (5\sqrt{7} - 3\sqrt{3} + \sqrt{7})$
h) $3\sqrt{6} \cdot (4 - (2\sqrt{3} - 5\sqrt{6}))$

8. Die Zahlen ohne Kommaschreibweise seien genaue Werte.
Berechne die Werte der Terme mit dem Taschenrechner, gib aber nicht mehr Ziffern an, als die gerundeten Zahlen in Kommaschreibweise erlauben. Was fällt insbesondere bei den Ergebnissen der Aufgaben d, e und f des Taschenrechners auf?
a) $\frac{3\sqrt{2} + 2\sqrt{3}}{2\sqrt{2} - \sqrt{3}}$
b) $\frac{3\sqrt{2{,}5} - 2\sqrt{3{,}1}}{2\sqrt{2{,}5} + 3\sqrt{3{,}1}}$
c) $\frac{6 + \sqrt{3{,}2}}{3 - 2\sqrt{5{,}235}} - \frac{\sqrt{3{,}2} - 2}{3 + 2\sqrt{5{,}235}}$
d) $\frac{2\sqrt{0{,}44444}}{2 - 3\sqrt{0{,}44444}} + \frac{2}{3\sqrt{0{,}44444} + 2}$
e) $\frac{\sqrt{10{,}03} + \sqrt{10{,}02}}{\sqrt{10{,}03} - \sqrt{10{,}02}}$
*f) $\frac{4}{\sqrt{4123{,}45} - \sqrt{4123{,}451}} + \frac{5}{\sqrt{4123{,}45} + \sqrt{4123{,}451}} - \frac{9\sqrt{4123{,}45}}{4123{,}450 - 4123{,}451}$
*g) $\frac{1{,}000}{3 + 5\sqrt{2}} + \frac{2{,}000}{\sqrt{2} + 1} - \frac{3{,}000}{8\sqrt{2} + 13}$
*h) $\frac{1}{3 + 5\sqrt{2}} + \frac{2}{\sqrt{2} + 1} - \frac{7 + 11\sqrt{2}}{8\sqrt{2} + 13}$

9. Gegeben sind die Flächeninhalte von Quadraten. Berechne die jeweilige Seitenlänge und beachte dabei, dass die Maßzahlen gerundet sind. (Z. B. wäre $\sqrt{10{,}3} \approx 3{,}209$ viel zu genau.)
a) $512{,}1\ m^2$ b) $1245\ m^2$ c) $0{,}34\ km^2$ d) $10{,}2$ ha e) $26\ cm^2$ f) $8{,}26\ dm^2$

10. Gegeben sind die gemessenen Längen (a) und Breiten (b) von Rechtecken.
Berechne die Seitenlänge des jeweils dazu flächeninhaltsgleichen Quadrats.
a) $a = 12{,}3$ cm; $b = 5{,}7$ cm b) $a = 2{,}58$ m; $b = 1{,}27$ m c) $a = 3{,}4$ km; $b = 2{,}1$ km

1.7 Gemischte Aufgaben

Zahlen und Termumformungen

1. Welche der folgenden Termumformungen sind falsch? Gib die richtige Termumformung an.
a) $5 \cdot a \cdot b = 5ab$ b) $2 \cdot 8 \cdot x \cdot y = 28xy$ c) $10e + 4e = 14e$
d) $13{,}1d - 12{,}1d = d$ e) $e + 1{,}5e = 1{,}5e$ f) $f - 1f = 0$
g) $-1g = -g$ h) $4 \cdot (a + b) = 4a + b$ i) $1{,}8 \cdot (-6) \cdot x \cdot y = -10{,}8xy$
j) $-4 \cdot 5 \cdot j^2 = 20j^2$ k) $0{,}5 \cdot 24 \cdot b \cdot a = 12ab$ l) $100k - 10k + k - 1k = 90k$

2. Beschreibe die Struktur der folgenden Terme mit bis zu vier Teiltermen T_1; T_2; T_3; T_4.
Gib die äußere Struktur des Terms in Worten an.
a) $4a + b \cdot (2c - d)^2$ b) $(a + 2b - 4c) \cdot (-2c^2)$ c) $\frac{a+c}{2} \cdot h - 3ab$

3. Belege die Variablen jeweils mit den angegebenen Zahlen, Größen bzw. Termen.
Gib die Termwerte an und vereinfache diese dann so weit wie möglich.

a) $(a - b)^2$

a	1,5	8 cm	x
b	2	4 cm	2x

b) $(a - 1) \cdot (b - 1) \cdot (a + 1)$

a	7x	5x	x – 1
b	5	–8x + 1	x + 1

4. Schreibe die folgenden Terme auf möglichst verschiedene Weisen.
a) $\frac{1}{2}x$ b) x^2 c) $2x^2$ d) $-x$ e) $-4x$ f) $(-2a)^2$

5. Löse die Klammern auf und fasse (wenn möglich) zusammen.
a) $12a - (3b - 4a) + 2b$ b) $-(-4x + 2y) + (-x + y)$ c) $15c(2d - 3c + 4d)$
d) $(m - 3n) \cdot (-5) + 7m - n$ e) $(24r^2 - 16r) : (-8r)$ f) $(6f - 9h) \cdot (-f + 2h)$
g) $(x + y) \cdot (x - y)$ h) $(0{,}5k + 2m)^2$ i) $-(2s - t) \cdot (2s - t)$

6. Schreibe jeden Term als Produkt.
a) $30a^2 - 45ab^2$ b) $24xy^2 + 8x^2y^2 - 16x^2y$ c) $4r^2 - 9s^2$
d) $3(m + n) - a(m + n)$ e) $25a^2 - 10ab + b^2$ f) $(27k - 17k) : (-2)$

7. Berechne mit dem Taschenrechner. Runde die Ergebnisse auf drei Stellen nach dem Komma.
a) $0{,}25 + \sqrt{2}$ b) $\sqrt{3} + 3$ c) $\sqrt{3} + \sqrt{2}$
d) $\frac{2}{7} \cdot \sqrt{10} - \frac{11 \cdot \sqrt{5}}{6}$ e) $\frac{2}{5} \cdot \sqrt{2} \cdot \pi - \left(\frac{\sqrt{3}}{2}\right)^2$ f) $\left(\frac{2}{3} \cdot \sqrt{3}\right) : \pi + \left(\frac{\sqrt{2}}{3}\right)^2$

8. Bestimme durch eine Intervallschachtelung die Zahl $x = \sqrt{8}$ auf drei Dezimalstellen genau.
Gib jeweils das Intervall, in dem die Zahl x liegt, und seine Länge an.

Geschicktes Rechnen mit Potenzen

9. Berechne jeweils den Potenzwert.
a) 8^2; 2^8; $\left(\frac{1}{2}\right)^8$; -8^{-2} b) $0{,}5^2$; $\left(\frac{1}{2}\right)^5$; $\left(\frac{1}{2}\right)^{-5}$; $0{,}5^{-2}$ c) 10^{-4}; $\left(\frac{1}{10}\right)^4$; $\left(\frac{1}{10}\right)^{-4}$; $\frac{1^4}{10}$

10. Schreibe jeweils als eine Potenz.
a) $6^5 \cdot 6^3$ b) $6^{-5} : 6^3$ c) $(6^5)^3$ d) $(6^{-5})^3$ e) $b^2 \cdot b^4$ f) $b^2 : b^4$
g) $(b^2)^4$ h) $\left(\frac{b}{4}\right)^{-2}$ i) $x^a \cdot x^r$ j) $x^a : x^r$ k) $(x^a)^r$ l) $x^r \cdot a^r$

11. Welche Terme sind jeweils gleichwertig?

a) $(t^3)^2$ b) $((-t)^2)^3$ c) $(t^{-3})^{-2}$ d) $(-t^3)^2$ e) $t^{(-3)2}$ f) $(t^{-2})^3$ g) $(t^{-3})^2$ h) $(t^2)^3$

12. Ordne die Potenzen. Beginne mit dem kleinsten Wert.

2^{22}; -22^2; $(2^2)^2$; $\left(\frac{1}{2}\right)^{22}$; $\left(\frac{1}{22}\right)^{-2}$; $(-2)^{22}$; $\left(\frac{1}{2}\right)^{-22}$

13. Löse folgende Gleichungen:

a) $x^3 = 64$ b) $3^x = 81$ *c) $x^{-2} = \frac{1}{25}$ d) $x^{-3} = \frac{1}{64}$

14. Löse folgende Aufgaben:

a) Dividiere 20^{10} so durch eine Zahl, das sich 10^{10} ergibt.

b) Multipliziere 8^{10} so mit einer Zahl, das sich 1 ergibt.

c) Subtrahiere von 20^{10} zehnmal 10^{10}.

15. Schreibe die Potenz jeweils als Zehnerbruch und als Dezimalbruch bzw. umgekehrt.

a) 10^{-3} b) 0,01 c) 10^{-5} d) 0,0001 e) 10^{-1} f) 0,00001

16. Schreibe ohne abgetrennte Zehnerpotenzen. Kontrolliere dann durch Multiplikation mit der entsprechenden Zehnerpotenz.

a) $5{,}7 \cdot 10^{-6}$ b) $8{,}6 \cdot 10^5$ c) $1{,}432 \cdot 10^7$ d) $1{,}234 \cdot 10^{-3}$ e) $71{,}5 \cdot 10^{-9}$

17. Schreibe jeweils mit einer geeigneten Zehnerpotenz so, dass eine Schreibweise mit einer Vorsilbe (z. B. Dezi; Milli; Kilo ...) möglich ist.

a) 0,2 m b) 30 000 m c) 0,0015 m

d) 1 440 000 Bytes e) 0,00000005 m f) 10 000 000 000 Bytes

18. Ergänze Zehnerpotenzen oder Vorsätze. Schreibe mit der in Klammern stehenden Einheit.

a) 1 mm (in Meter) b) 1 mA (in Ampere) c) 1 cm (in Meter)

d) 1 kV (in Volt) e) 4,5 mm (in Meter) f) 8 300 000 W (in Kilowatt)

19. Rechne mit Zehnerpotenzen. Gib auch die verwendete Regel an.

a) $10^6 \cdot 10^{-4}$ b) $10^2 : 10^4$ c) $10^{-7} \cdot 10{-}5$

d) $(10^{-3})^2$ e) $10^{-3} : 10^{-4}$ f) $(10^4)^{-2}$ s

20. Schreibe mit abgetrennten Zehnerpotenzen, runde dann die Faktoren und führe einen Überschlag unter Verwendung der Potenzgesetze durch.

a) $3\,480\,000 \cdot 179\,000\,000$ b) $58\,400\,000 : 0{,}00046$ c) $(249\,500\,000)^2$

21. Berechne jeweils mit dem Taschenrechner. Benutze die Regeln für Zehnerpotenzen. Gib die Faktoren im Ergebnis mit zwei Stellen nach dem Komma an.

a) $2{,}533 \cdot 10^4 \cdot 2{,}533 \cdot 10^4$ b) $9{,}8478 \cdot 10^7 \cdot 2{,}31 \cdot 10^4$ c) $(3{,}84 \cdot 10^{-2}) : (4{,}32 \cdot 10^8)$

d) $1{,}2 \cdot 10^{11} \cdot 0{,}235$ e) $\frac{4{,}12 \cdot 10^5 \cdot 3{,}91 \cdot 10^6}{(3{,}4 \cdot 10^6)^2}$ f) $\frac{0{,}15 \cdot 10^2 \cdot 0{,}52 \cdot 10^{12}}{(0{,}15 \cdot 10^4)^3}$

22. Berechne die Potenzwerte.
Schreibe ausführlich.

a) $a^3 \cdot (-b)^3$ b) $3xy^2 \cdot (-xy^{-1})$ c) $2^5 \cdot y$

d) $(a+b)^2 \cdot (a-b)^2$ e) $x^2 : y^2$ f) $18x^3y^2 : (3x^{-1}y^{-1})$

23. Schreibe (wo erforderlich) als Wurzel und berechne im Kopf.

a) $100^{\frac{1}{2}}$; $100^{\frac{2}{2}}$; $100^{\frac{3}{2}}$; $100-\frac{1}{2}$; $(\sqrt{100})^{-2}$

b) $27^{\frac{1}{3}}$; $27^{\frac{2}{3}}$; $27^{\frac{4}{3}}$; $\sqrt[3]{27}$; $\sqrt[3]{27^2}$; $27^{-\frac{1}{3}}$

c) $4^{-\frac{1}{2}}$; $4^{-\frac{3}{2}}$; 4^{-2}; 4^0; 4^1; $(4^{-1})^{\frac{1}{2}}$

d) $\left(\frac{1}{8}\right)^{\frac{1}{3}}$; $\left(\frac{1}{16}\right)^{\frac{3}{2}}$; $25^{0,5}$; $81^{-\frac{1}{2}}$; $\sqrt[4]{16}$; $\sqrt[5]{-1}$

e) 1^1; 1^{-1}; $(-1)^{\frac{1}{2}}$; $1^{-0,5}$; 1^0; $(-1)^0$

f) $\sqrt{49}$; $49^{0,5}$; $49^{-\frac{1}{2}}$; 49^{-1}; $(-49)^{\frac{1}{2}}$; $49^{\frac{3}{2}}$

g) $0,125^{\frac{1}{3}}$; $\sqrt[3]{125}$; $(\sqrt[3]{125})^3$; $(-125)^{\frac{3}{3}}$

h) $\sqrt[4]{10^{-4}}$; $\sqrt[6]{100^3}$; $\sqrt[2]{\sqrt[3]{0,000001}}$; $0,1^{-1}$

24. Ordne. Beginne mit der kleinsten Zahl. Gib auch den Wurzel- bzw. Potenzwert an.

$\frac{1}{3}$; $-\frac{1}{4}$; 2^{-1}; 0; $\sqrt{4}$; $(-3)^2$; $84^{\frac{1}{2}}$; $(-3)^{-2}$; $\sqrt[3]{64}$; $9^{-\frac{1}{2}}$

25. Berechne. Beachte, dass manche Terme nicht definiert sind.

a) 2^2 b) $(-2)^2$ c) 2^{-2} d) $(-2)^{-2}$ e) -2^2 f) $2^{\frac{1}{2}}$

g) $\left(\frac{1}{2}\right)^{\frac{1}{2}}$ h) $\left(\frac{1}{2}\right)^{-\frac{1}{2}}$ i) $\left(-\frac{1}{2}\right)^{-2}$ j) $\left(-\frac{1}{2}\right)^{\frac{1}{2}}$ k) $\left(-\frac{1}{2}\right)^{-\frac{1}{2}}$ l) $\frac{1^{-\frac{1}{2}}}{2}$

26. Vereinfache weitgehend.

a) $10^6\cdot10^3\cdot10^5$; $10^6\cdot10^3:10^5$; $10^6:10^3\cdot10^5$; $10^6:10^3:10^5$; $\left((10^6)^0\right)^{-5}$

b) $3^{-4}\cdot3^{-4}$; $\left(\frac{1}{3}\right)^4\cdot\left(\frac{1}{4}\right)^4$; $10^{\frac{3}{4}}\cdot10^{\frac{1}{4}}$; $10^{\frac{1}{2}}:10^{\frac{1}{2}}$; $\left(10^{\frac{1}{2}}\right)^{-3}$

27. Vereinfache weitgehend.

a) $2^5\cdot2^4$; $2^{-5}\cdot2^4$; $2^5\cdot2^{-4}$; $2^{-5}\cdot2^{-4}$; $(2^5)^4$

b) $2^5:2^4$; $2^{-5}:2^4$; $2^5:2^{-4}$; $2^{-5}:2^{-4}$; $(2^5)^{-4}$

c) $2^5\cdot0,5^5$; $2^5:0,5^5$; $2^{-5}\cdot0,5^{-5}$; $2-5:0,5^{-5}$; $(2^{-5})^{-4}$; $(2^{-5}):(2^{-4})$; $(2^{-2}\cdot2^{-4})^{-5}$

28. Vereinfache die Terme.

a) $3xy^2\cdot(-xy^{-1})$ b) $2^5\cdot y$ c) $(a+b)^2\cdot(a-b)^2$ d) $\frac{1}{4}x^2:y^2$ e) $18x^3y^2:(3x^{-1}y^{-1})$

29. Schreibe als Quotient bzw. als Bruch. Welche Einschränkungen gelten für die Brüche, wenn als Grundbereich stets $\mathbb{R}$ gilt?

a) $r:(s-1)$ b) $(m-5):(2m-4)$ c) $x:(y^2-1)$ d) $(a\cdot b):2$ e) $(p+1):(p^2-1)$

30. Erweitere immer auf den in der Klammer angegebenen Nenner.
Gib jeweils auch den Erweiterungsterm an.

a) $\frac{2a}{3b}$; $(12ab)$ b) $\frac{x+y}{3xy}$; $(12xy^2)$ c) $\frac{4yz}{15x}$; $(60x^2yz)$

d) $\frac{k}{k+1}$; $(k\cdot(k+1))$ e) $\frac{3(x-1)}{2(x+3)}$; $(2(x+3)(x-1))$ f) $\frac{a+b}{a-b}$; (a^2-b^2)

31. Rechne. Vereinfache so weit wie möglich.

a) $\frac{2x^2y^2}{3ab}\cdot\frac{9a^2b}{8xy}$ b) $\frac{18a^2b^3}{5cd^2}\cdot\frac{5c^2d^3}{9ab^5}$ c) $\frac{3x+3y}{x}\cdot\frac{x^2}{6(x+y)}$

32. Kürze so weit wie möglich. Gib jeweils den Kürzungsterm an.
Wandle Summen vor dem Kürzen in Produkte um.

a) $\frac{10b}{15b}$ b) $\frac{12ab^2}{60ab}$ c) $\frac{34x^3y^5z}{17xy^2z^2}$ d) $\frac{k\cdot(m+n)}{mnk}$ e) $\frac{r+1}{2r+2}$ f) $\frac{3a+9ab}{27a^2}$

33. Addiere bzw. subtrahiere. Vereinfache, wenn möglich.

a) $\frac{b}{2a}+\frac{2}{3ab}$ b) $\frac{8x}{15y^2}-\frac{7}{20xy}$ c) $\frac{3x}{2y}-\frac{3x+1}{x-1}$

34. Vereinfache die folgenden Terme weitgehend.
Schreibe die Endergebnisse unter Verwendung der Schreibweise $\sqrt[n]{a^m}$ mit möglichst kleinen Beträgen für m bzw. n.

a) $10^{\frac{3}{2}} \cdot x^{\frac{3}{2}}$ b) $x^{1,4} \cdot x^{2,6}$ c) $(4y)^{-0,5} : y^{-0,5}$ d) $\left(\frac{z}{5}\right)^{\frac{2}{3}} \cdot (5z^{\frac{2}{3}})$ e) $10x^{\frac{1}{3}} : 0{,}1^{\frac{1}{3}}$
f) $a^{\frac{3}{4}} : a^{\frac{1}{4}}$ g) $b \cdot b^{-0,8}$ h) $c^{\frac{1}{2}} \cdot \sqrt{c^{-4}}$ i) $(x^2)^{-\frac{1}{2}}$ j) $\left(\frac{p^2}{2}\right)^{-\frac{3}{2}}$

35. Rechne im Kopf.

a) $4 \cdot 3^2 - 18 + 2 \cdot 3^3$ b) $2 \cdot \sqrt{9} + 3$ c) $\sqrt[3]{25} \cdot \sqrt[3]{5}$ d) $\sqrt[3]{\sqrt{64}}$
e) $4{,}8 \cdot 10^2 + 1{,}2 \cdot 10^3$ f) $4 \cdot 10^6 \cdot 0{,}5 \cdot 10^{-5}$ g) $1{,}4 \cdot 10^{-2} - 4 \cdot 10^{-3}$ h) $(\sqrt{2})^2 \cdot 2^{-2}$
i) $23 \cdot (\sqrt{4})^3$ j) $\sqrt[3]{27} \cdot 3^{-2}$ k) $-3 \cdot 10^{-2}$ l) $3^{-4} \cdot \sqrt{9}$
m) $\frac{1}{4} \cdot 10^2$ n) $0{,}5 \cdot 8^{\frac{1}{3}}$ o) $(0{,}5 \cdot 8)^{\frac{1}{2}}$ p)

36. Gib die Lösungen der folgenden Gleichungen an:

a) $10^x = 1\,000\,000$ b) $x^3 + 25 = 150$ c) $12 - 12^x = -132$
d) $x^{10} + 76 = 1100$ e) $3x^3 + 8 = 200$ f) $\frac{1}{4} \cdot \left(\frac{1}{2}\right)^x = 64$

37. a) Schreibe die Zahl 1 als Zehnerpotenz, als Zweierpotenz, als Wurzel.
b) Vergleiche: -18^2 und $(-18)^2$ bzw. 18^{-1} und -18^0
c) Kannst du die Aufgabe $3^5 - 4^3 - 5^2 - 6^1 - 7^0$ im Kopf lösen?
d) Welches Vorzeichen hat $(-3)^{100}$ und welches -3^{50}?
e) Womit ist 510 zu multiplizieren, damit sich 10^{10} ergibt?

38. a) Ermittle den Flächeninhalt eines Quadrates mit einer Seitenlänge a = 5,2 cm.
b) Welche Seitenlänge hat ein Quadrat mit dem Flächeninhalt von 65,61 m^2?
c) Wie groß ist die Kantenlänge eines Würfels, dessen Volumen mit 850 ml angegeben wird?
d) Die Volumen zweier Würfel verhalten sich wie 3 : 5.
In welchem Verhältnis stehen ihre Kantenlängen?

39. Ein Parallelogramm besitzt die Seitenlängen $a = \sqrt{30}$ und $b = \sqrt{20}$. Ferner ist $h_a = \sqrt{10}$.
a) Berechne h_b genau.
b) Gib h_b auf drei Ziffern nach dem Komma gerundet an.

40. Die parallelen Seiten eines Trapezes ABCD sind $\sqrt{5}$ und $\sqrt{7}$ lang.
Ihr Abstand beträgt ebenfalls $\sqrt{7}$.

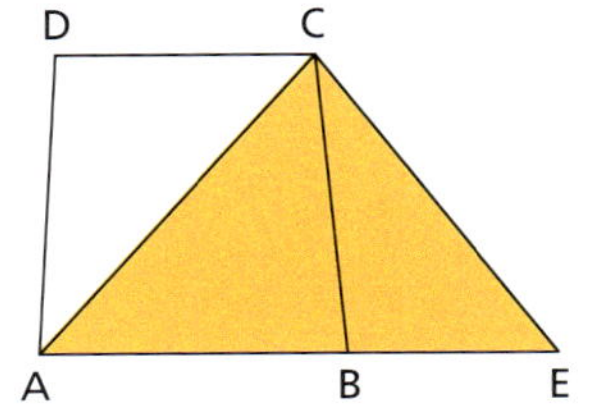

a) Berechne den Flächeninhalt ohne Näherungszahlen.
b) Berechne ihn mit den Näherungsbrüchen $\frac{38}{17}$ und $\frac{8}{3}$.
c) Berechne die Länge der Strecke $\overline{AE}$ so, dass das Dreieck AEC denselben Flächeninhalt erhält wie das Trapez.
Benutze einmal die Wurzeln und einmal die Näherungen.
d) Wie viel Prozent Abweichung ergeben sich zwischen genauer Rechnung und den Näherungsergebnissen in Form eines Bruches?
*e) Löse Aufgabenteil c), wenn E auf der Verlängerung von $\overline{CD}$ liegen soll.

41. a) Für welche $x \in \mathbb{N}$ ist $\sqrt{(2-x)^2} = 2$ bzw. $\sqrt{2-x}^{\,2} = 2$ wahr?
*b) Gibt es reelle Zahlen x, für die $|x - \sqrt{(2-x)^2}| = 2$ wahr ist?

42. Alle Kanten des Körpers, dessen Netz in der Abbildung dargestellt wird, besitzen dieselbe Länge a. Es ist $a = \sqrt{3}$.
Für die Höhe h der beiden gleichseitigen Dreiecke gilt: $h = \frac{3}{2}$
Berechne Oberflächeninhalt und Volumen des Körpers.
a) ohne Näherungszahlen
b) näherungsweise auf zwei Stellen nach dem Komma genau
c) näherungsweise, wenn $a \approx 1{,}73$ cm und $h \approx 1{,}49$ cm

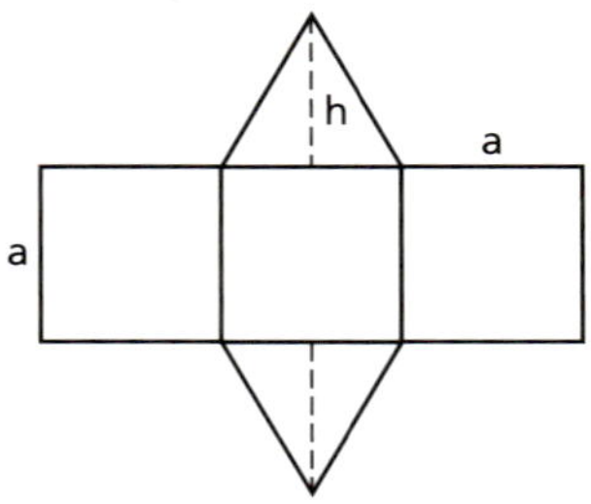

***43.** Anton rechnet: $\sqrt{(\sqrt{a} + \sqrt{b})^2} = \sqrt{a} + \sqrt{b}$
Bert meint, das sei falsch. Nimm Stellung dazu.

44. Berechne für $a \in \left\{25; 81; 169; 200; 311; \frac{4}{7}\right\}$ den Term: $\frac{1}{\sqrt{a}+1} - \frac{\sqrt{a}-1}{a-1}$

45. Berechne a, b, c und d mit dem Taschenrechner.
Runde dann auf zwei Stellen nach dem Komma.

$a = \sqrt{3} + \sqrt{27} - \sqrt{12} - \sqrt{75}$ $\qquad$ $b = (\sqrt{3} + \sqrt{27}) - (\sqrt{12} - \sqrt{75})$

$c = \sqrt{3} + (\sqrt{27} - \sqrt{12}) - \sqrt{75}$ $\qquad$ $d = \sqrt{18} - \sqrt{2} \cdot \sqrt{3} + \sqrt{12}$

46. Forme die Terme so um, dass keine Wurzeln im Nenner auftreten.

a) $\frac{36}{\sqrt{7}+\sqrt{5}}$ b) $\frac{127}{\sqrt{28}-\sqrt{12}}$ c) $\frac{40}{\sqrt{18}-3}$ d) $\frac{255}{12+\sqrt{3}}$

e) $\frac{\sqrt{144}}{5-\sqrt{13}}$ f) $\frac{\sqrt{3}-4}{\sqrt{6}}$ g) $\frac{35+\sqrt{35}}{\sqrt{35}}$ h) $\frac{\sqrt{8}+\sqrt{5}}{\sqrt{10}}$

i) $\frac{\sqrt{20}-\sqrt{30}}{\sqrt{10}}$ j) $\frac{30\sqrt{7}+45}{3\sqrt{7}}$ k) $\frac{\sqrt{8}+\sqrt{5}}{\sqrt{5}-\sqrt{8}}$ l) $\frac{\sqrt{20}-\sqrt{30}}{\sqrt{20}+\sqrt{30}}$

47. Forme die Terme so um, dass keine Wurzeln im Nenner auftreten. Gib zuvor die Bedingungen für die Variablen an, damit die Terme definiert sind.

a) $\frac{a}{\sqrt{b}-\sqrt{c}}$ b) $\frac{x}{\sqrt{y}-\sqrt{z}}$ c) $\frac{u}{\sqrt{v}-w}$ d) $\frac{r}{s+\sqrt{t}}$ e) $\frac{\sqrt{p}}{q-\sqrt{r}}$

f) $\frac{\sqrt{a}-b^2}{\sqrt{a}\cdot b}$ g) $\frac{u+\sqrt{u}}{\sqrt{u}}$ h) $\frac{\sqrt{r}+\sqrt{s}}{\sqrt{r}\cdot s}$ i) $\frac{\sqrt{2p}-\sqrt{3p}}{\sqrt{p}}$ j) $\frac{a\sqrt{7}+b}{c\sqrt{5}}$

k) $\frac{\sqrt{x}+\sqrt{y}}{\sqrt{y}-\sqrt{x}}$ l) $\frac{\sqrt{ab}-\sqrt{ac}}{\sqrt{ac}+\sqrt{ab}}$ m) $\frac{3\sqrt{v}-w}{2\sqrt{v}-u}$ n) $\frac{\sqrt{8}+r}{\sqrt{r}+8}$ o) $\frac{a\sqrt{12}+b\sqrt{20}}{2\sqrt{a}-3\sqrt{b}}$

48. Berechne mit dem Taschenrechner so genau, wie es die Näherungsradikanden erlauben.

a) $\sqrt{\sqrt{2{,}56}}$ b) $\sqrt{\sqrt{62{,}5}}$ c) $\sqrt{\sqrt{\sqrt{167{,}9716}}}$ d) $\sqrt{\sqrt{\frac{81}{25{,}6}}}$ e) $\sqrt{\sqrt{\sqrt{\frac{65{,}61}{256}}}}$ f) $\sqrt{\sqrt{\sqrt{25{,}63}}}$

***49.** Zeichne einen nicht zu kleinen Kreis, darin einen Durchmesser und dazu eine senkrechte Sehne. Es ergeben sich vier Strecken mit den Längen a, b und c.
a) Warum muss $a = \sqrt{b} \cdot \sqrt{c}$ gelten, wenn die Sehne durch den Kreismittelpunkt verläuft?
b) Zeichne weitere solcher Sehnen, miss die jeweiligen Längen a, b sowie c und untersuche mit den Messergebnissen, ob die angegebene Gleichung weiterhin gelten kann.
Beachte deine Messfehler.
c) Was müsste man tun, um Sicherheit in dieser Frage zu erlangen?

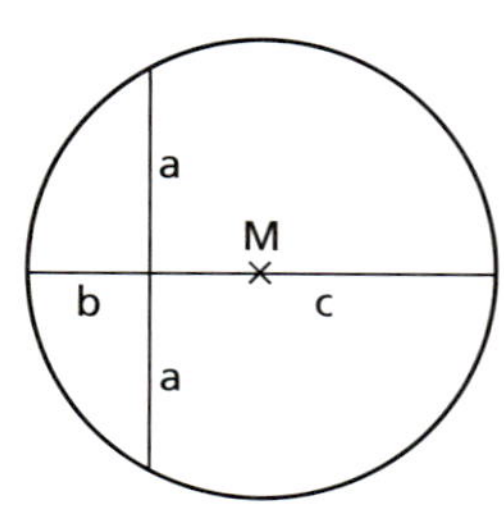

50. In einer rechtwinkligen Mauerecke will Viktoria mit einer Stange ein Dreieck ABC abgrenzen.
Je nach Wahl des Punktes A liegt B an anderer Stelle, denn die Stange ist 3,48 m lang. Sie erfährt, dass man die Entfernung b von der Ecke aus der Entfernung a berechnen kann mit $b = \sqrt{(3{,}48\ \text{m})^2 - a^2}$.

a) Bestimme für verschiedene Lagen von A den sich ergebenden Dreiecksflächeninhalt.

b) Viktoria meint, ein Dreieck mit $3{,}25\ \text{m}^2$ Flächeninhalt abgrenzen zu können. Stimmt das?

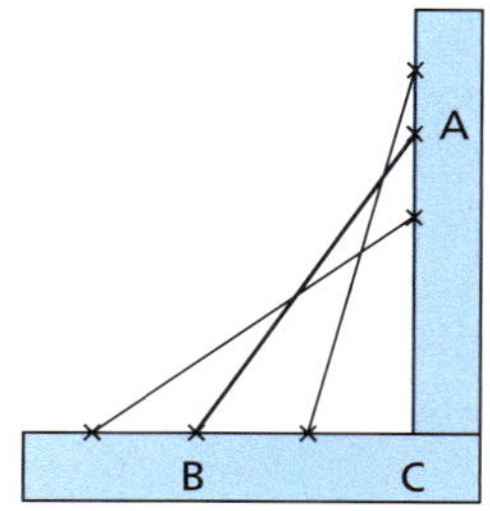

Große Geldbeträge

51. Zur Veranschaulichung großer Geldbeträge kann ein Geldstapel aus der entsprechenden Anzahl von 100-Euro-Scheinen verwendet werden. Ein Schein hat eine Dicke von 0,1 mm.
Wie hoch bzw. wie lang ist ein Stapel, der folgendem Geldbetrag entspricht?
Vergleiche mit der Höhe von Bergen bzw. mit der Entfernung von Städten.

a) 1000 Euro b) 1 Mio. Euro c) 1 Mrd. Euro d) 1 Billion Euro

52. Berechne und vergleiche die Höhe eines Stapels aus 100-Euro-Scheinen.

a) Das teuerste Gemälde der Welt ist das Porträt des Dr. GACHET von VINCENT VAN GOGH, das am 15. Mai 1990 bei Christie's in New York für 82,5 Mio. \$ den Besitzer wechselte.

b) Für Sozialleistungen wurden in der Bundesrepublik insgesamt 40,4 Mrd. € ausgegeben.

Große Anzahlen

53. Um sich eine Vorstellung von großen Anzahlen und ihren Relationen zu verschaffen, kann man die Zeit berechnen, die zum Abzählen der einzelnen Objekte nötig wäre. Es wird angenommen, dass für eine Zahl immer nur eine Sekunde verwendet und Tag und Nacht ununterbrochen gezählt wird. Berechne unter diesen Voraussetzungen die erforderliche Zeit zum Zählen bis zu folgenden Zahlen:

a) 1000 b) 1 Mio. c) 10 Mio. d) 1 Mrd. e) 1 Billion

54. Vergleiche die Größenordnung der folgenden Anzahlen, indem du wie in Aufgabe 51 die Zeit zum Abzählen der einzelnen Objekte berechnest:

a) Die Milchstraße besteht aus etwa 200 Mrd. Sternen. Außer der Milchstraße gibt es weitere $2 \cdot 10^6$ Galaxien.

b) Die Einwohnerzahl Deutschlands beträgt etwa 82 Mio. In Afrika leben rund 710 Mio. Menschen und auf der Welt insgesamt etwa 6 Mrd.

c) Auf einem Quadratmeter Mutterboden leben in den obersten 30 cm u. a. etwa 10 000 Borstenwürmer, 1 Mio. Wimpertierchen, $5 \cdot 10^{11}$ Geißeltierchen und 10^{12} Bakterien.
Auf der 2 m großen Haut eines Menschen leben ca. 5 Mrd. Bakterien. Insgesamt bevölkern einen Menschen etwa 100 Billionen Bakterien.

Teste dich selbst

1. Führe zur näherungsweisen Berechnung von $\sqrt{12}$ ($\sqrt{21{,}5}$) eine Intervallschachtelung durch, bis die Intervalllänge kleiner als 0,001 ist. Beginne mit dem Startintervall [3; 4] ([4,6; 4,7]).

2. Vereinfache die Terme so weit wie möglich.
$\sqrt{9+16}$; $\sqrt{8\cdot 15}-\sqrt{12}\cdot\sqrt{10}$; $\sqrt{\sqrt{\sqrt{6561}}}$; $\sqrt{5^2}\cdot\sqrt{(-5)^2}$; $\frac{\sqrt{x^2}}{\sqrt{(-x)^2}}$; $\sqrt{r^2}$; $\sqrt{s^2}$; $\sqrt{a^2+2ab+b^2}$;
$\sqrt{(2uv+(u-v)^2)}+2uv$; $(\sqrt{x}+\sqrt{x})^2$; $\sqrt{(1+2x+x^2)\cdot a^4}$
Welche Zahlen dürfen für die Variablen nicht eingesetzt werden?

3. Berechne: $2\sqrt{3}+(\sqrt{3}-2)^2$; $\frac{\sqrt{5}+\sqrt{2}}{\sqrt{5}-\sqrt{2}}$; $\sqrt{6}\cdot\sqrt{8}-\frac{1}{2}\cdot\sqrt{15}\cdot\sqrt{20}$; $\frac{3}{\sqrt{7}-2}$; $\frac{1}{\sqrt{32}}$
a) mit möglichst kleinem Radikanden und ohne Wurzel im Nenner.
b) auf drei Stellen nach dem Komma genau

4. Bestimme den maximalen Definitionsbereich folgender Terme bzw. Gleichungen:
$\sqrt{x}$; $\sqrt{-x}$; $\sqrt{a^2}$; $\sqrt{-a^2}$; $\sqrt{(-a)^2}$; $\sqrt{y+3}$; $\sqrt{2y+6}+\sqrt{y-3}$; $z=\sqrt{7-z}$; $1-z=\sqrt{3z-4}$

5. Bilde Wurzelterme mit einer Variablen, die folgenden Definitionsbereich besitzen:
$a \geq 3$; $b^2 \geq 1$, d. h. $b \leq -1$ oder $b \geq 1$; $c \leq 0$; $d \in \mathbb{R}$

6. Welche der folgenden Ausdrücke stellen eine rationale, welche eine irrationale Zahl dar?

a) $4{,}\overline{321}$	b) $\sqrt{9}$	c) $3\sqrt{2}$	d) $\sqrt{3}\cdot\sqrt{12}$	e) $\sqrt[3]{6}$
f) $\frac{4}{5}$	g) $\sqrt{-11}$	h) $-21{,}0123\ldots$	i) $\sqrt{2}\cdot\sqrt{3}$	j) $\sqrt[3]{4}\cdot\sqrt[3]{16}$

7. Bestimme jeweils die Lösungsmenge.

a) $x^2=36$	b) $y^2=63$	c) $z^2=-25$	d) $(x+1)^2=36$	e) $(y-1)^2=63$
f) $\sqrt{x}=9$	g) $\sqrt{y}=13$	h) $\sqrt{z}=-5$	i) $\sqrt{x+1}=6$	j) $\sqrt{y-1}=\sqrt{63}$

8. Bestimme jeweils die Lösungsmenge.

a) $x^3=64$	b) $y^3=63$	c) $z^3=-25$	d) $(x+1)^3=64$	e) $(y-1)^3=63$

9. Viktor will in seinem Zimmer Seile für eine Niedervoltbeleuchtung parallel zur Decke diagonal spannen.
Um nicht zu kurze Drahtseile zu kaufen, misst er die Länge a und die Breite b seines Zimmers. Er weiß nämlich, dass daraus die Diagonalenlänge d mit der Formel $d=\sqrt{a^2+b^2}$ berechnet werden kann. Er notiert sich die Messergebnisse korrekt mit der Angabe seiner Messgenauigkeit zu $a=(3{,}11\pm 0{,}01)$ m und $b=(2{,}35\pm 0{,}01)$ m.

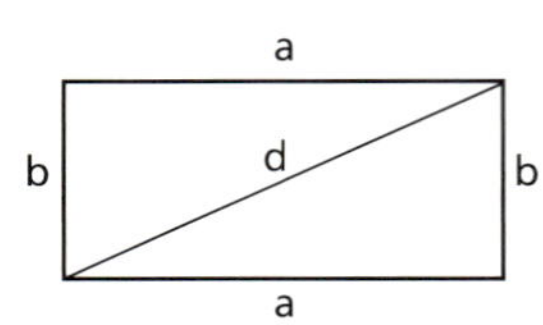

a) Berechne die kleinstmögliche Diagonalenlänge d_{min} und die größtmögliche d_{max}.
b) Ermittle daraus die gesuchte Diagonalenlänge d unter Angabe der Genauigkeit.

10. Die spitzengelagerte Achse eines optischen Gerätes besteht aus einem Kreiszylinder mit zwei aufgesetzten Kreiskegeln. Das Werkstück wird aus Stahl gefertigt. Die Abweichungen der Endmaße dürfen maximal 0,1 % betragen. Berechne die maximalen und die minimalen Maße der Welle, wenn die Dichte $\varrho = 7{,}8\,\frac{g}{cm^3}$ ein gerundeter Wert ist.

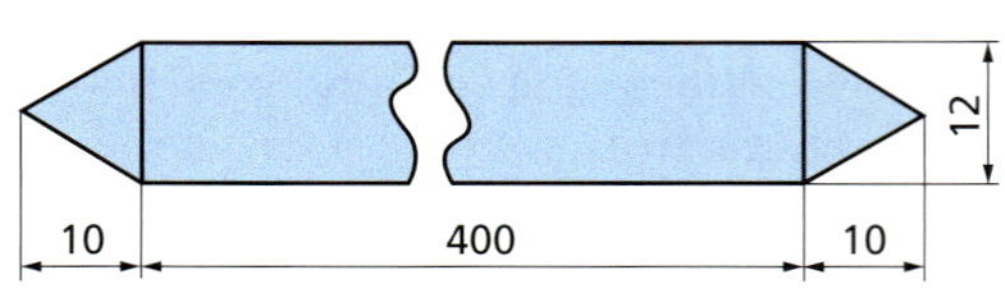

Maßangaben in Millimeter

Zahlenmengen

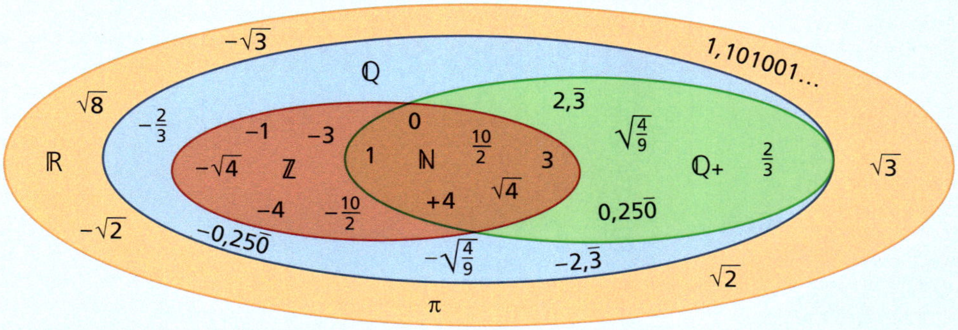

$\mathbb{N}$:	Menge der natürlichen Zahlen
$\mathbb{Z}$:	Menge der ganzen Zahlen
$\mathbb{Q}_+$:	Menge der gebrochenen Zahlen
$\mathbb{Q}$:	Menge der rationalen Zahlen
$\mathbb{R}$:	Menge der reellen Zahlen
$\mathbb{R}\setminus\mathbb{Q}$:	Menge der irrationalen Zahlen (Menge der reellen Zahlen ohne die rationalen Zahlen)

Potenzen und Wurzeln

Potenzen: Basis, Exponent — Wurzeln: Wurzelexponent, Radikand

Potenzen	Wurzeln	Bedingungen	
$a^{\frac{1}{n}}$	$= \sqrt[n]{a}$	$a \in \mathbb{R};\ a > 0$ $n \in \mathbb{N};\ n \geq 2$	$3^{\frac{1}{2}} = \sqrt{3}$ $2{,}5^{\frac{1}{3}} = \sqrt[3]{2{,}5}$
$a^{\frac{m}{n}}$	$= \sqrt[n]{a^m}$	$a \in \mathbb{R};\ a > 0$ $m,\ n \in \mathbb{N};\ n \geq 2$	$2^{\frac{3}{2}} = \sqrt{2^3}$ $3{,}4^{\frac{2}{3}} = \sqrt[3]{3{,}4^2}$
$(a \cdot b)^r = a^r \cdot b^r$	$\sqrt[n]{a \cdot b} = \sqrt[n]{a} \cdot \sqrt[n]{b}$	$a,\ b,\ r \in \mathbb{R};\ a,\ b > 0$ $n \in \mathbb{N};\ n \geq 2$	$(3 \cdot 5)^{\frac{1}{2}} = 3^{\frac{1}{2}} \cdot 5^{\frac{1}{2}}$
$\left(\frac{a}{b}\right)^r = \frac{a^r}{b^r}$		$a,\ b,\ r \in \mathbb{R};\ a,\ b > 0$ $n \in \mathbb{N};\ n \geq 2$	$\sqrt[3]{\frac{5}{7}} = \frac{\sqrt[3]{5}}{\sqrt[3]{7}}$
$(a^r)^s = a^{r \cdot s}$		$a,\ r,\ s \in \mathbb{R};\ a > 0$ $m,\ n \in \mathbb{N};\ m,\ n \geq 2$	$\left(5^{\frac{1}{2}}\right)^{\frac{1}{3}} = 5^{\frac{1}{2} \cdot \frac{1}{3}} = 5^{\frac{1}{6}}$ $\sqrt[3]{\sqrt{5}} = \sqrt[3 \cdot 2]{5} = \sqrt[6]{5}$

Es gibt keine allgemeinen Rechenregeln für die Addition (Subtraktion) von Wurzeln:

a) mit gleichen Wurzelexponenten

b) mit ungleichen Wurzelexponenten

$$\sqrt{13{,}8} + \sqrt{7{,}54} \approx 3{,}17 + 2{,}75 \approx 6{,}46$$

$$\sqrt[2]{8} - \sqrt[3]{16} = \sqrt[2]{4 \cdot 2} - \sqrt[3]{8 \cdot 2}$$
$$= 2\sqrt[2]{2} - 2\sqrt[3]{2}$$
$$\approx 2 \cdot 1{,}41 - 2 \cdot 1{,}26 \approx 0{,}3$$

2 Quadratische Gleichungen und quadratische Funktionen

Berechnungen beim Brückenbau

Zwischen Ilmenau und Zella-Mehlis überspannt die größte Autobahnbogenbrücke Deutschlands das Tal der Wilden Gera. Ihre Bogenspannweite beträgt 252 m (Bauwerksgesamtlänge 552 m). Im Bogenbereich wird die Fahrbahn von sechs Pfeilern mit jeweils einem Abstand von 42 m getragen. Die Brücke erhebt sich etwa 110 m über dem Talgrund. Der Beginn des Bogens bzw. der Fußpunkt der äußeren Pfeiler liegt etwa 38,5 m über dem Talgrund. Der Bogen lässt sich durch eine quadratische Funktion näherungsweise beschreiben.

Erläutere, welche Angaben zum Aufstellen einer Gleichung für den Brückenbogen erforderlich sind. Gib eine Gleichung an. Berechne die Länge der Pfeiler im Bogenbereich.

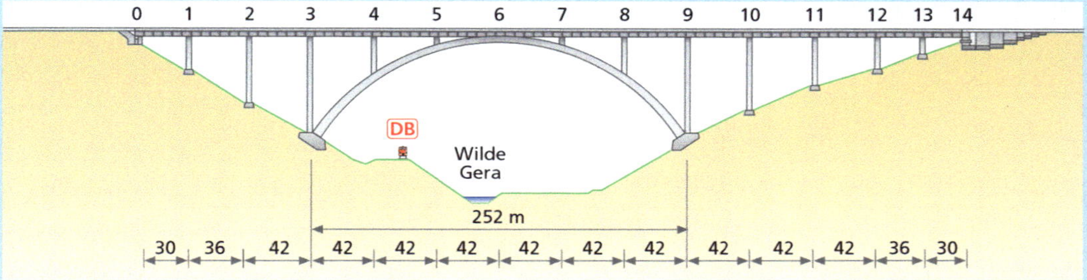

Der freie Fall beim Bungee-Springen

Galileo Galilei (1564 bis 1642) erkannte nach zahlreichen Experimenten, dass beim freien Fall der zurückgelegte Weg proportional zum Quadrat der dafür benötigten Zeit ist.

Es gilt die Gleichung: $s = \frac{g}{2} \cdot t^2$

s – zurückgelegter Weg

t – benötigte Zeit

g – Fallbeschleunigung $\left(9{,}81\ \frac{m}{s^2}\right)$

Berechne, wie tief ein Bungee-Springer drei Sekunden nach dem Absprung gefallen ist. Begründe, warum das Gesetz für den freien Fall in Luft bei höheren Geschwindigkeiten nicht gilt.

Geschwindigkeiten bei einer Wüstenexpedition

Eine Gruppe von Geologen versucht bei einer Expedition durch eine Wüste, den 120 km entfernten Rastplatz möglichst schnell zu erreichen.

Dabei wird festgestellt, dass der Rastplatz bei einer Erhöhung der Geschwindigkeit um $10\ \frac{km}{h}$ etwa eine Stunde früher erreicht werden kann.

Ermittle die Zeiten, die das Team jeweils bis zum Erreichen des Rastplatzes benötigt. Gib an, von welchen Bedingungen du bei deinen Berechnungen ausgegangen bist.

Rückblick

Quadratwurzelziehen

Das **Quadratwurzelziehen** ist die Umkehrung des Quadrierens. Quadratwurzeln lassen sich nicht aus negativen Zahlen ziehen.
Viele Quadratwurzeln sind irrational, also unendliche Dezimalbrüche ohne Periode. Sie werden häufig näherungsweise durch rationale Zahlen angegeben.
Die Quadrate natürlicher Zahlen heißen **Quadratzahlen.**

Quadrieren	**Wurzelziehen**
$3^2 = 3 \cdot 3 = 9$	$\sqrt{9} = 3$
$1{,}42 = 1{,}4 \cdot 1{,}4 = 1{,}96$	$\sqrt{1{,}96} = 1{,}4$
$2 = \sqrt{2} \cdot \sqrt{2}$	$\sqrt{3} = 1{,}7320508... \approx 1{,}732$

n	11	12	13	14	15	16	17	18	19
n^2	121	144	169	196	225	256	289	324	361

Betrag einer Zahl

Der **Betrag einer Zahl** gibt den Abstand dieser Zahl zur Zahl 0 an.
Entgegengesetzte Zahlen haben den gleichen Betrag.

$|-3| = 3$
$|2| = 2$
$|x| = 3$ für $x_1 = 3$ oder für $x_2 = -3$

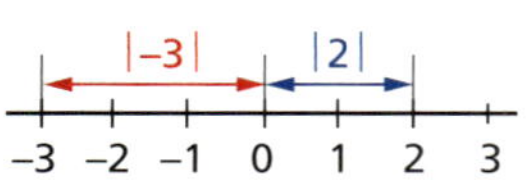

Lineare Gleichungen

Lineare Gleichungen können durch äquivalente Umformungen gelöst werden.
In linearen Gleichungen treten die Variablen nur in der ersten Potenz auf.

$3(2x - 4) = -2(x + 3)$ | Klammern auflösen
$6x - 12 = -2x - 6$ | Ordnen; Zusammenfassen
$8x = 6$ | Isolieren
$x = \frac{3}{4}$

Lösungsmenge: $L = \left\{\frac{3}{4}\right\}$

Probe:
linke Seite
$3\left(2\left(\frac{3}{4}\right) - 4\right) = 3\left(\frac{3}{2} - 4\right) = 3 \cdot \left(-\frac{5}{2}\right) = -\frac{15}{2}$
rechte Seite
$-2\left(\left(\frac{3}{4}\right) + 3\right) = -2\left(\frac{3}{4} + \frac{12}{4}\right) = -2 \cdot \left(\frac{15}{4}\right) = -\frac{15}{2}$

Gleichungen mit Beträgen

Die Gleichung $|x| = a$ ist für $a \geq 0$ lösbar.
Für $a < 0$ hat die Gleichung keine Lösung.
Für $x \geq 0$ gilt: $x = a$
Für $x < 0$ gilt: $x = -a$

$6 \cdot |x-2| = 18 \quad |:6$

$|x-2| = 3$

1. Fall:	Für $x-2 \geq 0$ gilt: $x \geq 2$	*2. Fall:*	Für $x-2 < 0$ gilt: $x < 2$
	$x-2=3 \quad |+2$		$x-2=-3 \quad |+2$
	$x=5$		$x=-1$
Probe:	$6 \cdot |5-2| = 6 \cdot |3| = 6 \cdot 3 = 18$	*Probe:*	$6 \cdot |-1-2| = 6 \cdot |-3| = 6 \cdot 3 = 18$
Lösungsmenge:	$L = \{-1; 5\}$		

Lineare Funktionen

Funktionen der Form $y = f(x) = m \cdot x + n$ ($m, n \in \mathbb{R}$) und Funktionen, deren Gleichungen sich durch Umformen in diese Form überführen lassen, heißen **lineare Funktionen.**
Alle Zahlen x heißen **Argumente** und bilden zusammen den **Definitionsbereich** D. Alle Zahlen y heißen **Funktionswerte** und bilden zusammen den **Wertebereich** W. Die Variablen m und n werden **Parameter** genannt. Funktionen können dargestellt werden:

- durch wörtliche Beschreibungen
- durch Wertetabellen
- durch Funktionsgraphen
- durch Funktionsgleichungen

Beim Untersuchen funktioneller Zusammenhänge wird geprüft, wie sich eine Größe (Funktionswerte y) in Abhängigkeit von einer anderen Größe (Argumente x) ändert.

Angebot einer Telefongesellschaft:

- Monatsgrundpreis: 10 €
- Preis pro Gesprächsminute: 0,05 €

Funktionsgleichung: $y = 0{,}05\,€ \cdot x + 10\,€$

D: Gesprächszeit in Minuten

W: Telefonkosten in Euro

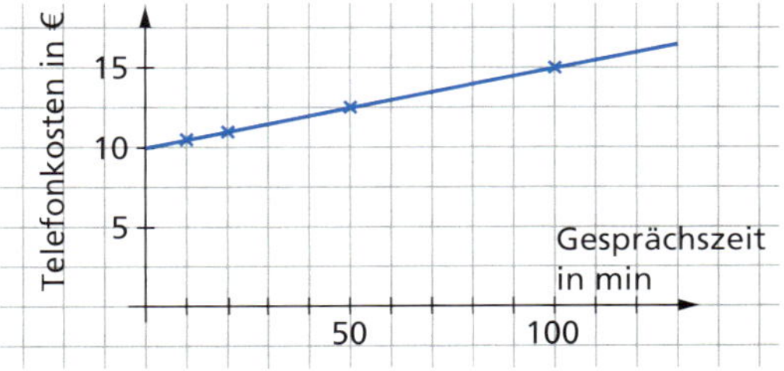

Aufgaben

1. Löse die linearen Gleichungen.

a) $4x - 9 = 13$ b) $7x + 3 = 17$ c) $8 + 3x = 7$ d) $6 - 2x = -11$

e) $5x : 3 = 2$ f) $4 : (2x) = 8$ g) $7x : 3 = -6$ h) $5 : 5 \cdot x = -13$

2. Löse die Gleichungen.

a) $5x - 6 = 3x + 2$ b) $19x + 8 = 7 - 4x$ c) $3x + 4 = 5x + 7$ d) $8x - 9 = 5x - 11$

e) $7x - 6 = 8 - 3x$ f) $11 - 2x = 19 - 7x$ g) $3 - 6x = 5 - 2x$ h) $8 - 7x = -6 - 4x$

3. Löse die Gleichungen.

a) $|5x - 2| = 3$ b) $|5x - 2| = -3$ c) $|5x - 2| = 5x - 2$ d) $|5x - 2| = 2 - 5x$

*e) $|5x - 2| = |2x + 3|$ f) $|3x + 2| = -1$ g) $|3x + 2| = 1$ h) $|3x + 2| = 3x + 2$

4. Zeichne die Graphen der Funktionen. Nenne Gemeinsamkeiten und Unterschiede.

a) $f(x) = x + 1$ $g(x) = x + 2$ $h(x) = x - 1$ $k(x) = x - 2$

b) $f(x) = 2x$ $g(x) = 3x$ $h(x) = -2x$ $k(x) = -3x$

5. Prüfe rechnerisch, ob die Punkte alle zum Graphen der Funktion gehören. Begründe deine Entscheidungen. Ändere (falls erforderlich) die y-Koordinaten der Punkte.

a) $y = 2x - 2$: $P_1(1\,|\,0)$ $P_2(-2\,|\,2)$ $P_3(-2{,}5\,|\,-7)$ $P_4(-1{,}5\,|\,-5)$ $P_5(0{,}1\,|\,2{,}2)$

b) $y = 4x - 0{,}5$: $P_1(1\,|\,3)$ $P_2(-2\,|\,7)$ $P_3(-2{,}5\,|\,-11)$ $P_4(-1{,}5\,|\,-6{,}5)$ $P_5(0{,}1\,|\,0{,}1)$

6. Zeichne eine Gerade durch die Punkte P_1 und P_2. Bestimme eine Funktionsgleichung des Graphen aus der Zeichnung. Beschreibe dein Vorgehen. Prüfe deine Ergebnisse rechnerisch.

a) $P_1(2\,|\,-1)$; $P_2(-2\,|\,0)$ b) $P_1(0\,|\,-1)$; $P_2(4\,|\,2)$ c) $P_1(1\,|\,1)$; $P_2(2\,|\,3)$
d) $P_1(-2\,|\,0)$; $P_2(0\,|\,2)$ e) $P_1(1\,|\,2{,}5)$; $P_2(-1\,|\,1{,}5)$ f) $P_1(-3\,|\,1)$; $P_2(3\,|\,1)$

7. Wie unterscheiden sich die Graphen, wenn man in der Funktionsgleichung $y = mx + n$ den Parameter m festhält und für n alle möglichen Werte wählt oder n festhält und für den Parameter m alle möglichen Werte angibt?

8. Setze in $y = mx + 3$ nacheinander $m = 2; 1; \frac{1}{2}; \frac{1}{4}; \frac{1}{8}; \ldots$ Wie ändern sich die Graphen?
Welcher Grenzlage streben sie zu? Wie sieht demnach das Bild des Graphen von $y = 3$ aus?

9. Haselnüsse enthalten 15 % Eiweiß (E), 65 % Fett (F) und 10 % Kohlenhydrate (K). Drücke den Gehalt an E, F, K als Funktion der Gesamtmenge M aus. Löse zeichnerisch und rechnerisch.

a) Wie viel Gramm Eiweiß, Fett bzw. Kohlenhydrate sind in 125 g Haselnüssen enthalten?
b) Wie viel Gramm Haselnüsse enthalten 50 g Eiweiß (100 g Fett)?

10. In welchem Punkt schneiden die Graphen einander? Gib jeweils die Koordinaten an.
Kontrolliere jede Rechnung durch eine Zeichnung.

a) $y = f_1(x) = 2x + 1$
$y = f_2(x) = -x - 2$

b) $y = f_1(x) = -\frac{2}{3}x + 3$
$y = f_2(x) = 2x - 5$

c) $y = f_1(x) = -x - 3$
$y = f_2(x) = \frac{1}{3}x + 1$

d) $y = f_1(x) = -\frac{1}{2}x$
$y = f_2(x) = -2$

11. Berechne, in welchen Punkten die Graphen die Koordinatenachsen schneiden.
Zeichne danach die Graphen und kontrolliere daran die Ergebnisse deiner Rechnungen.

a) $y = f(x) = x - 2$ b) $y = g(x) = \frac{1}{4}x - 1$ c) $y = h(x) = 1{,}5x + 3$
d) $y = r(x) = -\frac{3}{4}x + \frac{1}{2}$ e) $y = s(x) = -2{,}5x + 5$ f) $y = t(x) = -\frac{3}{2}x - 3$

12. Berechne die Nullstellen folgender Funktionen. Kontrolliere deine Ergebnisse.

a) $f_1(x) = x + 3$ b) $f_2(x) = -x + 2$ c) $f_3(x) = -x - 0{,}5$
d) $f_4(x) = 3x - 6$ e) $f_5(x) = -2x - 1$ f) $f_6(x) = 2{,}5x + 2$
g) $f_7(x) = \frac{1}{2}x - \frac{1}{4}$ h) $f_8(x) = -\frac{2}{3}x + 6$ i) $f_9(x) = -x + 3{,}5$

13. a) Gib die Koordinaten der Punkte A, B und C an.
b) Gib den Abstand des Punktes B von der x-Achse an.
c) Welchen Abstand hat der Punkt C von der y-Achse?
d) Berechne den Abstand des Punktes C vom Koordinatenursprung. Fertige dazu eine Skizze an.
Erläutere deinen Rechenweg.
e) Berechne die Länge der Strecke $\overline{AB}$.
Erläutere deinen Rechenweg.
f) Wie lang ist der Umfang des Dreiecks ABC? Vergleiche deinen Rechenweg mit dem deiner Mitschüler.

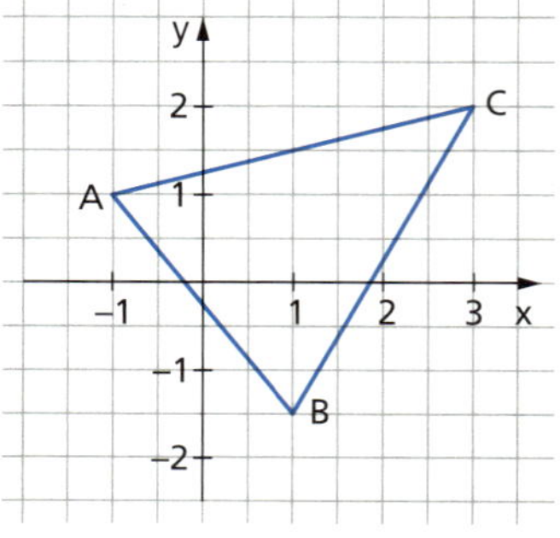

2.1 Quadratische Gleichungen

Bei der „Wüsten-Expeditions-Aufgabe“ Seite 57 gelten die nebenstehenden Gleichungen.
Es sind zwei Gleichungen mit jeweils zwei Unbekannten.
Ersetzt man in der 2. Gleichung die Variable v durch $\frac{120}{t}$ und vereinfacht die entstehende Gleichung, erhält man: $t^2 - t = 12$

1. Gleichung:

$v = \frac{120}{t}$

2. Gleichung:

$v + 10 = \frac{120}{t-1}$

$\frac{120}{t} + 10 = \frac{120}{t-1}$ $\quad | \cdot t \cdot (t-1)$

$120 \cdot (t-1) + 10 \cdot t \cdot (t-1) = 120 \cdot t$

$t^2 - t = 12$

Ersetze in der 2. Gleichung die Variable t durch $\frac{120}{v}$ und vereinfache die Gleichung.

Begriff der „quadratischen Gleichung“

Bei den folgenden Gleichungen tritt die Variable in der zweiten Potenz auf oder die Gleichung kann in eine Form gebracht werden, bei der eine Variable in der zweiten Potenz auftritt. Solche Gleichungen sind **quadratische Gleichungen** oder Gleichungen zweiten Grades.

1. $x^2 = 81;$ $\quad 3x^2 + 4x = 7;$ $\quad 200 = 2a^2 + 40a;$ $\quad t^2 - 21t = 0$
2. $x^2 - 2x + 3ax = 6a$ Wählt man x als Variable und a als Konstante, liegt eine quadratische Gleichung vor. Wählt man a als Variable und x als Konstante, liegt eine lineare Gleichung vor.
3. $(x + 13) \cdot x = 0$ umgeformt: $x^2 + 13x = 0$
   $\frac{x}{x-1} = x - 2$ umgeformt: $x^2 - 4x + 2 = 0 \quad (x \neq 1)$

Man unterscheidet folgende Formen quadratischer Gleichungen:
1. **allgemeine Form** einer quadratischen Gleichung:
   $ax^2 + bx + c = 0$ mit $a; b; c \in \mathbb{R}$ und $a \neq 0$
2. **Normalform** einer quadratischen Gleichung:
   $x^2 + px + q = 0$ mit $p; q \in \mathbb{R}$

Dabei heißen die Glieder ax^2 und x^2 **quadratische Glieder,** bx und px **lineare Glieder** und c und p **absolute Glieder.**
Die Variablen a; b; c; p und q heißen **Parameter.**

Gleichung	Quadratisches Glied	Lineares Glied	Absolutes Glied
$2x^2 + 3x + 1{,}2 = 0$	$2x^2$	$3x$	1,2
$x^2 - 7x - 1 = 0$	x^2	$-7x$	-1

Beim Lösen quadratischer Gleichungen muss der Variablengrundbereich berücksichtigt werden. Wird kein Grundbereich genannt, ist immer die größtmögliche Teilmenge der reellen Zahlen $\mathbb{R}$ gemeint.

Gleichung	$x^2 = 1$	$x^2 = 0$	$x^2 = -4$
Lösung(en)	$x_1 = 1$ und $x_2 = -1$	$x = 0$	keine reelle Zahl
Lösungsmenge	$L = \{1; -1\}$	$L = \{0\}$	$L = \emptyset$
Anzahl der Lösungen	zwei Lösungen	eine Lösung	keine Lösung

Hinweise:
- Quadratische Gleichungen können zwei Lösungen, eine Lösung oder keine Lösung besitzen.
- Im Bereich der natürlichen Zahlen hat z. B. die Gleichung $x^2 = 1$ nur die Lösungsmenge $L = \{1\}$.

Inhaltliches Lösen quadratischer Gleichungen

Inhaltliches Lösen von Gleichungen der Form $(x + a)^2 = b$

Die Gleichung $x^2 = 49$ ist zur Gleichung $x \cdot x = 49$ äquivalent.

Es gilt: $7^2 = 7 \cdot 7 = 49$ und
$(-7)^2 = (-7) \cdot (-7) = 49$
Somit sind $x_1 = 7$ und $x_2 = -7$ Lösungen der Gleichung $x^2 = 49$.

Man schreibt kurz: $x_{1;2} = \pm 7$

Der Lösungsweg kann folgendermaßen aufgeschrieben werden:

$$x^2 = 49 \quad | \sqrt{}$$
$$\sqrt{x^2} = \sqrt{49}$$
$$x_{1;2} = \pm\sqrt{49}$$
$$x_{1;2} = \pm 7$$
$$L = \{7; -7\}$$

Hinweis: $\sqrt{49}$ ist eindeutig 7. Die Gleichung $x^2 = 49$ ist aber für $x = 7$ oder für $x = -7$ wahr.
Sollten keine rationalen Lösungen möglich sein, sind auch Wurzelschreibweisen als Lösungsangaben zulässig. Aus $x^2 = 2$ ergibt sich z. B. die Lösungsmenge $L = \{\sqrt{2}; -\sqrt{2}\}$.
Bei Sachaufgaben können auch Näherungswerte wie $\sqrt{2} \approx 1{,}41$ verwendet werden.

1.
$$(x + 3)^2 = 64$$
$$x_{1;2} + 3 = \pm\sqrt{64}$$
$$x_{1;2} + 3 = \pm 8 \quad | -3$$
$$x_{1;2} = -3 \pm 8$$
$$x_1 = -3 + 8 = 5$$
$$x_2 = -3 - 8 = -11$$

Probe: $(5 + 3)^2 = 8^2 = 64$
$(-11 + 3)^2 = (-8)^2 = 64$

2.
$$(x + 2)^2 = 7$$
$$x_{1;2} + 2 = \pm\sqrt{7} \quad | -2$$
$$x_{1;2} = -2 \pm \sqrt{7}$$
$$x_{1;2} = -2 \pm \sqrt{7}$$
$$x_1 = -2 + \sqrt{7}$$
$$x_2 = -2 - \sqrt{7}$$

Probe: $(-2 + \sqrt{7} + 2)^2 = (\sqrt{7})^2 = 7$
$(-2 - \sqrt{7} + 2)^2 = (-\sqrt{7})^2 = 7$

Inhaltliches Lösen von Gleichungen der Form $T_1 \cdot T_2 = 0$

Die Gleichungen $x \cdot (x + 5) = 0$ und $(x + 11) \cdot (x - 3) = 0$ haben die Form $T_1 \cdot T_2 = 0$. Damit ein Produkt zweier Terme gleich 0 ist, muss (mindestens) einer der Faktoren gleich 0 sein. Somit lassen sich die Gleichungen $x \cdot (x + 5) = 0$ und $(x + 11) \cdot (x - 3) = 0$ folgendermaßen lösen:

- Ein Produkt ist 0, wenn mindestens ein Faktor 0 ist. Es müssen immer zwei Fälle untersucht werden.

$$x \cdot (x + 5) = 0$$

$x_1 = 0$ $x_2 + 5 = 0$, $x_2 = -5$

Probe: $0 \cdot (0 + 5) = 0 \cdot 5 = 0$
$-5 \cdot (-5 + 5) = -5 \cdot 0 = 0$

$$(x + 11) \cdot (x - 3) = 0$$

$x_1 + 11 = 0$, $x_1 = -11$ $x_2 - 3 = 0$, $x_2 = 3$

$(-11 + 11) \cdot (-11 - 3) = 0 \cdot (-14) = 0$
$(3 + 11) \cdot (3 - 3) = 14 \cdot 0 = 0$

Hinweis:
Eine Probe ist wichig. Sie muss nicht immer schriftlich, sie kann auch im Kopf erfolgen.

Durch Ausklammern eines gemeinsamen Faktors können manche Gleichungen (z. B. $x^2 + 8x = 0$; $x^2 - 16x = 0$ oder $2x^2 - 6x = 0$) in die Form $T_1 \cdot T_2 = 0$ gebracht werden.

- 1.

$$x^2 + 8x = 0$$
$$x \cdot (x + 8) = 0$$

$x_1 = 0$ $x_2 + 8 = 0$, $x_2 = -8$

Probe: $6^2 + 8 \cdot 0 = 0 + 0 = 0$
$(-8)^2 + 8 \cdot (-8) = 64 - 64 = 0$

2.

$$2x^2 - 6x = 0$$
$$x \cdot (2x - 6) = 0$$

$x_1 = 0$ $2x_2 - 6 = 0$, $x_2 = 3$

$2 \cdot 0^2 - 6 \cdot 0 = 0 - 0 = 0$
$2 \cdot 3^2 - 6 \cdot 3 = 18 - 18 = 0$

Für $T_1 = T_2 = T$ gilt der Sonderfall: $T^2 = 0$
In diesem Fall gilt: $x_1 = x_2$
Man spricht von einer „Doppellösung".

-

$$(x + 13)^2 = 0$$
$$(x + 13)(x + 13) = 0$$

$x_1 + 13 = 0$, $x_1 = -13$ $x_2 + 13 = 0$, $x_2 = -13$

$x_1 = x_2 = -13$ (Doppellösung)

Probe: $(-13 + 13)^2 = 0$
$0^2 = 0$
$0 = 0$

$$(x - 13)^2 = 0$$
$$(x - 13)(x - 13) = 0$$

$x_1 - 13 = 0$, $x_1 = 13$ $x_2 - 13 = 0$, $x_2 = 13$

$x_1 = x_2 = 13$ (Doppellösung)

Probe: $(13 - 13)^2 = 0$
$0^2 = 0$
$0 = 0$

Inhaltliches Lösen quadratischer Gleichungen mithilfe binomischer Formeln

Gleichungen, die sowohl quadratische, lineare und absolute Glieder enthalten, lassen sich oft durch das Anwenden binomischer Formeln z. B. in Gleichungen der Form $(x + a)^2 = b$ mit $a; b \in \mathbb{R}$ umformen und lösen.

1. $x^2 + 10x + 25 = 0$ | Anwenden der binomischen Formel $a^2 + 2ab + b = (a + b)^2$

$(x + 5)^2 = 0$ | Produktdarstellung verwenden

$(x + 5)(x + 5) = 0$ | Lösen durch inhaltliche Überlegungen

$x_1 = x_2 = -5$

Probe: $(-5)^2 + 10 \cdot (-5) + 25 = 25 - 50 + 25 = 0$

2. $x^2 + 5x + \frac{25}{4} = \frac{1}{4}$ | Anwenden der binomischen Formel $a^2 + 2ab + b^2 = (a + b)^2$

$\left(x + \frac{5}{2}\right)^2 = \frac{1}{4}$ | $\sqrt{\ }$; Fallunterscheidung

$\left(x_{1;2} + \frac{5}{2}\right) = \pm\sqrt{\frac{1}{4}}$

$x_{1;2} + \frac{5}{2} = \pm\frac{1}{2}$ | $-\frac{5}{2}$

$x_{1;2} = -\frac{5}{2} \pm \frac{1}{2}$

$x_1 = -\frac{5}{2} + \frac{1}{2} = -\frac{4}{2} = -2$

$x_2 = -\frac{5}{2} - \frac{1}{2} = -\frac{6}{2} = -3$

Probe: $(-2)^2 + 5 \cdot (-2) + \frac{25}{4} = 4 - 10 + \frac{25}{4} = -6 + \frac{25}{4} = -\frac{24}{4} + \frac{25}{4} = \frac{1}{4}$

$(-3)^2 + 5 \cdot (-3) + \frac{25}{4} = 9 - 15 + \frac{25}{4} = -6 + \frac{25}{4} = -\frac{24}{4} + \frac{25}{4} = \frac{1}{4}$

Bei einigen Gleichungen kann die binomische Formel erst nach mehreren Umformungsschritten angewendet werden. Dazu ergänzt man gezielt eine passende Zahl so, dass danach eine binomische Formel zutrifft. Diese Zahl heißt **quadratische Ergänzung.**

$x^2 + 3x + 2 = 0$ | -2

$x^2 + 3x = -2$ | $+\left(\frac{3}{2}\right)^2$ (quadratische Ergänzung)

$x^2 + 3x + \left(\frac{3}{2}\right)^2 = -2 + \left(\frac{3}{2}\right)^2$ | Anwenden der binomischen Formel $a^2 + 2ab + b^2 = (a + b)^2$

$\left(x + \frac{3}{2}\right)^2 = \frac{1}{4}$ | $\sqrt{\ }$; Fallunterscheidung

$\left(x_{1;2} + \frac{3}{2}\right) = \pm\sqrt{\frac{1}{4}}$

$x_{1;2} + \frac{3}{2} = \pm\frac{1}{2}$ | $-\frac{3}{2}$

$x_{1;2} = -\frac{3}{2} \pm \frac{1}{2}$

$x_1 = -\frac{3}{2} + \frac{1}{2} = -\frac{2}{2} = -1$

$x_2 = -\frac{3}{2} - \frac{1}{2} = -\frac{4}{2} = -2$

Probe: $(-1)^2 + 3 \cdot (-1) + 2 = 1 - 3 + 2 = 0$

$(-2)^2 + 3 \cdot (-2) + 2 = 4 - 6 + 2 = 0$

Lösungsformel für quadratische Gleichungen

Das Verfahren der quadratischen Ergänzung kann auf die Normalform quadratischer Gleichungen $x^2 + px + q = 0$ mit $p; q \in \mathbb{R}$ angewendet werden.

$x^2 + px + q = 0$	$\mid -q$
$x^2 + px = -q$	$\mid + \left(\frac{p}{2}\right)^2$ (quadratische Ergänzung)
$x^2 + px + \left(\frac{p}{2}\right)^2 = \left(\frac{p}{2}\right)^2 - q$	$\mid$ Anwenden der binomischen Formel $a^2 + 2ab + b^2 = (a + b)^2$
$\left(x + \frac{p}{2}\right)^2 = \left(\frac{p}{2}\right)^2 - q$	$\mid \sqrt{\ }$; Fallunterscheidung
$x_{1;2} + \frac{p}{2} = \pm\sqrt{\left(\frac{p}{2}\right)^2 - q}$	$\mid -\frac{p}{2}$
$x_{1;2} = -\frac{p}{2} \pm \sqrt{\left(\frac{p}{2}\right)^2 - q}$	
$x_1 = -\frac{p}{2} + \sqrt{\left(\frac{p}{2}\right)^2 - q}$	$x_2 = -\frac{p}{2} - \sqrt{\left(\frac{p}{2}\right)^2 - q}$

Quadratische Gleichungen der Form $x^2 + px + q = 0$ mit den Parametern $p; q \in \mathbb{R}$ haben folgende Lösungen:
- $x_{1;2} = -\frac{p}{2} \pm \sqrt{\left(\frac{p}{2}\right)^2 - q}$ für $\left(\frac{p}{2}\right)^2 - q \geq 0$
- $x_1 = x_2 = -\frac{p}{2}$ für $\left(\frac{p}{2}\right)^2 - q = 0$
- keine reellen Lösungen für $\left(\frac{p}{2}\right)^2 - q < 0$

Die Gleichung $x_{1;2} = -\frac{p}{2} \pm \sqrt{\left(\frac{p}{2}\right)^2 - q}$ heißt **Lösungsformel** für quadratische Gleichungen in Normalform. Der Term $\left(\frac{p}{2}\right)^2 - q$ heißt **Diskriminante** (lat. *discriminare* - entscheiden).

Die Diskriminante wird oft mit **D** abgekürzt.

Folgende Lösungsschritte sind beim Lösen quadratischer Gleichungen sinnvoll:

Schritte	**Beispiel**
1. Gleichung in Normalform bringen	$2x^2 - 12x - 32 = 0 \quad \mid :2$ $x^2 - 6x - 16 = 0$
2. Belegung der Parameter p und q bestimmen	$p = -6;\ q = -16$
3. Werte der Terme $-p$; $-\frac{p}{2}$ und $\left(\frac{p}{2}\right)^2$ berechnen	$-p = 6;\ -\frac{p}{2} = 3;\ \left(\frac{p}{2}\right)^2 = 9$
4. Diskriminante untersuchen	$D = \left(\frac{p}{2}\right)^2 - q = 9 - (-16) = 25$ $25 > 0$ (Es gibt zwei Lösungen.)
5. Werte in die Lösungsformel einsetzen und Lösungsformel vereinfachen	$x_{1;2} = -\frac{p}{2} \pm \sqrt{\left(\frac{p}{2}\right)^2 - q}$ $x_1 = 3 + \sqrt{25} = 8;\quad x_2 = 3 - \sqrt{25} = -2$
6. Probe an Ausgangsgleichung durchführen	$2 \cdot 8^2 - 12 \cdot 8 - 32 = 128 - 96 - 32 = 0$ $2 \cdot (-2)^2 - 12 \cdot (-2) - 32 = 8 + 24 - 32 = 0$

Hinweise:
- Prüfe mit der Diskriminantenuntersuchung, ob die Gleichung keine Lösung, eine Lösung oder zwei Lösungen hat.
- Eine Probe mit rationalen Näherungswerten ist nicht sinnvoll.

Der Satz des VIETA

Der französische Mathematiker FRANCOIS VIÈTE (1540 bis 1603), dessen lateinischer Name VIETA (*gesprochen:* Vi-eta) ist, fand folgenden Zusammenhang zwischen den Lösungen und den Parametern einer quadratischen Gleichung:

> Sind x_1 und x_2 Lösungen der quadratischen Gleichung $x^2 + px + q = 0$, so gilt:
> $x_1 + x_2 = -p$ und $x_1 \cdot x_2 = q$

Zur Begründung des Satzes ist folgende Überlegung möglich:
Die Gleichung $(x - x_1) \cdot (x - x_2) = 0$ hat die Lösungen x_1 und x_2.

Es gilt: $(x - x_1) \cdot (x - x_2) = x^2 - x \cdot x_2 - x_1 \cdot x + x_1 \cdot x_2$
$= x^2 - (\mathbf{x_1 + x_2}) \cdot x + \mathbf{x_1 \cdot x_2}$

FRANCOIS VIÈTE

Mit dem Satz von VIETA und seiner auch gültigen Umkehrung ergeben sich Möglichkeiten beim Arbeiten mit quadratischen Gleichungen:

1. Es ist eine weitere **Kontrollmöglichkeit** vorhanden.
   Beispiel: $x^2 - 6x - 16 = 0;\; p = -6;\; q = -16$
   Lösungen: $x_1 = 8$ und $x_2 = -2$
   Kontrolle: $x_1 + x_2 = 6 = -p$ und $x_1 \cdot x_2 = -16 = q$

2. Ganzzahlige Lösungen können durch **Probieren** gefunden werden.
   Dazu wird q in ein Produkt und −p in eine Summe zerlegt.
   Beispiel: $x^2 - 6x - 16 = 0$
   Lösung: $-16 = (-4) \cdot 4 = (-2) \cdot 8 = 2 \cdot (-8) = x_1 \cdot x_2$
   $x_1 = -2$ und $x_2 = 8$
   $-2 + 8 = 6 = -p$

3. Auf einfachem Weg lassen sich zu gegebenen Lösungen **Gleichungen finden.**
   Beispiel: $x_1 = 2$ und $x_2 = 3$ sind Lösungen einer quadratischen Gleichung.
   Aus $2 + 3 = 5 = -p$ und $2 \cdot 3 = 6 = q$ ergibt sich: $x^2 - 5x + 6 = 0$

Aufgaben

Begriff „quadratische Gleichung"

1. Welche der folgenden Gleichungen sind quadratische Gleichungen mit einer Variablen?
a) $x^2 = 7$ b) $2a = a^2$ c) $2x^2 = x + 1$ d) $1 - k = 1 - k^2$ e) $x^2 - a = 5$
f) $r^2 = 3r - 4$ g) $ax^2 - 2x = 0$ h) $x^3 = 27$ i) $2ab = a^2 + b^2$ j) $x^2 + y^2 = 1$

2. Welche der folgenden Formeln können als quadratische Gleichungen mit einer Variablen aufgefasst werden? Gib an, welche Variablen in diesem Fall als Parameter anzusehen sind.
a) $A = a^2$ b) $u = 4a$ c) $A = \pi r^2$ d) $s = \frac{g}{2}t^2 + s_0$ e) $V = a^2 \cdot h$

3. Gib eine quadratische Gleichung der Form $ax^2 + bx + c = 0$ mit folgenden Bedingungen an:
a) $a = -1;\ b = 0;\ c = -4$ b) $a = 5;\ b = -7;\ c = 0$ c) $a = 3{,}5;\ b = -1{,}5;\ c = -0{,}5$

4. Überführe die Gleichungen in die allgemeine Form einer quadratischen Gleichung. ($x \neq 0$)
a) $x(3x - 2) = 5x$ b) $2x^2 - 9 = 5x^2 + x$ c) $\frac{x-1}{x} + 2x = 8$ d) $\frac{1}{x^2} + 2 = \frac{3}{x}$

5. Forme in die Normalform um. Gib die Belegungen der Parameter p und q an.
a) $-x^2 + 5x = 1$ b) $6x - 5 = 2x - 3x^2$ c) $x^2 = -x + s$ d) $ax^2 + bx + c = 0$
e) $(x + 5)(x - 7) = 0$ f) $(x + 3)^2 = 0$ g) $(x - a)^2 = 0$ h) $(x + 1)(x - 1) = 0$

6. Welche der folgenden Gleichungen sind bezüglich welcher Variablen Gleichungen dritten Grades, Gleichungen vierten Grades bzw. biquadratische Gleichungen:
a) $(2x)^3 - x^2 + x + 1 = 0$ b) $(2x)^3 - x^2 + x + 1 = 0$ c) $2x^3 - x^2 + x + 1 = 0$
d) $V = a^3$ e) $V = \pi r^2 h$ f) $V = \pi r^2 (2r)$
g) $a^3 + a^2 b + ab^2 + b^3 = 0$ h) $a^4 = b + b^3 - 2a^2b^2$ i) $(a^2 - b^2)(a^2 + b^2) = 0$

Inhaltliches Lösen quadratischer Gleichungen

7. Löse folgende Gleichungen im Kopf:
a) $x^2 = 0{,}09$ b) $x^2 = 2{,}89$ c) $x^2 = 0{,}25$ d) $x^2 = \frac{25}{9}$ e) $x^2 = \frac{144}{49}$

8. Welche Zahlen erfüllen folgende quadratische Gleichungen:
a) $x^2 - 100 = 0$ b) $2x^2 - 288 = 0$ c) $x^2 - 5 = 44$ d) $x^2 + 46 = 10$
e) $3x^2 + 39 = 87$ f) $3x^2 - 0{,}12 = 0$ g) $\frac{1}{2}x^2 - 3 = 29$ h) $x^2 + 5 = 44$

9. Gib die Lösungsmengen folgender Gleichungen an:
a) $2x^2 = 128$ b) $15x^2 = 15$ c) $3x^2 = 0$ d) $7x^2 = 1{,}12$ e) $x^2 = \frac{1}{49}$
f) $5x^2 = \frac{45}{4}$ g) $3x^2 + \frac{1}{3} = 0$ h) $7x^2 - \frac{7}{25} = 0$ i) $7x^2 + \frac{7}{25} = 0$ j) $x^2 = -\frac{1}{49}$

10. Löse folgende Gleichungen. Gib die Ergebnisse exakt an.
a) $x^2 = 5$ b) $x^2 - 10 = 0$ c) $3x^2 - 60 = 0$ d) $2x^2 = 19$ e) $4x^2 - 5 = -2$

11. Löse mithilfe des Taschenrechners. Runde die Ergebnisse auf zwei Dezimalstellen.
a) $x^2 = 8$ b) $2x^2 = 9$ c) $x^2 - 5 = 10$ d) $x^2 + 1 = 0$ e) $6x^2 - 4 = 10$

12. Löse folgende Gleichungen. Führe auch eine Probe durch.
a) $(x - 2)^2 = 9$ b) $(x + 7)^2 = 36$ c) $(x - 1)^2 = 1$ d) $\left(x - \frac{1}{2}\right)^2 = \frac{9}{4}$ e) $(x + 7)^2 = -16$

13. Bestimme die Lösungsmengen folgender Gleichungen:
a) $(x - 9)^2 - 1 = 0$ b) $2{,}89 - (x - 0{,}5)^2 = 0$ c) $5(x - 2)^2 + 3 = 23$ d) $2(x - 3)^2 = 18$

14. Löse inhaltlich.
a) $x^2 = 7x$ b) $a^2 = -13a$ c) $b^2 = 0{,}4b$ d) $c^2 = -3{,}6c$
e) $d^2 = 4711d$ f) $e^2 - 45e = 0$ g) $f^2 + 2{,}3f = 0$ h) $7{,}3g + g^2 = 0$
i) $-3{,}7h - h^2 = 0$ j) $-9{,}2i + i^2 = 0$ k) $18j - 6j^2 = 0$ l) $-7{,}2k + 8k^2 = 0$

15. Der Oberflächeninhalt eines Würfels beträgt $121{,}5\ cm^2$. Wie lang ist eine Kante des Würfels?

16. Der Flächeninhalt eines Rechtecks beträgt 512 cm^2. Eine Rechteckseite ist doppelt so lang wie die andere Seite. Wie lang sind die Seiten des Rechtecks?

17. Welche Zahlen erfüllen jeweils die folgenden Bedingungen:
a) Addiert man zum Quadrat einer natürlichen Zahl die Zahl 111, so erhält man 400.
b) Subtrahiert man vom Quadrat einer ganzen Zahl die Zahl 87, so erhält man 274.
c) Multipliziert man das Dreifache einer Zahl mit ihrem Siebenfachen, so erhält man 336.

18. Ein quadratischer Garten hat einen Flächeninhalt von 420,25 m^2.
Wie lang sind seine Seiten?

19. Wie lang und wie breit ist ein Rechteck, wenn sich seine Länge zur Breite wie 5 : 3 verhält? Der Flächeninhalt des Rechtecks beträgt 2 535 cm^2.

20. Die beiden kürzeren Seiten eines rechtwinkligen Dreiecks mit einem Flächeninhalt von 147 cm^2 verhalten sich zueinander wie 1 : 1,5. Wie lang sind die Seiten?

Gleichungen der Form $T_1 \cdot T_2 = 0$

21. Löse folgende Gleichungen durch inhaltliche Überlegungen:
a) $x(x+3)=0$ b) $x(x-7)=0$ c) $x(11+x)=0$ d) $x(2x-4)=0$ e) $x(x+\sqrt{3})=0$

22. Löse folgende Gleichungen. Wandle die Summen dazu in Produkte um.
a) $x^2-14x=0$ b) $x^2+6x=0$ c) $x^2-x=0$ d) $x^2-x=0$ e) $-x^2+2x=0$

23. Gib die Lösungsmengen folgender Gleichungen an:
a) $x^2+x=0$ b) $5x^2=10x$ c) $6x-x^2=0$ d) $2{,}5x^2-4x=0$ e) $0=2x^2+3x$

24. Prüfe, ob die angegebenen Lösungsmengen zu den Gleichungen gehören. Begründe.
a) $x^2+17x=0$, $L=\{0; -17\}$
b) $3x^2+x=0$, $L=\{0; 1\}$
c) $4x^2+8x=0$, $L=\{0; -8\}$
d) $4x^2-8x=0$, $L=\{0; 8\}$
e) $\frac{x^2}{2}-\frac{x}{4}=0$, $L=\left\{0; \frac{1}{2}\right\}$

25. Gib zur jeweiligen Lösungsmenge eine dazugehörige quadratische Gleichung an.
a) $L=\{0; 6\}$ b) $L=\{1{,}5; 0\}$ c) $L=\{-1; 1\}$ d) $L=\{2\}$ e) $L=\{-4{,}5\}$

26. Welche Zahlen erfüllen jeweils die folgenden Bedingungen:
a) Verdoppelt man das Quadrat einer Zahl, so erhält man das Vierzehnfache der Zahl.
b) Das Neunfache einer Zahl vermindert um das dreifache Quadrat dieser Zahl ist gleich 0.

27. Löse folgende Gleichungen inhaltlich:
a) $(x-2)(x+3)=0$ b) $(x-1)^2=0$ c) $(x+7)^2=0$
d) $(x-0{,}5)(x-4{,}5)=0$ e) $\left(x+\frac{1}{2}\right)\left(x-\frac{9}{2}\right)=0$ f) $(x-2)(x-2)=0$

28. Löse die Gleichungen.
a) $(x+2)(x-3)=0$ b) $(x+7)(x+2{,}3)=0$
c) $(x-1{,}2)(x+2{,}1)=0$ d) $(x-3{,}4)(x-4{,}5)=0$
e) $(2x+7)(3x-11)=0$ f) $(5x-2)(2x-5)=0$
g) $(x+3)(x-4)(x+5)=0$ h) $(2x+3)(3x-4)(4x+5)=0$
i) $(3x-2)(4x+3)(5x-4)=0$ j) $(x-7)(x+3{,}7)(x-4{,}6)(x+13)=0$

Anwenden binomischer Formeln

29. Forme jede Summe mithilfe von $a^2 - b^2 = (a + b)(a - b)$ in ein Produkt um.

a) $x^2 - y^2$ b) $m^2 - 1$ c) $x^2 - 49$ d) $x^2 - 324$

e) $16x^2 - 9$ f) $\frac{x^2}{4} - 1$ g) $\frac{x^2}{16} - 25$ h) $\left(\frac{x}{2}\right)^2 - \left(\frac{1}{2}\right)^2$

30. Löse folgende Gleichungen inhaltlich:

a) $(x - 9)(x + 9) = 0$ b) $(x + 4{,}5)(x - 4{,}5) = 0$ c) $\left(x + \frac{1}{4}\right)\left(x - \frac{1}{4}\right) = 0$

d) $(2x + 6)(2x - 6) = 0$ e) $(7x + 3)(7x - 3) = 0$ f) $\left(\frac{x}{2} - 1\right)\left(\frac{x}{2} + 1\right) = 0$

31. Löse folgende Gleichungen. Forme die linken Seiten in Produkte um.

a) $x^2 - 1 = 0$ b) $x^2 - 16 = 0$ c) $9x^2 - 25 = 0$ d) $25x^2 + 16 = 0$

32. Löse folgende Gleichungen. Führe auch eine Probe durch.

a) $4x^2 = 36$ b) $-1 = -\frac{x^2}{16}$ c) $0{,}5x^2 - 18 = 0$

d) $5x^2 + x^2 - 216 = 0$ e) $2x^2 - 144 = x^2$ f) $3x^2 + 10 = 5 + x^2$

g) $7x^2 = 2x^2 + 20$ h) $3x^2 + 11 = x^2$ i) $12x^2 - 5 = 9x^2 + 43$

33. Gib die quadratischen Ergänzungen zu den angegebenen Summen an.

a) $x^2 + 18x$ b) $x^2 - 2x$ c) $x^2 + 7x$ d) $a^2 + 5a$ e) $z^2 - 0{,}6z$

34. a) Ein Quadrat mit der Seitenlänge a und ein Quadrat mit der Seitenlänge 3 cm sind zusammen flächengleich zu einem Rechteck mit den Seitenlängen a und 6 cm. Berechne a.

b) Wenn eine Seite eines Quadrates um 3 cm verkürzt und die andere Seite um 3 cm verlängert wird, entsteht ein Rechteck mit einem Flächeninhalt von 16 cm^2. Wie groß ist die Seitenlänge des Quadrates?

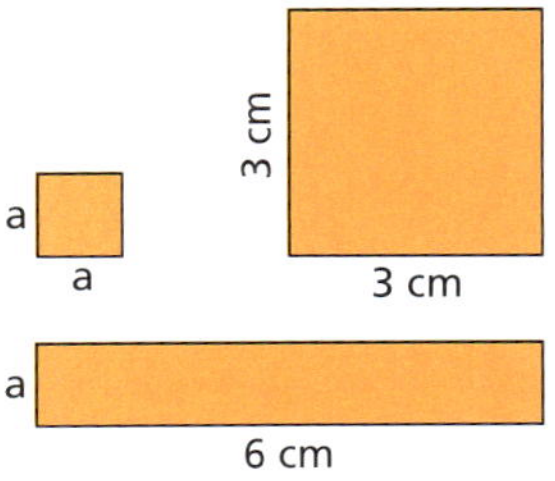

Lösungsformel für quadratische Gleichungen

35. Gib für folgende quadratische Gleichungen die Parameter p und q an:

a) $x^2 + 5x + 6 = 0$ b) $x^2 - 3x + 2 = 0$ c) $x^2 + 6x + 8 = 0$

d) $x^2 + 6x = 0$ e) $x^2 - 0{,}1x - 0{,}02 = 0$ f) $x^2 - 5 = 0$

36. Löse folgende Gleichungen:

a) $x^2 + 17x + 72 = 0$ b) $x^2 + 4x - 5 = 0$ c) $x^2 + 6x - 7 = 0$

d) $x^2 - 6x + 9 = 0$ e) $x^2 - \frac{5}{4}x + \frac{3}{8} = 0$ f) $x^2 + \frac{1}{5}x - \frac{3}{100} = 0$

g) $x^2 - 2x + 0{,}75 = 0$ h) $x^2 - 6{,}5x - 7{,}5 = 0$ i) $x^2 - \frac{3}{5}x + \frac{2}{25} = 0$

37. Löse die folgenden Gleichungen mithilfe der Lösungsformel:

a) $x^2 + 5x + 6 = 0$ b) $x^2 + x - 12 = 0$ c) $x^2 + 3x - 10 = 0$

d) $x^2 - 2x - 24 = 0$ e) $x^2 - 12x + 11 = 0$ f) $x^2 + 9x + 20 = 0$

g) $x^2 + x - 20 = 0$ h) $x^2 + 11x + 18 = 0$ i) $x^2 + 3x - 18 = 0$

j) $x^2 + x - 56 = 0$ k) $x^2 + 12x + 35 = 0$ l) $x^2 - 24x + 143 = 0$

38. Löse folgende Gleichungen. Forme zuerst in die Normalform um.

a) $x^2 - 3x = 4$ b) $x^2 = x + 20$ c) $x^2 + 2 = 3x$

d) $3x^2 + 6x + 3 = 0$ e) $4x^2 + 12x + 8 = 0$ f) $8x^2 - 2x = 1$

g) $5x^2 - 1{,}5x + 0{,}1 = 0$ h) $\frac{x^2}{2} + 8 = -5x$ i) $2x^2 + 8x = 10$

39. Löse folgende Gleichungen:

a) $4x^2 = 12x - 4$ b) $9x^2 + 9x = 18$ c) $3x^2 - 60 = 3x$

d) $(x - 7{,}5)(x + 3{,}8) = 0$ e) $8x^2 + 2x = 1$ f) $\frac{x^2}{9} + \frac{x}{3} - 2 = 0$

40. Löse folgende Gleichungen:

a) $x^2 - 2x - 3 = 0$ b) $x^2 + 2x - 3 = 0$ c) $x^2 + 4x - 5 = 0$

d) $x^2 + 2x - 8 = 0$ e) $x^2 - 2x - 10 = 0$ f) $x^2 + x - 12 = 0$

41. Stelle zuerst die Normalform her, löse dann mithilfe der Lösungsformel.

a) $\frac{1}{3}x^2 - 2x + 2 = 0$ b) $-3x^2 + 6\sqrt{2} \cdot x + 3 = 0$ c) $\frac{x^2}{2} = 12 - x$

d) $3x - \frac{1}{2}x^2 = -4$ e) $-3x^2 + 0{,}9x - 0{,}06 = 0$ f) $-4x^2 + 5x - \frac{3}{2} = 0$

g) $-10x^2 - 2x + \frac{3}{10} = 0$ h) $2x^2 - 40 = 2x$ i) $-2x^2 + 13x + 15 = 0$

42. Bestimme den Parameter q so, dass jede Gleichung genau eine Doppellösung besitzt.

a) $x^2 + 6x + q = 0$ b) $x^2 - 5x + q = 0$ c) $x^2 + 2x + q = 0$

d) $x^2 + 14x + q = 0$ e) $x^2 - 8x + q = 0$ f) $x^2 + x + q = 0$

43. Bestimme den Wert der Diskriminante. Wie viele Lösungen besitzt jede der Gleichungen?

a) $x^2 + 5x + 6 = 0$ b) $x^2 - 22x + 121 = 0$ c) $x^2 + x - 90 = 0$

d) $x^2 + 12x + 20 = 0$ e) $x^2 - 7x + 12{,}5 = 0$ f) $x^2 + x + 1 = 0$

44. Wo steckt der Fehler?

a) $x^2 - 5x - 14 = 0$

$$x_{1;2} = -\frac{5}{2} \pm \sqrt{\frac{25}{4} + 14}$$

$$x_{1;2} = -\frac{5}{2} \pm \frac{9}{2}$$

$$x_1 = 2;\ x_2 = -7$$

b) $x^2 + 16x + 64 = 0$

$$x_{1;2} = -8 \pm \sqrt{8 - 64}$$

$$x_{1;2} = -8 \pm \sqrt{-56}$$

$$L = \emptyset$$

45. Löse folgende Gleichungen. Bestimme vorher den Grundbereich.

a) $3x = \frac{48}{x}$ b) $x = \frac{1}{x}$ c) $\frac{1}{x} = 2 - x$

***46.** Löse folgende Gleichungen. Erzeuge zuerst die Normalform einer quadratischen Gleichung.

a) $\frac{x^2}{2} - \frac{3x}{4} = -x + \frac{3}{4}$ b) $\frac{x^2 - x}{4} + \frac{x}{2} = \frac{7x + 3}{8}$

47. Welche Zahlen erfüllen jeweils die folgenden Bedingungen:

a) Das Produkt zweier aufeinanderfolgender natürlicher Zahlen beträgt 702.

b) Die Differenz aus dem Achtfachen einer Zahl und ihrer Quadratzahl beträgt 7.

c) Subtrahiert man vom Quadrat einer Zahl 126, so erhält man das Elffache der Zahl.

d) Addiert man zum Quadrat einer Zahl die Zahl selbst, so erhält man 552.

e) Subtrahiert man von einer unbekannten Zahl die Zahl 7 und multipliziert diese Differenz mit der gesuchten Zahl, so erhält man 368.

48. a) Die Zahl 37 soll so in zwei Summanden zerlegt werden, dass ihr Produkt 300 beträgt. Wie heißen die beiden Zahlen?

b) Die Zahl 621 soll so in zwei Faktoren zerlegt werden, dass deren Summe 50 beträgt. Welche Faktoren sind das?

49. Das Produkt zweier Zahlen beträgt 9 559. Beide Zahlen sind von 100 gleich weit entfernt. Um welche beiden Zahlen handelt es sich?

50. Die Mitgliederanzahl einer Sportgemeinschaft vergrößerte sich in zwei aufeinanderfolgenden Jahren um 84 auf 126. Wie groß war der jährliche prozentuale Zuwachs, wenn er für beide Jahre als gleich angenommen wird?

51. In einer Stadt sind 1 124 250 Telefonverbindungen möglich. Wie viele Anschlüsse gibt es?

52. Eine Rolle aus Knete mit einem Durchmesser von 6 cm und mit einer Länge von 20 cm soll in ein rechteckiges Prisma von 25 cm Länge umgeformt werden. Wie lang sind die beiden Grundkanten, wenn eine Grundkante 2 cm länger sein soll als die andere Grundkante?

53. Bei einem Schulsportfest stellte jede der 9. Klassen zwei Mannschaften auf. Die Mannschaften spielten alle gegeneinander. Insgesamt wurden 28 Spiele ausgetragen.
Wie viele 9. Klassen waren am Wettkampf beteiligt?

Quadratische Gleichungen in der Geometrie

54. Der Flächeninhalt eines Rechtecks beträgt 775 cm^2. Eine Seite ist um 6 cm kürzer als die andere Seite. Wie lang sind die Seiten des Rechtecks?

55. Eine Kathete eines rechtwinkligen Dreiecks ist 4 cm länger als die andere Kathete.
Der Flächeninhalt des Dreiecks beträgt 58,5 cm^2. Wie lang sind die Katheten des Dreiecks?

56. Ein rechtwinkliges Dreieck besitzt einen Flächeninhalt von 87,5 cm^2. Die eine Kathete ist um 1,5 cm kürzer als die andere Kathete. Wie lang sind die Katheten des Dreiecks?

57. Verlängert man eine Seite eines Quadrates um 3,0 cm und verkürzt die andere Seite um 5,0 cm, so entsteht ein Rechteck mit einem Flächeninhalt von 513 cm^2.
Gib die Seitenlänge des ursprünglichen Quadrates an.

58. Verkürzt man alle Kanten eines Würfels um 3,0 cm, so verkleinert sich seine Oberfläche um 450 cm^2. Gib die Kantenlänge des ursprünglichen Würfels an.

59. Wie lang sind die Seiten eines Rechtecks mit einem Umfang von 64,0 cm und einem Flächeninhalt von 247 cm^2?

60. Bei einem Kreis wird die Länge des Radius um 7 cm vergrößert. Der Flächeninhalt des dadurch entstandenen Kreises beträgt 408 cm^2.

a) Berechne die Länge vom Radius des ursprünglichen Kreises.

b) Erläutere dein Vorgehen.

c) Wie ändert sich der Flächeninhalt eines Kreises, wenn sein Radius verdoppelt wird?

61. Aus einem 110 cm langen Draht soll ein Rechteck so gebogen werden, dass sein Flächeninhalt 750 cm^2 beträgt. Wie lang sind die Seiten des Rechtecks?

Quadratische Gleichungen mit Parametern

62. Bestimme den Wert der Diskriminante und gib die Anzahl der Lösungen an.

a) $x^2 + x - 2 = 0$ b) $x^2 - 5x + 6 = 0$ c) $x^2 + 9x + 18 = 0$

d) $x^2 - \frac{7}{12}x - 1 = 0$ e) $x^2 + 4x + 7 = 0$ f) $x^2 + 3{,}3x + 2{,}52 = 0$

g) $x^2 - 0{,}9x - 14{,}62 = 0$ h) $x^2 - 7{,}8x + 14{,}52 = 0$ i) $x^2 - 7{,}8x + 13{,}52 = 0$

63. Welchen Wert muss q in der Gleichung $x^2 + px + q = 0$ annehmen, damit die Gleichung immer mindestens eine Lösung besitzt?

64. Gib die Lösungen der folgenden Gleichungen in Abhängigkeit vom Parameter a an. Gib jeweils zwei Werte für a so an, dass die Lösungen ganzzahlig sind.

a) $ax^2 = 4$ b) $ax^2 - 1 = 19$ c) $ax^2 = -10$

65. Wie viele Lösungen besitzen die folgenden Gleichungen in Abhängigkeit von Wert c:

a) $x^2 + 8x + c = 0$ b) $x^2 - 3x - 2c = 0$ c) $2x^2 + 5x - 3c = 0$

66. Für welche Werte von p hat die Gleichung $x^2 + px + 10 = 0$ die folgende Lösungsanzahl:

a) zwei Lösungen b) eine Lösung c) keine Lösungen

67. Gib die Lösungen der Gleichungen in Abhängigkeit von den Parametern a bzw. b an. Gib jeweils eine Belegung der Parameter so an, dass die Gleichung ganzzahlige Lösungen hat.

a) $6x^2 - ax - a^2 = 0$ b) $x^2 - 4a^2 - 5a^4 = 0$ c) $ax^2 + b^2 = bx^2 + a^2$

Satz des VIETA

68. Gib eine quadratische Gleichung in Normalform an, die die Lösungen $x_1 = -4$ und $x_2 = 3$ besitzt. Benutze dazu den Satz des VIETA.

69. Ermittle p und q in der Gleichung $x^2 + px + q = 0$. (x_1 und x_2 sind Lösungen.)

a) $x_1 = 5;\ x_2 = 1$ b) $x_1 = -4;\ x_2 = 3$ c) $x_1 = -2;\ x_2 = -1$

d) $x_1 = 0{,}3;\ x_2 = 0{,}7$ e) $x_1 = \frac{7}{2};\ x_2 = -4$ f) $x_1 = -\frac{3}{4};\ x_2 = -\frac{1}{2}$

70. Überprüfe mithilfe des Satzes von VIETA, ob die Lösungen x_1 und x_2 richtig ermittelt wurden.

a) $x^2 - 13x + 42 = 0$; $x_1 = 5;\ x_2 = 1$ b) $x^2 + x - 0{,}75 = 0$; $x_1 = -1{,}5;\ x_2 = 0{,}5$ c) $x^2 + 2x - 24 = 0$; $x_1 = -4;\ x_2 = 6$

71. Ordne den Lösungspaaren 1 und 4; 2 und 7; 3 und 5; 6 und 8; 9 und 10 die Gleichungen zu:

a) $x^2 - 8x + 15 = 0$ b) $x^2 - 9x + 14 = 0$ c) $x^2 + 2x - 24 = 0$

d) $x^2 - 19x + 90 = 0$ e) $x^2 - 14x + 48 = 0$

72. Ermittle die ganzzahligen Lösungen der folgenden Gleichungen mithilfe des Satzes von VIETA:

a) $x^2 + 8x - 9 = 0$ b) $x^2 - 7x + 12 = 0$ c) $x^2 - 2x - 15 = 0$

73. Löse die folgenden Gleichungen mithilfe des Satzes von VIETA:

a) $x^2 + 13x + 36 = 0$ b) $x^2 - 5x - 36 = 0$ c) $x^2 + 5x - 36 = 0$

74. Wie groß ist p in der Gleichung $x^2 + px - 18 = 0$, wenn $x_1 = 9$ eine Lösung der Gleichung ist?

75. Wie groß ist q in der Gleichung $x^2 - 8x + q = 0$, wenn $x_1 = 5$ eine Lösung der Gleichung ist?

2.2 Quadratische Funktionen

Die Schlössernacht in Potsdam endet unter günstigen Witterungsverhältnissen mit einem Höhenfeuerwerk. Die bis ca. 100 m aufsteigenden und dann wieder absinkenden Feuerschweife beschreiben Kurven, die alle ähnliche Formen haben. Die Form der Feuerschweife kann u. a. durch den Abschusswinkel und durch die Abschussgeschwindigkeit vom Feuerwerker beeinflusst werden.

Beschreibe den Verlauf der Kurven mit eigenen Worten.

Quadratische Zusammenhänge

Mit der Gleichung $V = \frac{1}{3}a^2h$ kann das Volumen quadratischer Pyramiden berechnet werden. Die folgende Tabelle zeigt die Abhängigkeit des Volumens (in Raumeinheiten) von der Grundkantenlänge (in Längeneinheiten) bei gleichen Höhen von 10 Längeneinheiten:

a	1	2	3	4
V	$\frac{10}{3}$	$\frac{40}{3}$	$\frac{90}{3} = 30$	$\frac{160}{3}$

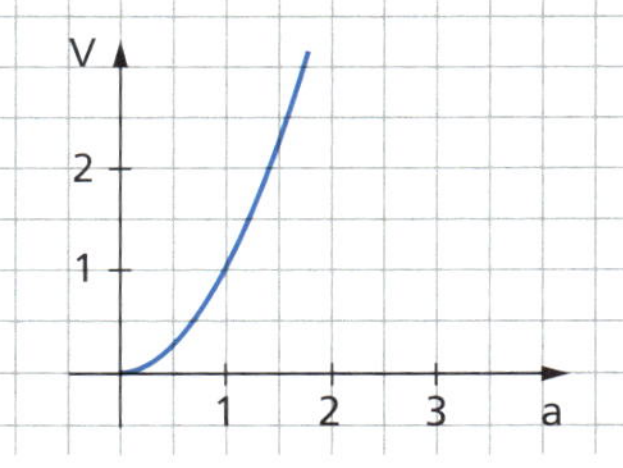

Gleichung:
$V = \frac{10}{3}a^2$

Funktionen mit der Gleichung $y = f(x) = ax^2 + bx + c$ ($a; b; c \in \mathbb{R}; a \neq 0$) oder solche, die durch äquivalentes Umformen in diese Form überführt werden können, heißen **quadratische Funktionen.**

Quadratische Funktionen $y = f(x) = a \cdot x^2$

Funktionen mit der Gleichung $y = f(x) = a \cdot x^2$ mit $a \in \mathbb{R}; a \neq 0$ sind quadratische Funktionen.
Für a = 1 ergibt sich die einfachste quadratische Funktion: $y = f(x) = x^2$

Wörtliche Beschreibung:

Jeder reellen Zahl wird ihr Quadrat zugeordnet.

Wertetabelle:

x	−2	−1,5	−1	−0,5	0	0,5	1	1,5	2
x^2	4	2,25	1	0,25	0	0,25	1	2,25	4

Gleichung: $y = f(x) = x^2$

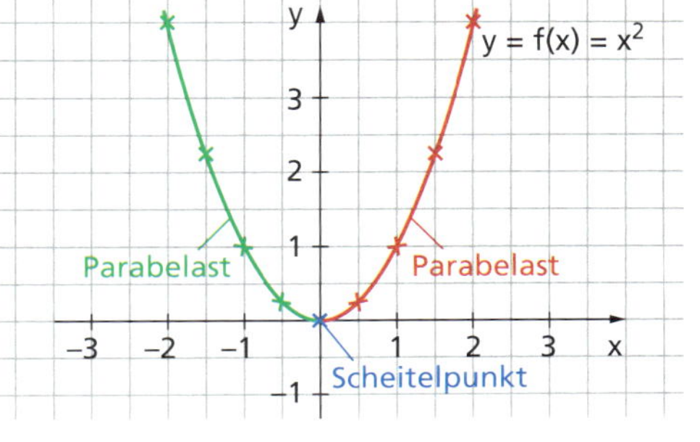

Der Graph einer quadratischen Funktion ist eine **Parabel.** Der Graph von $y = x^2$ heißt **Normalparabel** mit dem Scheitelpunkt $(0 \mid 0)$. Die Normalparabel ist nach oben geöffnet und **axialsymmetrisch zur y-Achse.** Die Stelle $x = 0$ ist **Nullstelle** der Funktion.

Hinweis: Normalparabeln können mit einer Schablone gezeichnet werden.

Einfluss des Parameters a auf den Verlauf des Graphen

Graphen der Funktionen $y = f(x) = a \cdot x^2$ können mithilfe von Wertetabellen gezeichnet werden. Dazu werden die Funktionswerte berechnet und u. U. gerundet, die Punkte in ein Koordinatensystem eingetragen und frei Hand („gleichmäßig") verbunden.

Gleichung: $y = f(x) = a \cdot x^2$

y \ x	−2	−1	−0,5	0	0,5	1	2
a = −2	−8	−2	−0,5	0	−0,5	−2	−8
a = −1	−4	−1	−0,25	0	−0,25	−1	−4
a = −0,5	−2	−0,5	−0,125	0	−0,125	−0,5	−2
a = 0,5	2	0,5	0,125	0	0,125	0,5	2
a = 1	4	1	0,25	0	0,25	1	4
a = 2	8	2	0,5	0	0,5	2	8

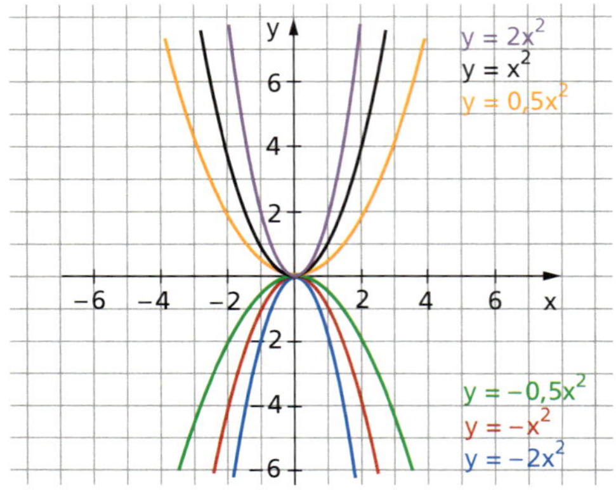

Der Scheitelpunkt ist für $a > 0$ der Punkt mit dem kleinsten y-Wert und für $a < 0$ der Punkt mit dem größten y-Wert. Der Verlauf des Graphen wird von a beeinflusst:

Für $a > 0$ gilt: Parabel ist nach oben geöffnet.
Für $a < 0$ gilt: Parabel ist nach unten geöffnet.
Für $|a| > 1$ gilt: „schmale" Parabel (Normalparabel wird gestreckt, a heißt Streckungsfaktor)
Für $|a| < 1$ gilt: „breite" Parabel (Normalparabel wird gestaucht, a heißt Stauchungsfaktor)

Monotonieverhalten von Funktionen

Bei Monotonieuntersuchungen wird geprüft, wie sich in einem festgelegten Intervall des Definitionsbereiches $[x_1; x_2]$ einer Funktion die Funktionswerte (y-Werte) bei wachsenden Argumenten (x-Werte) verändern. Eine Funktion ist:

- (streng) monoton wachsend, wenn die y-Werte größer werden ($y = 2x^2$ für $x > 0$)
- (streng) monoton fallend, wenn die y-Werte kleiner werden ($y = 2x^2$ für $x < 0$)

> Eine Funktion heißt in einem Intervall ihres Definitionsbereiches
> - **monoton wachsend** (steigend), wenn für alle x_1 und x_2 aus dem Intervall gilt:
>   **Aus $x_1 < x_2$ folgt immer $f(x_1) \le f(x_2)$.**
> - **monoton fallend,** wenn für alle x_1 und x_2 aus dem Intervall gilt:
>   **Aus $x_1 < x_2$ folgt immer $f(x_1) \ge f(x_2)$.**

Prüfe das Monotonieverhalten der Funktion $y = x^2$.

$y = x^2$ ist im Intervall $[0; \infty[$ monoton wachsend.
Für alle $x_1, x_2 \in [0; \infty[$ gilt: $x_1 < x_2 \rightarrow f(x_1) < f(x_2)$
Z. B.: $x_1 = 1;\ x_2 = 2$ $\quad 1 < 2 \rightarrow 1^2 < 2^2$

$y = x^2$ ist im Intervall $]-\infty; 0]$ monoton fallend.
Für alle $x_1, x_2 \in]-\infty; 0]$ gilt: $x_1 < x_2 \rightarrow f(x_1) > f(x_2)$
Z. B.: $x_1 = -4;\ x_2 = -0{,}5$ $\quad -4 < -0{,}5 \rightarrow (-4)^2 > (-0{,}5)^2$

Die Funktion $y = x^2$ hat im Intervall $[-2; 2]$ kein einheitliches Monotonieverhalten. Sie ist im Intervall $[-2; 0]$ monoton fallend und wird dann im Intervall $[0; 2]$ monoton wachsend.
Der Wechsel erfolgt an der Stelle $x = 0$.

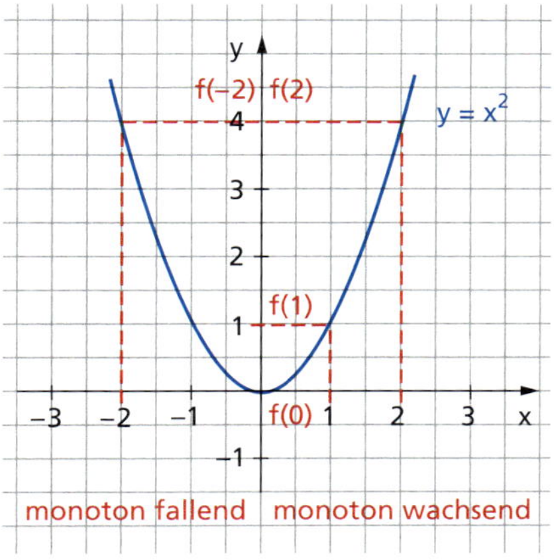

Eigenschaften von Funktionen

Funktionen können mithilfe ihrer Eigenschaften beschrieben und verglichen werden.
Folgende Merkmale sind sinnvoll:

Merkmal	$y = 0{,}3x^2$	$y = -1{,}2x^2$
1. Definitionsbereich	$D = \mathbb{R}$	$D = \mathbb{R}$
2. Wertebereich	$W = \mathbb{R}$ mit $y \geq 0$	$W = \mathbb{R}$ mit $y \leq 0$
3. Besonderheiten des Graphen	Normalparabel, nach oben geöffnet, gestaucht	Normalparabel, nach unten geöffnet; gestreckt
4. Symmetrie	axialsymmetrisch zur y-Achse	axialsymmetrisch zur y-Achse
5. Nullstellen	$x = 0$	$x = 0$
6. Scheitelpunkt	Koordinatenursprung $S(0 \mid 0)$	Koordinatenursprung $S(0 \mid 0)$
7. Monotonieverhalten	monoton fallend für $x \leq 0$ monoton wachsend für $x \geq 0$	monoton wachsend für $x \leq 0$ monoton fallend für $x \geq 0$
8. Zeichnerische Darstellung	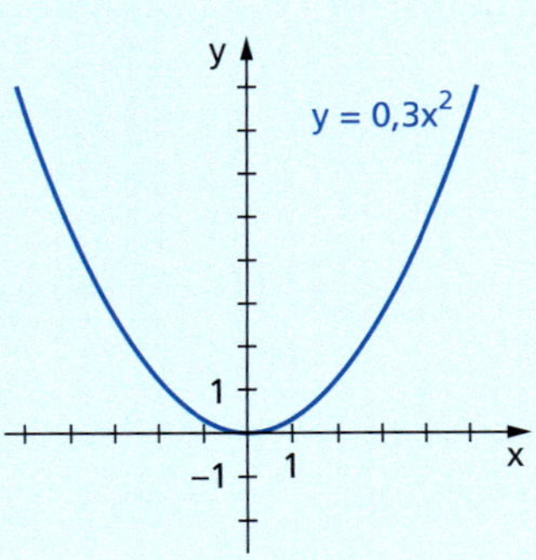	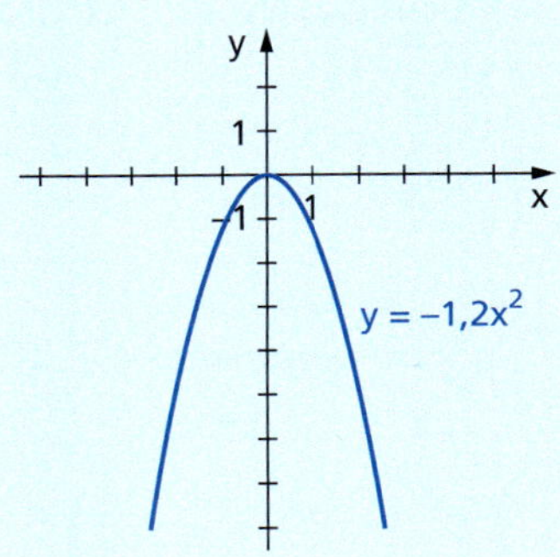

Quadratische Funktionen $y = f(x) = a \cdot x^2 + e$

Bei linearen Funktionen $y = f(x) = m \cdot x + n$ bewirkt der Parameter n eine Verschiebung der Graphen der Funktionen $y = f(x) = m \cdot x$ längs der y-Achse.

Graphen quadratischer Funktionen der Form $y = f(x) = a \cdot x^2 + e$ können aus Graphen der Funktionen $y = f(x) = a \cdot x^2$ durch Verschiebung um e längs der y-Achse erzeugt werden.

Die Parabeln von $y = f(x) = a \cdot x^2 + e$ haben die Scheitelpunkte $(0 \mid e)$.

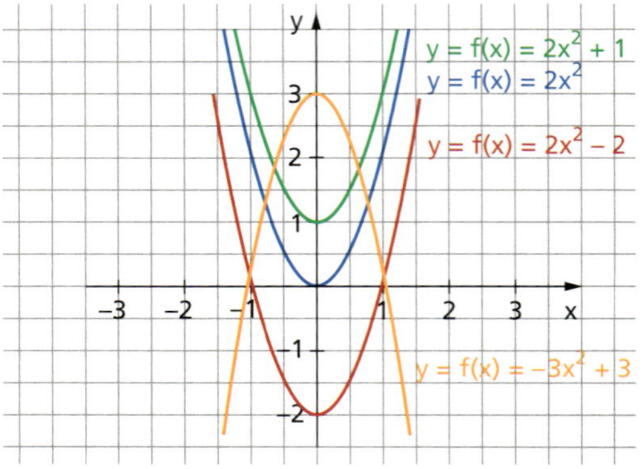

Nullstellen quadratischer Funktionen $y = f(x) = a \cdot x^2 + e$

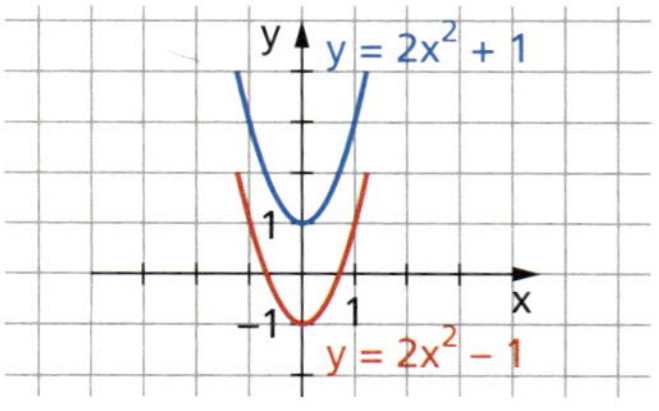

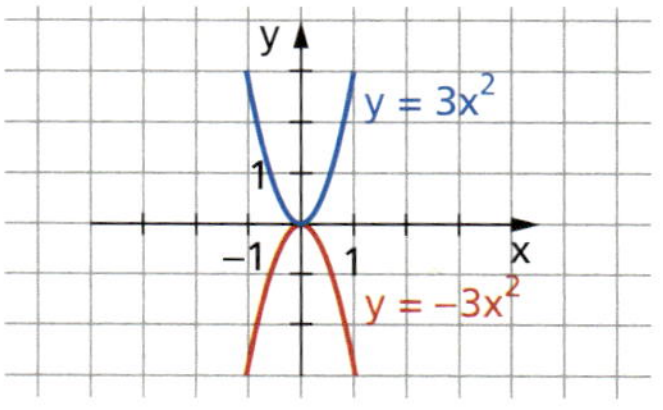

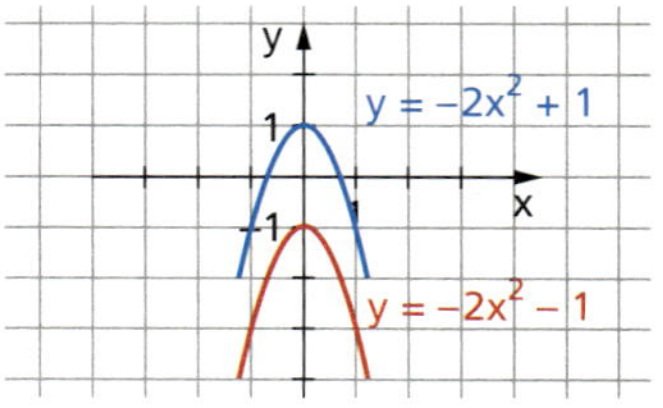

Wie die Beispiele zeigen, gibt es einen Zusammenhang zwischen der Funktionsgleichung $y = f(x) = a \cdot x^2 + e$ und der Existenz sowie der Anzahl von Nullstellen.

Für $a > 0$ und $e > 0$:	Die Funktion hat **keine** Nullstellen.
Für $a > 0$ und $e < 0$:	Die Funktion hat **genau zwei** Nullstellen.
Für $a \neq 0$ und $e = 0$:	Die Funktion hat **genau eine** Nullstelle.
Für $a < 0$ und $e > 0$:	Die Funktion hat **genau zwei** Nullstellen.
Für $a < 0$ und $e < 0$:	Die Funktion hat **keine** Nullstellen.

Zum Berechnen der Nullstellen ist eine quadratische Gleichung zu lösen.
Für $f(x) = 0$ gilt: $0 = a \cdot x^2 + e$
Die Gleichung wird dann nach x umgestellt.

Berechne die Nullstellen der folgenden beiden Funktionen:

$y = 2x^2 - 2$		$y = 4x^2 + 4$	
$0 = 2x^2 - 2$	$\mid +2$	$0 = 4x^2 + 4$	$\mid -4$
$2 = 2x^2$	$\mid :2$	$-4 = 4x^2$	$\mid :4$
$1 = x^2$		$-1 = x^2$	
$x_1 = 1$ und $x_2 = -1$		Es gibt keine Zahl x mit $x^2 = -1$.	

Probe: $2 \cdot 1^2 - 2 = 2 - 2 = 0$
$2 \cdot (-1)^2 \cdot 2 = 2 - 2 = 0$

Die Funktion $y = 2x^2 - 2$ hat die Nullstellen $x_1 = 1$ und $x_2 = -1$.
Die Funktion $y = 4x^2 + 4$ hat keine reelle Nullstelle.

Quadratische Funktionen $y = f(x) = (x + d)^2 + e$

Bei Funktionen $y = f(x) = (x + d)^2 + e$ sind die Koordinaten des Scheitelpunktes leicht ablesbar. Deshalb wird diese Form der Gleichung auch **Scheitelpunktsform** genannt.
Die Graphen dieser Funktionen sind „verschobene" Normalparabeln.
Der Parameter e gibt die Verschiebung des Graphen längs der y-Achse an.
Um zu klären, welchen Einfluss der Parameter d auf den Verlauf des Graphen hat, sollen folgende Beispiele untersucht werden:

x	$f(x) = x^2$	$g(x) = (x - 2)^2$	$h(x) = (x + 3)^2$
−4	16	36	1
−3	9	25	0
−2	4	16	1
−1	1	9	4
0	0	4	9
1	1	1	16
2	4	0	25
3	9	1	36
4	16	4	49

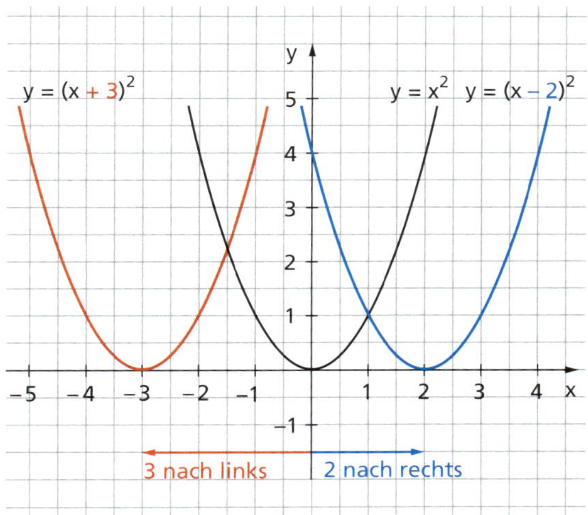

Bei allen drei Funktionen ist 0 der kleinste Funktionswert, denn die Quadrate reeller Zahlen sind immer größer oder gleich 0.
Die Scheitelpunktkoordinaten sind: f(x): $S(0|0)$ g(x): $S(-2|0)$ h(x): $S(3|0)$

> Die Graphen quadratischer Funktionen $y = f(x) = (x + d)^2$ haben die Scheitelpunkte $S(-d|0)$.
>
> Der Parameter d bewirkt eine Verschiebung der Normalparabel längs der x-Achse:
> - für $d > 0$ um d Einheiten nach links und
> - für $d < 0$ um d Einheiten nach rechts

Berücksichtigt man auch den Parameter e, so gilt:

> Die Graphen quadratischer Funktionen $y = f(x) = (x + d)^2 + e$ haben den Scheitelpunkt $S(-d|e)$.
>
> Der Parameter d bewirkt eine Verschiebung der Normalparabel längs der x-Achse:
> - für $d > 0$ um d Einheiten nach links und
> - für $d < 0$ um d Einheiten nach rechts
>
> Der Parameter e bewirkt eine Verschiebung der Normalparabel längs der y-Achse:
> - für $e > 0$ um e Einheiten nach oben und
> - für $e < 0$ um e Einheiten nach unten

Die Scheitelpunktkoordinaten können für eine „Punktprobe" in die Gleichung eingesetzt werden.

Gleichung:	$y = (x + 3)^2$	$y = (x - 2)^2 + 3$
Scheitelpunkt:	$S(-3 \mid 0)$	$S(2 \mid 3)$
Punktprobe:	$0 = (-3 + 3)^2 = 0$	$3 = (2 - 2)^2 + 3 = 3$

Nullstellen quadratischer Funktionen $y = f(x) = (x + d)^2 + e$

Auch hier gibt es Bedingungen für die Existenz und für die Anzahl der Nullstellen.

Für $e > 0$: Die Funktion hat **keine** Nullstellen.
Für $e = 0$: Die Funktion hat **genau eine** Nullstelle.
Für $e < 0$: Die Funktion hat **zwei** Nullstellen.

Zum Berechnen der Nullstellen wird die Gleichung $0 = (x + d)^2 + e$ nach x umgestellt.

Berechne die Nullstellen der Funktion $y = (x + 1)^2 - 4$.

$$0 = (x + 1)^2 - 4 \quad | + 4$$
$$4 = (x + 1)^2 \quad | \sqrt{\ }$$
$$\pm 2 = x_{1;2} + 1 \quad | - 1$$
$$\pm 2 - 1 = x_{1;2}$$

1. Fall: $x_1 = 2 - 1 = 1$ *2. Fall:* $x_2 = -2 - 1 = -3$

Die Nullstellen sind $x_1 = 1$ und $x_2 = -3$.

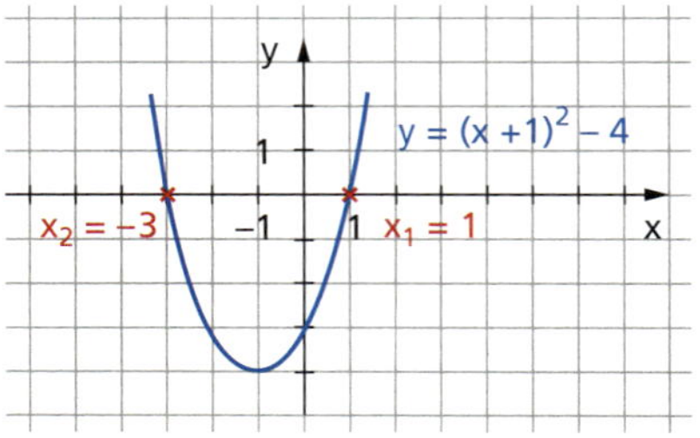

Quadratische Funktionen $y = f(x) = x^2 + p \cdot x + q$

Eine Funktionsgleichung $y = f(x) = x^2 + p \cdot x + q$ heißt (analog zur Normalform bei quadratischen Gleichungen) auch Normalform. Jede Funktionsgleichung in Scheitelpunktsform kann durch einfache Umformungen in eine Normalform einer quadratischen Funktion überführt werden.

Beispiel:
$$y = (x + 3)^2 - 2$$
$$y = x^2 + \mathbf{6}x + \mathbf{9 - 2}$$
$$y = x^2 + \mathbf{6}x + \mathbf{7}$$

Allgemein:
$$y = (x + d)^2 + e$$
$$y = x^2 + \mathbf{2d} \cdot x + \mathbf{d^2 + e}$$
$$y = x^2 + \mathbf{p} \cdot x + \mathbf{q}$$

Die Normalform einer quadratischen Funktion ist einfach und übersichtlich. Die Koordinaten des Scheitelpunktes sind aber nicht direkt ablesbar. Mithilfe der quadratischen Ergänzung kann jede Normalform in die Scheitelpunktsform überführt werden.

Beispiel:
$$y = x^2 + 6x + 7$$
$$y = (x + \mathbf{3})^2 + \mathbf{7 - (3)^2}$$
$$y = (x + \mathbf{3})^2 \mathbf{- 2}$$

Allgemein:
$$y = x^2 + p \cdot x + q$$
$$y = \left(x + \mathbf{\tfrac{p}{2}}\right)^2 + \left(\mathbf{q - \tfrac{p}{2}}\right)^2$$
$$y = (x + \mathbf{d})^2 + \mathbf{e}$$

Wie bei den quadratischen Gleichungen bezeichnet man den Term $\left(\frac{p}{2}\right)^2 - q$ als Diskriminante D.

> Die Graphen quadratischer Funktionen $y = x^2 + p \cdot x + q$ sind verschobene Normalparabeln mit dem Scheitelpunkt $S\left(-\frac{p}{2} \mid -D\right)$.

Nullstellenermittlung quadratischer Funktionen $y = f(x) = x^2 + p \cdot x + q$

Rechnerisches Ermitteln von Nullstellen

Die Nullstellen der Funktion $y = x^2 + 6x + 5$ können unterschiedlich ermittelt werden:

1. quadratische Ergänzung

$0 = x^2 + 6x + 5$

$0 = x^2 + 2 \cdot 3 \cdot x + 3^2 - 3^2 + 5$

$0 = (x + 3)^2 - 4$

$4 = (x + 3)^2$

$\pm 2 = (x_{1;2} + 3)$

$x_1 = 2 - 3 = -1$

$x_2 = -2 - 3 = -5$

2. Lösungsformel

$0 = x^2 + 6x + 5$

$x_{1;2} = -\frac{6}{2} \pm \sqrt{3^2 - 5}$

$x_{1;2} = -3 \pm \sqrt{9 - 5}$

$x_{1;2} = -3 \pm \sqrt{4}$

$x_{1;2} = -3 \pm 2$

$x_1 = -3 + 2 = -1$

$x_2 = -3 - 2 = -5$

3. Scheitelpunktskoordinaten

$y = x^2 + 6x + 5$

$y = (x + 3)^2 - 4$

$S(-3 \mid -4)$

$S\left(-\frac{p}{2} \mid -D\right);\ x_{1;2} = -\frac{p}{2} \pm \sqrt{D}$

$x_{1;2} = -3 \pm 2$

$x_1 = -3 + 2 = -1$

$x_2 = -3 - 2 = -5$

Die Existenz und die Anzahl von Nullstellen der quadratischen Funktionen $y = f(x) = x^2 + p \cdot x + q$ ist ebenfalls abhängig von der Lage des Scheitelpunktes.

Für $D > 0$ liegt S unterhalb der x-Achse: Die Funktion hat **genau zwei** Nullstellen.

Für $D = 0$ liegt S auf der x-Achse: Die Funktion hat **genau eine** Nullstelle.

Für $D < 0$ liegt S oberhalb der x-Achse: Die Funktion hat **keine** Nullstellen.

Es gilt: $x_{1;2} = -\frac{p}{2} \pm \sqrt{\left(\frac{p}{2}\right)^2 - q}$ $\qquad D = \left(\frac{p}{2}\right)^2 - q$

Zeichnerisches Ermitteln von Nullstellen

Die Nullstellen der Funktion $y = x^2 + 6x + 8$ können auch zeichnerisch ermittelt werden:

1. Zeichnen und Ablesen

Die Funktion $y = x^2 + 6x + 8$ hat den Scheitelpunkt $S(-3 \mid -1)$ und kann mithilfe einer Schablone für Normalparabeln gezeichnet werden. Die Nullstellen können als Abszissen (x-Werte) der Schnittpunkte der Parabel mit der x-Achse abgelesen werden:

$x_1 = -2$ und $x_2 = -4$

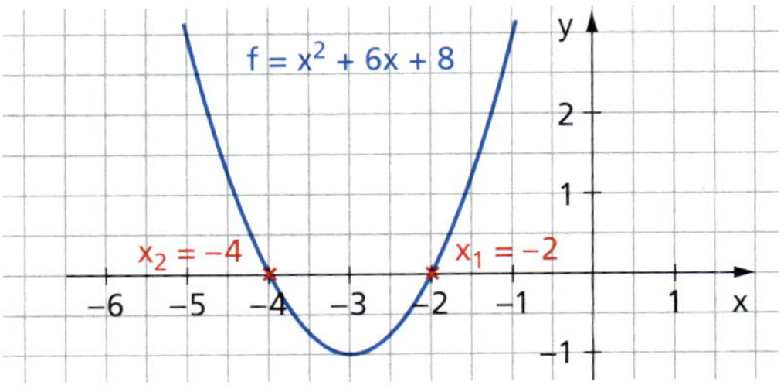

2. Zerlegen, Zeichnen und Ablesen

Für die Nullstellen der Funktion $y = x^2 + 6x + 8$ gilt:

$0 = x^2 + 6x + 8 \qquad | -6x - 8$

$-6x - 8 = x^2$

$g(x) = -6x - 8;\ h(x) = x^2$

Die Graphen g und h schneiden einander in zwei Punkten. Die x-Koordinaten der Schnittpunkte sind die gesuchten Nullstellen:

$x_1 = -2$ und $x_2 = -4$

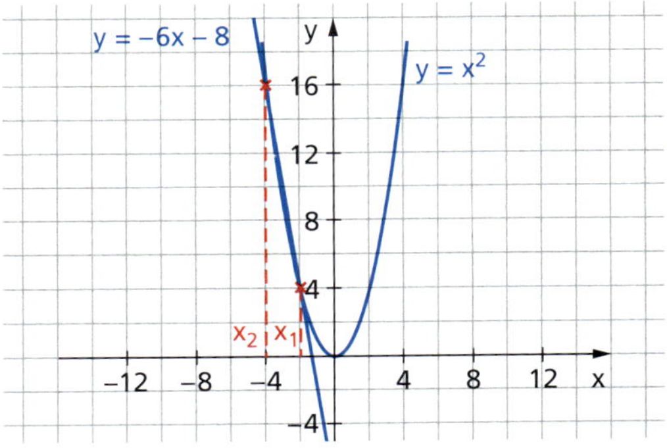

Quadratische Funktionen mit der Gleichung $y = f(x) = a \cdot x^2 + b \cdot x + c$

Die allgemeine Form einer quadratischen Funktion $y = f(x) = a \cdot x^2 + b \cdot x + c$ mit $a \neq 0$ und $a, b, c \in \mathbb{R}$ umfasst alle bisher untersuchten quadratischen Funktionen als Spezialfälle.
Praktische Zusammenhänge lassen sich häufig auf diese Funktionen zurückführen.

$$y = f(x) = a \cdot x^2 + b \cdot x + c$$

$b = c = 0$	$b = 0$	$a = 1$
$y = a \cdot x^2$	$y = a \cdot x^2 + c$	$y = x^2 + b \cdot x + c$

Beim Berechnen der Nullstellen gilt: $0 = a \cdot x^2 + b \cdot x + c \quad |:a$

$$0 = x^2 + \frac{b}{a} \cdot x + \frac{c}{a}$$

Normalform für: $p = \frac{b}{a}$ und $q = \frac{c}{a}$

Für quadratische Funktionen $y = f(x) = a \cdot x^2 + b \cdot x + c$ gilt:
Der Scheitelpunkt hat die Koordinaten: $S\left(-\frac{b}{2a} \middle| -\frac{b^2}{4a} + c\right)$
Nullstellen können berechnet werden mit: $x_{1;2} = -\frac{b}{2a} \pm \sqrt{\left(\frac{b}{2a}\right)^2 - \frac{c}{a}}$

Hinweise:
- Zum Zeichnen der Graphen sind Wertetabellen sinnvoll.
- Zum Berechnen der Nullstellen sollte die allgemeine Form auf die Normalform zurückgeführt werden.

Zeichne den Graphen der Funktion $y = 0{,}5x^2 + 3x + 4$. Gib den Definitionsbereich, den Wertebereich, den Scheitelpunkt und die Nullstellen der Funktion an.

Wertetabelle:

x	−6	−5	−4	−3	−2	−1	0	1
y	4	1,5	0	−0,5	0	1,5	4	7,5

Graph:

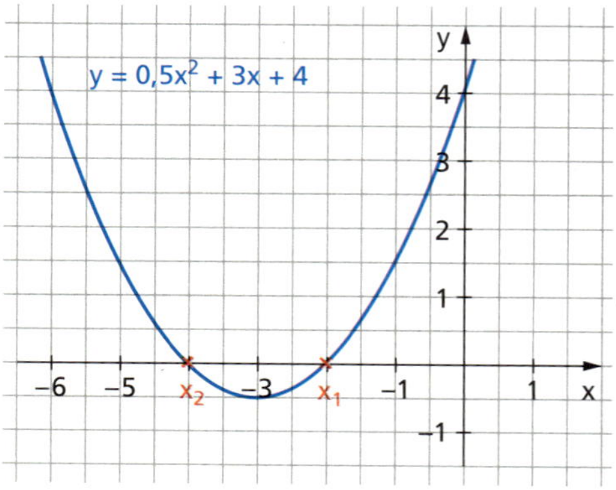

Definitionsbereich: $x \in \mathbb{R}$

Werebereich: $y \geq -0{,}5;\ y \in \mathbb{R}$

Scheitelpunkt: $S\left(-\frac{3}{2 \cdot 0{,}5} \middle| -\frac{3^2}{4 \cdot 0{,}5} + 4\right)$

$S(-3 \mid -4{,}5 + 4)$

$S(-3 \mid -0{,}5)$

Nullstellen: $0 = 0{,}5x^2 + 3x + 4 \quad |:0{,}5$

$0 = x^2 + 6x + 8$

$x_{1;2} = -\frac{6}{2} \pm \sqrt{\left(\frac{6}{2}\right)^2 - 8}$

$x_{1;2} = -3 \pm \sqrt{9 - 8}$

$x_{1;2} = -3 \pm 1 \quad (x_1 = -2;\ x_2 = -4)$

Aufgaben

Quadratische Funktionen $y = f(x) = a \cdot x^2$

1. Prüfe, ob folgende Punkte auf der Normalparabel $y = x^2$ liegen:
a) $A(1{,}5 \mid 2{,}25)$ b) $B(-3{,}4 \mid 11{,}56)$ c) $C(-2{,}5 \mid -6{,}25)$ d) $D(17{,}2 \mid 29{,}58)$ e) $E(1{,}44 \mid 1{,}2)$

2. Zeichne die Graphen folgender Funktionen in ein und dasselbe Koordinatensystem. Fertige dazu vorher jeweils eine Wertetabelle an. Vergleiche die vier Graphen miteinander.
a) $y = x^2$ b) $y = 1{,}3x^2$ c) $y = 2x^2$ d) $y = 1{,}7x^2$

3. Zeichne die Graphen folgender Funktionen in ein und dasselbe Koordinatensystem. Fertige dazu vorher jeweils eine Wertetabelle an.
a) $y = 0{,}2x^2$ b) $y = 0{,}4x^2$ c) $y = 0{,}6x^2$ d) $y = 0{,}8x^2$

4. Zeichne die Graphen folgender Funktionen in ein und dasselbe Koordinatensystem. Fertige dazu vorher jeweils eine Wertetabelle an. Vergleiche die vier Graphen miteinander.
a) $y = -x^2$ b) $y = -1{,}5x^2$ c) $y = -0{,}7x^2$ d) $y = -0{,}3x^2$

5. Welche der folgenden Überlegungen zu den Funktionen $y = m \cdot x$ und $y = a \cdot x^2$ sind richtig? Zeichne die Graphen.
a) Bei der linearen Funktion $y = 3x$ ist 3 der Anstieg, wenn x um 1 wächst, wächst y um 3. Analog kann man sagen, dass die quadratische Funktion $y = 3x^2$ auch den Anstieg 3 hat.
b) Der Zuwachs von y bei einer Änderung von x ist bei einer quadratischen Funktion an jeder Stelle anders. Je weiter man nach rechts geht, um so größer ist der Zuwachs von y, wenn x jeweils um 1 wächst.
c) Man kann sich m und a als Faktoren für jeden Funktionswert vorstellen; m vergrößert oder verkleinert die Funktionswerte von $y = x$ und a die von $y = x^2$.

6. Gegeben ist der nebenstehende Graph.
a) Lies die Koordinaten der Punkte A, B, C und D ab.
b) Welche Funktionswerte gehören zu den Argumenten 2; –2; 1,5 und 7?
c) Zu welchen Argumenten gehören die Funktionswerte 4; 6; 25; –4 und 0?
d) Prüfe, ob jedem x-Wert genau ein y-Wert und jedem y-Wert genau ein x-Wert zugeordnet ist.
e) Wie verhalten sich die Funktionswerte, wenn die Argumente sehr groß bzw. sehr klein werden?
f) Welcher Zusammenhang ist für alle $x \in \mathbb{Q}$ richtig?
(1) $f(x) = f(-x)$ (2) $f(x) = -f(x)$

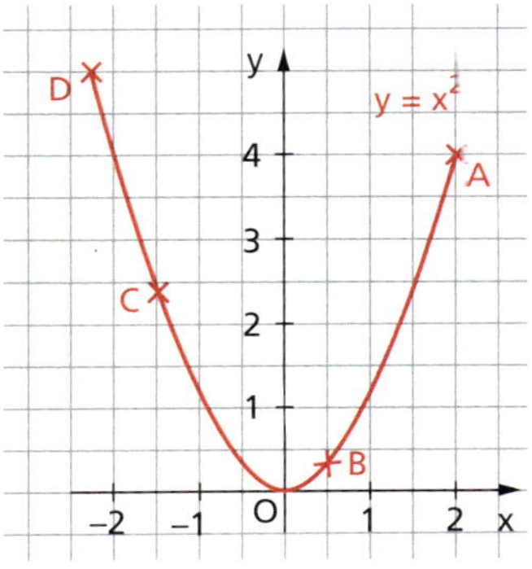

7. Welche Gleichungen gehören zu folgenden Graphen? Wie bist du vorgegangen? Erläutere deine Überlegungen.
a) Zur Normalparabel
b) Zu einer auf ein Viertel gestauchten Normalparabel
c) Zu einer um ein Viertel gestauchten Normalparabel
d) Zu einer an der x-Achse gespiegelten und mit dem Faktor 4 gestreckten Normalparabel
e) Zu einer an der x-Achse gespiegelten und um ein Drittel gestauchten Normalparabel

8. a) Bestimme die Gleichung der Funktion $y = a \cdot x^2$, deren Graph durch den Punkt $P(4 \mid -2)$ geht. Schreibe deinen Rechenweg auf.
b) Liegen auch die Punkte $R(0 \mid 0)$; $Q(-4 \mid -2)$ und $S(-10 \mid -100)$ auf dieser Parabel? Begründe deine Entscheidung.
c) Nenne drei weitere Punkte P_1, P_2 und P_3 des Graphen.

9. Welche Gleichungen gehören zu den Graphen aus nebenstehender Abbildung? Prüfe jeweils durch Einsetzen der Koordinaten dreier Punkte.

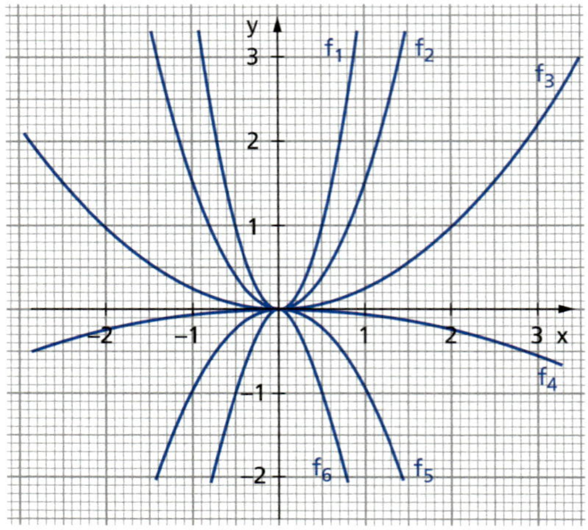

10. Der Bremsweg von Pkws mit einer bestimmten Geschwindigkeit bis zum Stillstand kann mit der Gleichung $y = a \cdot x^2$ beschrieben werden. Dabei ist y die Maßzahl des Bremsweges in Meter und x die Maßzahl der Geschwindigkeit in Kilometer pro Stunde, die der Pkw zu Beginn des Bremswegs hatte. Der Bremsweg eines Pkws, der bei $100\,\frac{\text{km}}{\text{h}}$ auf trockener Fahrbahn eine Vollbremsung macht, wird mit 40 m angegeben.
a) Bestimme aus diesen Angaben eine Gleichung für den Bremsweg dieses Pkws bei beliebigen Geschwindigkeiten.
b) Berechne den Bremsweg, den der Pkw bei einer Geschwindigkeit von $80\,\frac{\text{km}}{\text{h}}$ $\left(180\,\frac{\text{km}}{\text{h}},\ 30\,\frac{\text{km}}{\text{h}}\right)$ benötigt.
*c) 15 m vor einem Auto, das $60\,\frac{\text{km}}{\text{h}}$ fährt, befindet sich ein Hindernis. Kommt das Auto rechtzeitig zum Stehen?

11. Tobias und Robert sind Langstreckenläufer. Sie laufen auf einer 400-m-Bahn. Ihr Trainer hat bei einem 3 000-m-Lauf nebenstehende Zwischenzeiten gestoppt:

Weg	0 m	400 m	800 m	1 200 m
Tobias	0 s	96 s	192 s	288 s
Robert	0 s	163 s	230 s	282 s

a) Stelle in einem s-t-Diagramm die Abhängigkeit des Weges von der Zeit dar.
b) Beschreibe die Bewegung der beiden Läufer. Finde einen funktionalen Zusammenhang zwischen dem zurückgelegten Weg und der benötigten Zeit für die ersten drei Runden.
c) Bestimme die Zeiten für 3 000 m, wenn sie ihren Laufstil der ersten drei Runden beibehalten.

12. Ein Körper fällt aus verschiedenen Höhen. Die Zeit bis zum Aufprall wird gemessen.

Zeit in s	0	1,2	1,4	1,8	2	2,5	3
Weg in m	0	7	9,6	16	20	30,6	44

*a) Finde ein Gesetz, das die Abhängigkeit der Fallhöhe h von der Fallzeit t beschreibt.
b) Das Gesetz kannst du zur Messung unbekannter Höhen (Steilküsten oder Gebäuden) oder Tiefen (von Brunnen) nutzen. Plane eine Anwendung. Führe sie durch.

13. Die Tabelle zeigt den Spritverbrauch eines Autos bei verschiedenen Geschwindigkeiten.

Geschwindigkeit v in $\frac{km}{h}$	0	25	50	75	100	125
Verbrauch V in $\frac{l}{100\ km}$	0	5,0	4,9	4,8	4,6	4,9

a) Stelle die Werte in einem Diagramm dar. Verbinde die Punkte zu einer Kurve.
b) Beschreibe den Verlauf der Kurve mit eigenen Worten.

Quadratische Funktionen $y = f(x) = a \cdot x^2 + e$

14. Zeichne die Graphen in ein gemeinsames Koordinatensystem. Vergleiche die Kurven miteinander und beschreibe ihre Besonderheiten. Gib Gemeinsamkeiten und Unterschiede an.
a) $y = x^2 + 3$ b) $y = x^2 + 1{,}5$ c) $y = x^2 - 2{,}5$ d) $y = x^2 - 0{,}5$

15. Zeichne die Graphen in ein gemeinsames Koordinatensystem. Fertige vorher jeweils eine Wertetabelle an. Vergleiche die Kurven miteinander und beschreibe ihre Besonderheiten.
a) $y = 2x^2 - 1{,}5$ b) $y = 0{,}5x^2 + 2$ c) $y = -1{,}5x^2 + 2$ d) $y = -0{,}4x^2 - 1{,}5$

16. Prüfe, ob die Punkte zum Graphen der Funktion gehören. Begründe deine Entscheidungen. Ändere (falls erforderlich) die y-Koordinaten der Punkte.
a) $y = x^2 + 2{,}5$: $P(0\,|\,3)$; $Q(1\,|\,3{,}5)$; $R(-1\,|\,2{,}5)$; $T(-2\,|\,4{,}5)$
b) $y = x^2 - 1{,}5$: $P(0\,|\,-1{,}5)$; $Q(-1\,|\,-2{,}5)$; $R\left(-\frac{1}{2}\,\middle|\,-\frac{5}{4}\right)$; $T\left(-\frac{1}{4}\,\middle|\,\frac{7}{16}\right)$

17. Zeichne die Graphen der Funktionen in ein gemeinsames Koordinatensystem. Beschreibe jeweils den Verlauf der Kurve, lies die Nullstellen und den kleinsten Funktionswert ab.
$f_1(x) = x^2$ $f_2(x) = x^2 - 1{,}5$ $f_3(x) = x^2 + 3$ $f_4(x) = x^2 - \frac{3}{4}$

18. Skizziere die folgenden Graphen. Gib ihre Funktionsgleichungen an.
a) Normalparabel mit dem Faktor 3 strecken und um 2 Einheiten nach unten verschieben
b) Normalparabel mit dem Faktor 0,25 stauchen, dann an der x-Achse spiegeln und danach um 3 Einheiten nach oben verschieben
c) Normalparabel um eine Einheit nach oben verschieben, dann mit dem Faktor 2 strecken

19. a) Entscheide, ob die folgenden Funktionen Nullstellen besitzten:
$f_1(x) = x^2 - 2{,}25$ $f_2(x) = x^2 + 4$ $f_3(x) = x^2 - 0{,}25$ $f_4(x) = -x^2 + 1{,}69$
b) Berechne die Nullstellen.
c) Diskutiere Existenz und Lage der Nullstellen bei Funktionen der Form: $y = x^2 + e$

20. Auf dem Marktplatz einer Stadt sollen neue Wasserspiele entstehen. Ein Wasserstrahl kommt waagerecht aus einem 5 m hohen Rohr und beschreibt eine Bahn entsprechend der Gleichung $y = -\frac{1}{8}x^2 + 5$.
Skizziere die Bahn des Wasserstrahls in ein Koordinatensystem.
Wie lang muss das Wasserbecken mindestens sein, damit der Wasserstrahl bei $h = 0$ m noch im Becken auftrifft?

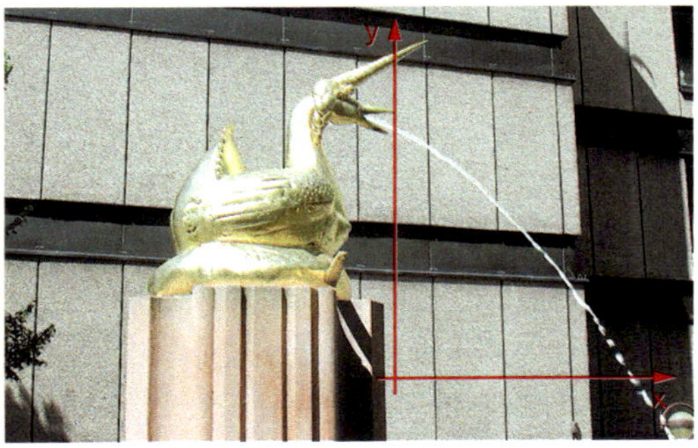

21. a) Gib die Funktionsgleichungen für die Graphen f_1, f_2, f_3 und f_4 an.
b) Lies die Scheitelpunktkoordinaten ab.
c) Beschreibe für jede Funktion das Verhalten der Funktionswerte, wenn die Argumente für $x > 0$ größer werden.
d) Lies die Nullstellen der Funktionen näherungsweise ab.
*e) Spiegele gedanklich die Graphen an der x-Achse. Welche Funktionsgleichungen gehören dann zu den Bildern? Formuliere eine allgemeine Aussage.

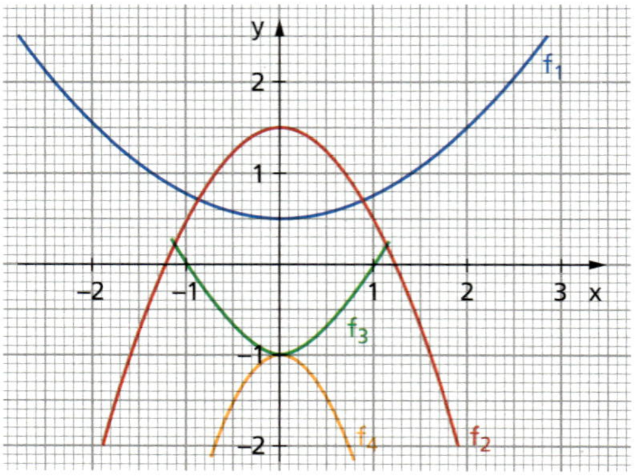

22. a) Berechne die Nullstellen folgender Funktionen:
$f_1(x) = 2x^2 - 8$ $\quad$ $f_2(x) = -3x^2 - 2$ $\quad$ $f_3(x) = -0{,}5x^2 + 4{,}5$
b) Erläutere eine Möglichkeit, wie du deine Ergebnisse kontrollieren kannst. Führe in jedem Fall auch eine Kontrolle durch.
c) Entwickle eine Lösungsstrategie für derartige Aufgaben. Verwende dazu die Gleichung $y = f(x) = ax^2 + e$.
*d) Diskutiere allgemein die Existenz von Nullstellen bei Funktionen der Form $y = ax^2 + e$.

23. Der Graph einer Funktion $y = x^2 + c$ verläuft durch den Punkt P.
Ermittle den Parameter c grafisch oder rechnerisch. Beschreibe, wie du vorgegangen bist.
a) $P(0\,|\,-4)$ $\quad$ b) $P(0\,|\,0)$ $\quad$ c) $P(1\,|\,2)$ $\quad$ d) $P(-2\,|\,2)$

24. Der Graph der Funktion $f_1(x) = x^2 - 4$ wird an der x-Achse gespiegelt. Es entsteht der Graph f_2. Führe die Spiegelung aus. In welchen Punkten schneiden die Graphen einander? Gib die Gleichung der Funktion f_2 an. Worin unterscheiden sich die beiden Gleichungen?

25. Eine Funktion der Form $y = a \cdot x^2 + e$ soll eindeutig bestimmt werden. Ermittle, wenn möglich, aus den gegebenen Werten die Gleichung der Funktion. Beschreibe jeweils dein Vorgehen. Begründe, falls eine eindeutige Bestimmung nicht möglich ist, woran dies liegt.
a) Scheitelpunkt $S(0\,|\,2)$ und Punkt $P(-1\,|\,5)$
b) Punkte $P(1\,|\,4)$ und $Q(-1\,|\,4)$
c) Punkte $P(2\,|\,5)$ und $Q(-3\,|\,7{,}5)$
d) Punkte $P(1\,|\,1)$ und $Q(2\,|\,7)$
e) Punkte $P(0\,|\,2)$ und $Q(2\,|\,0)$
f) Scheitelpunkt $S(0\,|\,-3)$
g) Scheitelpunkt $S(-2\,|\,-3)$
h) Nullstellen $x_1 = -2$ und $x_2 = 2$

26. Simon entfernt sich mit seinem Moped von seinem Wohnhaus.
a) Beschreibe den Vorgang mit Worten und mit einer Gleichung.
b) Wie weit ist Simon nach 4 s vom Haus entfernt?
c) Nach wie viel Sekunden ist Simon 26 m vom Haus entfernt?
d) Wie weit ist Simon nach 6 s bei gleicher Bewegung vom Haus entfernt?

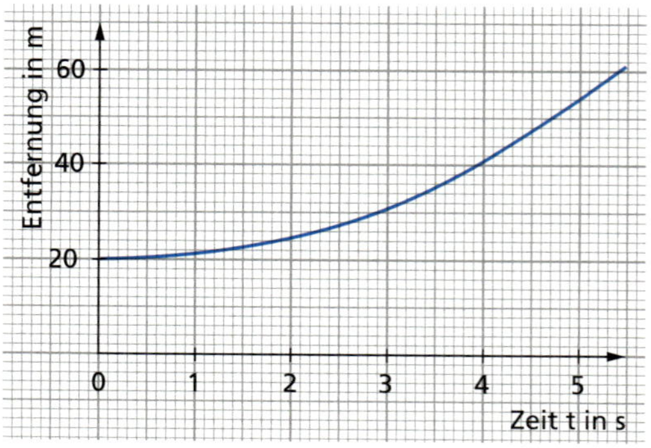

27. a) Ermittle rechnerisch jeweils den kleinsten bzw. größten Funktionswert der Funktionen:
$f_1(x) = 0{,}5x^2 - 3$ $\quad$ $f_2(x) = -2x^2 + 1$ $\quad$ $f_3(x) = -\frac{1}{4}x^2 + \frac{1}{4}$

b) Erläutere an Beispielen, unter welchen Voraussetzungen Funktionen der Form $y = a \cdot x^2 + c$ keinen kleinsten Funktionswert haben.

c) Berechne die Nullstellen der Funktionen.

d) Erläutere an Beispielen, unter welchen Voraussetzungen Funktionen der Form $y = a \cdot x^2 + c$ keine Nullstellen haben.

Quadratische Funktionen $y = f(x) = (x + d)^2 + e$

28. Ermittle die Gleichung der Funktion $y = f(x) = (x + d)^2$ aus den angegebenen Scheitelpunktkoordinaten. Zeichne dann den Graphen der Funktion in ein Koordinatensystem. Beschreibe, wie du vorgegangen bist. Entwickle eine Lösungsstrategie für derartige Aufgaben.

a) $T(-3 \mid 0)$ $\quad$ b) $T(1{,}5 \mid 0)$ $\quad$ c) $T(-0{,}5 \mid 0)$ $\quad$ d) $T(3{,}5 \mid 0)$

29. Zeichne die Graphen der Funktionen $y = f(x) = (x + d)^2$. Lies die Koordinaten der Scheitelpunkte ab.
Welchen Zusammenhang zwischen dem Parameter d und dem Scheitelpunkt erkennst du?

a) $f_1(x) = (x - 2)^2$ $\quad$ b) $f_2(x) = (x + 1)^2$ $\quad$ c) $f_3(x) = (x + 0)^2$ $\quad$ d) $f_4(x) = (x - 4)^2$

30. Ermittle Funktionsgleichungen der Form $y = f(x) = (x + d)^2$, wenn die Graphen durch folgende Punkte verlaufen. Zeichne die zugehörigen Graphen in ein Koordinatensystem. Beschreibe, wie du vorgegangen bist. Entwickle eine Lösungsstrategie für derartige Aufgaben.

a) $P_1(3 \mid 0)$ $\quad$ b) $P_2(-2 \mid 0)$ $\quad$ c) $P_3(3 \mid 1)$ $\quad$ d) $P_4(0 \mid 4)$

31. Zeichne die Graphen folgender Funktionen. Vergleiche die zwei Graphen miteinander. Gib Gemeinsamkeiten und Unterschiede an. Beschreibe ihren Verlauf.

a) $y = f(x) = (x - 2)^2 - 4$ $\quad$ b) $y = f(x) = (x + 5)^2 + 1$

32. Gib die zugehörigen Funktionsgleichungen an. Ermittle vorher die Koordinaten der Scheitelpunkte der Graphen. Beschreibe, wie du vorgegangen bist.

a) Die Normalparabel ist um 2,5 Einheiten nach unten verschoben.

b) Die Normalparabel ist um 6,5 Einheiten nach links verschoben.

c) Die Normalparabel ist um 1 Einheit nach links und um 1 Einheit nach oben verschoben.

33. a) Welche Verschiebungen der Normalparabel führen zu den abgebildeten Graphen?

b) Gib auch die entsprechenden Funktionsgleichungen an.

c) Prüfe deine Gleichungen jeweils durch Einsetzen der Koordinaten dreier Punkte des Graphen auf Richtigkeit.

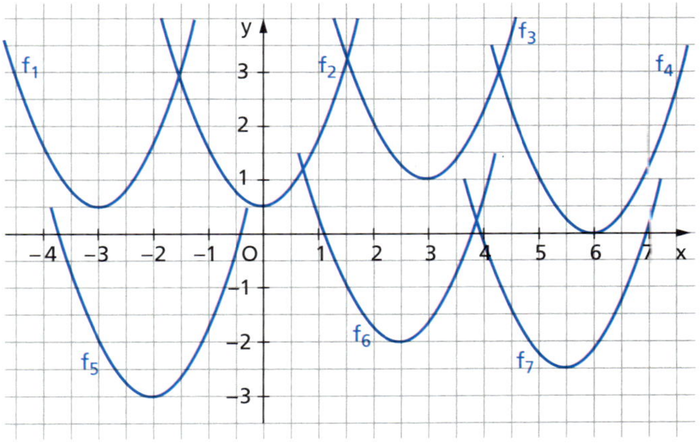

34. Beschreibe die Eigenschaften quadratischer Funktionen der Form $y = f(x) = (x + d)^2 + e$.

35. Gegeben sind die Funktionen $f_1(x) = (x + 1)^2 - 1$ und $f_2(x) = (x - 2)^2 + 2$.
- a) Skizziere f_1 und f_2 in ein gemeinsames Koordinatensystem.
- b) Gib jeweils die Scheitelpunkte und die Wertebereiche der Funktionen an.
- c) Lies den Schnittpunkt der Graphen beider Funktionen ab. Überprüfe durch Einsetzen der Koordinaten in beide Funktionsgleichungen.

Quadratische Funktionen $y = f(x) = x^2 + p \cdot x + q$

36. a) Zeichne die Graphen folgender Funktionen.
$f_1(x) = x^2 - 4x + 3$ $\quad$ $f_2(x) = x^2 + x - 2$ $\quad$ $f_3(x) = x^2 - 8x + 9$
- b) Beschreibe dein Vorgehen und vergleiche mit dem Vorgehen deiner Mitschüler.

37. a) Gib die Scheitelpunkte folgender Funktionen an.
$y = f_1(x) = x^2 + 2x - 3$ $\quad$ $y = f_2(x) = x^2 - 4x + 5$ $\quad$ $y = f_3(x) = x^2 - 5x + 4$
- b) Erläutere dein Vorgehen.
- c) Beschreibe die Lage der zugehörigen Graphen im Koordinatensystem.
- d) Gib eine weitere Funktion $f_4(x)$ mit einem Scheitelpunkt an, der auf der x-Achse liegt.
- e) Bewege den Graphen der Funktion $f_4(x)$ dreimal nacheinander um eine Einheit nach rechts. Wie ändern sich Scheitelpunkt und Funktionsgleichung?

38. Gib jeweils eine Gleichung einer quadratischen Funktion der Form $y = f(x) = x^2 + p \cdot x + q$ mit folgenden Eigenschaften an. Erläutere dein Vorgehen.
- a) $f(0) = 0$
- b) $x_1 = -2$; der Scheitelpunkt hat den Funktionswert -4.
- c) Die Normalparabel ist symmetrisch zur y-Achse und verläuft durch den Punkt $P(-2 \mid 1)$.

39. a) Bestimme jeweils die Nullstellen und die Koordinaten des Scheitelpunktes.

$f_1(x) = x^2 - 2x$	$f_2(x) = x^2 - 9$	$f_3(x) = (x - 2)(x + 6)$
$f_4(x) = x^2 + 2{,}2x$	$f_5(x) = (x + 3)^2$	$f_6(x) = x^2 + 4x + 4$
$f_7(x) = (x + 3)(x - 4)$	$f_8(x) = (x + 1)(x + 5)$	$f_9(x) = x^2 - 5x$
$f_{10}(x) = x^2 - 6x + 8$	$f_{11}(x) = (x - 0{,}5)(x - 2{,}5)$	$f_{12}(x) = x^2 - ax$

- b) Wie bist du vorgegangen?
- c) Was muss man deiner Meinung nach beim Lösen der Aufgaben beachten?

40. a) Bestimme jeweils den kleinsten Funktionswert.

$y = f_1(x) = x^2 - 10x - 11$	$y = f_2(x) = x^2 + 6x - 16$	$y = f_3(x) = x^2 - 5x + 6$
$y = f_4(x) = (x + 2)^2 - (x + 2)$	$y = f_5(x) = (x + 1)(x - 3)$	$y = f_6(x) = (x - 1)(x + 3)$

- b) Welches Argument gehört zum kleinsten Funktionswert?
- c) Beschreibe, wie du vorgegangen bist. Vergleiche dein Vorgehen mit dem Vorgehen deiner Mitschüler.
- d) Welche Aufgaben sind dir besonders schwergefallen? Gib eine Begründung dafür an.

41. Gib jeweils die Gleichung einer Funktion der Form $y = f(x) = x^2 + p \cdot x + q$ mit folgenden Eigenschaften an. Erläutere dein Vorgehen.
- a) Die Nullstellen sind $x_1 = 0$ und $x_2 = 2$.
- b) $S(0 \mid -4)$ ist der Scheitelpunkt der Parabel.
- c) Es gilt: $f(0) = 1$, eine Nullstelle ist $x_0 = -1$
- d) Es gilt: $f(0) = -1$, eine Nullstelle ist $x_0 = -4$

42. Gib jeweils die Gleichung einer Funktion der Form $y = f(x) = x^2 + p \cdot x + q$ mit folgenden Eigenschaften an. Erläutere dein Vorgehen.

a) Die Nullstellen sind $x_1 = 2$ und $x_2 = 4$.
b) $S(0\,|\,0)$ ist der Scheitelpunkt der Parabel.
c) Es gilt: $f(0) = 0$, eine Nullstelle ist $x_0 = -4$
d) Es gilt: $f(0) = 0$, eine Nullstelle ist $x_0 = 4$

43. Gib jeweils die Gleichung einer Funktion der Form $y = f(x) = x^2 + px + q$ mit folgender Eigenschaft an. Erläutere dein Vorgehen.

a) Der Scheitelpunkt der zugehörigen Normalparabel liegt bei $S(4\,|\,-3)$.
b) Die Funktion hat Nullstellen bei $x_1 = 5$ und $x_2 = 7$.
c) Der Scheitelpunkt hat den Funktionswert 2.
d) Die Parabel schneidet die y-Achse im Punkt $P(0\,|\,6)$.
e) Der Scheitelpunkt liegt auf der x-Achse.
f) Der Scheitelpunkt liegt auf der y-Achse.

Quadratische Funktionen $y = f(x) = a \cdot x^2 + b \cdot x + c$

44. Ermittle jeweils die Funktionswerte y_1; y_2 und y_3 für $x_1 = 2$; $x_2 = 0$ und $x_3 = -1{,}2$. Wie hast du gerechnet? Worauf sollte man deiner Meinung nach beim Lösen der Aufgaben achten?

a) $f(x) = 3x^2 - 7x + 2$
b) $f(x) = -0{,}5x^2 - 3x + 1{,}5$
c) $f(x) = 2x^2 - 6x - 5$

45. Ermittle jeweils die Argumente x_1; x_2 und x_3 für $y_1 = -10$; $y_2 = 0$ und $y_3 = -20$. Wie hast du gerechnet? Worauf sollte man deiner Meinung nach beim Lösen der Aufgaben achten?

a) $f(x) = -2x^2 + 24x - 70$
b) $f(x) = -5x^2 + 15x - 20$
c) $f(x) = -\frac{5}{2}x^2 + 12{,}5x - 15$

46. Ermittle die Nullstellen folgender Funktionen. Wie hast du gerechnet? Worauf sollte man deiner Meinung nach beim Lösen der Aufgaben achten?

a) $f(x) = 2x^2 + 10x + 12$
b) $f(x) = -0{,}5x^2 + 2x + 2{,}5$
c) $f(x) = 3x^2 - 27$
d) $f(x) = 4 \cdot (x - 2)(x + 1)$
e) $f(x) = 4x^2 - 8x$
f) $f(x) = \frac{1}{3}x^2 - 3x + 10$

47. Ermittle die Koordinaten des Scheitelpunktes folgender Funktionen. Wie hast du gerechnet? Worauf sollte man deiner Meinung nach beim Lösen der Aufgaben achten?

a) $f(x) = 2x^2 + 10x + 12$
b) $f(x) = \frac{1}{3}x^2 - 3x + 10$
c) $f(x) = -4x^2 + 16x$
d) $f(x) = -4x^2 + 16$
e) $f(x) = 2 \cdot (x - 2)(x - 4)$
f) $f(x) = \frac{1}{4}x^2 - 0{,}25x + 0{,}06$

48. Fertige eine Zeichnung des Funktionsgraphen an. Wie bist du vorgegangen? Worauf sollte man deiner Meinung nach beim Lösen der Aufgaben achten?

a) $f(x) = \frac{1}{2}x^2 + 4x + 6$
b) $f(x) = 4x^2 - 8x$
c) $f(x) = -3x^2 + 12x + 15$
d) $f(x) = -\frac{1}{4}x^2 - 2x$
e) $f(x) = -2 \cdot (x - 3)^2$
f) $f(x) = \frac{1}{2} \cdot (x - 8)^2 + 1$

49. Stelle die folgenden Produkte in Abhängigkeit von der gewählten Zahl x in Form einer Gleichung und zeichnerisch mithilfe eines Funktionsgraphen dar. Untersuche, ob es eine Zahl x gibt, für die das Produkt am kleinsten wird. Begründe jeweils dein Entscheidung. Denke dir eine ähnliche Aufgabe aus, lasse diese von einem Mitschüler lösen und kontrolliere die Lösung des Mitschülers.

a) Das Produkt aus einer Zahl x und einer um 4 kleineren Zahl
b) Das Produkt aus einer Zahl x und einer um 6 größeren Zahl
c) Das Produkt aus dem Dreifachen einer Zahl x und einer um 2 kleineren Zahl als x

2.3 Gemischte Aufgaben

1. Gib die Anzahl der Lösungen an.
a) $(x-4)^2=9$ b) $(x+3)^2+4=0$ c) $(x+1)^2=0$ d) $x^2+16=0$ e) $x^2+3x^2+2=0$

2. Welche der folgenden Gleichungen haben als Lösung die Zahl 3?
Welche Gleichungen haben außer der Lösung 3 noch weitere Lösungen?
a) $x^2=9$ b) $(x-3)^2=0$ c) $x^2-2x-3=0$
d) $x^2+9=0$ e) $x^2=3$ f) $x^2-6x+9=0$
g) $x^2-6x+8=0$ h) $2x^2+18=12x$ i) $(x+3)(x-4)=0$

3. Ermittle quadratische Gleichungen in Normalform, die folgende Lösungsmengen besitzen:
a) $L=\{3;-1\}$ b) $L=\{4;2\}$ c) $L=\{-6\}$
d) $L=\{-1;-2\}$ e) $L=\{5\}$ f) $L=\left\{-\frac{1}{2};\frac{5}{2}\right\}$

4. Gib quadratische Gleichungen an, die folgende Lösungen besitzen:
a) $x_1=5; x_2=2$ b) $x_1=4; x_2=0{,}5$ c) $x_1=0; x_2=-1$
d) $x_1=x_2=3$ e) $x_1=2; x_2=-2$ f) $x_1=\frac{3}{4}; x_2=\frac{1}{2}$

5. Gib für p eine Zahl so an, dass die Gleichung $x^2+px=0$ keine Lösung hat.

6. Löse die Gleichungen.
a) $(x+1)^2+(x+2)^2=(2x+1)^2$ b) $(2x+2)^2-(2x-2)^2=2x^2$
c) $(3x+2)^2-(x+6)^2=(3x-2)^2$ d) $(2x+3)^2-x(x+11)=4x^2-3$
e) $9x^2+(5x-3)^2=(4x+3)^2$ *f) $(9x+6)^2-(7x+2)^2-(8x+4)^2=0$

7. Löse folgende Gleichungen. Erzeuge zuerst die Normalform einer quadratischen Gleichung.
a) $\frac{x^2+3}{2}+\frac{3x+3}{3}=20$ b) $\frac{x(x+1)}{2}=21$
c) $\frac{2x+3}{4}+3=\frac{x(12x+2)}{2}+8x^2$ *d) $\frac{(x+1)^2}{12}+\frac{2x+1}{6}=\frac{2x-1}{3}+\frac{x+1}{4}$

8. Für welchen Wert von q hat die Gleichung $x^2+6x+q=0$ genau eine Lösung?

9. Bestimme p so, dass die Gleichung $x^2+px+4=0$ genau eine Lösung besitzt.

10. Setze in die Gleichung $x^2+q=0$ für die Variable q Zahlen so ein, dass folgende Lösungen auftreten.
Begründe deine Entscheidungen. Löse noch einmal allgemein.
a) Zwei Lösungen b) Keine Lösung c) Genau eine Lösung

11. Löse folgende Gleichungen. Bestimme vorher den Grundbereich. Beschreibe dein Vorgehen. Vergleiche mit deinen Mitschülern. Führe in jedem Fall eine Probe durch.
a) $\frac{40}{x}=x-3$ b) $\frac{2}{x}=\frac{x-3}{2x}$ c) $\frac{40}{x}=\frac{16x}{3x-5}$
d) $\frac{4}{x-1}+\frac{3}{x+1}=5$ e) $\frac{2x-1}{x+1}=\frac{4x-2}{3x-1}$ f) $\frac{7x+1}{6x}=\frac{3x+24}{14x-4}$

12. Löse folgende Gleichungen.
a) $x^2-2x-3=0$ b) $x^2-25x+150=0$ c) $x^2-6x+11=0$ d) $x^2-\frac{3}{4}x+\frac{1}{8}=0$
e) $20x^2+x+10=0$ f) $3x^2+27=0$ g) $(x+9)^2=0$ h) $6x^2+12x=0$
i) $(x+1)^2=16$ j) $x^2-8x+15=0$ k) $4x^2=-8x$ l) $4x^2=-4$

13. Löse die folgenden Gleichungen:

a) $\sqrt{x-2} + \sqrt{1-x} = 3$ b) $\sqrt{x} + \sqrt{1-x} = -1$ c) $\sqrt{2x+7} - \sqrt{15-2x} = 0$

d) $x = \sqrt{2-x}$ e) $x = 1 + \sqrt{x+5}$ f) $\sqrt{7-\sqrt{x-3}} = 2$

14. Die Zahl 53 ist so in zwei Summanden zu zerlegen, dass deren Produkt 612 ist. Bestimme beide Summanden.

Quadratische Gleichungen in der Geometrie

15. Wie lang und wie breit ist ein Rechteck, wenn sich seine Länge zur Breite wie 5 : 3 verhält? Der Flächeninhalt des Rechtecks beträgt 2 535 cm^2.

16. Vergrößert man die Seite eines Quadrates um 9 cm, so vergrößert sich der Flächeninhalt um 747 cm^2. Wie lang ist eine Seite des ursprünglichen Quadrates?

17. Wie groß ist die Grundkante eines Prismas mit quadratischer Grundfläche, das 8 cm hoch ist und ein Volumen von 450 cm^3 besitzt?

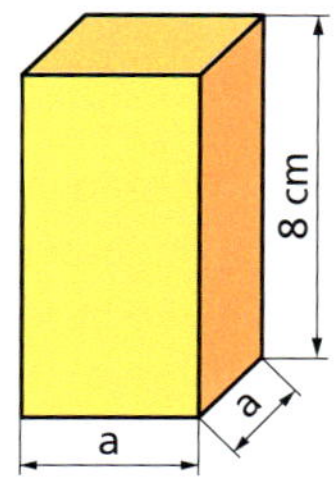

18. Der Oberflächeninhalt eines Quaders beträgt 376 cm^2. Wie lang sind die Kanten des Quaders, wenn die Maßzahlen der Kantenlängen drei aufeinanderfolgende gerade Zahlen sind?

19. Umfang und Flächeninhalt eines Quadrates sind maßzahlgleich. Wie groß sind Umfang und Flächeninhalt des Quadrates?

20. Die Seitenlänge eines Quadrates (a = 1 cm) wird immer um 0,5 cm vergrößert. Berechne die Flächeninhalte der Quadrate (bis a = 5,5 cm) und stelle die Ergebnisse in einem Koordinatensystem dar. Was stellst du fest? Formuliere einen Zusammenhang zwischen Seitenlänge und Flächeninhalt von Quadraten. Begründe deine Aussage.

21. Der Radius eines Kreises (r = 1 cm) wird immer um 0,5 cm vergrößert. Berechne die Flächeninhalte der Kreise (bis r = 5,5 cm) und stelle die Ergebnisse in einem Koordinatensystem dar. Was stellst du fest? Formuliere einen Zusammenhang zwischen Radius und Flächeninhalt von Kreisen. Begründe deine Aussage.

Quadratische Gleichungen im Bauwesen

22. Ein parabelförmiger Gewölbebogen ruht auf senkrechten Stützpfeilern und wird durch die Gleichung $y = -\frac{5}{9}x^2 + 0{,}8$ m (Angaben in Meter) beschrieben.

a) Wie hoch ist der Bogen?

b) Berechne die Gewölbebreite b.

c) Welche Höhe muss ein Stützpfeiler haben, der 1 m vom Zentrum eingebaut werden soll?

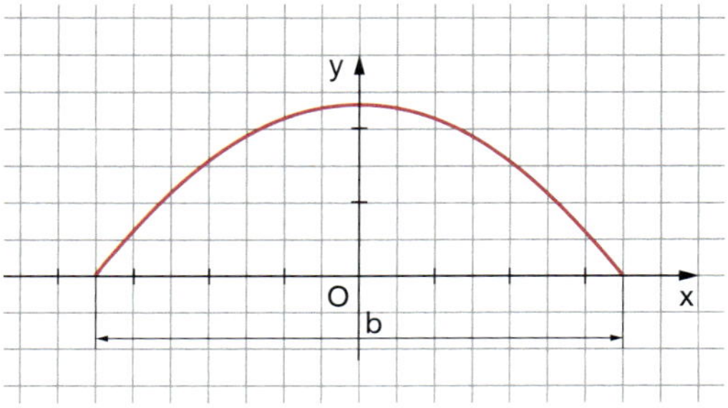

23. Ein quadratischer Garten hat einen Flächeninhalt von 420,25 m^2. Wie viel Meter Gartenzaun werden benötigt, wenn der Garten an drei Seiten einen neuen Zaun erhalten soll?

24. An einer Mauer soll ein rechteckiger Garten angelegt werden. Zu seiner Einzäunung stehen 32,00 m Maschendraht zur Verfügung. Wie erzielt man eine möglichst große Gartenfläche?

a) Berechne die Gartenfläche für verschiedene Abmessungen des Gartens. Welche maximale Fläche vermutest du?

b) Ermittle den maximalen Wert des Terms durch Rückführung auf die Bestimmung des Scheitelpunktes einer quadratischen Funktion.

25. Aus einem 120 cm langen Draht sollen zwei Quadrate so gebogen werden, dass ihre Flächeninhalte zusammen 468 cm^2 betragen. Wie lang sind die Seiten der beiden Quadrate?

26. Für zehn gleich große Meerschweinchenboxen stehen 6 m Zaun zur Verfügung. Es sollen alle äußeren und inneren Abtrennungen aus diesem Zaun gefertigt werden.
Bei welchen Abmessungen entsteht für jedes Meerschwein die größtmögliche Fläche?

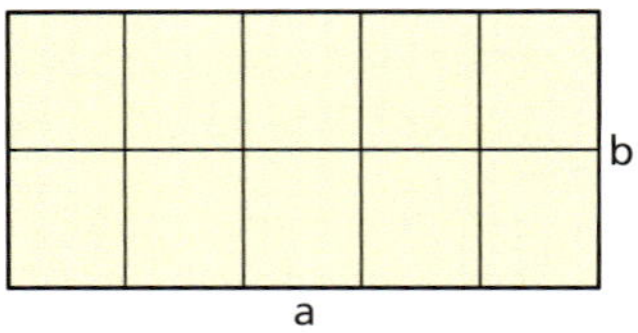

27. Eine Regenrinne hat einen Querschnitt in Form einer Parabel mit der Gleichung $y = 0{,}24x^2 - 6$.
Um berechnen zu können, welche Wassermenge die Rinne aufnehmen kann, muss die Querschnittsfläche A mit der Länge der Rinne $l = 12$ m multipliziert werden.

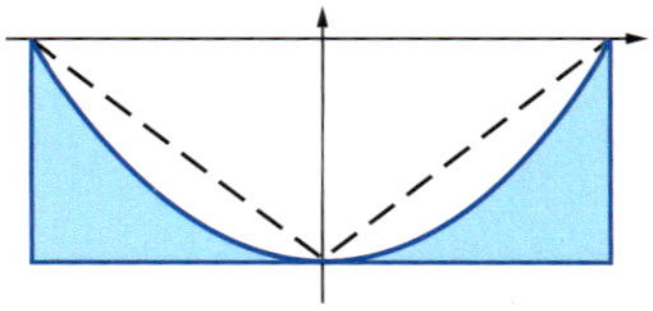

a) Gib die Gleichung der Parabel an und skizziere die Parabel in einem Koordinatensystem.

b) Der Querschnitt der Rinne kann vereinfacht durch ein Dreieck bzw. ein Rechteck ersetzt werden. Berechne die Wassermenge mithilfe dieser „Ersatzfiguren".

c) Zeichne eine andere Figur ein, mit der sich der Querschnitt genauer beschreiben lässt.

28. Für einen rechteckigen Hundezwinger stehen 20 m Zaun zur Verfügung. Der Zwinger soll die größtmögliche Grundfläche erhalten.

a) Berechne die Seitenlänge b, wenn die Seite a eine Länge von 1 m, 2 m, 3 m, 4 m, 5 m oder 6 m hat.

b) Skizziere den Zwinger für die sechs Möglichkeiten aus a) und berechne jeweils den Flächeninhalt.
Bei welchen Abmessungen erhält man den größtmöglichen Flächeninhalt?

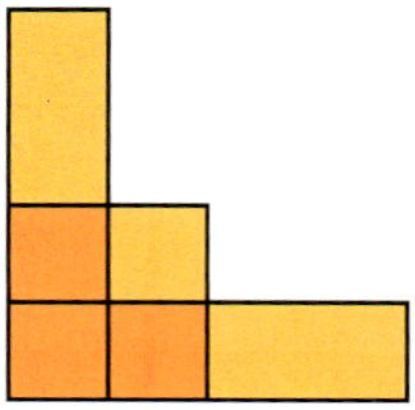

*c) Gib den Flächeninhalt des Rechtecks nur in Abhängigkeit von der Seitenlänge a an. Ersetze dazu zuerst die Seite b mithilfe der Formel für den Umfang.

29. Peter will sich einen Drachen mit größtmöglicher Fläche bauen. Er hat für die Diagonalen e und f eine Leiste von 1 m Länge zur Verfügung.
Wie müssen die Leisten geteilt werden?

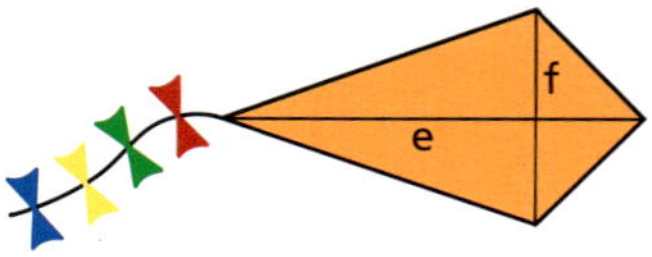

***30.** Aus einer zerbrochenen Glasscheibe, die die Form eines rechtwinkligen Dreiecks hat, soll die größtmögliche rechteckige Fläche wiederverwendet werden.
Welchen Flächeninhalt hat diese Fläche?

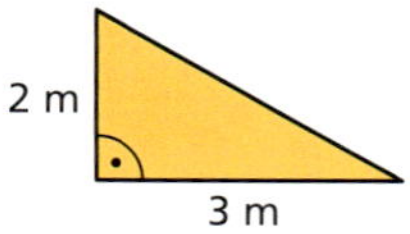

Quadratische Gleichungen und physikalische Zusammenhänge

31. Beschreibe die Bewegung der Fahrzeuge bei folgenden Weg-Zeit-Diagrammen:

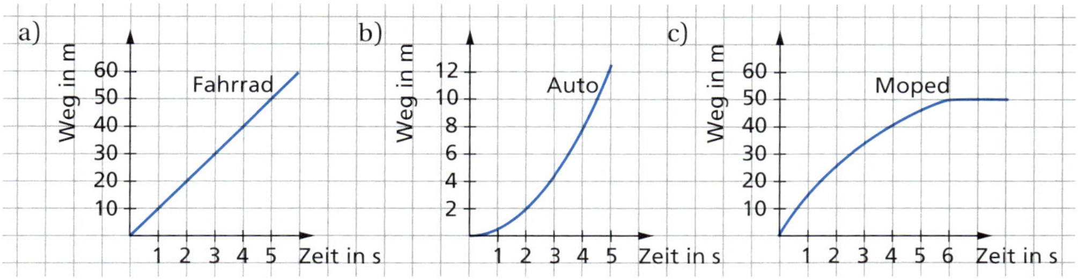

32. Nach dem Ende der Bauarbeiten kann ein Zug auf der 140 km langen Strecke von Ort A nach Ort B eine um 30 $\frac{\text{km}}{\text{h}}$ höhere Geschwindigkeit fahren. Dadurch verringert sich die Fahrzeit um 90 min. Wie lange dauert jetzt eine Fahrt und wie hoch ist die Geschwindigkeit?

33. Ein Pkw und ein Lkw brachen zur gleichen Zeit zu einer 240 km entfernten Stadt auf. Beide fuhren mit gleichbleibender Geschwindigkeit, wobei der Pkw 30 km mehr in der Stunde zurücklegte als der Lkw. Der Lkw erreichte das Ziel 1 h 20 min nach dem Pkw.
Wie groß war die Geschwindigkeit beider Fahrzeuge? Wie lange war jeder unterwegs?

Quadratische Gleichungen im Finanzwesen

34. Für eine Klassenfahrt stehen einer 9. Klasse 472,50 € zur Verfügung. Da zwei Schüler nicht an der Fahrt teilnehmen können, erhöht sich der für jeden Schüler bereitstehende Betrag um 1,40 €. Wie viele Schüler besuchen diese 9. Klasse?

35. Julia zahlte Ende des Jahres 625,00 € auf ihr Konto ein. Nach zwei Jahren war ihr Guthaben auf 676,00 € angewachsen. Wie hoch war der für beide Jahre gültige Zinssatz, wenn die Zinsen des ersten Jahres im zweiten Jahr mitverzinst wurden?

36. Wie groß ist ein Guthaben, das im Jahr 378,00 € Zinsen bringt, wenn man mit einem um 1260,00 € größeren zweiten Guthaben ebenfalls nur dieselben Zinsen erzielt, weil der Zinssatz bei dem größeren Guthaben um 1 % niedriger ist?

37. Wie hoch muss der Zinssatz mindestens sein, wenn ein Guthaben von 8 425,50 € in zwei Jahren mit Zinseszins auf etwa 9 375,00 € angewachsen sein soll?

38. Der Preis eines Freizeitanzugs wird von zuerst 72,50 € zweimal um den gleichen Prozentsatz auf 35,52 € gesenkt. Um welchen Prozentsatz wurde der Preis jeweils gesenkt?

Verschiedene Sachverhalte – ein Modell

Hinweis: Löst folgende Aufgaben in Gruppen oder in Partnerarbeit.
Vergleicht eure Lösungsverfahren miteinander.

39. Ein Becken wird aus zwei Zuflüssen gespeist. Mit nur einem Zufluss benötigt man zum Füllen des Beckens 8 h mehr als mit dem anderen Zufluss. Mit beiden Zuflüssen zusammen lässt sich das Becken in 24 h füllen. Wie viel Stunden benötigt jeder der Zuflüsse zum Füllen allein?

40. Die Brennweite einer Sammellinse beträgt f = 15 cm. Das Bild ist vom Gegenstand 80 cm entfernt. Wie weit sind Gegenstand und Bild von der Linse entfernt?

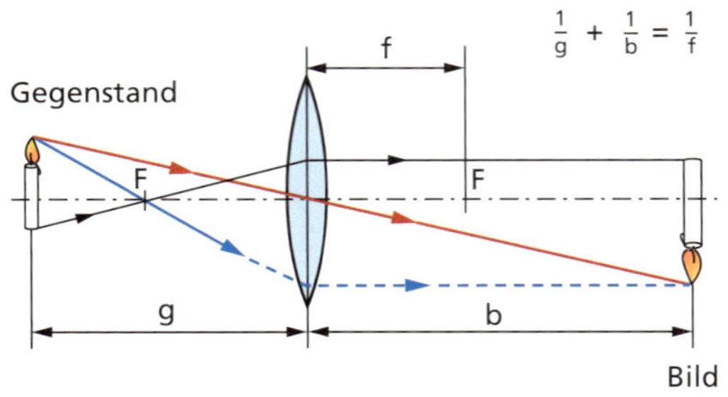

41. Welche Brennweite muss eine Sammellinse besitzen, wenn sich der Gegenstand 40 cm vor der Linse befindet und der Bildschirm 2 cm hinter dem Brennpunkt stehen soll?

42. Wie groß müssen zwei Widerstände R_1 und R_2 in einem Gleichstromkreis sein, wenn sie in Reihe geschaltet einen Gesamtwiderstand von 48 Ω und parallel geschaltet einen Gesamtwiderstand von 9 Ω haben sollen?

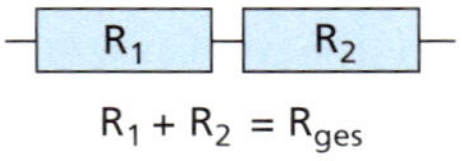

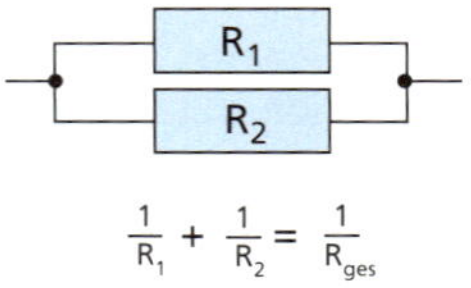

43. Beim senkrechten Wurf nach oben gilt für die zur Zeit t erreichte Höhe h die Formel:
$h = -\frac{1}{2}gt^2 + v_0t + h_0$

Dabei bezeichnet g die Fallbeschleunigung, v_0 die Abwurfgeschwindigkeit und h_0 die Abwurfhöhe.

a) Stelle für $v_0 = 15\,\frac{m}{s}$ und $h_0 = 2$ m die Höhe in Abhängigkeit von der Zeit grafisch dar.
b) Bestimme allgemein die Koordinaten des Scheitelpunktes.
c) Welche physikalische Bedeutung hat der Scheitelpunkt?

44. Der Kraftstoffverbrauch bei Autos lässt sich durch quadratische Funktionen gut annähern. Gib für die in der Tabelle aufgeführten Autos aus den Verbrauchsangaben für 70 $\frac{km}{h}$; 90 $\frac{km}{h}$ und 120 $\frac{km}{h}$ jeweils eine Verbrauchsfunktion an.

Vergleiche dann die Werte dieser Verbrauchsfunktion mit dem tatsächlichen Verbrauch bei 50 $\frac{km}{h}$ und 140 $\frac{km}{h}$.

Hubraum; Leistung	50 $\frac{km}{h}$	70 $\frac{km}{h}$	90 $\frac{km}{h}$	120 $\frac{km}{h}$	140 $\frac{km}{h}$
1,1 *l*; 40 kW	4,6 *l*	5,4 *l*	6,1 *l*	8,0 *l*	12,0 *l*
1,3 *l*; 51 kW	4,8 *l*	5,5 *l*	6,0 *l*	7,7 *l*	10,3 *l*
1,5 *l*; 71 kW	5,3 *l*	6,0 *l*	6,9 *l*	8,9 *l*	11,2 *l*

45. Die nebenstehende Abbildung zeigt einen Teil einer Hochspannungsleitung in ansteigendem Gelände.
Der durchhängende Draht beschreibt annähernd eine Parabel.
Welchen Abstand hat die Leitung am tiefsten Punkt von der Erdoberfläche?

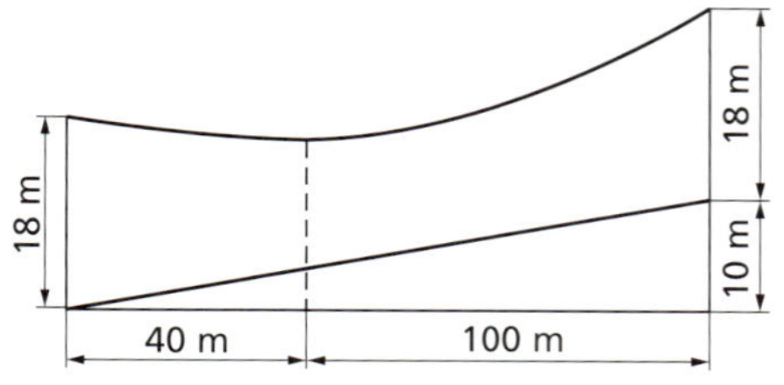

46. Eine Wasserrutsche soll folgende Bedingungen erfüllen:
- Auf den letzten vier Metern soll die Rutsche die Form einer Parabel mit der Gleichung $y = \frac{1}{8}x^2$ haben.
- Auf dem Abschnitt von vier bis zehn Metern soll die Rutsche gerade sein.

a) Welche Gerade beschreibt das fehlende Stück der Rutsche so, dass die Gerade im Punkt (4 m | 2 m) ohne Knick in die Parabel übergeht?

b) Wie hoch wird die Rutsche bei einer waagerechten Ausdehnung von 10 m?

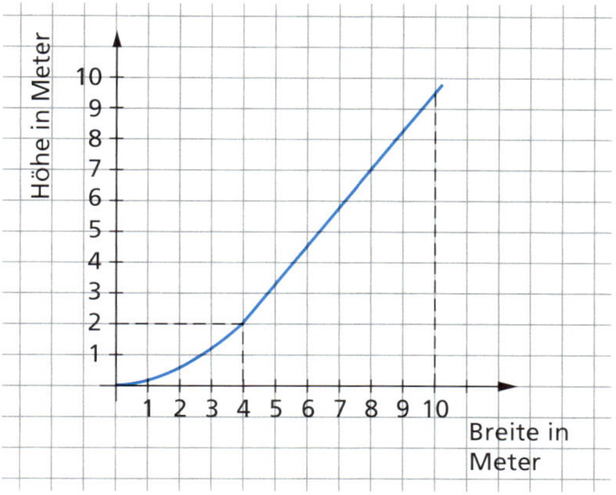

47. Eine Studentengruppe hat eine 8 m hohe Konstruktion für eine Eisenbahnbrücke entworfen. Eine Metallkonstruktion in Form einer Parabel spannt sich bei dieser Brücke über eine Straße. Eisenpfeiler tragen die Schienenkonstruktion.

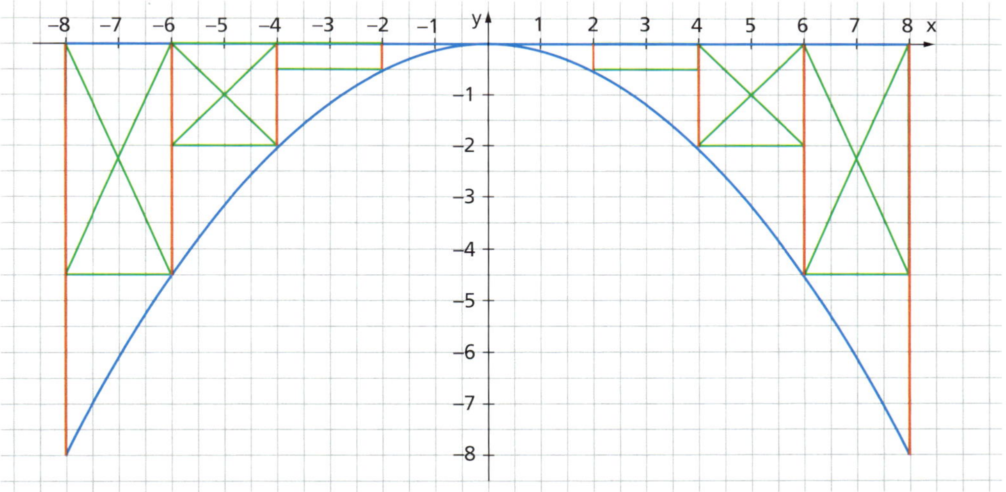

a) Ermittle die Gleichung der Parabel im obigen Koordinatensystem.

b) Alle zwei Meter müssen senkrechte Eisenpfeiler zur Verstärkung eingebaut werden. Wie viele Pfeiler müssen hergestellt werden? Welche Länge haben sie jeweils?

c) Prüfe, ob unter der Brücke Busse auf einer zweispurigen (evtl. vierspurigen) Straße fahren können. Mit welchen Maßen hast du bei deiner Prüfung gearbeitet?

48. Hänge eine Kette oder ein Seil an zwei Punkten auf und übertrage die entstehende Kurve k auf ein Blatt. Erzeuge dazu ein Schattenbild oder miss die benötigten Abstände. Zeichne dann zur Kurve k ein Koordinatensystem, dessen Ursprung sich im tiefsten Punkt der Kurve befindet. Versuche, die Kurve möglichst gut durch den Graphen einer Funktion $y = f(x) = a \cdot x^2$ zu beschreiben. Vergleiche die beiden Kurven k und f miteinander.
Beschreibe Gemeinsamkeiten und Unterschiede.

Teste dich selbst

1. Gib für die quadratischen Funktionen und ihre Graphen Scheitelpunktskoordinaten, Stauchungs- oder Streckungsfaktor, Lage der Parabel und Anzahl der Nullstellen an.

a) $y = 3x^2 - 2$ b) $y = -0{,}1x^2 + 4$ c) $y = -2x^2 - 1$ d) $y = 0{,}5x^2 - 1{,}5$

2. Gib die Scheitelpunktskoordinaten der Graphen folgender Funktionen an.

a) $y = (x + 3)^2 - 7$ b) $y = (x - 1)^2 - 2$ c) $y = (x + 8)^2$ d) $y = (x - 0{,}5)^2 + 1{,}5$

3. Bestimme rechnerisch die Koordinaten der Scheitelpunkte und die Nullstellen. Zeichne jeweils den Graphen.

a) $y = x^2 + 6x + 5$ b) $y = x^2 - 10x + 11$ c) $y = x^2 + 7x + 6$ d) $y = x^2 - x - 2$

4. Zeichne die Graphen der folgenden Funktionen in ein Koordinatensystem. Bestimme zunächst die Scheitelpunktskoordinaten.

a) $y = x^2 + 6x + 16$ b) $y = -0{,}5x^2 - 2x - 4$

5. Löse die quadratischen Gleichungen.

a) $\frac{5}{3}x - \frac{1}{3} = x^2 + \frac{2}{3}x - \frac{7}{3}$ b) $x^2 = 4x - 3$ c) $x^2 + 2x = 3$

d) $x^2 + 2x = -1$ e) $x^2 + 2x = -2$ f) $x^2 = 3x - 2$

6. Löse die Gleichungen höheren Grades mithilfe einer geeigneten Substitution.

a) $x^4 - 3x^2 - 4 = 0$ b) $x^6 - 7x^3 - 8 = 0$ c) $x^4 - 3x^2 + 2 = 0$

d) $x^6 + x^3 - 2 = 0$ e) $6x^4 - 36x^2 + 48 = 0$ f) $6x^6 + 12x^3 - 48 = 0$

7. Die Graphen zweier quadratischer Funktionen schneiden einander.
Bestimme grafisch und rechnerisch die Koordinaten der Schnittpunkte.
Vergleiche die Lösungen miteinander.
$y = f(x) = x^2 + 4x + 6$ und $y = g(x) = x^2 + 6x + 8$

8. Bestimme die Gleichung der Parabel $y = ax^2 + bx + c$, die durch die Punkte A, B und C geht.

a) A(0 | 0); B(1 | 5); C(−1 | −3) b) A(0 | −2); B(4 | 2); C(−2 | 2)

9. Stelle Gleichungen auf und löse die Textaufgaben.

a) Die Summe zweier Zahlen ist 8, ihr Produkt ist 15.

b) Die Summe zweier Zahlen ist $\frac{11}{12}$, ihr Produkt ist $\frac{1}{6}$.

c) Wenn man in einem Rechteck mit der Flächenmaßzahl 99 FE die kürzere Seite um 2 LE vergrößert und die längere Seite um 3 LE verkürzt, so ist die neue Flächenmaßzahl um 11 FE kleiner als vorher. Berechne die Maßzahlen der Seitenlängen des ursprünglichen Rechtecks.

d) Für ein Rechteck gilt A = 143 FE und u = 48 LE. Ermittle die Abmessungen des Rechtecks.

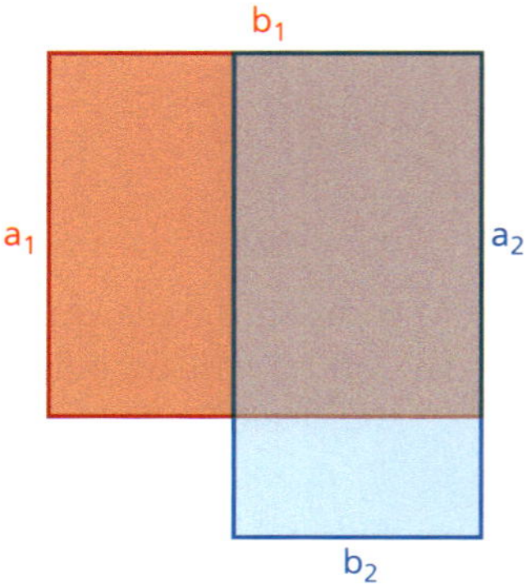

10. Eine Heizspirale hat einen Widerstand von 100 Ω.
Gib die Abhängigkeit der von der Spirale aufgenommenen Leistung von der angelegten Spannung U (0 V ≤ U ≤ 220 V) durch eine Funktion an.
Zeichne den Graphen in einem geeigneten Koordinatensystem.

11. Wenn man das Quadrat gewisser Zahlen um 12 vermindert, so erhält man das Vierfache dieser Zahlen. Wie viele solcher Zahlen gibt es? Welche Zahlen sind das?

Das Wichtigste im Überblick

Quadratische Gleichungen

Allgemeine Form

$a \cdot x^2 + b \cdot x + c = 0$

- c: absolutes Glied
- $b \cdot x$: lineares Glied
- $a \cdot x^2$: quadratisches Glied

Normalform

$x^2 + p \cdot x + q = 0$

Lösungsformel: $x_{1;\,2} = -\frac{p}{2} \pm \sqrt{\left(\frac{p}{2}\right)^2 - q}$

$\left(\frac{p}{2}\right)^2 - q = D$ (Diskriminante)

Anzahl der Lösungen

$D > 0$	$D = 0$	$D < 0$
$x_1 = -\frac{p}{2} + \sqrt{D}$	$x_1 = x_2 = -\frac{p}{2}$	$\sqrt{D}$ für $D < 0$ nicht definiert
$x_2 = -\frac{p}{2} - \sqrt{D}$		
zwei Lösungen	eine Lösung	keine Lösung
$L = \left\{-\frac{p}{2} + \sqrt{D}; -\frac{p}{2} - \sqrt{D}\right\}$	$L = \left\{-\frac{p}{2}\right\}$	$L = \{\ \}$

Satz des Vieta

$x_1 + x_2 = -p$ $\qquad$ $x_1 \cdot x_2 = q$ $\qquad$ $x^2 + p \cdot x + q = (x - x_1) \cdot (x - x_2)$

Anwendung:

- Berechnung der zweiten Lösung, wenn eine Lösung bekannt ist.

$x^2 - 12x + 32 = 0$ $\qquad$ $x_1 \cdot x_2 = q$

$p = -12;\ q = 32$ $\qquad$ $x_2 = \frac{q}{x_1} = \frac{32}{4}$

$x_1 = 4$ $\qquad$ $x_2 = 8$

- Durchführung der Probe

$x_2 - 18x + 81 = 0$ $\qquad$ Probe:

$p = -18;\ q = 81$ $\qquad$ $x_1 \cdot x_2 = 81 = q$

$x_{1;2} = 9$ $\qquad$ $x_1 + x_2 = 18 = -p \Rightarrow p = -18$

- Berechnung von p und q mithilfe der Lösungen

$x_1 = -15 \quad x_2 = 3$ $\qquad$ $x_2 + p \cdot x + q = 0$

$x_1 \cdot x_2 = (-15) \cdot 3 = -45 = q$ $\qquad$ $x_2 + 12x - 45 = 0$

$x_1 + x_2 = -15 + 3 = -12 = -p \Rightarrow p = 12$

Quadratische Funktionen

Allgemeine Form

$y = f(x) = a \cdot x^2 + b \cdot x + c \quad (a \neq 0)$

Scheitelpunkt: $S\left(-\frac{b}{2a} \,\middle|\, \frac{4ac - b^2}{4a}\right)$

Normalform

$y = f(x) = x^2 + p \cdot x + q$

Scheitelpunkt: $S\left(-\frac{p}{2} \,\middle|\, -\left(\frac{p}{2}\right)^2 + q\right)$

3 Körperberechnung und Körperdarstellung

Flächenberechnungen bei Dächern

Das kegelförmige Dach eines Turmes soll neu gedeckt werden. Der untere Rand des Daches hat einen Durchmesser von 7,00 m und das Dach ist 4,50 m hoch.

Erläutere, wie man die Fläche des kegelförmigen Daches berechnen kann.

Gib die Größe der zu deckenden Dachfläche an.

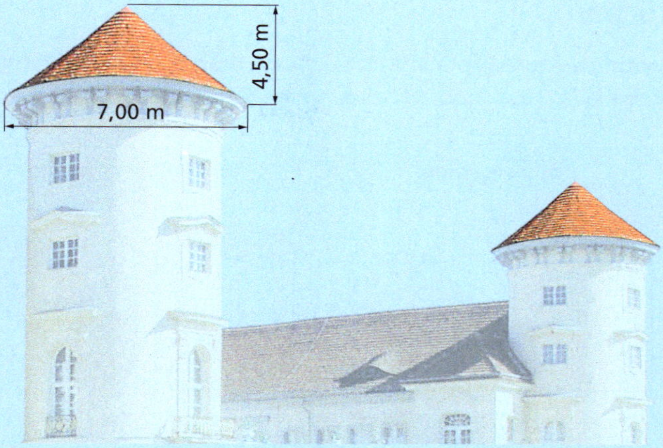

Wahrheitsgehalt bei Märchen

Im Märchen „Der Froschkönig“ spielt die Prinzessin mit ihrer Kugel aus massivem Gold. Die Kugel hat etwa einen Durchmesser von 12 cm. Ein Würfel von 1 cm^3 dieses Goldes ist ungefähr 19 g schwer. Diese Kugel fällt in einen Brunnen und wird von einem Frosch wieder an die Oberfläche gebracht.

Schätze den Durchmesser der Kugel auf dem Bild und berechne ihr Gewicht.

Welchen Durchmesser dürfte die Kugel deiner Meinung nach haben, damit ein Frosch sie noch an die Oberfläche bringen kann? Ein Frosch wiegt etwa 50 g.

Volumenvergleiche

Ein bunter „Etagen-Becher“ und ein goldener „Königsbecher“ sind gleich hoch. Der Radius des mittleren Zylinders beim „Etagen-Becher“ ist der Mittelwert aus den beiden anderen Radien.

Prüfe, welcher der beiden Becher mehr Flüssigkeit aufnehmen kann.

Wie bist du vorgegangen? Begründe deine Entscheidung.

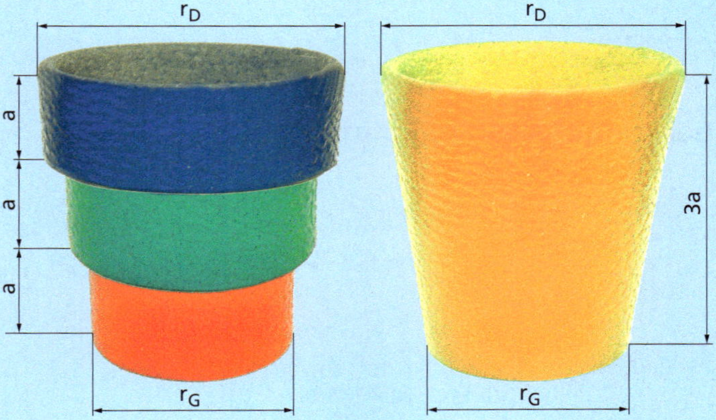

Körper

Geometrische Körper sind Modelle für reale Gegenstände. Sie können mithilfe ihrer Begrenzungsflächen (Art und Anzahl) beschrieben werden.

Prisma (gerade)	Kreiszylinder (gerade)	Pyramide (gerade)
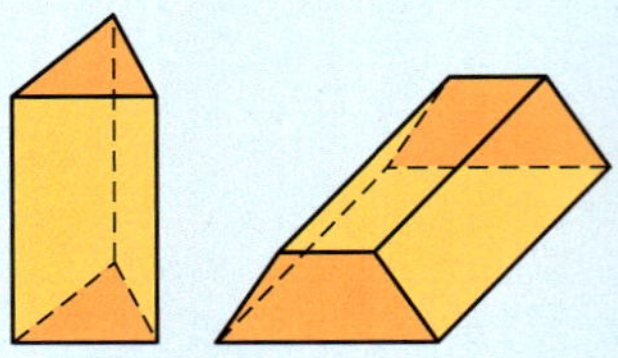	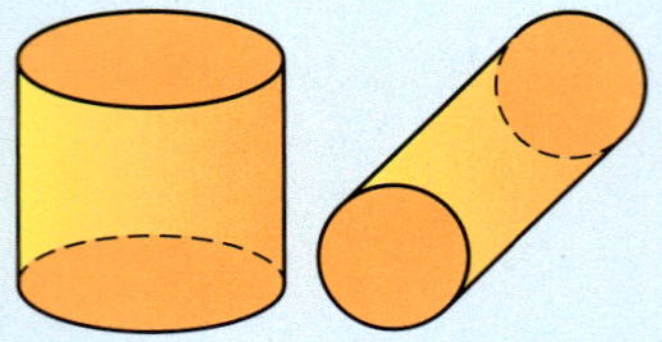	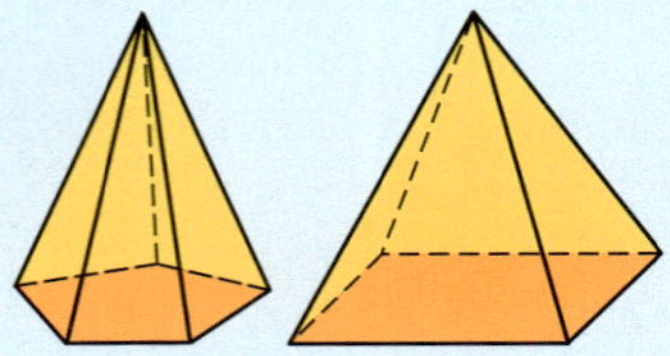
Grund- und Deckfläche		**Grundfläche**
zwei zueinander kongruente n-Ecke in parallelen Ebenen	zwei zueinander kongruente Kreise in parallelen Ebenen	n-Eck
Mantelfläche		**Mantelfläche**
n Rechtecke	gekrümmte Fläche (abgewickelt: Rechteck)	n Dreiecke mit einem gemeinsamen Eckpunkt (Spitze)

Berechnen von Flächeninhalten

Rechteck	Quadrat	Dreieck	Kreis
$A = a \cdot b$	$A = a^2$	$A = \frac{1}{2} \cdot c \cdot hc$	$A = \pi \cdot r^2 = \frac{\pi}{4} \cdot d^2$
Quader	**Würfel**	**Prisma**	
$A_O = 2 \cdot (ab + ac + bc)$	$A_O = 6 \cdot a^2$	$A_O = 2 \cdot A_G + A_M$ A_G – Grundfläche; A_M – Mantelfläche	
Einheiten: $km^2 \leftrightarrow ha \leftrightarrow a \leftrightarrow m^2 \leftrightarrow dm^2 \leftrightarrow cm^2 \leftrightarrow mm^2$ (Umrechnungszahl 100)			

Berechnen von Rauminhalten (Volumen)

Quader	Würfel	Prisma	Zylinder
$V = a \cdot b \cdot c$	$V = a^3$	$V = A_G \cdot h$ A_G – Grundfläche; h – Höhe	$V = A_G \cdot h$
Einheiten: $m^3 \leftrightarrow dm^3 \leftrightarrow cm^3 \leftrightarrow mm^3$ (Umrechnungszahl 1000) **Es gibt noch weitere Raummaße:** 1 hl = 100 *l* 1 *l* = 1000 ml 1 *l* = 1 dm^3			

Volumenvergleiche

Satz des CAVALIERI:
Körper zwischen zwei parallelen Ebenen mit gleich großen Schnittflächen sowohl in diesen beiden wie auch in allen anderen parallelen Zwischenebenen haben gleiches Volumen.

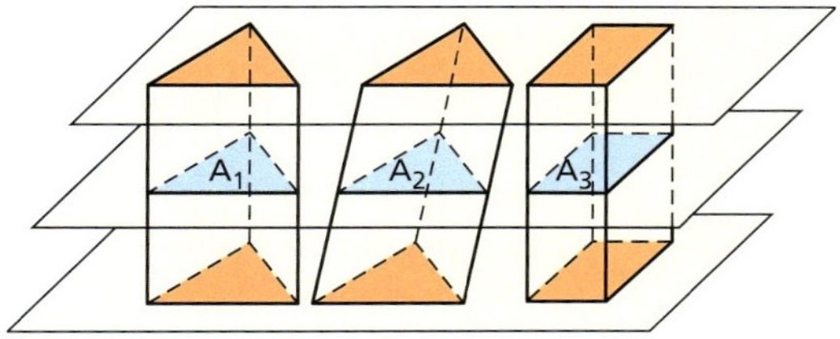

$A_1 = A_2 = A_3 \rightarrow V_1 = V_2 = V_3$

Zeichnen von Körpern

Körper können mithilfe ihrer Netze dargestellt werden. Ein **Körpernetz** entsteht, wenn alle Begrenzungsflächen in eine Ebene geklappt werden. Die Begrenzungsflächen sind dann in wahrer Größe und Gestalt dargestellt.

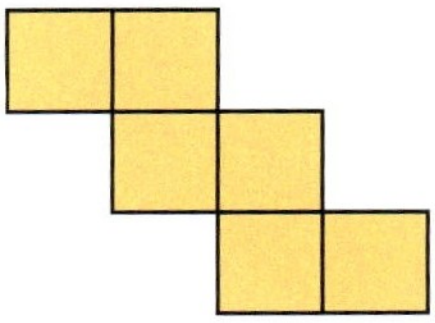

Würfelnetz

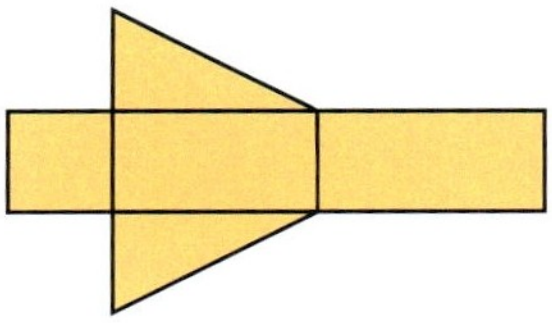

Netz eines dreiseitigen Prismas

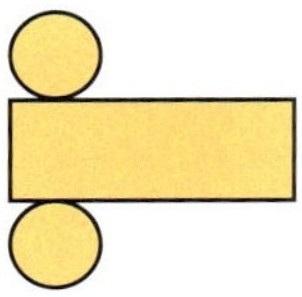

Netz eines Kreiszylinders

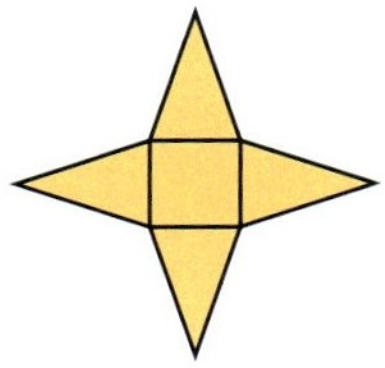

Netz einer quadratischen Pyramide

Schräge Parallelprojektionen erzeugen **Schrägbilder.**
Besonders anschauliche Schrägbilder entstehen, wenn Kanten oder Hilfslinien parallel zur Bildebene (Breitenlinien und Höhenlinien) in wahrer Länge und Kanten oder Hilfslinien senkrecht zur Bildebene (Tiefenlinien) in halber Originallänge unter einem Winkel von 45° gezeichnet werden. Eine solche Darstellung wird auch **Kavalierperspektive** genannt.

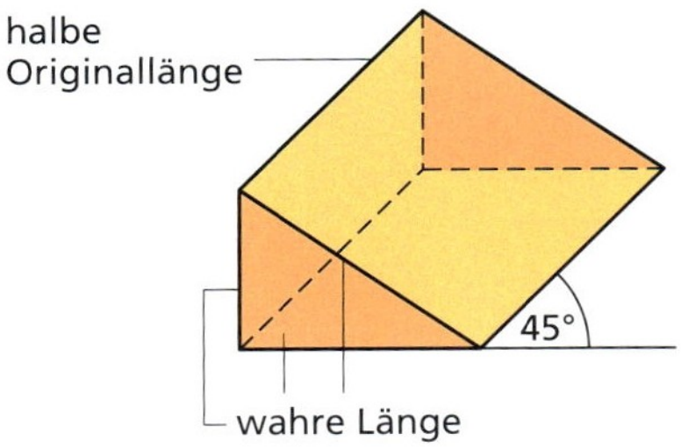

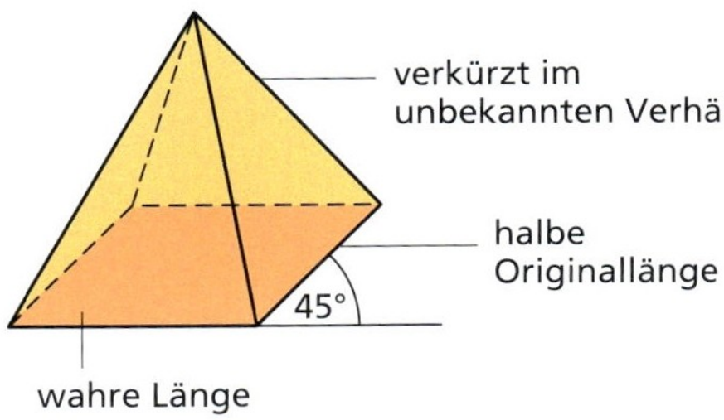

Die Vorderansicht bzw. die Draufsicht eines Körpers entstehen, wenn ein Körper von vorn und von oben (Vogelperspektive) betrachtet wird. Ein Körper hat in Abhängigkeit von seiner Lage immer eine eindeutig bestimmbare Vorderansicht und Draufsicht. Umgekehrt kann einer Vorderansicht und einer Draufsicht nicht immer eindeutig ein Körper zugeordnet werden.
Es kann mehrere Körper mit der gleichen Vorderansicht und der gleichen Draufsicht geben. Ein Kreiszylinder und ein Quader können z. B. bei entsprechender Lage die gleiche Vorderansicht und die gleiche Draufsicht haben.

Vorderansicht:

Draufsicht:

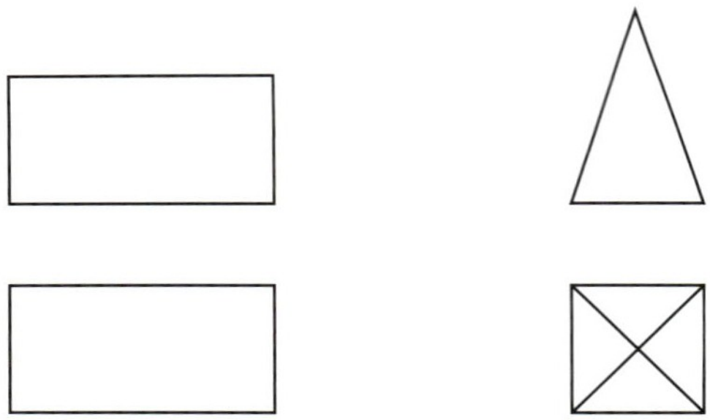

Aufgaben

1. a) Beschreibe möglichst viele Eigenschaften der folgenden Körper (1) bis (8).
b) Gib möglichst viele Körper mit einer gemeinsamen Eigenschaft an.

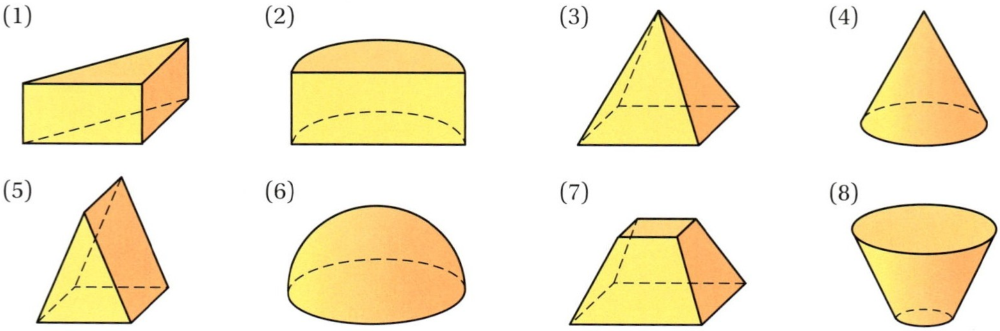

2. Die folgende Darstellung zeigt die Vorderansicht und die Draufsicht von Körpern. In welchen Fällen handelt es sich um Prismen bzw. um Kreiszylinder? Begründe deine Entscheidung.

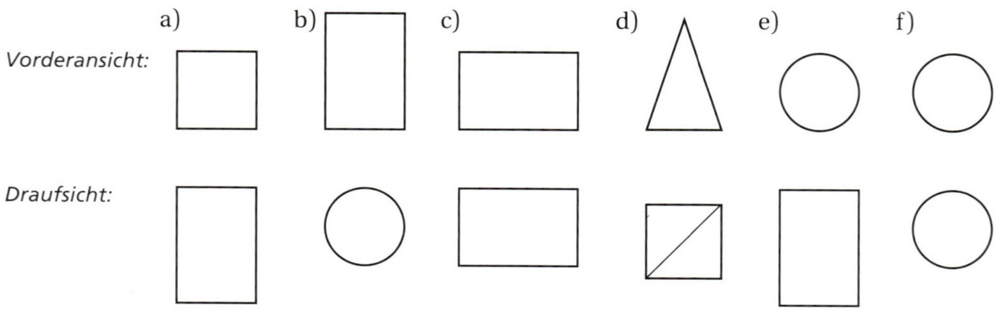

3. Zeichne zu dem in zwei verschiedenen Lagen abgebildeten Würfel ein Netz, sodass alle äußeren Flächen des Würfels sichtbar sind. Bezeichne die Eckpunkte und trage die Augenzahlen ein.

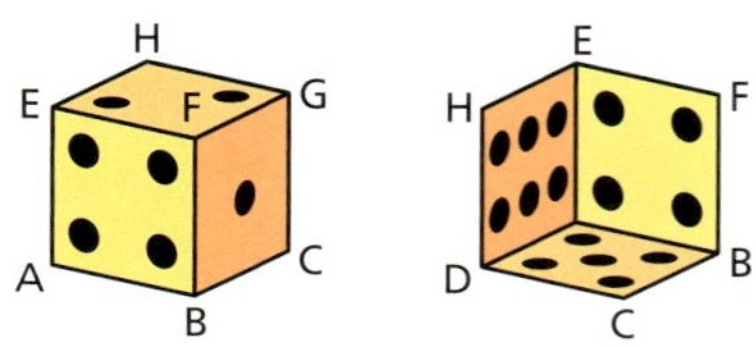

4. Erläutere, zu welchen Körpern die abgebildeten Netze gehören:

a) 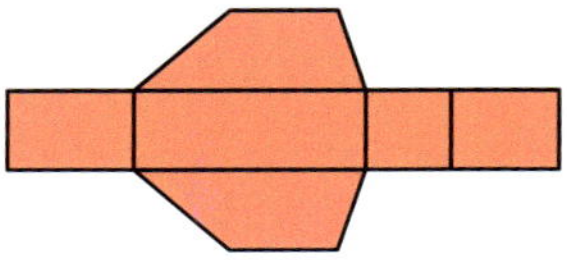

b) 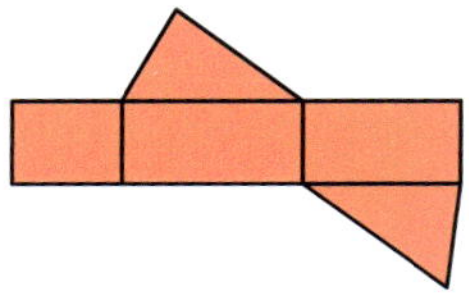

c) 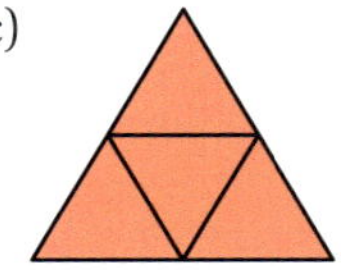

d) 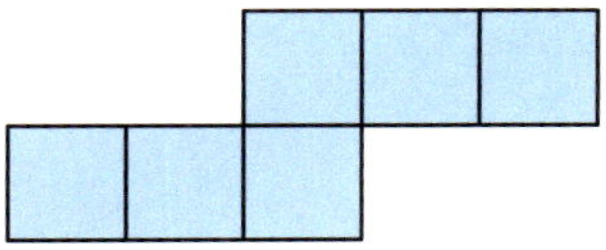

e) 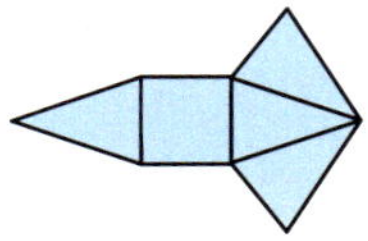

f) 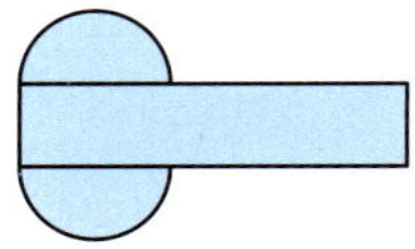

5. a) Skizziere das Netz eines geraden Kreiszylinders.

*b) Skizziere das Netz eines schiefen Kreiszylinders.

Hinweis: Fertige das Modell eines schiefen Kreiszylinders aus Plastilin oder zusammengeklebten Kreisscheiben an und rolle den Mantel in eine Ebene ab.

6. Eine quadratische Pyramide ist in verschiedenen Darstellungsformen gegeben. Welche Maße können jeweils aus der Zeichnung entnommen werden?

a) 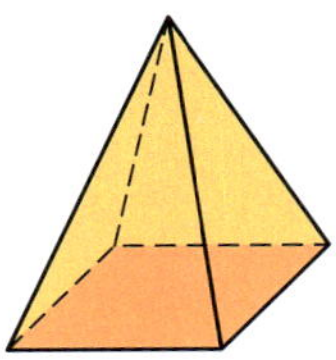

b) 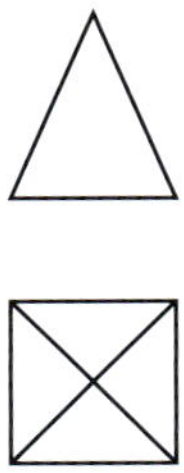

c) 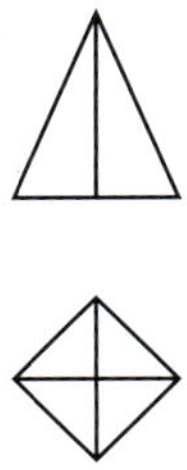

d) 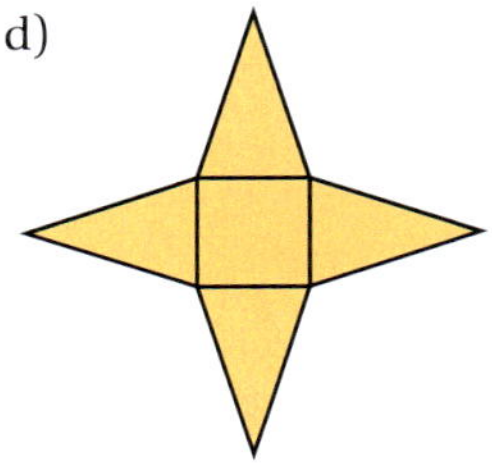

7. Gib für folgende Einheiten eine geeignete Vergleichsgröße an:

a) 1 ha b) 1 m^2 c) 1 cm^2 d) 1 m^3 e) 1 dm^3 f) 1 cm^3

8. Nenne die Umrechnungszahlen zwischen folgenden Einheiten:

a) Quadratmeter – Quadratdezimeter b) Quadratzentimeter – Quadratdezimeter

c) Kubikdezimeter – Kubikzentimeter d) Liter – Kubikdezimeter

9. Das zylinderförmige „Vorderrad" einer Straßenwalze hat eine Breite von 2,10 m und einen Radius von 55 cm. Wie groß ist die Fläche, die die Walze bei einer Umdrehung überfährt?

10. Ein 5,5 m langer Baumstamm hat einen Durchmesser von 60 cm. Wie schwer ist er? Die Dichte des Holzes beträgt $0{,}7\,\frac{g}{cm^3}$.

11. Aus einem 50 cm langen Rundstab von 1 cm Durchmesser wird ohne Materialverlust ein Draht von 0,6 mm Durchmesser gezogen. Berechne die Länge des Drahtes.

12. Ermittle das Volumen folgender Körper:

a) Zylinder mit r = 10 cm, h = 15 cm

b) Würfel mit a = 12 cm

c) Pyramide: rechteckige Grundfläche (a = 4,8 cm; b = 8,3 cm) und Höhe h_P = 25,4 cm

d) Prisma mit gleichseitigem Dreieck als Grundfläche (a = 10 cm) und einer Höhe h_P = 12 cm

*13. Auf einen Würfel mit der Kantenlänge a werden auf alle Begrenzungsflächen Pyramiden aufgesetzt.
Die Mantelflächen bestehen aus gleichseitigen Dreiecken.
Berechne Volumen und Oberflächeninhalt des neuen Körpers.

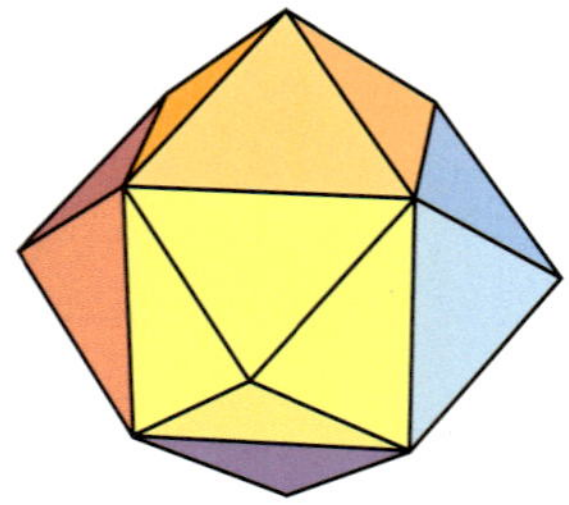

14. Gib von jeweils zwei Körpern gemeinsame Eigenschaften an.
(Z. B.: Art der Begrenzungsflächen, Art der Berechnung des Volumens …)

(1)
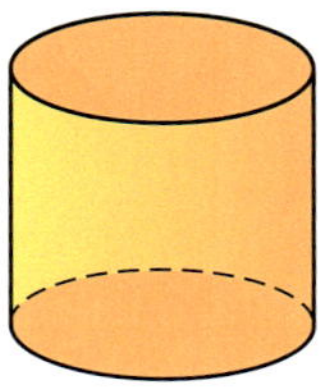
(2)
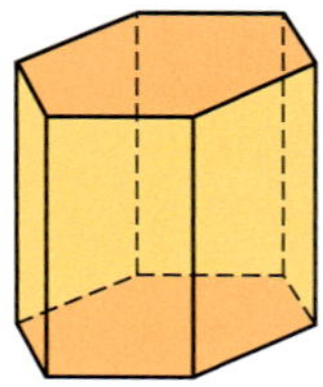
(3)
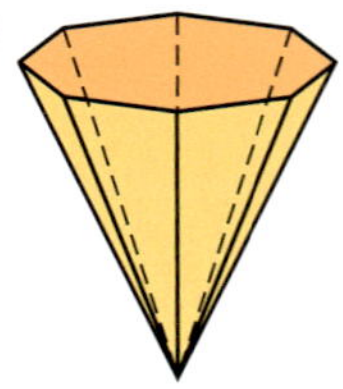
(4)
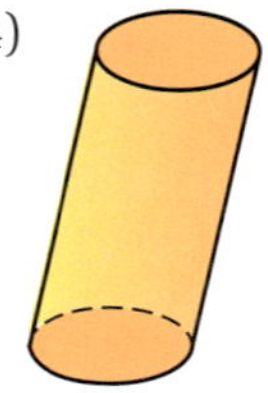
(5)
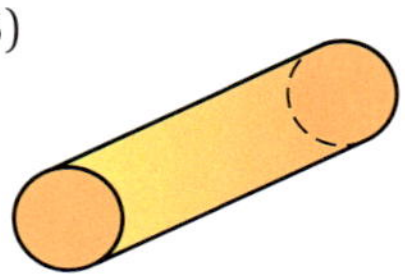
(6)
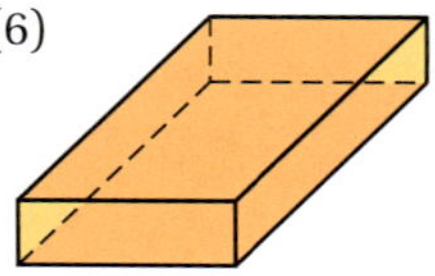
(7)

(8)
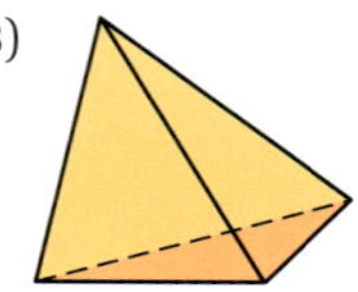

15. Beschreibe Körper, für die folgende Formeln gelten. Erläutere die Bedeutung der Variablen.

a) $V = d^3$
b) $V = (a + 2)^3$
c) $V = \frac{1}{3}x^2 \cdot y$
d) $V = \pi \cdot z^3$
e) $V = (m \cdot n + p \cdot r) \cdot u$
f) $V = \frac{1}{3} \cdot \frac{e + f}{2} \cdot g \cdot h$
g) $V = \pi s^2 m$
h) $V = \frac{1}{2} a \cdot b \cdot c$
i) $V = f^3 + \frac{1}{3} f^2 \cdot t$
j) $V = (a + b)^2 \cdot c$
k) $V = \frac{2}{3} x \cdot y \cdot z$
l) $V = (a + 1) \cdot (b + 1) \cdot (c + 1)$

16. Wie ändert sich das Volumen folgender Körper:
a) eines Kreiszylinders, wenn bei gleichem Radius die Höhe verdoppelt wird
b) eines Quaders, wenn alle Kantenlängen halbiert werden
c) eines Kreiszylinders, wenn bei gleicher Höhe der Radius verdreifacht wird

17. Von einem auf der Grundfläche stehenden Kreiszylinder ist die Vorderansicht gegeben. Der Kreiszylinder wird durch einen ebenen Schnitt in der angegebenen Weise in zwei Teile zerlegt.
a) Wie sieht die Schnittfläche aus?
b) Wie viel Prozent des ursprünglichen Kreiszylindervolumens betragen jeweils die Volumen der Teilkörper?

(1)
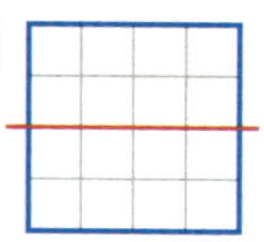
(2)
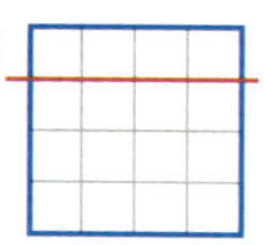
(3)
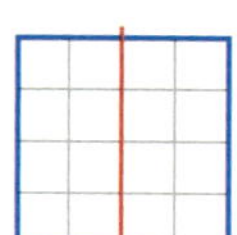
(4)
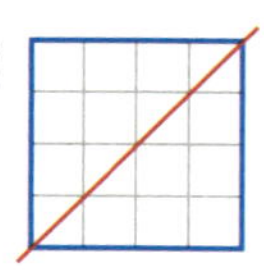
(5)
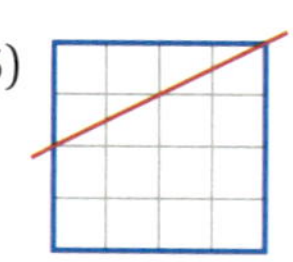

18. Ein Körper wird von acht gleichseitigen Dreiecken begrenzt (Seitenlänge a = 10 cm).
a) Skizziere das Schrägbild dieses Körpers.
b) Berechne Oberflächeninhalt und Volumen des Körpers.

19. Berechne Volumen und Oberflächeninhalt folgender Körper.
Zeichne die Körper im Schrägbild.

a) Quader: a = 4 cm; b = 3,2 cm; c = 0,7 dm
b) Würfel: a = 0,3 m
c) Prisma mit dreiseitiger Grundfläche: h_p = c = 4 cm; a = 2,7 cm; b = 3,8 cm; h_c = 2,5 cm
d) Kreiszylinder: d = 8 cm; h = 5,4 cm
e) Kreiszylinder: u = 20 cm; h = 8 cm
f) Pyramide mit quadratischer Grundfläche: a = 5 m; h_P = 4 m
g) Pyramide mit quadratischer Grundfläche: a = 8 m; h_a = 9 m
h) Pyramide mit quadratischer Grundfläche: A_G = 16 cm^2; s = 5 cm
i) Pyramide mit rechteckiger Grundfläche: a = 3,2 cm; b = 4,8 cm; h_P = 7cm

20. Begründe, warum folgende Körper unterschiedliche Volumen haben, obwohl ihre Grundflächen zueinander kongruent sind und sie gleiche Höhe besitzen.

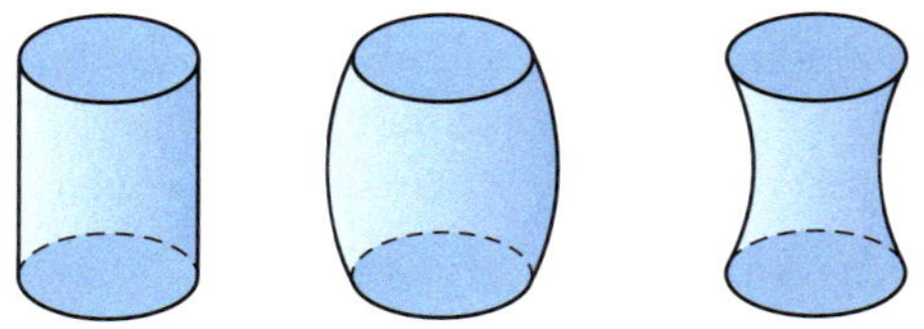

21. Warum haben folgende Körper gleiche Rauminhalte:

a)

b)

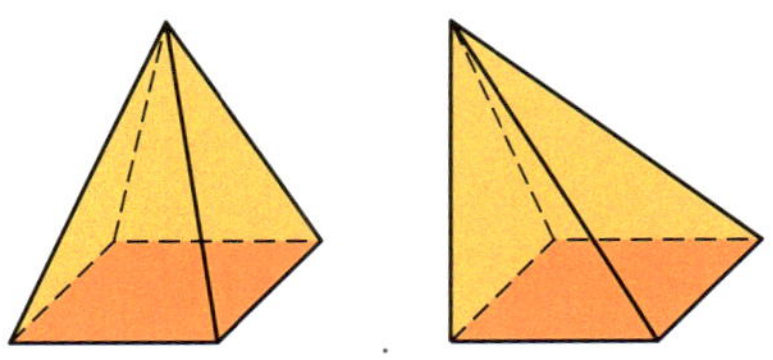

22. Ermittle Volumen und Oberflächeninhalt folgender Körper:

a)

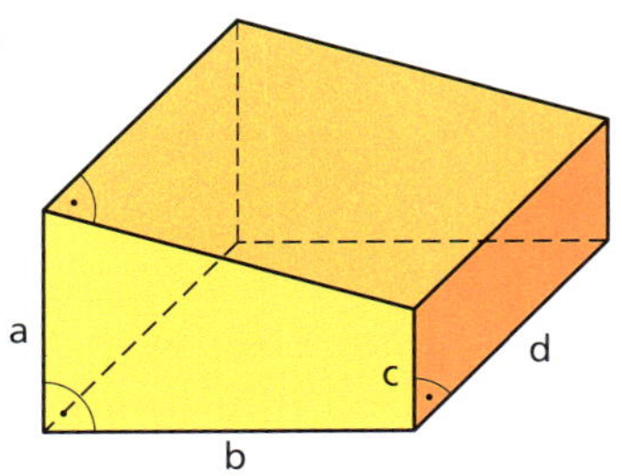

a = 50 cm
b = 60 cm
c = 30 cm
d = 45 cm

b)

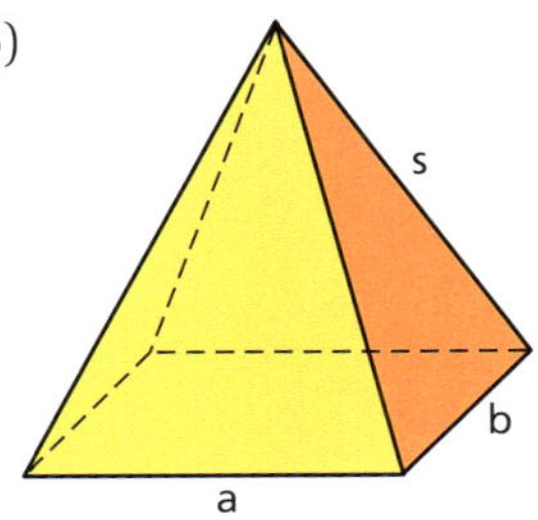

a = 12 cm
b = 7 cm
s = 15 cm

23. Beschreibe die Eigenschaften der Körper, die folgende Netze haben:

a)

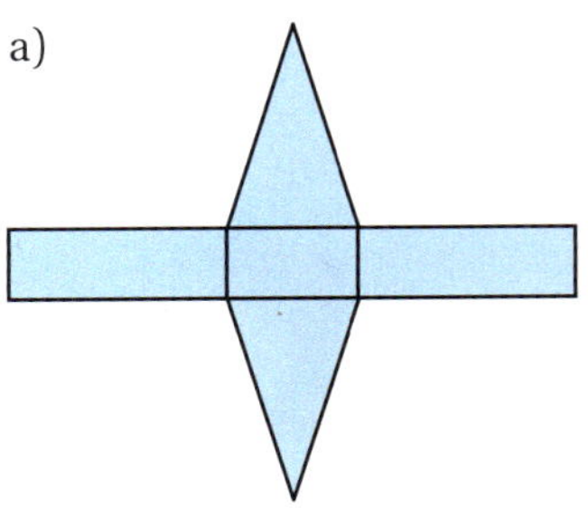

b)

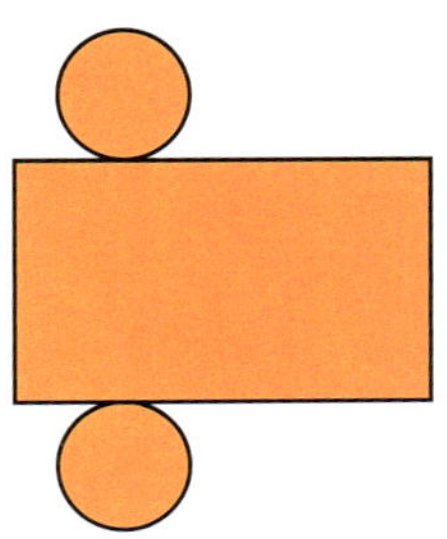

c)

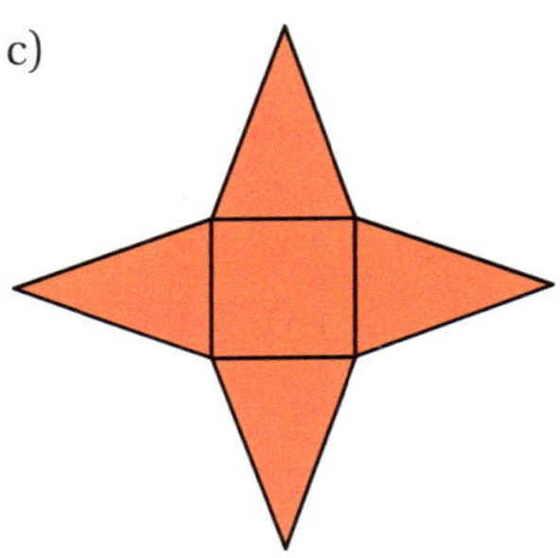

3.1 Der Kreiskegel

Eigenschaften eines Kegels

Arlina, Bodo und Chris wollen aus Kreisscheiben spitze Tüten biegen. Arlina verwendet einen Viertelkreis, Bodo einen Halbkreis und Chris einen Dreiviertelkreis.

Wie groß ist jeweils der Durchmesser der dabei entstehenden Tüten, wenn man die Klebefalze vernachlässigt? Begründe deine Entscheidung.

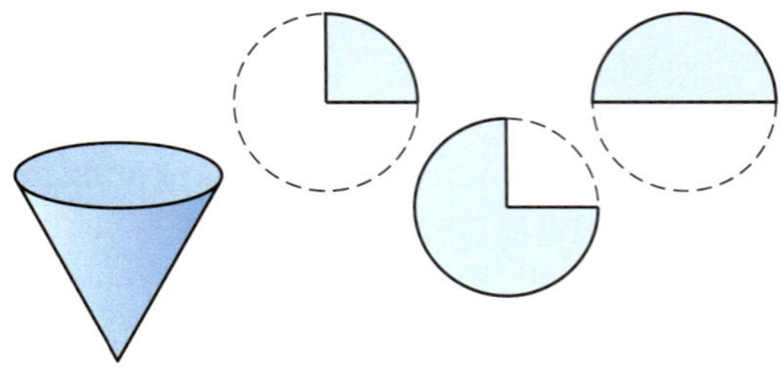

Nur wenige Gegenstände sind kegelförmig, wie z. B. Trichter, Faschingshüte, Eistüten oder Schultüten. Es gibt auch Zusammensetzungen aus zylinderförmigen und kegelförmigen Gegenständen, wie z. B. Rundpfähle, Kugelschreiberminen oder Nadeln.

Kreiskegel (kurz: Kegel) sind Körper, die von einer Kreisfläche als Grundfläche und einer gekrümmten Fläche als Mantelfläche begrenzt werden. Sie haben genau wie Pyramiden eine Spitze S.

Ein Kegel entsteht beispielsweise, wenn alle Punkte eines Kreises mit einem Punkt S verbunden werden, der nicht in derselben Ebene wie der Kreis liegt.

Ein Kegel entsteht auch, wenn ein rechtwinkliges Dreieck um eine Kathete rotiert.

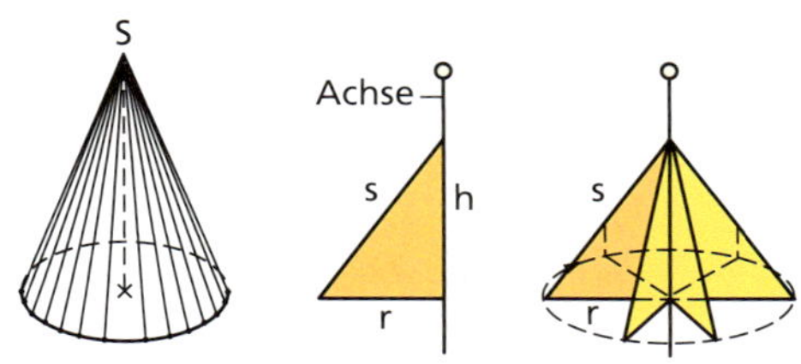

Je nach Lage der Spitze unterscheidet man gerade Kegel (S liegt senkrecht über dem Kreismittelpunkt) und schiefe Kegel (S liegt nicht senkrecht über dem Kreismittelpunkt).

Im Folgenden werden nur gerade Kegel betrachtet und als Kegel bezeichnet, falls nichts anderes angegeben wird.

Genau wie bei einem Kreiszylinder kann die gekrümmte Mantelfläche eines Kegels in eine Ebene abgewickelt werden. Dazu schneidet man die Mantelfläche entlang einer Mantellinie auf. Dabei entsteht dann ein Kreisausschnitt (Kreissektor). Das Netz eines Kegels besteht also aus einem Kreis und einem Kreisausschnitt.

Ein Körper heißt **gerader Kreiskegel,** wenn er begrenzt wird von
- einer **Kreisfläche** als Grundfläche und
- einer **gekrümmten Mantelfläche,** die in eine Ebene abgewickelt einen Kreisausschnitt ergibt.

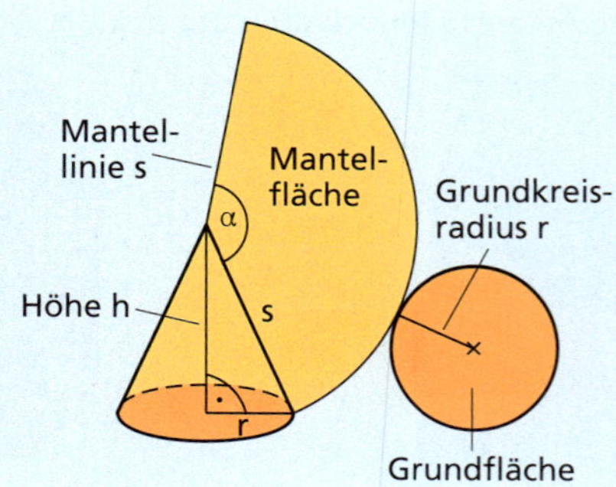

Darstellung eines Kegels

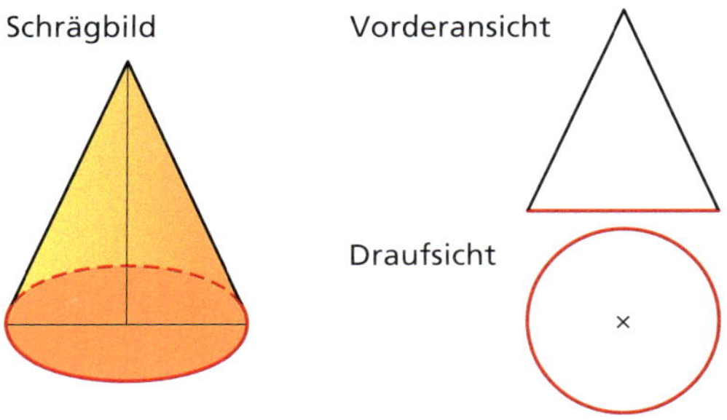

Zum Zeichnen des Schrägbildes eines stehenden Kreiskegels wird zuerst ein vereinfachtes **Schrägbild** der Grundfläche gezeichnet. Dabei werden alle Tiefenlinien in halber Originallänge unter einem Winkel von 90° dargestellt. Es entsteht eine Ellipse. Dann wird über dem Mittelpunkt der Grundfläche die Höhe des Kegels abgetragen und es werden die Tangenten an die Ellipse gezeichnet.

Die **Vorderansicht** des Kegels ist ein gleichschenkliges Dreieck. Die **Draufsicht** des Kegels ist ein Kreis.

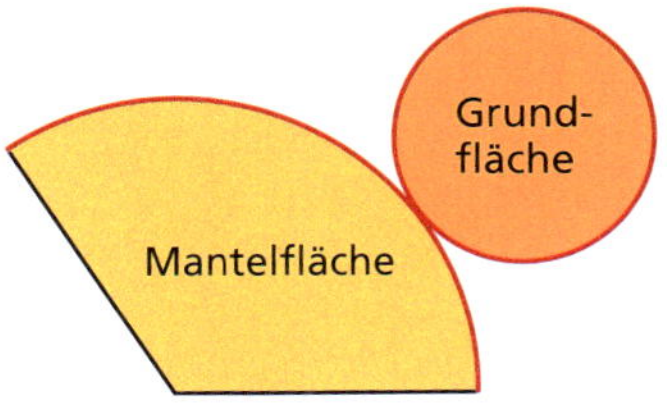

Das **Netz** eines Kegels besteht aus einem Kreis, der Grundfläche, und einem Kreissektor, der abgewickelten Mantelfläche. Umfang der Grundfläche und Kreisbogen des Kreissektors sind gleich lang.

Volumen und Oberflächeninhalt eines Kegels

Um das **Volumen** eines Kegels zu ermitteln, wird ein Vergleichskörper gesucht. Es bieten sich Kreiszylinder (mit gekrümmten Mantelflächen und Kreise als Grundfläche) oder Pyramiden (mit n-eckigen Grundflächen) an.

Zwei Überlegungen:

1. So wie beim Übergang vom Prisma zum Kreiszylinder wird die Eckenanzahl der Grundfläche einer Pyramide vergrößert. Die Fläche nähert sich bei genügend großer Anzahl der Ecken immer mehr einem Kreis. Somit kann ein Kreiszylinder als Pyramide mit n-eckiger Grundfläche und unendlich vielen Ecken angesehen werden. Die Volumenformel für Pyramiden ist auf Kreiszylinder übertragbar.

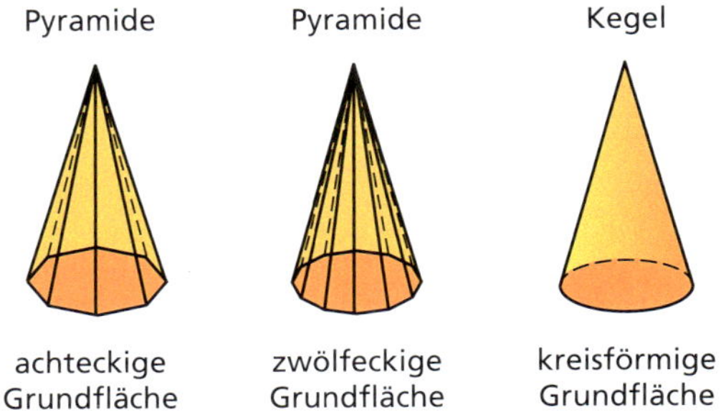

2. Das Volumen einer Pyramide beträgt ein Drittel vom Volumen eines Prismas mit gleicher Grundfläche und gleicher Höhe. Diese Überlegung lässt sich auch auf den Vergleich von Zylindervolumen und Kegelvolumen übertragen.

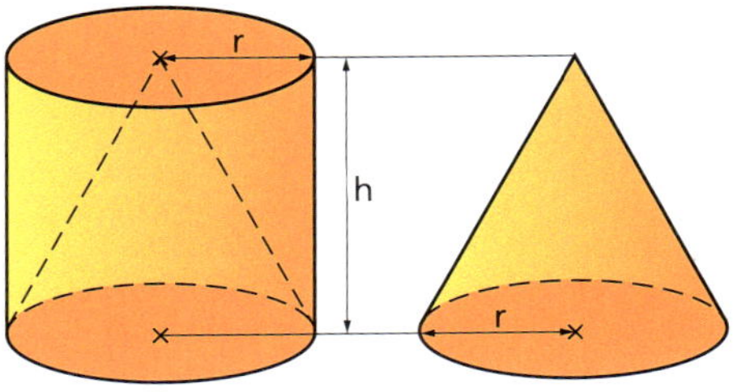

Beide Überlegungen führen zu folgender Aussage:

Das **Volumen V** eines Kreiskegels ist gleich einem Drittel des Produktes aus dem Inhalt der Grundfläche und der Höhe:

$V = \frac{1}{3}A_G \cdot h = \frac{1}{3}\pi r^2 \cdot h$

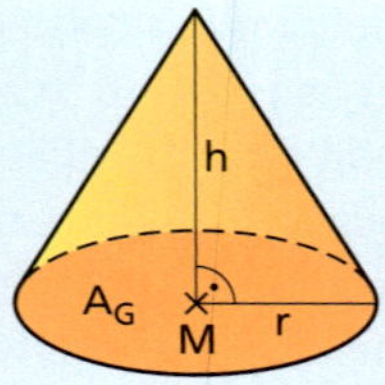

Nach dem Satz des CAVALIERI haben gerade und schiefe Pyramiden bzw. gerade und schiefe Kreiskegel immer dann ein gleiches Volumen, wenn ihre Grundflächen und ihre Höhen gleich groß sind.
Auf einen Beweis der Aussagen wird hier verzichtet.

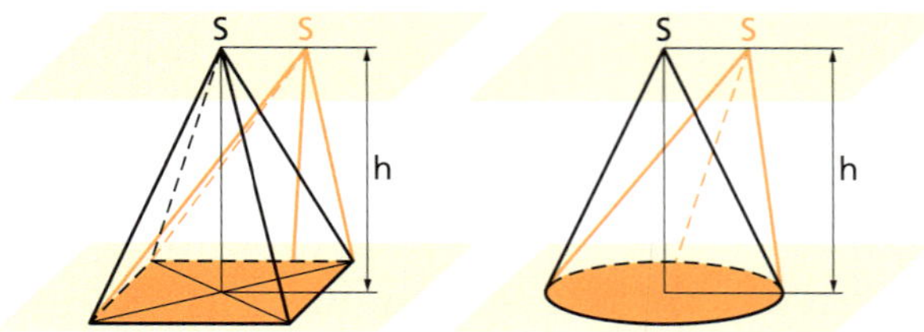

Die Oberfläche eines Kegels setzt sich aus Grundfläche und Mantelfläche zusammen.

Es gilt: $A_O = A_G + A_M$ $\quad A_G = \pi \cdot r^2$

Die Mantelfläche ist ein Kreissektor. Es gilt:

$A = \frac{\alpha}{360°} \cdot \pi \cdot s^2$ $\quad b = \frac{\alpha}{360°} \cdot 2\pi \cdot s$

Somit gilt: $\mathbf{r = \frac{\alpha}{360°} \cdot s}$

Daraus folgt: $A_M = \pi \cdot \frac{\alpha}{360°} \cdot s \cdot s = \pi \cdot r \cdot s$

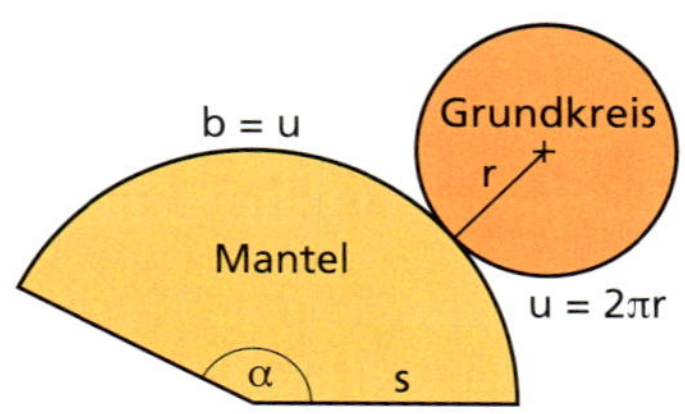

Für den **Oberflächeninhalt A_O** eines geraden Kreiskegels mit dem Grundkreisradius r und der Mantellinie s gilt:

$A_O = A_G + A_M$; $\quad A_G = \pi \cdot r^2$; $\quad A_M = \pi \cdot r \cdot s$

$A_O = \pi \cdot r(r + s)$

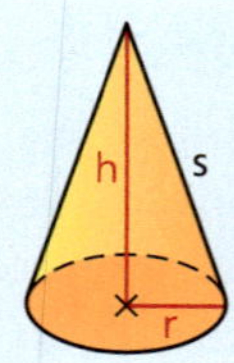

Ein Kegel hat einen Grundkreisradius von 10 cm und eine Höhe von 15 cm.
Berechne Volumen und Oberflächeninhalt des Kegels.

Gegeben: r = 10 cm; h = 15 cm *Gesucht:* V (in cm^3); A_O (in cm^2) *Skizze:*

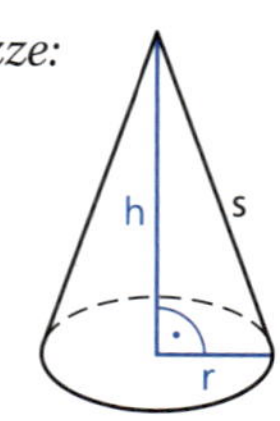

Lösung:

$V = \frac{1}{3}\pi \cdot r^2 \cdot h$

$V = \frac{1}{3}\pi \cdot (10\text{ cm})^2 \cdot 15\text{ cm} = 1570\text{ cm}^3 \approx 1600\text{ cm}^3$

$A_O = \pi \cdot r(r + s)$ *NR:* $s = \sqrt{h^2 + r^2}$

$A_O = \pi \cdot 10\text{ cm}(10\text{ cm} + \sqrt{325}\text{ cm})$ $\quad s = \sqrt{(15\text{ cm})^2 + (10\text{ cm})^2}$

$A_O = 879{,}2\text{ cm}^2 \approx 880\text{ cm}^2$ $\quad s = \sqrt{325}\text{ cm}$

Antwort: Das Volumen beträgt ca. 1600 cm^3, der Oberflächeninhalt ca. 880 cm^2.

Aufgaben

1. Erläutere die Bedeutung des Begriffs „Kegel“ in den folgenden Wortzusammensetzungen:
a) Lichtkegel b) Vulkankegel c) Kegelbahn d) Leitkegel
e) Kegelmantel f) Kegelrobbe g) Kegelbecher h) mit Kind und Kegel

2. Wie ändert sich das Volumen eines Kegels?
Prüfe jeweils am Beispiel. Lege dazu den Radius vom Grundkreis und die Höhe des Kegels selbst fest. Formuliere allgemeine Aussagen.
a) Die Höhe wird verdoppelt und der Grundkreisradius bleibt gleich.
b) Der Grundkreisradius wird verdoppelt und die Höhe bleibt gleich.

3. Zeichne das Netz und das Schrägbild folgender Körper:
a) Kegel ($r = 2$ cm; $h = 4$ cm) b) Kegel ($d = 5$ cm; $s = 6$ cm)

4. Baue aus Pappe einen „offenen Kreiszylinder“ und einen „offenen“ Kreiskegel mit gleich großen Höhen und gleich großen Grundflächen.
Bestätige mithilfe eines Experimentes die Volumenformel für Kreiskegel. Fülle dazu den Kreiskegel mit Sand und fülle den Inhalt des Kreiskegels dann so oft in den Kreiszylinder, bis er vollständig gefüllt ist.

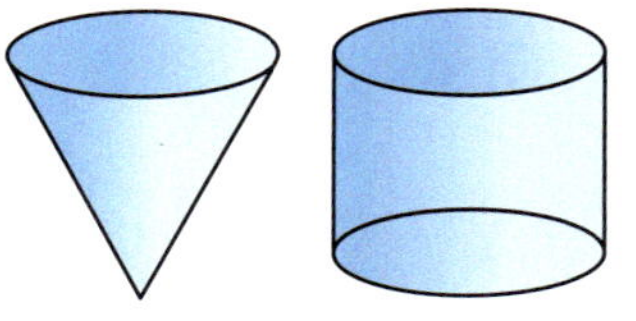

5. Berechne jeweils das Volumen der Kreiskegel. Erläutere dein Vorgehen.
a) $r = 4$ cm; $h = 6$ cm b) $d = 12$ cm; $h = 7$ cm c) $s = 9$ m; $h = 50$ cm
d) $r = 5$ cm; $s = 8$ cm e) $A_G = 12\ \text{cm}^2$; $h = 6$ cm f) $A_M = 46\ \text{cm}^2$; $r = 3$ cm

6. Berechne jeweils die Höhe der Kreiskegel. Erläutere dein Vorgehen.
a) $V = 5{,}5\ \text{cm}^3$; $r = 2{,}2$ cm b) $V = 638{,}8\ \text{m}^3$; $r = 15$ m c) $V = 410{,}5\ \text{m}^3$; $r = 70$ dm
d) $V = 15{,}6\ \text{dm}^3$; $d = 7{,}0$ dm e) $V = 818\ \text{m}^3$; $d = 25$ m f) $V = 42{,}7\ \text{dm}^3$; $d = 56$ cm

7. Berechne jeweils den Radius der Kreiskegel. Erläutere dein Vorgehen.
a) $V = 17\ \text{cm}^3$; $h = 2$ cm b) $V = 857\ \text{m}^3$; $h = 20$ m c) $V = 9{,}73\ \text{m}^3$; $h = 1{,}90$ m
d) $V = 81{,}14\ \text{dm}^3$; $h = 12$ dm e) $V = 7{,}566\ \text{m}^3$; $h = 1{,}23$ m f) $V = 555\ \text{m}^3$; $h = 15$ m

8. Berechne jeweils den Oberflächeninhalt der Kreiskegel. Erläutere dein Vorgehen.
a) $r = 9$ cm; $s = 19$ cm b) $r = 40{,}4$ m; $s = 75{,}8$ m c) $r = 9{,}36$ dm; $s = 159{,}65$ dm
d) $d = 51$ mm; $s = 149$ mm e) $d = 20{,}3$ cm; $s = 387$ mm f) $d = 9{,}52$ m; $s = 703$ cm

9. Berechne jeweils die Mantelfläche der Kreiskegel. Erläutere dein Vorgehen.
a) $r = 27$ cm; $s = 40$ cm b) $r = 32{,}8$ dm; $s = 81{,}1$ dm c) $d = 50$ m; $s = 38$ m
d) $d = 95$ cm; $s = 70{,}4$ cm e) $A_O = 913\ \text{cm}^2$; $r = 4$ cm f) $A_O = 422{,}9\ \text{m}^2$; $r = 3{,}6$ m

10. Berechne die Mantellinie des Kreiskegels.
a) $r = 8$ cm; $h = 12$ cm b) $r = 6{,}4$ m; $h = 8{,}3$ m c) $d = 14$ dm; $h = 9$ dm
d) $d = 20{,}8$ cm; $h = 15{,}2$ cm e) $A_M = 560\ \text{cm}^2$; $r = 7$ cm f) $A_M = 826\ \text{m}^2$; $r = 130$ dm

11. Berechne jeweils den Radius der Kreiskegel. Erläutere dein Vorgehen.
a) $A_M = 83\ \text{cm}^2$; $s = 8$ cm b) $A_M = 71{,}4\ \text{m}^2$; $s = 6{,}2$ m c) $A_M = 32{,}0\ \text{cm}^2$; $A_O = 45{,}0\ \text{cm}^2$
d) $A_O = 64\ \text{m}^2$; $A_M = 25\ \text{m}^2$ e) $s = 13$ cm; $h = 12$ cm f) $s = 3{,}7$ cm; $h = 2{,}8$ cm

12. Berechne die fehlenden Angaben für Kreiskegel.

	r	h	s	A_G	A_M	A_O	V
(1)	4 cm	8 cm	s_1	A_{G_1}	A_{M_1}	A_{O_1}	V_1
(2)	r_2	3 m	5 m	A_{G2}	A_{M2}	A_{O2}	V_2
(3)	r_3	h_3	9 mm	124 mm^2	A_{M3}	A_{O3}	V_3
(4)	r_4	h_4	s_4	12,7 cm^2	25,1 cm^2	A_{O4}	V_4
(5)	r_5	h_5	s_5	A_{G_5}	4,89 m^2	6,32 m^2	V_5
(6)	r_6	h_6	s_6	A_{G_6}	A_{M6}	282,7 dm^2	314,2 dm^3

13. Berechne jeweils das Volumen der Kreiskegel, die durch folgende Rotationen entstehen. Erläutere dein Vorgehen.

a)
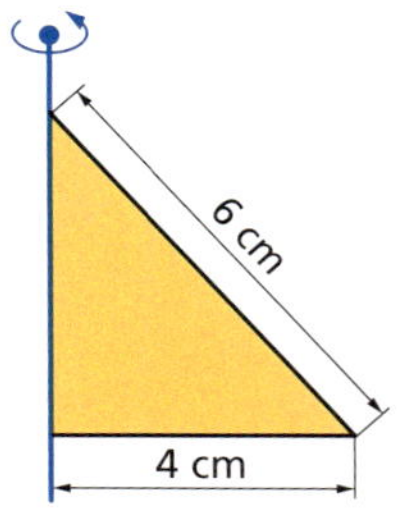

b)
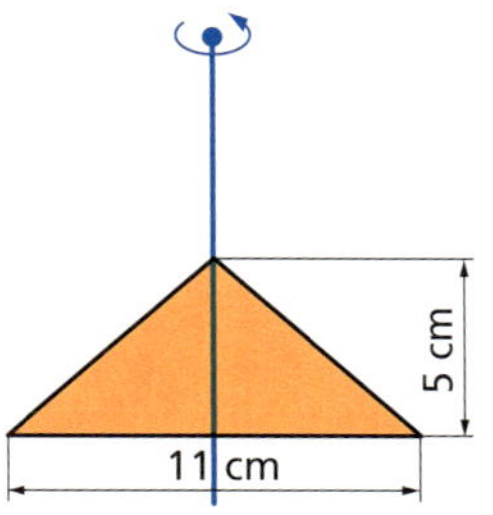

c)
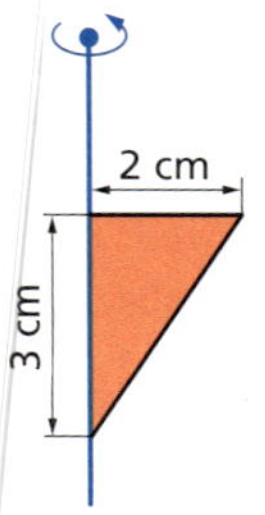

14. Berechne Volumen und Oberflächeninhalt der folgenden Kreiskegel.
Vermute zunächst, welcher Kreiskegel das kleinste Volumen und den kleinsten Oberflächeninhalt besitzt. Begründe deine Entscheidung.

a)
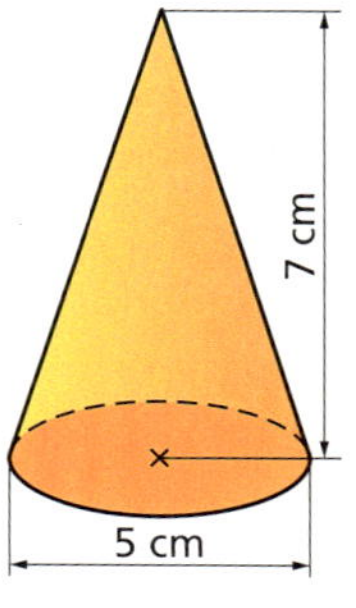

b)
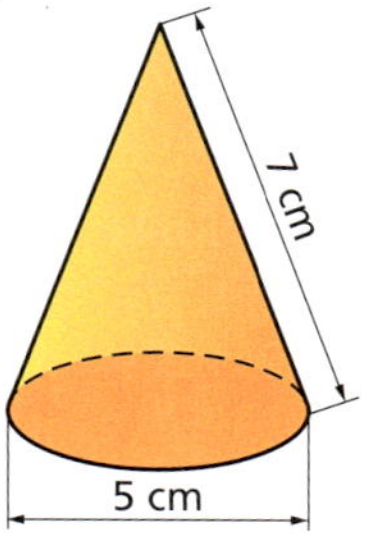

c)
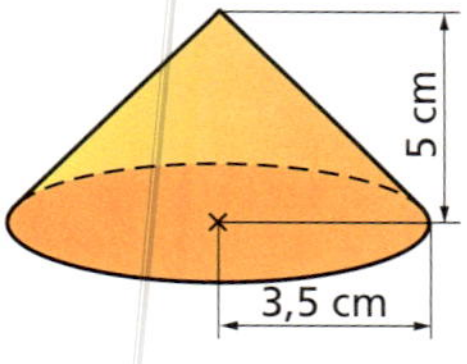

15. Das nebenstehende Schrägbild stellt einen Quader mit einer kegelförmigen Ausbohrung dar. (Maße in Millimeter)

a) Zeichne den Körper in der Vorderansicht und in der Draufsicht.

b) Berechne das Volumen der kegelförmigen Ausbohrung.

c) Berechne auch das Volumen des verbleibenden Restes.

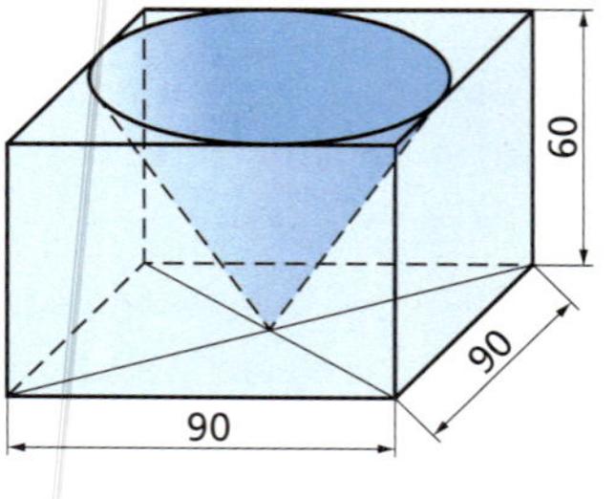

16. Ein Kegel hat einen Grundkreisradius von 12 cm. Der Achsenschnitt (durch die Spitze senkrecht zur Grundfläche) ist ein gleichseitiges Dreieck. Berechne Volumen und Oberflächeninhalt des Kegels.

17. Ein Kegel und ein Kreiszylinder haben gleich große Grundflächen. In welchem Verhältnis stehen die Höhen beider Körper zueinander, wenn sie dasselbe Volumen haben?

18. Ein rechtwinkliges Dreieck ABC mit $\gamma = 90°$; $a = 12$ cm; $b = 5$ cm rotiert in folgender Weise:
a) um die Seite a b) um die Seite b c) um die Seite c
Wie groß ist das Volumen des jeweiligen Drehkörpers?

19. Wenn körnige Stoffe aufgeschüttet werden, entsteht ein Schüttkegel. Der Neigungswinkel des Schüttkegels (auch Böschungswinkel genannt) ist vom Schüttgut abhängig. Er beträgt für feuchten Sand etwa 45° und für Getreide etwa 30°.
a) Berechne, wie viel Kubikmeter Sand ein 8 m hoher kegelförmiger Haufen enthält.
*b) Berechne, wie viel Kubikmeter Getreide ein Kegel mit einen Umfang von 24 m enthält.

20. Ein Sandhaufen hat einen Umfang von etwa 22 m und eine Höhe von etwa 2,5 m.
Ein Lkw mit 12 t Tragfähigkeit soll den Sand abfahren.
Wie viele Fahrten sind nötig, wenn 1 m^3 Sand etwa 1,8 t wiegt?

21. Das kegelförmige Dach eines Turmes soll erneuert werden. Es hat einen Durchmesser von 15 m und ist 12,5 m hoch. Wie lang sind die Dachsparren, wie groß ist die Dachfläche?

22. Ein kegelförmiges Sektglas enthält 100 ml Sekt. Ein Gast bestellt sich ein Glas, das nur bis zur halben Höhe gefüllt werden soll. Wie viel Sekt befindet sich in dem Glas?

23. Wie hoch ist ein Kreiskegel, wenn sein Volumen 250 cm^3 und seine Grundfläche 50 cm^2 groß ist? Stelle den Kegel im Schrägbild und als Netz in einem geeigneten Maßstab dar.
Gib den verwendeten Maßstab an.

24. Ein Industrietrichter ist annähernd kegelförmig. Er hat einen Radius von 4 m und ist 3 m hoch. Wie viel Liter Fassungsvermögen hat dieser Trichter? Wie oft muss er mindestens neu gefüllt werden, wenn 100 000 *l* Flüssigkeit durchfließen sollen?

25. Ein Beutel, der zum Garnieren von Torten benutzt wird, hat eine Länge von 30 cm und eine maximale Öffnung von 10 cm. Berechne näherungsweise das maximale Fassungsvermögen des Beutels.

26. Eine kleine Schultüte als Geschenk ist 15 cm hoch und hat eine Seitenlänge von 18 cm. Wie groß ist der Inhalt dieser Minitüte?

27. Zur Markierung von Fahrbahnen oder zur Absperrung von Baustellen werden häufig Leitkegel aus PVC verwendet, die eine Höhe von 51,0 cm und einen Grundkreisdurchmesser von 18,5 cm haben und die auf einer quadratischen Grundplatte mit einer Seitenlänge von 23,0 cm stehen.
a) Stelle einen solchen Kegel stehend in einem Schrägbild im geeigneten Maßstab dar.
b) Berechne den Mantelflächeninhalt eines solchen Kegels.

28. Leon behauptet, dass sich das Volumen eines Kegels verdoppelt, wenn man den Radius verdoppelt. Lisa dagegen meint, dass sich das Volumen eines Kegels vervierfacht, wenn der Radius verdoppelt wird. Was meinst du dazu? Begründe.

29. Ein Schüttgutbehälter hat die Form eines oben offenen Kreiszylinders mit kegelförmigem Abschluss (unten). Der größte Umfang beträgt 9,5 m. Die Mantellinie des Kegels hat eine Länge von 2,4 m. Die Gesamthöhe des Behälters beträgt 3,5 m.

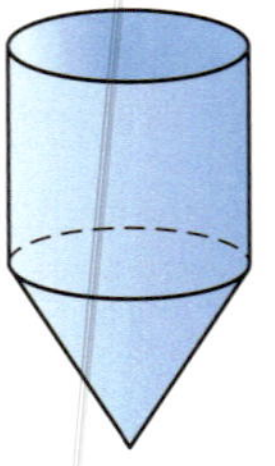

a) Berechne das Fassungsvermögen des Behälters.
b) Berechne die Innenfläche des offenen Behälters.

30. Aus einem Kreiszylinder mit einem Durchmesser d = 24 cm und einer Höhe h = 22 cm wurde ein größtmöglicher Kegel herausgefräst.
a) Berechne das Volumen des Restkörpers.
b) Der Restkörper wird außen rot, innen blau gefärbt. Berechne die Inhalte der zu färbenden Flächen.

31. Ein symmetrischer Doppelkegel aus Stahl $\left(\varrho = 7{,}8\,\frac{\text{g}}{\text{cm}^3}\right)$ hat eine Gesamtlänge von 20 cm. Er ist 5,6 kg schwer. Berechne den Oberflächeninhalt des Doppelkegels.

32. a) Wie ändert sich das Volumen der beiden Körper bei folgenden Änderungen:
(1) x wird verdoppelt
(2) y wird verdoppelt
b) Gib jeweils eine Funktionsgleichung an:
(1) V als Funktion von x
(2) V als Funktion von y

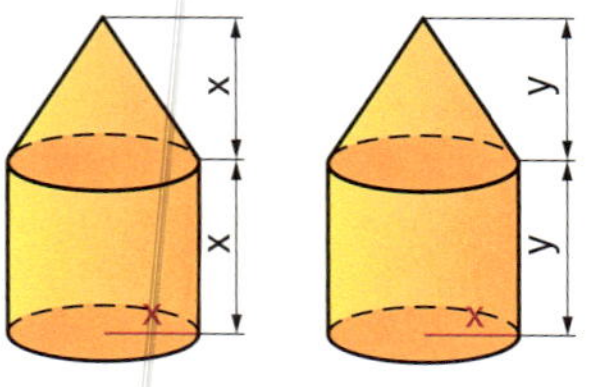

33. In Bonn wurde im Juni 1992 die Bundeskunsthalle eröffnet, deren Wahrzeichen drei kegelförmige Lichttürme sind. Die mit Edelstahl und Glas verkleideten Spitzen der Türme haben eine Mantellinie von 3 397 cm und einen Durchmesser von 1 528 cm.

a) Berechne den Flächeninhalt der verkleideten Flächen der drei Türme.
b) Fertige ein Modell aus Zeichenkarton oder aus Papier in einem geeigneten Maßstab an.

34. Das kegelförmige Dach eines Turmes (vgl. S. 95) soll mit neuen Ziegeln eingedeckt werden. Der Umfang des Turmes beträgt 45 m. Der Turm ist insgesamt 35 m hoch und das Verhältnis von Wandhöhe zu Dachhöhe ist 4 : 1.
a) Berechne die Größe der Dachfläche.
b) Erfahrungsgemäß benötigt man 33 Ziegel für 1 m^2 Fläche. Wie teuer werden die Ziegel, wenn ein Ziegel 4,29 € kostet?

3.2 Die Kugel

Eigenschaften einer Kugel

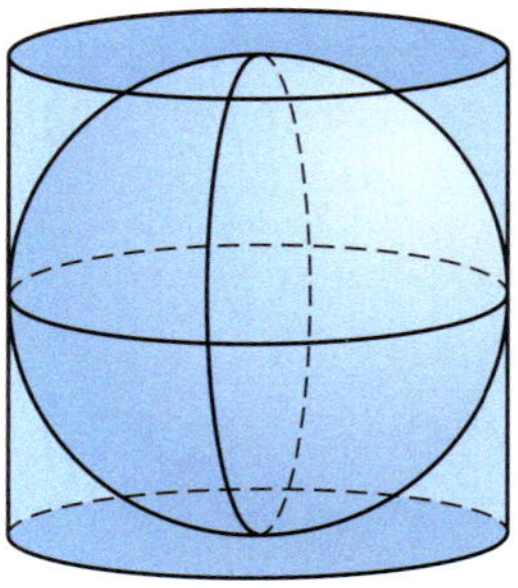

Vergleiche die Kugel mit dem Zylinder in der nebenstehenden Abbildung.

Werte die folgenden Aussagen:

1. Da beide Körper gleich hoch und gleich breit sind, ist ihr Rauminhalt gleich.
2. Da beide Körper gleich hoch und gleich breit sind, ist ihr Oberflächeninhalt gleich.

Wie würdest du formulieren? Begründe deine Entscheidung.

NIKOLAUS KOPERNIKUS (1473 bis 1543) schuf das heliozentrische Weltsystem, das von einer Kugelgestalt der Himmelskörper ausging. Einen der ersten Erdgloben fertigte MARTIN BEHAIM im Jahre 1492 an. Dazu benötigte er wichtige Eigenschaften von Kugeln.

> Eine **Kugel** ist ein Körper mit einer gleichmäßig gekrümmten Oberfläche.
> Die Kugeloberfläche enthält alle Punkte des Raumes, die von einem festen Punkt M, dem Mittelpunkt der Kugel, den gleichen Abstand r haben.
> Der Abstand r heißt **Radius** der Kugel.

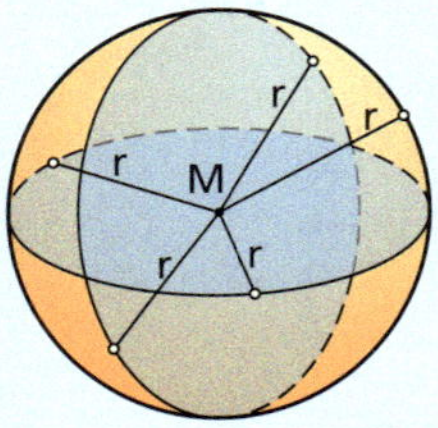

Kugeln sind **Rotationskörper**. Sie entstehen beispielsweise, wenn ein Halbkreis um seinen Durchmesser rotiert. Der Kreismittelpunkt ist zugleich Kugelmittelpunkt.
Jeder ebene Schnitt durch einen Kugelmittelpunkt ergibt einen Großkreis mit demselben Mittelpunkt M und dem Radius r.
Auf einem Globus sind der **Äquator** und die **Meridiane** Großkreise. Alle anderen ebenen Schnitte, die nicht durch den Mittelpunkt gehen, liefern Kreise mit kleineren Radien. Kreise auf einem Globus, die parallel zur Äquatorialebene sind, werden **Breitenkreise** genannt.

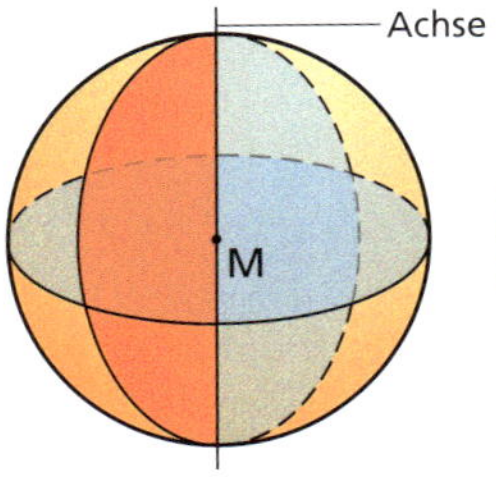

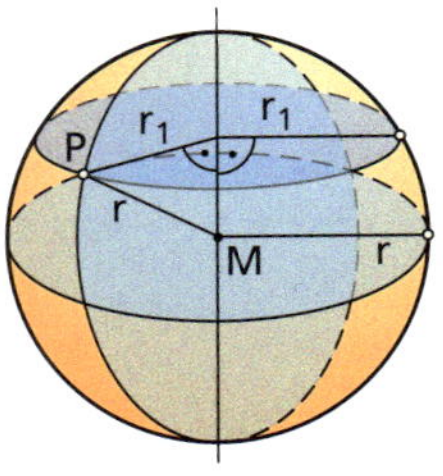

Ein anschauliches Schrägbild einer Kugel erhält man, indem man als Umriss einen Kreis mit dem Radius r zeichnet und mindestens das Bild eines weiteren Großkreises hinzufügt, insbesondere des senkrecht zur Bildebene liegenden „Äquatorkreises".

Die Vorderansicht einer Kugel ist genauso wie ihre Draufsicht ein Kreis mit dem Radius r.

Volumen einer Kugel

Beim Gewinnen von Volumenformeln wurden bisher geeignete Vergleichskörper untersucht, die gemeinsame Eigenschaften hatten, z. B. gleiche Grundflächen und gleiche Höhen. Da eine Kugel keine Grundfläche hat, aber symmetrisch ist, kann ein Teil der Kugel (eine Halbkugel) untersucht werden. Eine Kugel kann in zwei volumengleiche Halbkugeln mit einem Kreis als Grundfläche zerlegt werden. Die Höhe einer Halbkugel ist gleich dem Radius r. Als Vergleichskörper werden ein Kreiszylinder mit h = r und ein Kegel mit h = r verwendet.

Für die drei Körper gilt: $V_{Kegel} < V_{Halbkugel} < V_{Zylinder}$

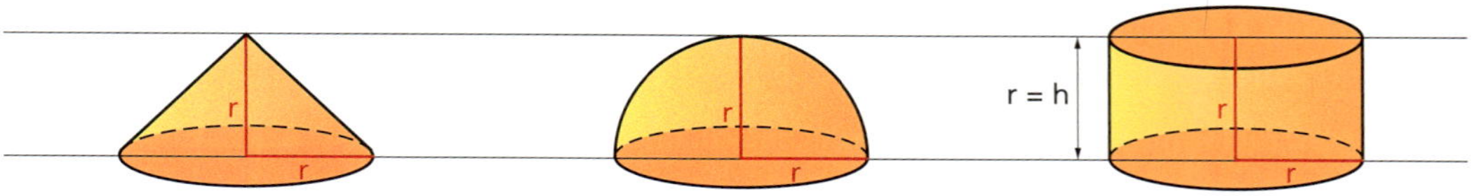

$V_{Kegel} = \frac{1}{3}\pi \cdot r^3$ $V_{Halbkugel} = ?$ $V_{Zylinder} = \pi \cdot r^3 = \frac{3}{3}\pi \cdot r^3$

Vergleiche, z. B. bei Schüttversuchen, führen zur Vermutung: $V_{Halbkugel} = \frac{2}{3}\pi r^3$

Dies ist gleichbedeutend mit: $V_{Halbkugel} = V_{Zylinder} - V_{Kegel}$

Nach dem Satz des CAVALIERI kann man einen Kreiszylinder mit dem Radius r und der Höhe r betrachten, aus dem ein Kreiskegel mit gleicher Grundfläche und gleicher Höhe herausgeschnitten worden ist. Der entstandene Restkörper wird mit einer Halbkugel mit dem Radius r verglichen.

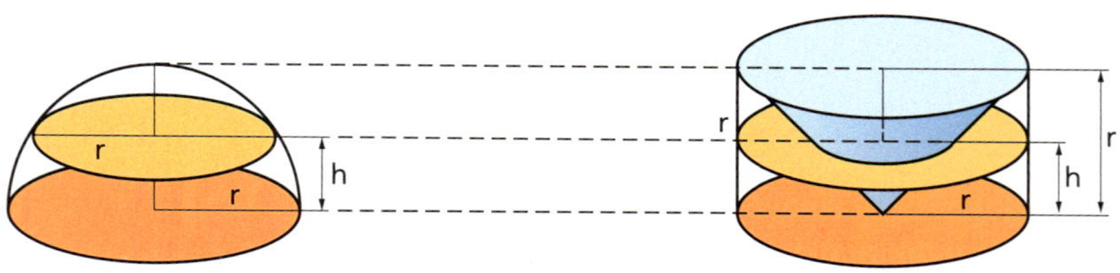

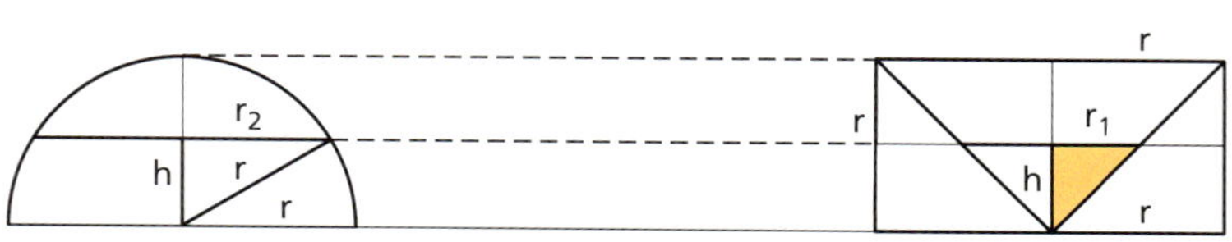

Die Schnittflächen in gleicher Höhe sind inhaltsgleich, denn es gilt für den entstandenen Kreisring im Zylinder und für den Kreis in der Halbkugel:

$A_{Kreisring} = \pi(r^2 - r_1^2)$

Für das gleichschenklige Dreieck gilt:

$r_1 = h$

$A_{Kreisring} = \pi(r^2 - h^2)$

$A_{Kreis} = \pi \cdot r_2^2$

Nach dem Satz des PYTHAGORAS *gilt:*

$r_2^2 = r^2 - h^2$

$A_{Kreis} = \pi(r^2 - h^2)$

Somit gilt: $A_{Kreisring} = A_{Kreis}$

Damit sind alle Voraussetzungen des Prinzips von CAVALIERI erfüllt. Vergleichskörper und Halbkugel haben gleiches Volumen. Somit gilt:

$V_{Halbkugel} = \frac{2}{3}\pi r^3$ und $V_{Kugel} = \frac{4}{3}\pi r^3$

Für das Volumen V einer Kugel mit dem Radius r gilt: $V = \frac{4}{3}\pi r^3$

Berechnen des Volumens einer Kugel

Berechne das Volumen eines Balls, der einen Durchmesser von 15 cm hat.

Gegeben: $d = 15$ cm; $r = 7{,}5$ cm *Gesucht:* V *Planfigur:*

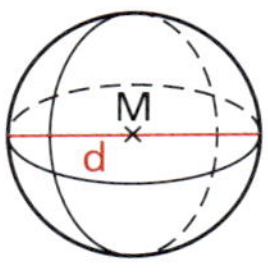

Lösung:

$V = \frac{4}{3}\pi r^3$

$V = \frac{4}{3}\pi \cdot (7{,}5\text{ cm})^3$

$V = 1\,767{,}15\text{ cm}^3$

Antwort: Der Ball hat ein Volumen von $1767{,}15\text{ cm}^3$.

Berechnen des Durchmessers einer Kugel

Wie groß ist der Durchmesser einer Glaskugel, deren Volumen $7238{,}29\text{ cm}^3$ beträgt?

Gegeben: $V = 7\,238{,}29\text{ cm}^3$ *Gesucht:* d *Planfigur:*

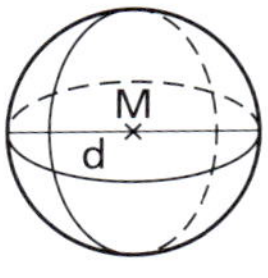

Lösung:

$V = \frac{4}{3}\pi r^3 \quad |\cdot 3$

$3V = 4\pi r^3 \quad |:(4\pi)$

$r^3 = \frac{3V}{4\pi} \quad |\sqrt[3]{\ }$

$r = \sqrt[3]{\frac{3V}{4\pi}}$

$r = \sqrt[3]{\frac{3 \cdot 7\,238{,}29\text{ cm}^3}{4\pi}}$

$r = 12$ cm $\quad d = 2r \quad d = 24$ cm

Antwort: Die Glaskugel hat einen Durchmesser von 24 cm.

Oberflächeninhalt einer Kugel

Beim Zylinder und beim Kegel konnten die Mantelflächen in eine Ebene abgewickelt werden. Dadurch war es möglich, auch für diese Körper Netze zu zeichnen und Oberflächeninhalte zu ermitteln. Bei Kugeln ist dieser Weg nicht möglich. Beim Versuch, eine Apfelsine zu schälen und die Schalen in eine Ebene zu legen, wird dies deutlich.

Um den Oberflächeninhalt einer Kugel zu bestimmen, muss ein anderer Weg gefunden werden.

Die Oberfläche eines Fußballs besteht z. B. aus regelmäßigen Fünf- und Sechsecken.
Verbindet man in Gedanken alle Eckpunkte mit dem Kugelmittelpunkt, so erhält man näherungsweise Pyramiden mit dem Kugelradius r als Höhen.

Die Fünfecke und Sechsecke (die Grundflächen der Pyramiden) bilden zusammen die Oberfläche der Kugel. Die Annäherung an eine Kugeloberfläche wird mit zunehmender Anzahl der Teilflächen immer besser.

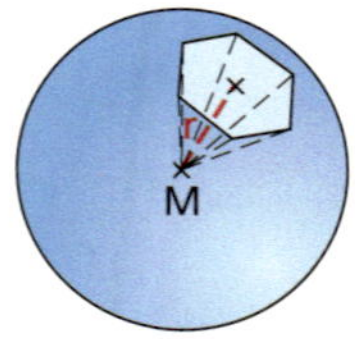

Es gilt für die Pyramiden: $V_1 = \frac{1}{3}A_{G_1} \cdot r \quad V_2 = \frac{1}{3}A_{G_2} \cdot r \quad V_3 = \frac{1}{3}A_{G_3} \cdot r$ usw.

Für das Volumen der Kugel gilt dann:

$$V = V_1 + V_2 + V_3 + \ldots + V_n$$
$$V = \frac{1}{3}A_{G_1} \cdot r + \frac{1}{3}A_{G_2} \cdot r + \frac{1}{3}A_{G_3} \cdot r + \ldots + \frac{1}{3}A_{G_n} \cdot r$$
$$V = \frac{1}{3}r\,(A_{G_1} + A_{G_2} + A_{G_3} + \ldots + A_{G_n})$$

Da alle Grundflächen zusammen die Oberfläche der Kugel bilden, gilt: $V = \frac{1}{3}r \cdot A_O$

Man setzt für V die Formel zur Berechnung des Kugelvolumens ein: $\frac{4}{3}\pi r^3 = \frac{1}{3}r \cdot A_O$

Die Formel wird nach A_O aufgelöst:

$$\frac{4}{3}\pi r^3 = \frac{1}{3}r \cdot A_O \quad | \cdot 3$$
$$4\pi r^3 = r \cdot A_O \quad | : r$$
$$4\pi r^2 = A_O$$

Für den Oberflächeninhalt einer Kugel gilt: $A_O = 4\pi r^2$

Berechnen des Oberflächeninhalts einer Kugel

Wie groß ist der Oberflächeninhalt A_O des Fußballs, wenn sein Durchmesser 22 cm beträgt?

Gegeben: $d = 2r = 22$ cm
$r = 11$ cm

Gesucht: A_O

Planfigur:

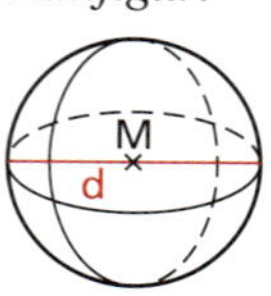

Lösung:
$A_O = 4\pi r^2$
$A_O = 4\pi \cdot (11\text{ cm})^2$
$A_O = 1520{,}53\text{ cm}^2$

Antwort: Der Fußball hat einen Oberflächeninhalt von $1520{,}53\text{ cm}^2$.

Aufgaben

1. Berechne jeweils das Volumen der Kugeln mit folgenden Radien bzw. Durchmessern:
a) $r = 4{,}5$ cm   b) $d = 4{,}8$ dm   c) $r = 3{,}9$ m   d) $d = 8$ mm   e) $r = 31$ km

2. Berechne jeweils Radius und Durchmesser der Kugeln mit folgenden Rauminhalten:
a) 12 cm^3 b) 5 m^3 c) $7\,l$ d) 14 dm^3 e) 120 ml

3. Berechne jeweils Radius und Durchmesser der Kugeln mit folgenden Oberflächeninhalten:
a) 16 cm^2 b) 77 mm^2 c) 100 m^2 d) 66 dm^2 e) 516 km^2

4. Wie ändern sich Oberflächeninhalt und Volumen einer Kugel? Begründe.
a) Der Radius wird verdoppelt.
b) Der Durchmesser wird verdreifacht.
c) Der Radius wird halbiert.
d) Der Durchmesser wird verzehnfacht.

5. Berechne jeweils den Kugelradius. Erläutere dein Vorgehen.
a) $V = 100\ cm^3$ b) $A_O = 314\ cm^2$ c) $V = 1000\ dm^3$ d) $V = 1\ l$ e) $A_O = 1000\ mm^2$

6. Ein Basketball hat einen mittleren Durchmesser von 24,35 cm. Wie viel Quadratzentimeter Leder ist zu seiner Herstellung erforderlich, wenn man 25 % Verschnitt rechnet?

7. Aus einem Kilogramm Blei mit einer Dichte $\varrho = 11{,}3\ \frac{g}{cm^3}$ werden mehrere Kugeln mit jeweils 4 mm Durchmesser gegossen. Wie viele Kugeln lassen sich so herstellen?

8. Eine Weihnachtsbaumkugel aus Glas hat einen Durchmesser von 8 cm und eine Wanddicke von 0,4 mm. Berechne den inneren Hohlraum und die äußere Oberfläche.

9. Berechne die mittlere Dichte der Erde. Nimm als Erdradius 6 370 km und als Erdmasse $6 \cdot 10^{21}$ t an.

10. Die Lunge eines Menschen enthält rund $4 \cdot 10^8$ Lungenbläschen mit je einem Durchmesser von 0,2 mm. Berechne den Oberflächeninhalt aller Lungenbläschen eines Menschen.

11. Welche Aussagen sind wahr? Begründe deine Entscheidungen.
a) Die Volumen zweier Halbkugeln mit dem Radius r sind zusammen genauso groß wie das Volumen einer Kugel mit dem Radius r.
b) Die Oberflächeninhalte zweier Halbkugeln mit dem Radius a sind zusammen genauso groß wie der Oberflächeninhalt einer Kugel mit dem Radius a.
c) Alle Kugeln sind zueinander ähnlich.
d) Das Volumen einer Kugel kann mit der Formel $V = \frac{\pi}{6} d^3$ berechnet werden.

12. Eine Halbkugel und ein Kegel haben gleich große Grundflächen.
a) Zeichne die beiden Körper mit selbst gewählten Maßen.
b) Welche Höhen haben die beiden Körper, wenn sie volumengleich sind?
c) Welche Höhen haben die beiden Körper, wenn ihre Oberflächeninhalte gleich sind?

13. Die halbkugelförmige Kuppel einer Kirche soll gereinigt werden. Wie groß ist die Fläche, die bearbeitet werden muss, wenn die Kuppel einen Durchmesser von 12 m hat?

14. Aus einem Würfel mit einer Kantenlänge von 7,0 cm wird die größtmögliche Kugel gefräst.
a) Wie groß ist ihr Volumen?
b) Berechne den Oberflächeninhalt der Kugel.
c) Gib den entstandenen „Abfall" als Anteil des Würfelvolumens an.

15. Die Größe von Handbällen gibt man mit dem Umfang u an.
a) Wie groß ist der Oberflächeninhalt bei einem Jugendhandball mit u = 54 cm?
b) Wie viel Quadratzentimeter Leder werden für die Herstellung eines Jugendhandballes benötigt, wenn mit 20 % Verschnitt gerechnet wird?
c) Welches Volumen hat solch ein Handball, wenn das Leder eine Stärke von 5 mm hat?

16. OTTO VON GUERICKE führte 1654 den Versuch mit den luftleer gepumpten „Magdeburger Halbkugeln“ durch.
Bei dem Versuch gelang es 16 Pferden nicht, diese Kugeln zu trennen. Die Halbkugeln hatten einen Durchmesser von etwa einer drei viertel Magdeburger Elle (eine Magdeburger Elle entspricht etwa 55 cm).
Berechne den Oberflächeninhalt einer solchen Kugel.

17. Zum Kugelstoßen werden Eisenkugeln von 3 kg, 4 kg und 5 kg verwendet.
Berechne die Durchmesser der Kugeln.

18. Angenommen, die Erde hätte die Gestalt einer Kugel. Ihr mittlerer Radius würde 6 371 km betragen. Berechne mit diesen Angaben näherungsweise die Größe der Erdoberfläche.

19. Das Atomium in Brüssel besteht aus neun Kugeln mit je einem Durchmesser von 18 m.

a) Berechne das Gesamtvolumen aller neun Kugeln.

*b) Jede Kugel ist mit 48 Dreieckspaneelen verkleidet. Jedes Paneel setzt sich aus 15 kleineren Dreiecken zusammen.
Wie viele kleinere Dreiecke wurden für alle neun Kugeln zusammen verwendet? Wie groß ist die annäherungsweise zu bedeckende Oberfläche, wenn von der Zentralkugel acht Zugänge sowie bei den weiteren acht Kugeln je vier Zugänge mit einem Durchmesser von je 3 m zu berücksichtigen sind?

Paneel:

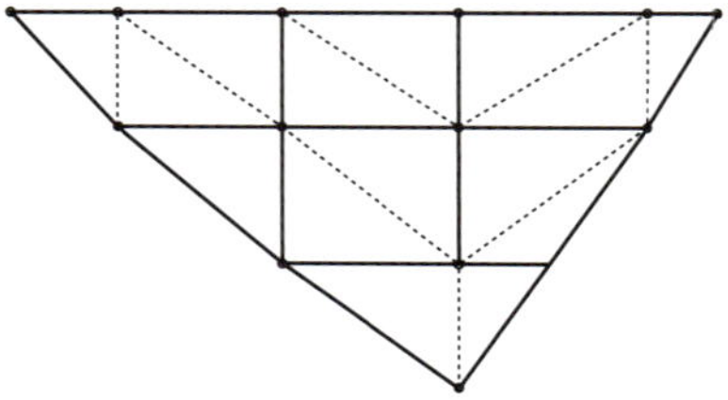

20. Die Tabelle enthält die mittleren Radien einiger Himmelskörper unseres Sonnensystems.

a) Berechne mit einem Tabellenkalkulationsprogramm die Rauminhalte und die Dichten dieser Himmelskörper.

b) Ordne die Himmelskörper nach ihrer Dichte.

	A	B	C	D	E
1	**Körper**	**r (m)**	**m (t)**	**V (m³)**	**ϱ**
2	Erde	$6{,}371 \cdot 10^6$	$5{,}97 \cdot 10^{21}$	=4/3*PI()*B2^3	=C2/D2
3	Mond	$1{,}738 \cdot 10^6$	$7{,}35 \cdot 10^{19}$	...	...
4	Mars	$3{,}397 \cdot 10^6$	$6{,}45 \cdot 10^{20}$	...	...
5	Jupiter	$71{,}4 \cdot 10^6$	$1{,}90 \cdot 10^{24}$	...	...
6	Sonne	$696{,}0 \cdot 10^6$	$1{,}99 \cdot 10^{27}$	...	...

Beispiel: $5{,}97 \cdot 10^{21}$ wird als **5,97E+21** eingegeben.

3.3 Zusammengesetzte Körper und Restkörper

Ein Stehaufmännchen besteht aus einer Halbkugel mit einem aufgesetzten Kegel. Der Radius der Kugel beträgt 5 cm, der Kegel hat eine Höhe von 5 cm.

Berechne das Volumen des Männchens.
Warum steht das Männchen nach dem Anstoßen immer wieder auf?

Zerlegen und Zusammensetzen von Körpern

Beim genauen Betrachten von Gegenständen erkennt man häufig, dass sie aus mehreren Teilen bestehen. Solche **zusammengesetzten Körper** lassen sich in einfache Körper zerlegen oder zu bekannten Körpern ergänzen.
Diese Überlegungen können z. B. zum Berechnen der Raum- und Oberflächeninhalte zusammengesetzter Körper genutzt werden.

Ein Haus mit rechteckiger Grundfläche (a = 12,5 m; b = 8,0 m) soll durch ein symmetrisches Walmdach (Firstlänge c = 4,5 m, Firsthöhe h = 4,0 m) abgeschlossen werden. Wie groß ist das Volumen des Dachraumes?

Gegeben: a = 12,5 m; b = 8,0 m; c = 4,5 m; h = 4,0 m

Gesucht: V (in m^3)

Lösung: Der Dachraum kann zerlegt werden in ein dreiseitiges Prisma mit einem Grundflächeninhalt A_1 und einer Körperhöhe h_1 sowie in eine quadratische Pyramide mit einem Grundflächeninhalt A_2 und einer Körperhöhe h_2, die sich aus zwei Pyramiden mit rechteckigen Grundflächen zusammensetzt.

Skizze:

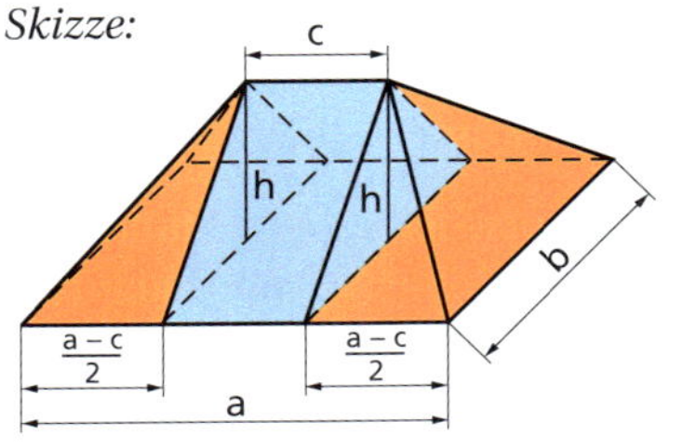

Es gilt: $V_{Dachraum} = V_{Prisma} + V_{Pyramide}$

$V_{Prisma} = A_1 \cdot h_1$

$A_1 = \frac{b \cdot h}{2}$

$h_1 = c$

$V_{Prisma} = \frac{b \cdot h}{2} \cdot c$

$V_{Pyramide} = \frac{1}{3} A_2 \cdot h_2$

$A_2 = (a - c) \cdot b = b^2$

$h_2 = h$

$V_{Pyramide} = \frac{1}{3} b^2 \cdot h$

$$V_{Dachraum} = \frac{b \cdot h}{2} \cdot c + \frac{1}{3} b^2 \cdot h = \frac{8{,}0\ \text{m} \cdot 4{,}0\ \text{m}}{2} \cdot 4{,}5\ \text{m} + \frac{1}{3} \cdot (8{,}0\ \text{m})^2 \cdot 4{,}5\ \text{m}$$

Antwort: Das Volumen des Dachraumes beträgt rund 170 m^3.

Ein Haus mit rechteckiger Grundfläche ($a = 12{,}5$ m; $b = 8{,}0$ m) soll durch ein symmetrisches Walmdach (Firstlänge $c = 4{,}5$ m, Firsthöhe $h = 4{,}0$ m) abgeschlossen werden.
Wie groß ist die Dachfläche?

Gegeben: $a = 12{,}5$ m; $b = 8{,}0$ m; $c = 4{,}5$ m; $h = 4{,}0$ m

Gesucht: A_{Dach} (in m^2)

Skizze:

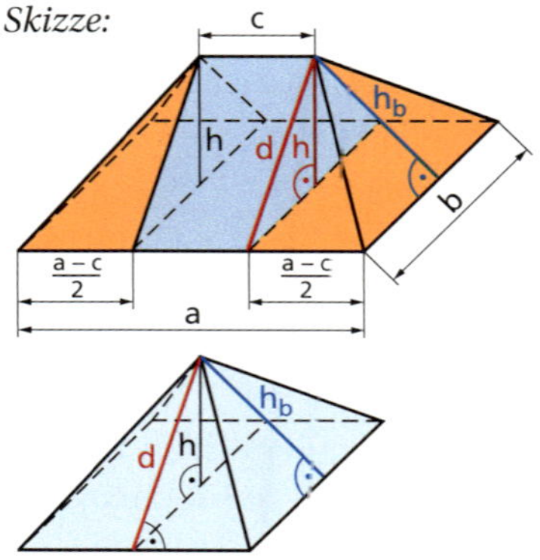

Lösung: Die Dachfläche besteht aus der Mantelfläche der quadratischen Pyramide und zwei Seitenflächen des dreiseitigen Prismas. Sie ergibt sich nicht als Summe der Oberflächeninhalte der Einzelkörper.

$$A_{Dach} = 2 \cdot A_{Rechteck} + A_{Pyramidenmantel}$$

$$A_{Rechteck} = c \cdot d$$

$$d = \sqrt{h^2 + \left(\frac{b}{2}\right)^2} \qquad \text{(PYTHAGORAS)}$$

$$A_{Rechteck} = c \cdot \sqrt{h^2 + \left(\frac{b}{2}\right)^2}$$

$$A_{Pyramidenmantel} = 4 \cdot A_{Dreieck}$$

$$A_{Dreieck} = \frac{b \cdot h_b}{2}$$

$$h_b = d$$

$$A_{Pyramidenmantel} = 4 \cdot \frac{b \cdot h_b}{2} = 2b \cdot \sqrt{h^2 + \left(\frac{b}{2}\right)^2}$$

$$A_{Dach} = 2c \cdot \sqrt{h^2 + \left(\frac{b}{2}\right)^2} + 2b \cdot \sqrt{h^2 + \left(\frac{b}{2}\right)^2}$$

$$A_{Dach} = 2 \cdot \sqrt{h^2 + \left(\frac{b}{2}\right)^2} \cdot (c + b)$$

$$A_{Dach} = 2 \cdot \sqrt{(4\text{ m})^2 + (4\text{ m})^2} \cdot (4{,}5\text{ m} + 8{,}0\text{ m})$$

$$A_{Dach} = 142{,}5\text{ m}^2$$

Antwort: Das Dach hat eine Fläche von rund 140 m^2.

Berechnungen an Restkörpern

Werden von Körpern Teile ab- oder herausgeschnitten, bleiben sogenannte Restkörper übrig.

Sechskantscheiben aus Stahl mit einer Seitenlänge $s = 12$ mm und einer Höhe $h = 5$ mm haben eine Bohrung mit einem Durchmesser $d = 10$ mm. Wie schwer sind 10 000 solcher Scheiben?

Skizze:

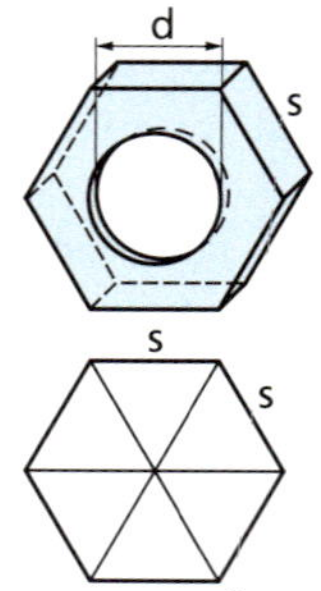

Gegeben: $s = 12$ mm; $h = 5$ mm; $d = 10$ mm; $\varrho = 7{,}8\,\frac{g}{cm^3}$
Die Scheiben sind sechsseitige Prismen, aus denen Zylinder herausgebohrt wurden.

Gesucht: m (in kg)

Lösung:

$$m = 10\,000 \cdot \varrho \cdot V$$

$$V = V_{Prisma} - V_{Zylinder}$$

$$V_{Prisma} = A_G \cdot h = 6 \cdot \frac{s^2}{4}\sqrt{3} \cdot h$$

$$V_{Zylinder} = \pi \cdot r^2 \cdot h$$

$$V = 6 \cdot \frac{s^2}{4}\sqrt{3} \cdot h - \pi \cdot r^2 \cdot h = h\left(\frac{3}{2}s^2\sqrt{3} - \pi \cdot r^2\right)$$

$$V = 5\text{ mm}\left(\frac{3}{2} \cdot (12\text{ mm})^2 \cdot \sqrt{3} - \pi \cdot (5\text{ mm})^2\right) \approx 296\text{ mm}^3 = 0{,}296\text{ cm}^3$$

$$m = 10\,000 \cdot 7{,}8\,\frac{g}{cm^3} \cdot 0{,}296\text{ cm}^3 \approx 23\,060\text{ g} \approx 23\text{ kg}$$

Antwort: 10 000 Scheiben haben eine Masse von ca. 23 kg.

Aufgaben

1. Suche Gegenstände aus deiner Umgebung, die aus mehreren elementaren Körpern zusammengesetzt sind. Beschreibe die Körper und skizziere sie.
Beispiel:
Das Stehaufmännchen auf Seite 115 besteht aus einer Halbkugel mit einem aufgesetzten Kreiskegel.

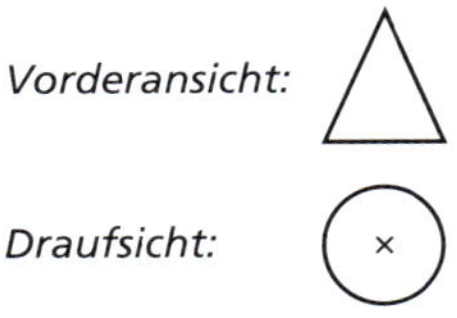

2. Die folgenden Körper sind aus einem Würfel entstanden. Zeichne jeweils die Vorderansicht und die Draufsicht.

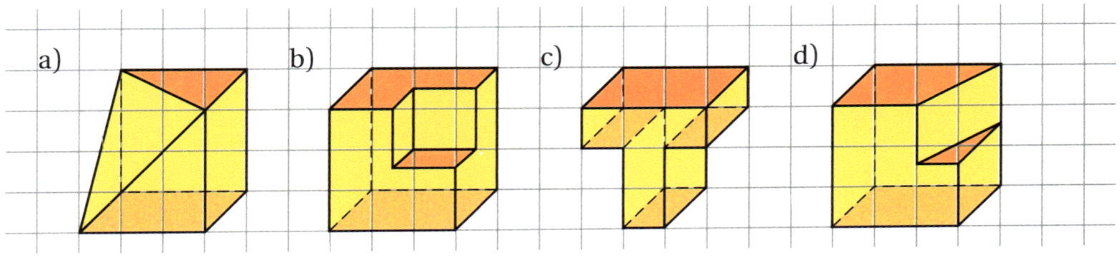

3. Die folgenden Werkstücke sollen jeweils immer zu einem vollständigen elementaren Körper ergänzt werden.
a) Gib jeweils an, zu welchem elementaren Körper ergänzt werden kann.
b) Skizziere den „Ergänzungskörper" im Schrägbild.
c) Zeichne die Vorderansicht und die Draufsicht des Ergänzungskörpers.

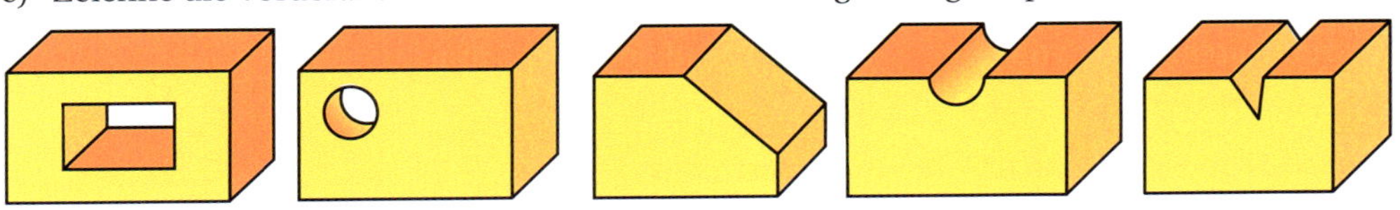

Durchbruch | Bohrung | Abschrägung | Rille | Kerbe

4. In einen Würfel mit einer Kantenlänge von 0,7 dm wurden vier halbkugelförmige Hohlräume mit jeweils einem Durchmesser von 0,3 dm gefräst. Die Mittelpunkte der Hohlräume liegen in den Schnittpunkten der Diagonalen der Seitenflächen.
a) Zeichne die Draufsicht und die Vorderansicht des Körpers.
b) Wie groß ist der prozentuale Abfall?
c) Auf wie viel Prozent erhöht sich der Abfall, wenn die Hohlräume auf allen sechs Seiten des Würfels gefräst werden?
d) Welche Masse hat das Werkstück mit den vier gefrästen Hohlräumen, wenn es aus Fichtenholz mit einer Dichte von $\varrho = 0{,}5\,\frac{\text{g}}{\text{cm}^3}$ besteht?

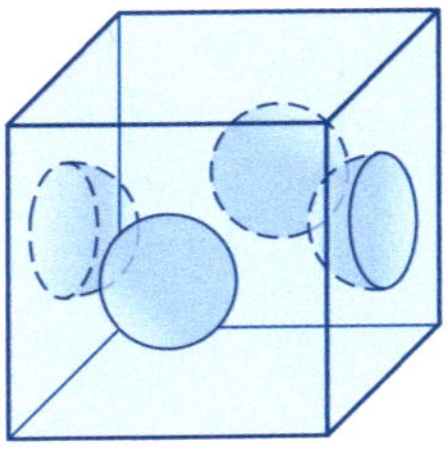

Skizze nicht maßstäblich

5. Ein Stehaufmännchen aus einer Halbkugel und einem aufgesetzten Kegel (vgl. S. 115) hat eine Gesamthöhe von 10 cm. Der Durchmesser der Halbkugel beträgt 8 cm.
a) Berechne das Volumen des Männchens.
b) Berechne den Oberflächeninhalt des Männchens.

6. a) Berechne Volumen V und Oberflächeninhalt A_O der abgebildeten Körper.
b) Zeichne die Vorderansicht und die Draufsicht des Körpers.
c) Berechne jeweils die Masse des Körpers. Alle Körper sollen aus Stahl sein.
(Maßangaben in Zentimeter)

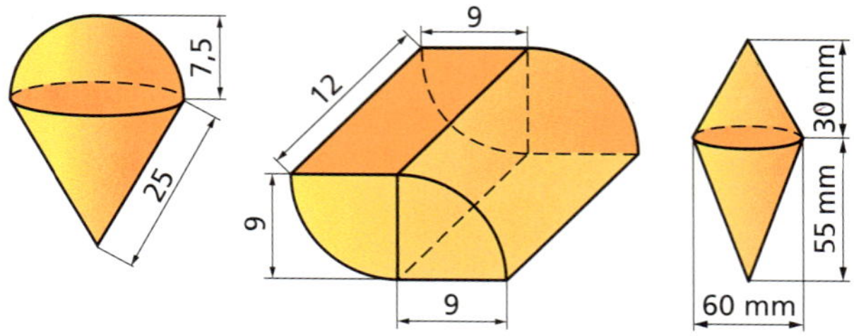

7. Berechne Volumen V und Oberflächeninhalt A_O folgender Körper?

a)

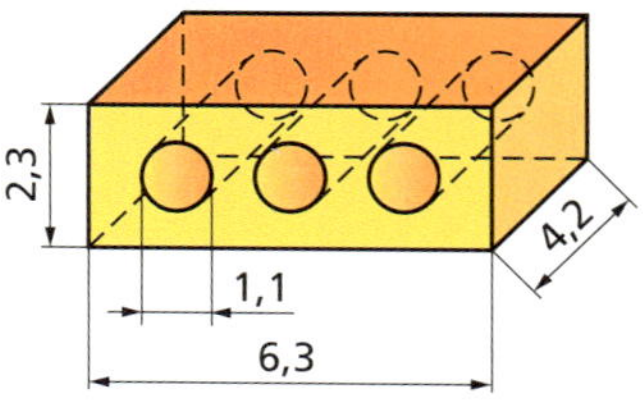

b)

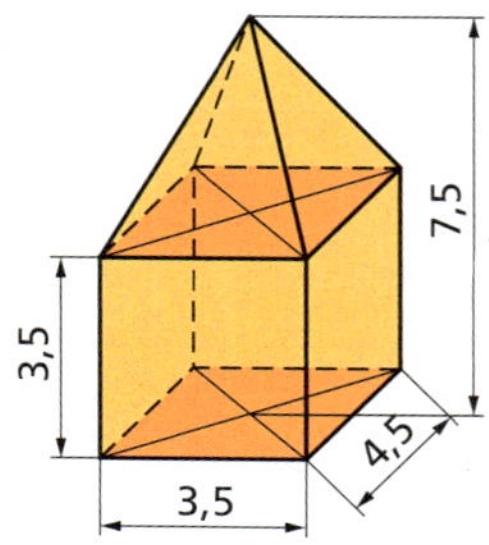

c)

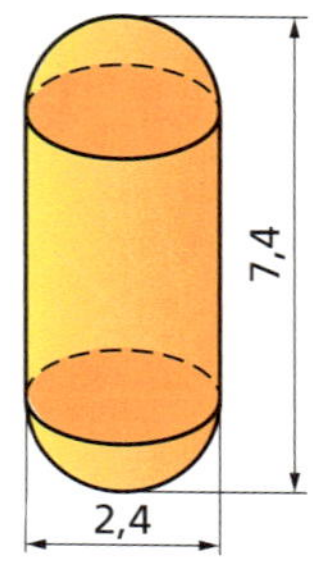

(Maßangaben in Meter)

8. Berechne und vergleiche die Radien, die Volumen und die Oberflächeninhalte einer Kugel mit denen einer Halbkugel mit jeweils einem Durchmesser von 10 cm.

9. Berechne das Volumen einer Hohlkugel aus Glas mit einer Dichte $\varrho = 2{,}7\,\frac{\text{g}}{\text{cm}^3}$, mit einem äußeren Durchmesser von 12 cm und einer Wanddicke von 5 mm.
Gib auch die Masse der Hohlkugel an.

10. Ein 18 m langes und 8,00 m breites Festzelt ist in der Mitte 5,00 m und an den Außenseiten 3,80 m hoch.
a) Zeichne ein Schrägbild im Maßstab 1 : 100.
b) Wie viel Quadratmeter Zeltplane wurden verarbeitet? Rechne mit 15 % Verschnitt.
c) Ein Stahlgerüst trägt das Zelt wie in der nebenstehenden Abbildung.
Welche Länge haben die Stahlrohre zusammen?

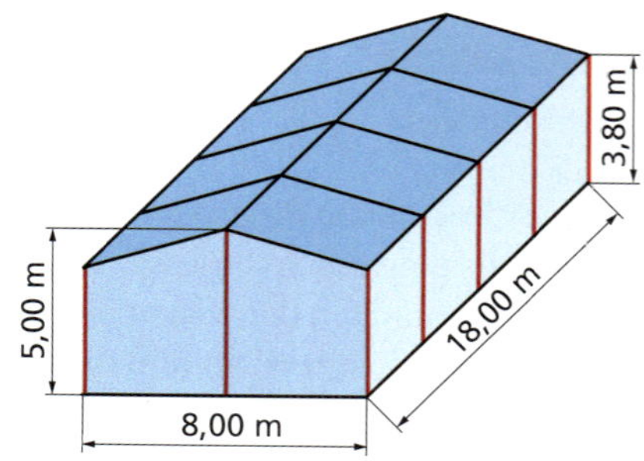

11. Skizziere die Schrägbilder folgender Körper:

Vorderansicht:

Draufsicht:

(1)

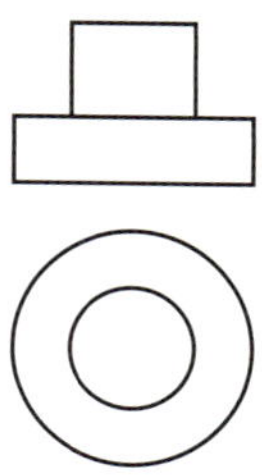

(2)

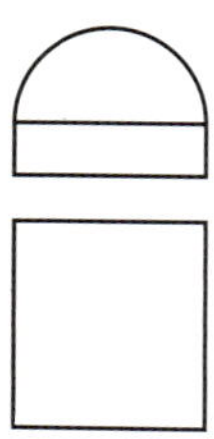

(3)

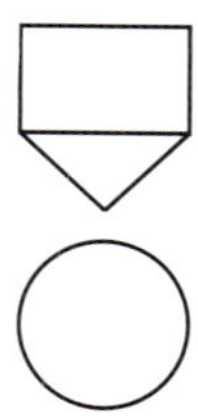

3.4 Teile von Pyramiden und Kegeln

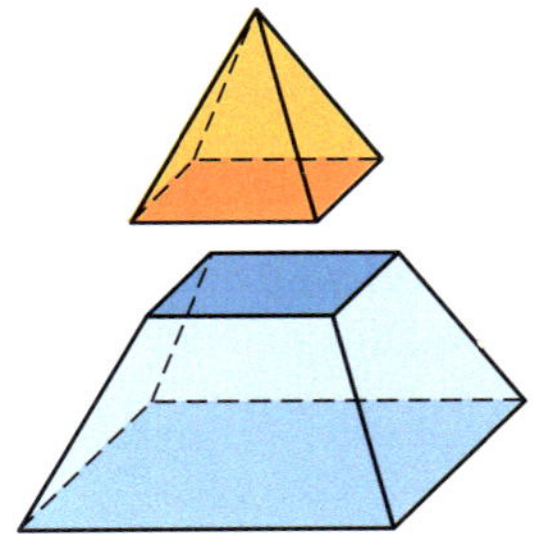

Die Spitze einer quadratischen Pyramide mit einer Seitenlänge von 5 cm und einer Höhe von 5 cm wird 2,5 cm von oben, so wie in der Zeichnung dargestellt, abgeschnitten.

Warum ist folgende Aussage falsch?
Begründe deine Entscheidung.

Das Volumen des abgeschnittenen Teils beträgt ein Viertel vom Volumen der ganzen Pyramide.

Eigenschaften von Pyramidenstümpfen

Wird eine Pyramide durch eine Ebene parallel zur Grundfläche geschnitten, entstehen zwei unterschiedliche Teilkörper. Der obere Teil ist eine Rest- oder Ergänzungspyramide, der untere Teil ein Pyramidenstumpf. Ergänzungspyramide und ursprüngliche Pyramide sind zueinander ähnlich.

Ein **Pyramidenstumpf** ist ein Körper, der begrenzt wird von:

- zwei zueinander ähnlichen und parallelen n-Ecksflächen (Grund- und Deckfläche) und
- n Trapezflächen (Seitenflächen), die zusammen den Mantel bilden.

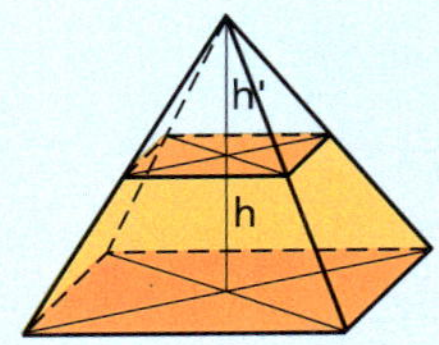

Die Höhe eines Pyramidenstumpfes ist der Abstand von Grund- und Deckfläche. Die Verlängerungen der Seitenkanten eines Pyramidenstumpfes schneiden sich in einem gemeinsamen Punkt.

Zeichnen von Pyramidenstümpfen

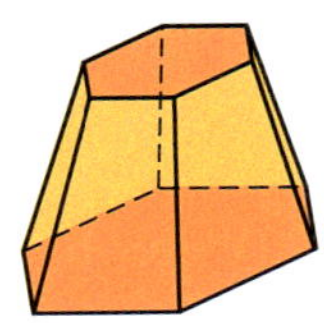

Beim **Schrägbild** eines Pyramidenstumpfes werden die Breiten- und Höhenlinien in wahrer Länge und die Tiefenlinien unter einem Winkel von 45° in halber Originallänge gezeichnet.

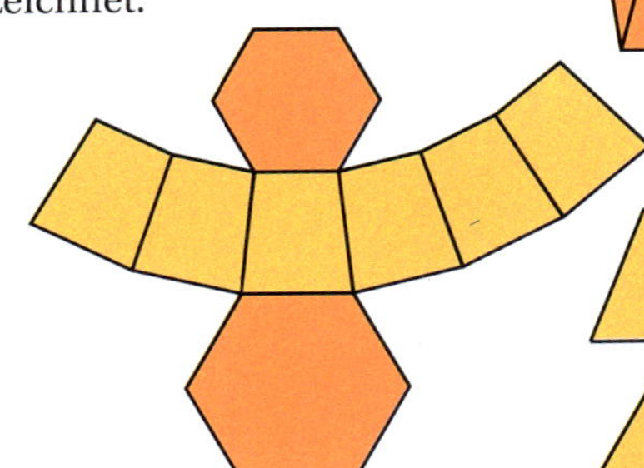

Wenn alle Begrenzungsflächen eines Pyramidenstumpfes in eine Ebene geklappt werden, entsteht ein **Netz** dieses Pyramidenstumpfes. Deck- und Grundfläche sind zueinander ähnlich.

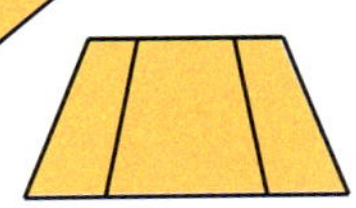

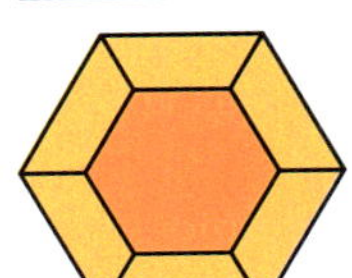

Bei der Vorderansicht eines Pyramidenstumpfes ist ein Trapez sichtbar.
Bei der Draufsicht liegen die zueinander ähnlichen Deck- und Grundflächen ineinander. Ihre Eckpunkte sind paarweise verbunden.

Volumenberechnungen an Pyramidenstümpfen

Bei Berechnungen an Pyramidenstümpfen werden bekannte Sachverhalte genutzt.

Aus einer regelmäßigen sechsseitigen Pyramide mit einer Grundkante s = 10 cm und einer Höhe h = 12 cm entsteht durch einen Schnitt parallel zur Grundfläche in einer Höhe von h = 6 cm ein Pyramidenstumpf.
Berechne das Volumen des Pyramidenstumpfes.

Skizze:

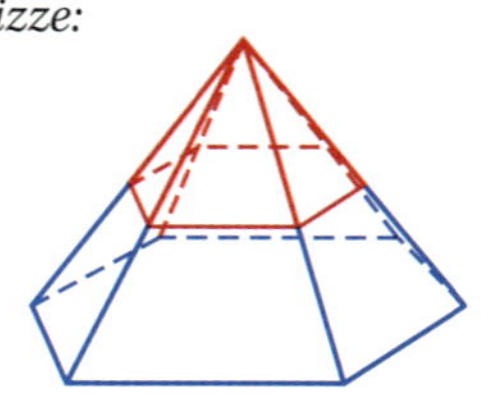

Gegeben: s = 10 cm; h = 12 cm

Gesucht: V_{Stumpf} (in cm^3)

Lösung:

$V_{Stumpf} = V_{Pyramide} - V_{Ergänzungspyramide}$

$V_{Pyramide} = \frac{1}{3} \cdot 6 \cdot \frac{s^2}{4} \sqrt{3} \cdot h = \frac{s^2}{2} \cdot \sqrt{3} \cdot h$

$V_{Ergänzungspyramide} = \frac{1}{8} \cdot V_{Pyramide}$ $\left(k = \frac{1}{2};\ V_{Ergänzungspyramide} = k^3 \cdot V_{Pyramide}\right)$

$V_{Stumpf} = V_{Pyramide} - \frac{1}{8} \cdot V_{Pyramide} = \frac{7}{8} \cdot V_{Pyramide}$

$V_{Stumpf} = \frac{7}{8} \cdot \frac{s^2}{2} \cdot \sqrt{3} \cdot h = \frac{7}{8} \cdot \frac{(10\ cm)^2}{2} \cdot \sqrt{3} \cdot 12\ cm$

$V_{Stumpf} \approx 910\ cm^3$

Antwort: Das Volumen des Pyramidenstumpfes beträgt rund 910 cm^3.

Berechne das Volumen eines quadratischen Pyramidenstumpfes, von dem die folgenden Größen bekannt sind:
$a_1 = 12$ cm; $a_2 = 8$ cm; h = 6 cm

Skizze:

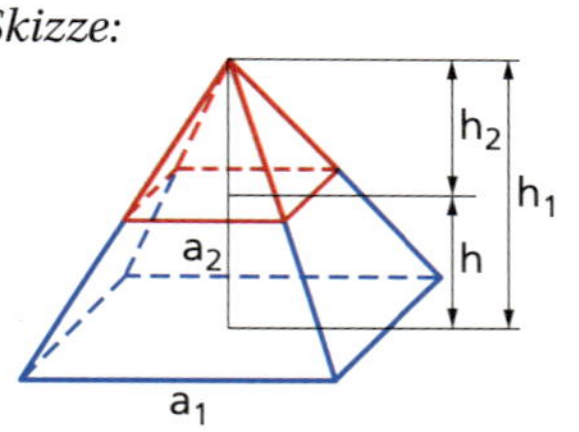

Analyse:
Grund- und Deckfläche sind zueinander ähnlich, mit einem Ähnlichkeitsfaktor $k = \frac{8}{12} = \frac{2}{3}$

Für die Höhen gilt: $\frac{h_2}{h_1} = \frac{2}{3}$

Wegen $h_2 = h_1 - h$ gilt dann $\frac{h_1 - h}{h_1} = 1 - \frac{h}{h_1} = \frac{2}{3}$, also $\frac{h}{h_1} = \frac{1}{3}$ und damit $h_1 = 3 \cdot h = 18$ cm, $h_2 = 12$ cm.

Lösung:

$V_{Stumpf} = V_{Pyramide} - V_{Ergänzungspyramide}$ $V_{Pyramide} = \frac{1}{3} \cdot {a_1}^2 \cdot h_1$

$V_{Stumpf} = \frac{1}{3} \cdot {a_1}^2 \cdot h_1 - \frac{1}{3} \cdot {a_2}^2 \cdot h$ $V_{Ergänzungspyramide} = \frac{1}{3} \cdot {a_2}^2 \cdot h$

$V_{Stumpf} = \frac{1}{3} \cdot (12\ cm)^2 \cdot 18\ cm - \frac{1}{3} \cdot (8\ cm)^2 \cdot 12\ cm \approx 610\ cm^3$

Antwort:
Das Volumen des Pyramidenstumpfes beträgt rund 610 cm^3.

Pyramidenstümpfe haben nicht immer eine quadratische Grundfläche. Deshalb soll eine Formel zur Volumenberechnung beliebiger Pyramidenstümpfe entwickelt werden.

Volumenformel für Pyramidenstümpfe

Es gilt:
Grundflächeninhalt A_G; Deckflächeninhalt A_D;
Höhe des Stumpfes h; Höhe der Ergänzungspyramide h_2;
Volumen der Pyramide V_{Py};
Volumen der Ergänzungsyramide V_E;
Volumen des Pyramidenstumpfes V_{St}

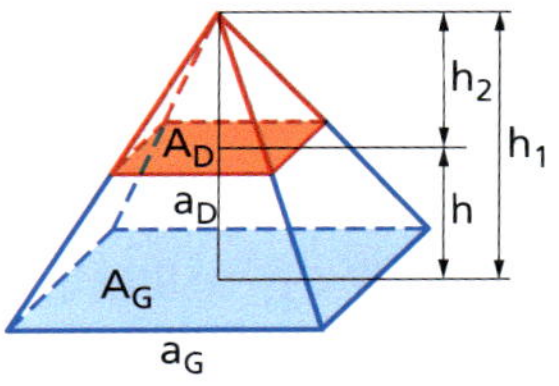

$$V_{St} = V_{Py} - V_E$$
$$V_{St} = \frac{1}{3}\left[A_G \cdot (h + h_2) - A_D \cdot h_2\right]$$
$$V_{St} = \frac{1}{3}\left[A_G \cdot h + A_G \cdot h_2 - A_D \cdot h_2\right]$$
$$V_{St} = \frac{1}{3}\left[A_G \cdot h + (A_G - A_D) \cdot h_2\right]$$
$$V_{St} = \frac{1}{3}\left[A_G \cdot h + (A_G - A_D) \cdot \frac{h \cdot \sqrt{A_D}}{\sqrt{A_G} - \sqrt{A_D}}\right]$$
$$V_{St} = \frac{1}{3}\left[A_G \cdot h + \frac{(\sqrt{A_G} - \sqrt{A_D})(\sqrt{A_G} + \sqrt{A_D}) \cdot h \cdot \sqrt{A_D}}{\sqrt{A_G} - \sqrt{A_D}}\right]$$
$$V_{St} = \frac{1}{3}\left[A_G \cdot h + (\sqrt{A_G} + \sqrt{A_D}) \cdot h \cdot \sqrt{A_D}\right]$$
$$V_{St} = \frac{1}{3} h \left(A_G + \sqrt{A_G \cdot A_D} + A_D\right)$$

$$\frac{h + h_2}{h_2} = \frac{\sqrt{A_G}}{\sqrt{A_D}} \qquad h_2 = \frac{h \cdot \sqrt{A_D}}{\sqrt{A_G} - \sqrt{A_D}}$$

$$A_G = (\sqrt{A_G})^2, \; A_D = (\sqrt{A_D})^2$$

Für das Volumen V von Pyramidenstümpfen gilt:
$V = \frac{1}{3} h \left(A_G + \sqrt{A_G \cdot A_D} + A_D\right)$ Grundflächeninhalt A_G; Deckflächeninhalt A_D; Höhe h

Oberflächeninhaltsformel für Pyramidenstümpfe

Für den Oberflächeninhalt A_O eines Pyramidenstumpfes gilt:
$A_O = A_G + A_M + A_D$ Grundflächeninhalt A_G; Deckflächeninhalt A_D; Mantelflächeninhalt A_M (n Trapezflächen)

In Abhängigkeit von der Pyramidenform und von den gegebenen Größen sind unterschiedliche Berechnungen erforderlich. Häufig sind Hilfsdreiecke von Nutzen.

Um z. B. die Höhe einer Seitenfläche im nebenstehenden quadratischen Pyramidenstumpf berechnen zu können, hilft das farbige Dreieck weiter.

Es gilt: $h_s^2 = h^2 + \left(\frac{a - b}{2}\right)^2$

$h_s = \sqrt{(8\text{ cm})^2 + (4\text{ cm})^2} \approx 8{,}9\text{ cm}$

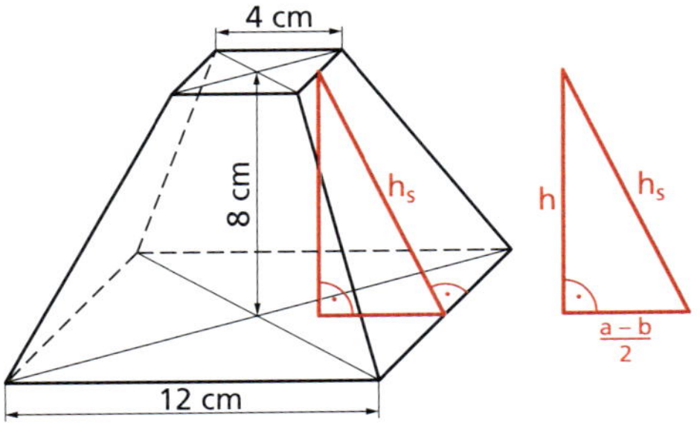

Berechne den Oberflächeninhalt eines quadratischen Pyramidenstumpfes mit einer Grundflächenkante $a = 12$ cm, einer Deckflächenkante $b = 4$ cm und einer Höhe $h = 8$ cm.

Skizze:

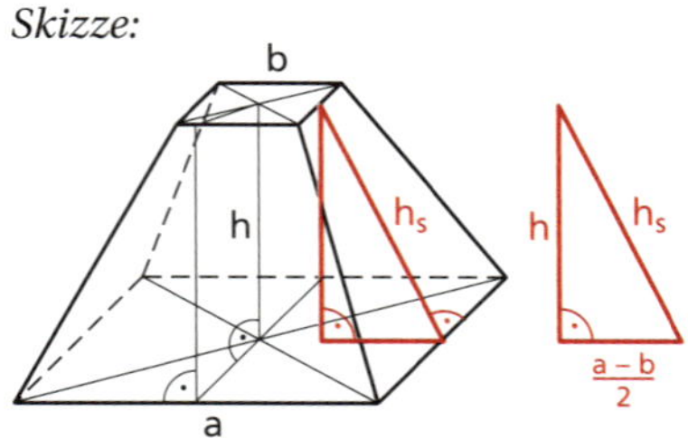

Gegeben: $a = 12$ cm; $b = 4$ cm; $h = 8$ cm

Gesucht: A_O (in cm^2)

Lösung: $A_O = A_G + A_M + A_D$; $A_G = a^2$; $A_D = b^2$

$A_M = 4 \cdot \frac{a+b}{2} \cdot h_s = 4 \cdot \frac{16\text{ cm}}{2} \cdot 8{,}9\text{ cm} \approx 286\text{ cm}^2$

$A_O = 144\text{ cm}^2 + 286\text{ cm}^2 + 16\text{ cm}^2 \approx 450\text{ cm}^2$

$h_s = \sqrt{h^2 + \left(\frac{a-b}{2}\right)^2}$

$h_s = \sqrt{(8\text{ cm})^2 + (4\text{ cm})^2} \approx 8{,}9\text{ cm}$

Antwort: Der Oberflächeninhalt des Pyramidenstumpfes beträgt rund 450 cm^2.

Eigenschaften von Kegelstümpfen

Wird ein Kegel parallel zur Grundfläche geschnitten, entstehen zwei unterschiedliche Teilkörper. Der obere Teil ist ein Rest- oder Ergänzungskegel, der untere Teil ein Kegelstumpf.

Ein **Kegelstumpf** ist ein Körper, der begrenzt wird von:
- zwei zueinander parallelen Kreisflächen (Grund- und Deckfläche) und
- einer gekrümmten Mantelfläche, die abgewickelt der Ausschnitt eines Kreisringes ist.

Die Höhe eines Kegelstumpfes ist der Abstand von Grund- und Deckfläche.

Zeichnen von Kegelstümpfen

Schrägbild

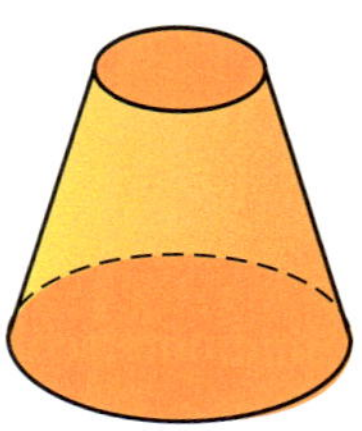

Netz

Vorderansicht

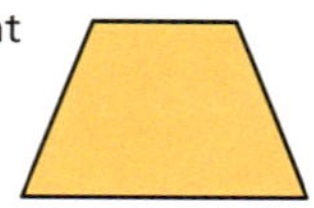

Draufsicht

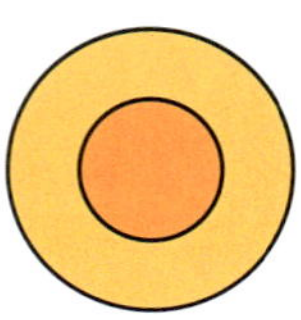

Berechnungen an Kegelstümpfen

Für das **Volumen** von Kegelstümpfen gilt:

$V = \frac{1}{3} h \left(A_G + \sqrt{A_G \cdot A_D} + A_D\right) = \frac{\pi}{3} \cdot h \cdot (r_1{}^2 + r_1 \cdot r_2 + r_2{}^2)$

Für den **Oberflächeninhalt** von Kegelstümpfen gilt:

$A_O = A_G + A_M + A_D = \pi \cdot r_1{}^2 + \pi \cdot s\,(r_1 + r_2) + \pi \cdot r_2{}^2$

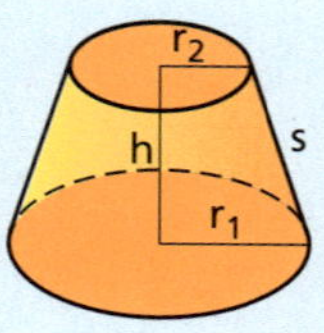

Aufgaben

1. Zeichne jeweils einen quadratischen Pyramidenstumpf und einen Kegelstumpf in der Vorderansicht und in der Draufsicht:
- Die Grundflächen der Körper betragen jeweils ca. 16 cm^2.
- Die Deckflächen der Körper betragen jeweils ca. 4 cm^2.
- Die Höhen der Körper betragen jeweils ca. 2 cm.

2. Berechne die Raum- und die Oberflächeninhalte der beiden Körper aus Aufgabe 1.

3. Begründe, warum die folgenden Körper keine Pyramiden- bzw. Kegelstümpfe sind:

a) b) c) d)

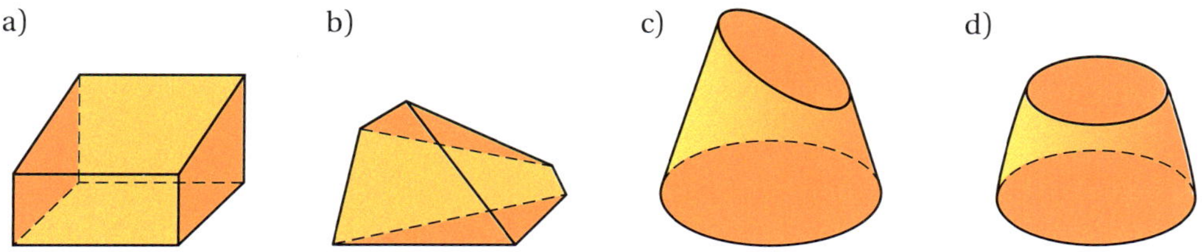

4. Prüfe, ob ein Pyramidenstumpf mit rechteckiger Grundfläche die folgenden Maße haben kann. Begründe deine Entscheidung.

a) Grundfläche: $a_1 = 12$ cm; $b_1 = 4$ cm
Deckfläche: $a_2 = 6$ cm; $b_2 = 2$ cm
Höhe: $h = 8$ cm

b) Grundfläche: $a = 15$ cm; $b = 10$ cm
Deckfläche: $c = 12$ cm; $d = 7$ cm
Höhe: $e = 5$ cm

c) Grundfläche: $a_1 = 4$ cm; $b_1 = 20$ cm
Deckfläche: $a_2 = 6$ cm; $b_2 = 36$ cm
Höhe: $h = 15$ cm

d) Grundfläche: $r = 4,5$ cm; $s = 7,5$ cm
Deckfläche: $x = 2,5$ cm; $y = 1,5$ cm
Höhe: $l = 8$ cm

5. Zeichne jeweils die Vorderansicht und die Draufsicht sowie ein Schrägbild der Körper aus Aufgabe 4.

6. Berechne den Inhalt der Mantelfläche A_M und den Oberflächeninhalt A_O des quadratischen Pyramidenstumpfes.

a) $a_1 = 23$ cm; $a_2 = 7$ cm; $h_s = 17$ cm
b) $a_1 = 4,4$ cm; $a_2 = 2,4$ cm; $h_s = 2,6$ cm

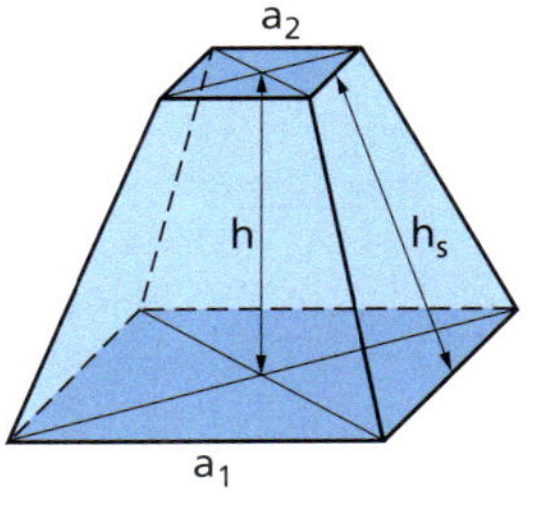

7. Berechne das Volumen V des quadratischen Pyramidenstumpfes.

a) $a_1 = 7$cm; $a_2 = 6$ cm; $h = 9$ cm
b) $a_1 = 10$ cm; $a_2 = 3,4$ cm; $h = 58,6$ cm

8. Berechne den Inhalt der Mantelfläche A_M und den Oberflächeninhalt A_O des Kegelstumpfes.

a) $r_1 = 5$ cm; $r_2 = 2$ cm; $s = 5$ cm
b) $r_1 = 195$ mm; $r_2 = 125$ mm, $h = 240$ mm

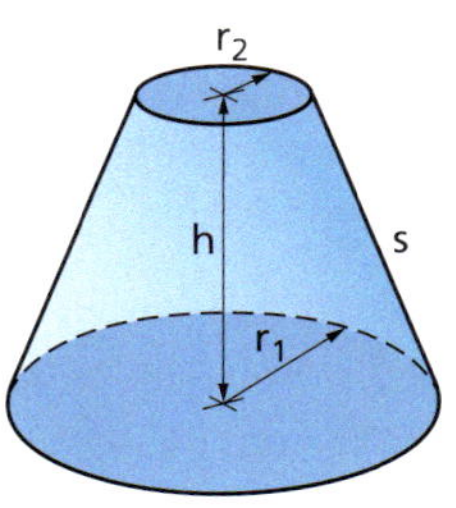

9. Berechne das Volumen V des Kegelstumpfes.

a) $r_1 = 8$ cm; $r_2 = 3$ cm; $h = 10$ cm
b) $r_1 = 3,9$ dm; $r_2 = 3$ dm; $s = 4,1$ dm

10. Berechne das Volumen V, den Inhalt der Mantelfläche A_M und der Oberfläche A_O des rechteckigen Pyramidenstumpfes.

a) $a_1 = 12$ cm; $b_1 = 8$ cm; $a_2 = 9$ cm; $b_2 = 6$ cm; $h = 10$ cm

b) $a_1 = 2{,}5$ dm; $b_1 = 1{,}5$ dm; $a_2 = 15$ cm; $b_2 = 9$ cm; $h = 2{,}3$ dm

11. Welche Höhen haben quadratische Pyramidenstümpfe bei folgende Maßangaben:

a) $a_1 = 18$ cm; $a_2 = 12$ cm; $V = 2\,736\ \text{cm}^3$

b) $a_1 = 10$ cm; $a_2 = 4$ cm; $V = 0{,}52\ \text{dm}^3$

c) $a_1 = 2{,}5$ m; $a_2 = 15$ dm; $V = 7{,}35\ \text{m}^3$

d) $a_1 = 20$ cm; $a_2 = 8$ cm; $V = 2{,}08\ \text{dm}^3$

12. Berechne von den quadratischen Pyramidenstümpfen jeweils die fehlenden Größen.

a) $a_2 = 32$ cm; $h_s = 40$ cm; $A_O = 840\ \text{cm}^2$

b) $a_1 = 30$ cm; $a_2 = 24$ cm; $A_O = 4176\ \text{cm}^2$

c) $h = 5{,}4$ cm; $h_s = 5{,}6$ cm; $A_M = 235\ \text{cm}^2$

d) $h = 4{,}87$ cm; $h_s = 5{,}80$ cm; $V = 700\ \text{cm}^3$

13. Berechne von den Kreiskegelstümpfen jeweils die fehlenden Größen.

a) $r_1 = 7{,}2$ cm; $s = 8$ cm; $A_O = 422\ \text{cm}^2$

b) $h = 3{,}5$ cm; $s = 4{,}3$ cm; $V = 136{,}6\ \text{cm}^3$

14. Berechne das Volumen und die Masse der folgenden Gegenstände:

a) Garnrolle aus Holz mit einer Dichte von $\varrho = 0{,}5\ \frac{\text{g}}{\text{cm}^3}$ (Maßangaben in Zentimeter)

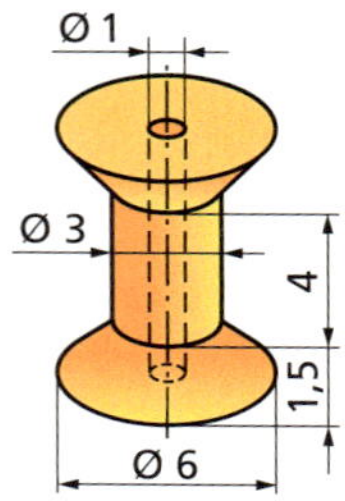

b) Stahlbolzen mit einer Dichte von $\varrho = 7{,}8\ \frac{\text{g}}{\text{cm}^3}$ (Maßangaben in Millimeter)

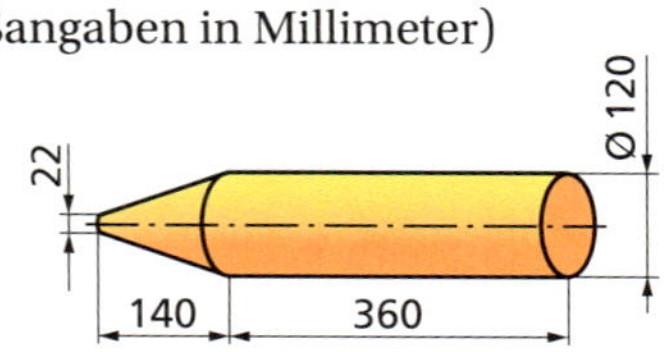

15. Welche Masse hat ein Korken mit einer Dichte von $0{,}24\ \frac{\text{g}}{\text{cm}^3}$ in Gestalt eines Kegelstumpfes mit den Durchmessern 3,2 cm und 2,4 cm sowie der Höhe 1,5 cm?

16. Ein Eimer hat ein Fassungsvermögen von Zehn Litern.
Sein unterer Durchmesser beträgt 18 cm, der obere Durchmesser ist 26 cm.

a) Wie hoch muss der Eimer sein, wenn über dem Wasserspiegel noch ein 6 cm freier Rand bleiben soll?

b) Wie viel Liter Wasser würden in den Eimer passen, wenn er vollständig bis zum Rand gefüllt wäre?

17. Stoffbezogene Lampenschirme haben oft eine Form wie auf dem Bild. Die Schirme sind oben und unten offen. Der Stoff „ummantelt" nur ein Drahtgerüst.
Wie viel Quadratmeter Stoff benötigt man zur Herstellung von 100 Schirmen, wenn die Durchmesser unten 60 cm, oben 46 cm und die Höhen 50 cm betragen? Außerdem sollen bei der Herstellung der Lampenschirme 12 % Verschnitt berücksichtigt werden.

18. Wie viel Kubikmeter Komposterde werden zum Füllen von 500 Blumentöpfen benötigt, von denen jeder dieser Blumentöpfe oben 13 cm und unten 8 cm lichte Weite aufweist und 12 cm hoch ist?

3.5 Gemischte Aufgaben

Beziehungen zwischen Körpern

1. Die Variablen a; b und c sollen Streckenlängen von Figuren bezeichnen.
Gib an, welche Größe mit dem jeweiligen Term berechnet werden kann und welche Bedeutung die Variablen haben.

a) $a \cdot b \cdot c$ b) $\pi \cdot a^2$ c) $\pi \cdot a^2 \cdot b$ d) $\pi \cdot a \cdot b$ e) $2\pi a(a+b)$

f) $\frac{1}{3} a \cdot b \cdot c$ g) $4 \cdot \pi \cdot a^2$ h) $\frac{1}{3}\pi \cdot a^2 \cdot b$ i) $\frac{4}{3}\pi \cdot a^3$ j) $\frac{1}{2} \cdot a \cdot b \cdot c$

2. Stelle nach den in Klammern gegebenen Größen um. Schreibe deine Lösungswege auf.

a) $V = \frac{1}{3}\pi r^2 h$ (h) b) $A_O = 2\pi r(r+h)$ (h) c) $A_M = 2h_s(a_1 + a_2)$ (a_1)

d) $V = \frac{4}{3}\pi r^3$ (r) e) $A_O = 2\pi r(r+h)$ (r) *f) $V = \frac{1}{3}\pi h({r_1}^2 + r_1 r_2 + {r_2}^2)$ (r_2)

3. a) Beschreibe, wie man einen Kreiszylinder, eine Kugel bzw. einen Kegelstumpf durch Rotation einer Fläche erzeugen kann.

b) Ein rechtwinkliges Dreieck rotiert um seine Hypotenuse. Beschreibe den Körper, der dabei entsteht.

4. Eine Kugel ist einem Kreiszylinder einbeschrieben. In welchem Verhältnis stehen der Oberflächeninhalt der Kugel und der Mantelflächeninhalt des Kreiszylinders zueinander?

5. Ein Kegel und ein Kreiszylinder haben das gleiche Volumen und den gleichen Grundflächeninhalt. Der Kegel hat eine Höhe von 15 cm. Wie hoch ist dann der Kreiszylinder?

6. Die folgenden Figuren rotieren um die eingezeichneten Achsen. Skizziere die Schrägbilder der Rotationskörper und berechne das Volumen des jeweiligen Rotationskörpers.

(1)
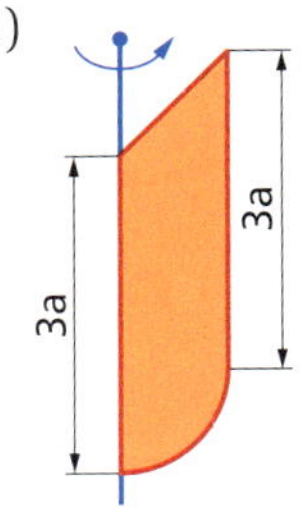

(2)
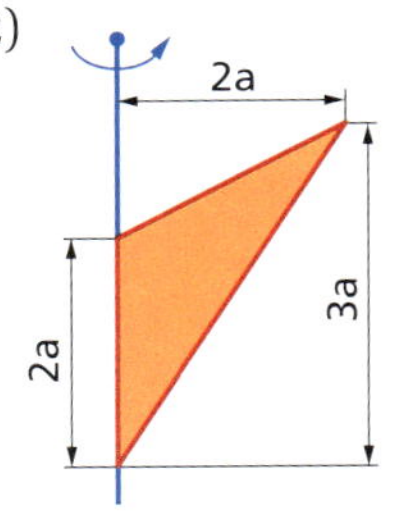

(3)
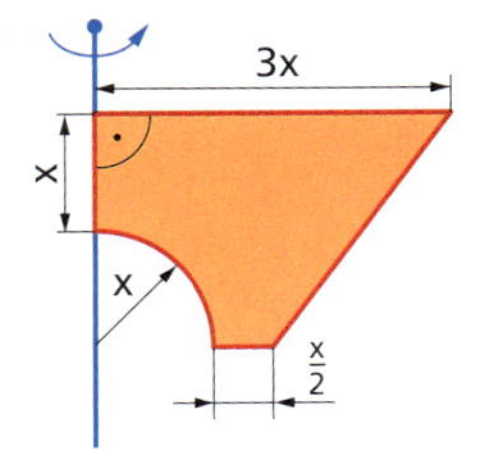

(4)
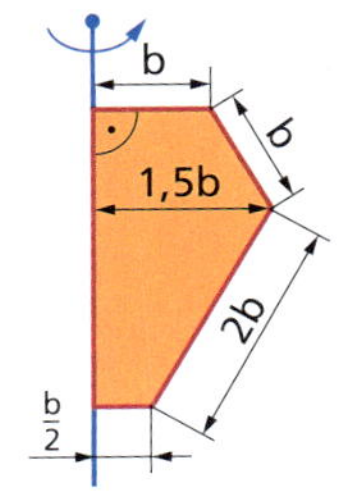

7. a) Übertrage die Netze im Maßstab 4 : 1 auf Zeichenkarton und falte sie zu Körpern.

b) Skizziere dann jeweils ein Schrägbild. Suche dir dazu eine möglichst vorteilhafte Lage für die Grundfläche des Körpers.

(1)
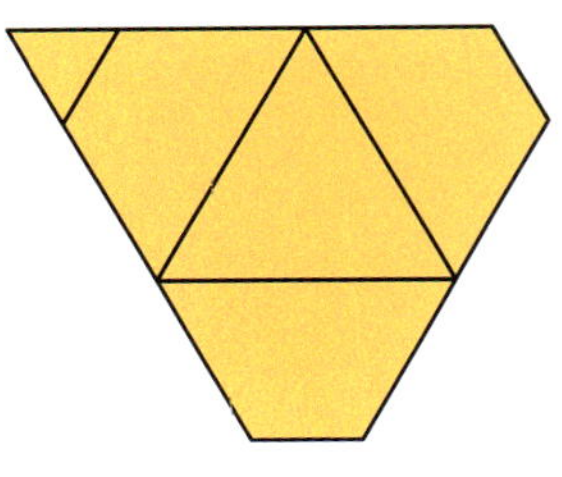

(2)
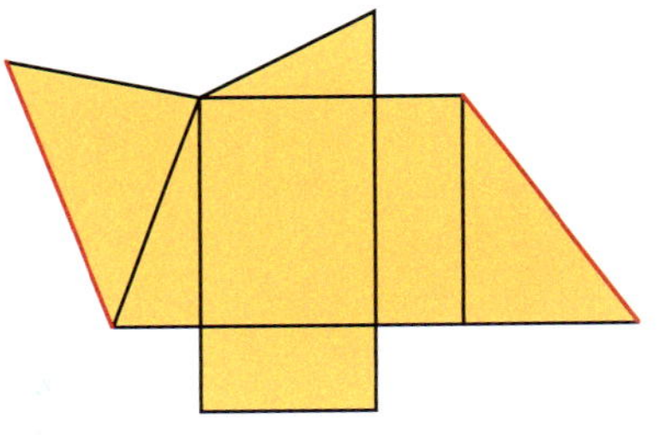

8. a) Zeichne die Netze der beiden in nebenstehender Abbildung dargestellten Körper.
b) Berechne jeweils das Volumen und den Oberflächeninhalt beider Körper.
c) Erläutere dein Vorgehen.

(1)

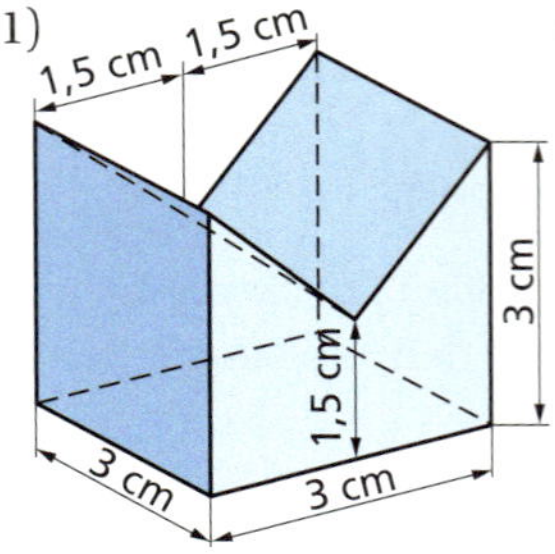

(2)

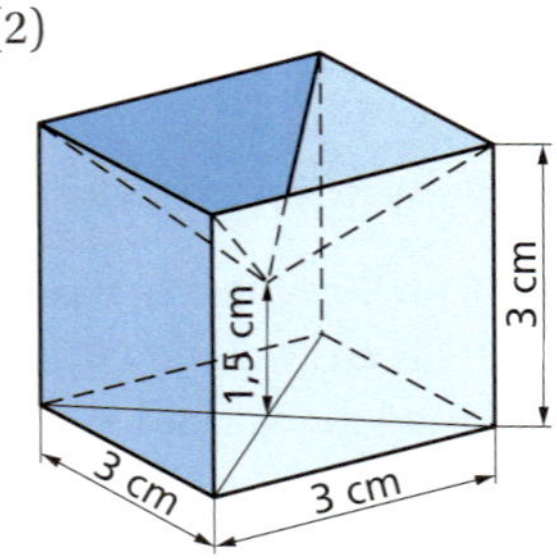

9. Aus einem Holzwürfel mit der Kantenlänge a wird die größtmögliche Kugel gedreht.
a) Wie groß ist der Durchmesser der Kugel?
b) Gib den Abfall in Prozent an.

***10.** Aus einer Holzkugel mit dem Durchmesser d wird ein größtmöglicher Würfel gefertigt.
Wie groß ist der prozentuale Abfall?

11. Eine Halbkugel, ein Kegel und ein Zylinder haben gleiche Grundfläche und gleiche Höhe.
In welchem Verhältnis stehen die Rauminhalte und die Oberflächeninhalte zueinander?
In welchem Verhältnis stehen Rauminhalte und Oberflächeninhalte zweier Kugeln zueinander, deren Radien sich wie 1 : 3 verhalten?

12. Eine Kugel hat einen Oberflächeninhalt von 20 cm^2.
Berechne den Radius einer zweiten Kugel, deren Oberflächeninhalt 2-mal, 3-mal, 5-mal bzw. 10-mal so groß ist.

13. Prüfe, ob es Körper mit folgenden Begrenzungsflächen gibt.
Gib, wenn möglich, auch den Namen des jeweiligen Körpers an:
a) ein Quadrat und vier gleichschenklig-rechtwinklige Dreiecke
b) vier gleichseitige Dreiecke
c) ein regelmäßiges Sechseck und sechs gleichseitige Dreiecke
d) zwei kongruente Fünfecke und fünf Rechtecke
e) zwei ähnliche Fünfecke und fünf Trapeze, die keine Rechtecke sind
f) zwei gleichseitige Dreiecke und drei gleichschenklige Trapeze
g) zwei kongruente Kreise und ein Rechteck
h) fünf kongruente Quadrate und vier kongruente gleichseitige Dreiecke

14. Ein regelmäßiges Sechseck soll um eine Diagonale rotieren.
a) Beschreibe, wie der dabei entstehende Körper aussieht.
b) Skizziere den dabei entstehenden Körper.
*c) Berechne das Volumen des dabei entstehenden Körpers für eine Seitenlänge des Sechsecks von 5 cm.

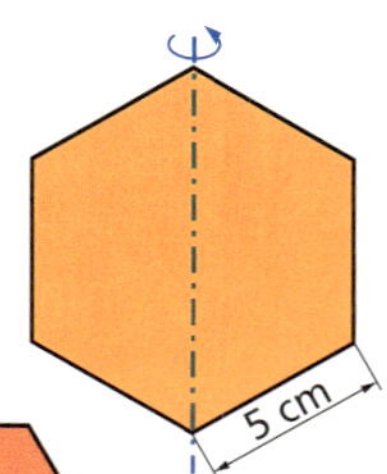

15. Ein regelmäßiges Sechseck soll um eine Symmetrieachse rotieren, die keine Diagonale ist.
a) Beschreibe, wie der entstehende Körper aussieht.
b) Skizziere den dabei entstehenden Körper.
*c) Berechne das Volumen des dabei entstehenden Körpers für eine Seitenlänge des Sechsecks von 5 cm.

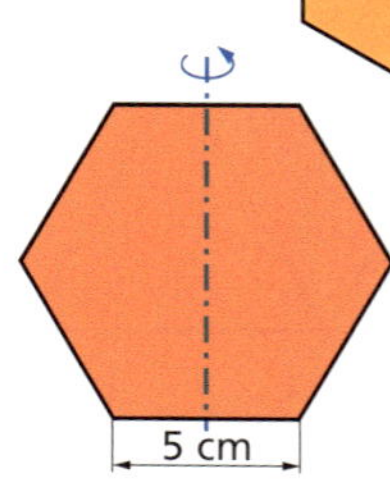

16. a) Gib in beiden Fällen die Formeln für das Volumen V, den Oberflächeninhalt A_O und den Mantelflächeninhalt A_M als Funktion von a an.

b) Berechne die jeweiligen Größen für a = 72,0 mm.

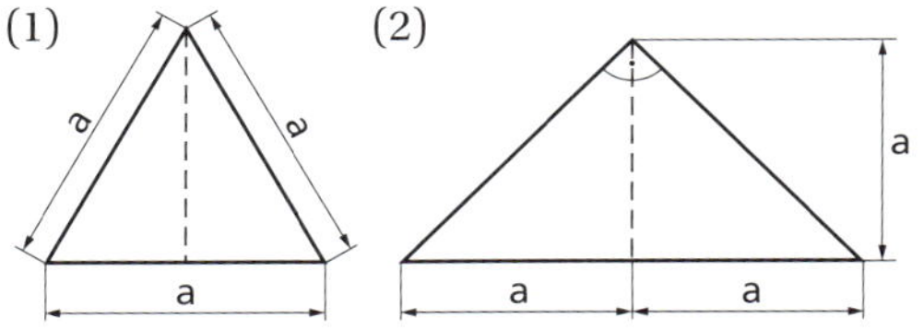

Körper in Architektur und Technik

17. Ein Trichter (d = 64,0 mm; h = 45,0 mm), den man als Kreiskegel betrachten kann, ist vollständig mit einer Flüssigkeit gefüllt, die in einen darunter befindlichen Messzylinder (r = 27 mm) fließt.

a) Berechne, wie viel Flüssigkeit der Trichter aufnehmen kann.

b) Ermittle die Höhe der Flüssigkeit im Messzylinder, wenn sie vollständig aus dem Trichter geflossen ist.

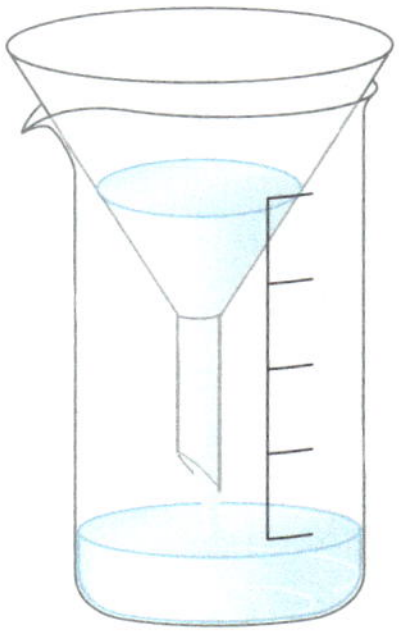

18. Ein mittelalterlicher Turm erhält ein neues Dach. Der Turm hat einen Durchmesser von 12 m und das Dach soll 4 m hoch werden. Wie lang müssen die Dachleisten sein, wenn sie 30 cm über den Turmrand hinausragen?

19. Die Abbildung trägt die Überschrift „Mathematik liegt auf der Straße".

a) Schätze das Volumen der beiden abgebildeten Körper.

b) Bestimme die ungefähre Masse des vorderen Körpers in Kilogramm, wenn er aus Marmor mit einer Dichte $\varrho = 2{,}6\,\frac{g}{cm^3}$ besteht.

c) Bestimme den Oberflächeninhalt des vorderen Körpers.

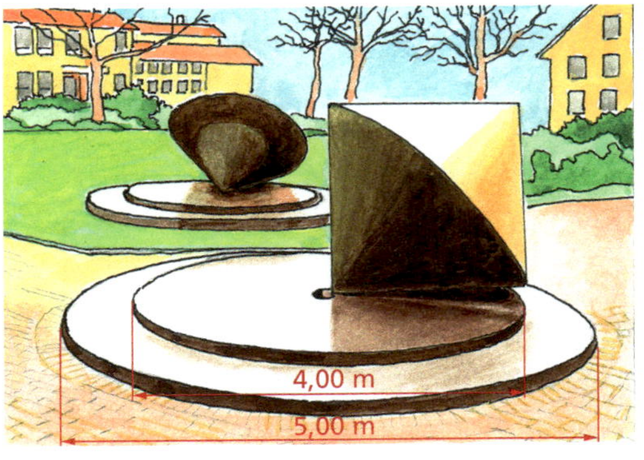

20. Für ein Kugellager werden Stahlkugeln mit 12 mm Durchmesser benötigt. Wie schwer ist eine Kugel?

21. Eine Spindel, die aus zwei gleich großen Kegeln besteht, hat die Maße h = 25 cm und d = 12 cm. Berechne Oberflächeninhalt und Volumen der Spindel.

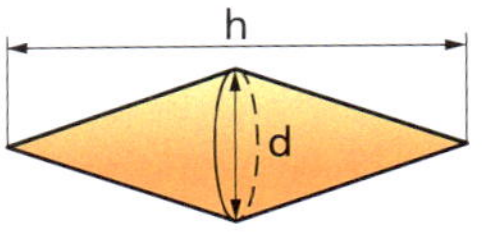

22. Berechne Volumen und Oberflächeninhalt der dargestellten Körper. (Maßangaben in Zentimeter)

a)

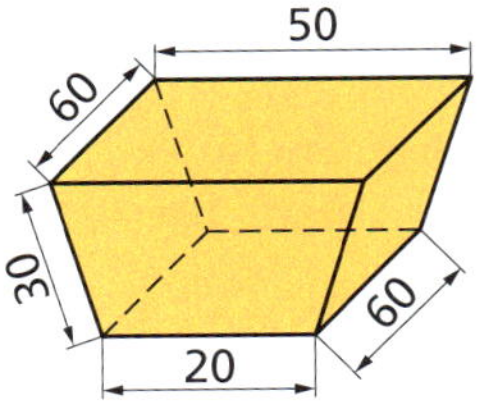

b)

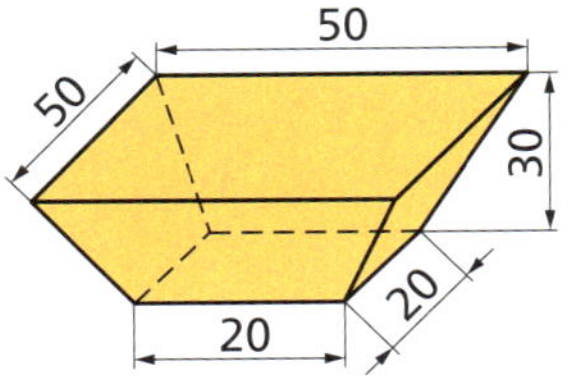

c)

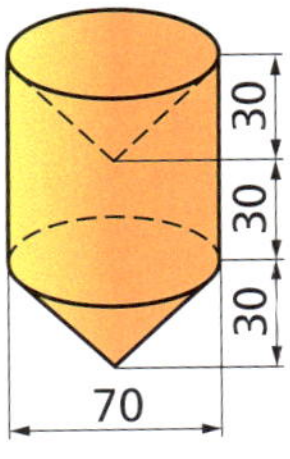

23. Aus einem 50 cm langen Rundstab mit einem Durchmesser von 1 cm wird ohne Materialverlust ein Draht mit einem Durchmesser von 0,6 mm gezogen. Berechne die Länge des Drahtes.

24. Ein Alaunkristall hat die Form eines Oktaeders. Die Kantenlänge beträgt a = 2,1 cm und die Masse m = 7,4 g.
Berechne die Dichte von Alaun.
Ein Oktaeder wird von acht zueinander kongruenten gleichseitigen Dreiecken begrenzt.

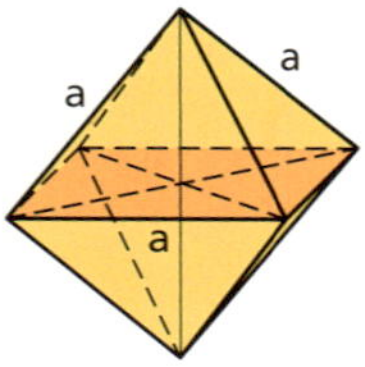

25. Ein Quarzkristall besteht aus einem regelmäßigen sechsseitigen Prisma mit einer Grundkante a = 1,7 cm und einer Höhe h = 6,2 cm und zwei aufgesetzten Pyramiden mit den Seitenkanten s = 2,5 cm. Der Kristall hat eine Masse von 145 g.

a) Berechne die Dichte von Quarz.

b) Vergleiche deinen errechneten Wert mit denen in einem Nachschlagewerk.

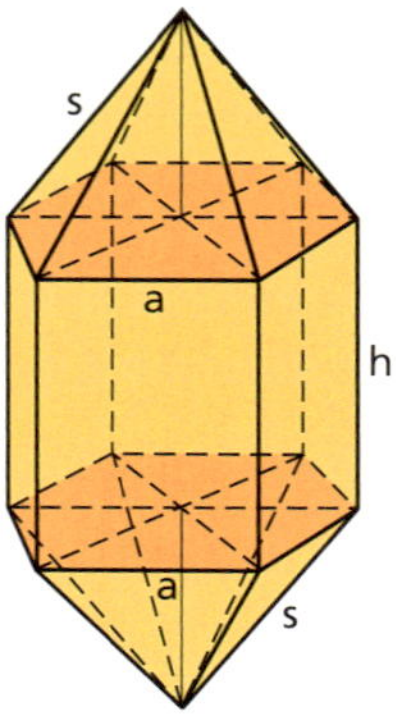

26. Wie dick darf die Wand einer Hohlkugel aus Blei mit einem Außendurchmesser von 12 cm höchstens sein, damit sie auf der Wasseroberfläche schwimmt und nicht untergeht?
Die Dichte von Blei beträgt $\varrho = 11{,}35\,\frac{\text{g}}{\text{cm}^3}$.

27. Berechne die Masse von jeweils 100 Stück der abgebildeten Körper aus Stahl mit einer Dichte $\varrho = 7{,}8\,\frac{\text{g}}{\text{cm}^3}$.

a)

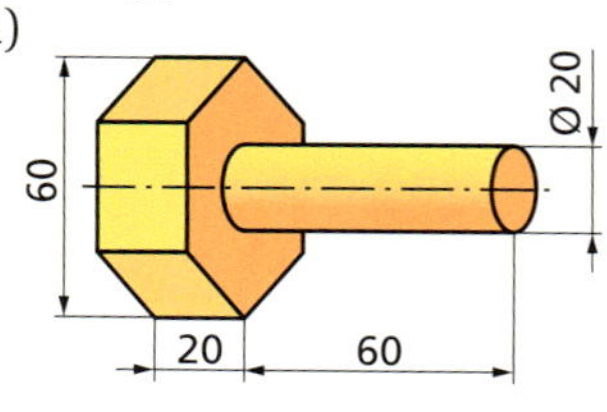

b)

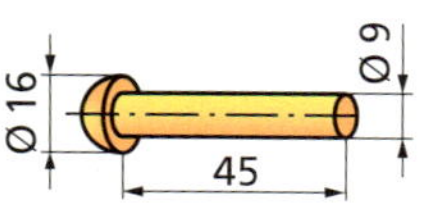

c)

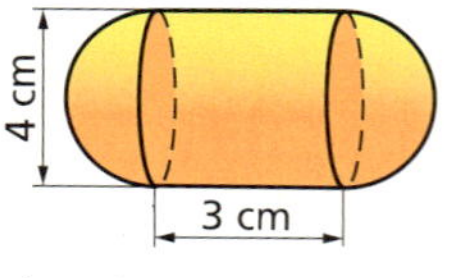

(Maßangaben in Millimeter)

28. Ein Veranstaltungszelt wird von zwei Stangen mit jeweils einer Länge von 4,50 m gehalten.
Das Zelt ist 25 m lang und 8,0 m breit.

a) Wie groß ist das Volumen des Zeltes?

*b) Wie viel Quadratmeter Zeltstoff werden zur Herstellung des Zeltes benötigt, wenn für Verschnitt, Nähte, Überlappungen ... ein Mehrbedarf von 15 % zu erwarten ist?

Vorderansicht:

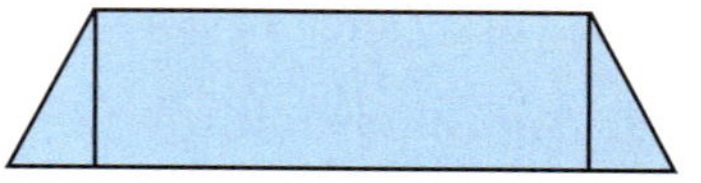

Draufsicht:

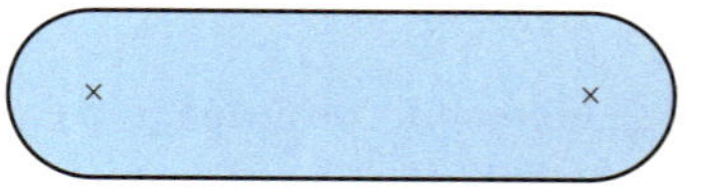

(nicht maßstabsgerecht)

29. Eine Betonsäule hat unten einen Umfang von 2,5 m, oben von 2,2 m. Die Höhe der Säule beträgt 4,5 m. Prüfe, ob die Säule mit einem Kran, dessen Höchstbelastung 4 t beträgt, transportiert werden kann.
Dichte von Beton: $2{,}3\,\frac{\text{g}}{\text{cm}^3}$

30. Von einem Bauteil aus Grauguss (Dichte: 7,6 g · cm^{-3}) mit einer Länge von 150 cm ist der Querschnitt gegeben.

a) Skizziere das Schrägbild des Bauteils.

b) Zeichne die Draufsicht.

c) Berechne die Gesamtmasse von 500 Teilen.

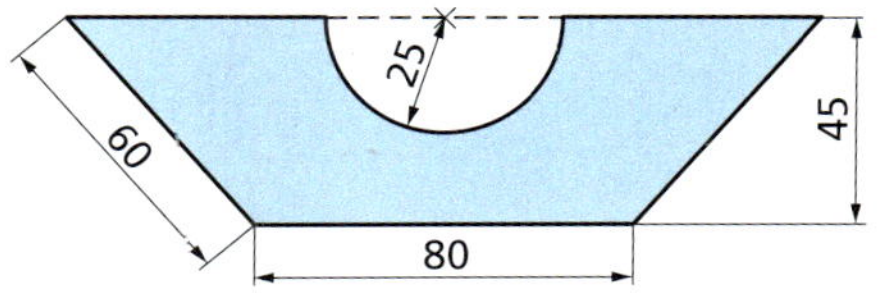

(Maßangaben in Zentimeter)

Schätzen und Vergleichen

31. Entscheide, welcher der folgenden Körper das größte Volumen hat? Schätze zuerst und rechne dann. Skizziere die Körper.

a) ein Würfel mit a = 7 cm

b) ein Quader mit l = 20 cm; b = 5 cm und h = 3 cm

c) eine quadratische Pyramide mit a = 6 cm und h = 30 cm

d) ein Kreiskegel mit r = 8 cm und h = 5 cm

e) ein Kreiszylinder mit u = 15,5 cm und h = 6 cm

f) eine Kugel mit r = 5 cm

32. Vergleiche die Inhalte beider Gefäße. Schätze zuerst und rechne dann.

Gefäß 1: Durchmesser d_1 = 8 cm; Höhe h_1 = 10 cm

Gefäß 2: Durchmesser d_2 = 9 cm

33. Während einer vierstündigen Arbeitszeit erzeugt ein Bagger aus der abgetragenen Erde einer Baugrube einen Schüttkegel von 2,5 m Höhe. Welchen ungefähren Durchmesser hat dieser Kegel, wenn die Baugrube die Maße 9 m × 6 m × 1,5 m aufweist und vollständig ausgebaggert wurde?

34. Vergleiche die Volumen der folgenden berühmten Pyramiden:

– Stufenpyramide des DJOSER	*Grundkantenlänge:*	109 m	*Höhe:*	60 m
– Pyramide des CHEOPS	*Grundkantenlänge:*	232,5 m	*Höhe:*	146,5 m
– Pyramide für den aztekischen Gott Quetzalcoatl (größte Pyramide der Welt)	*Grundfläche:*	18,2 ha	*Höhe:*	54 m

35. Kannst du eine Korkkugel mit einem Meter Durchmesser tragen? Ein Kubikzentimeter Kork wiegt 0,2 g.

36. Im Märchen „Hans im Glück" hatte Hans einen Klumpen Gold als Lohn bekommen. Dieser Goldbrocken sollte so groß sein wie der Kopf von Hans. Nehmen wir an, der Kopf hat eine Kugelform und einen Durchmesser von 20 cm.

a) Wäre Hans wirklich in der Lage, den Goldklumpen selber zu tragen? Begründe.

b) Berechne den Durchmesser des Goldklumpens bei einer Masse von 10 kg.

37. a) Schätze, wie schwer ein Golfball (d = 42 mm) ist, wenn ein Kubikzentimeter des Materials, aus dem er besteht, 1,15 g wiegt?

b) Rechne und vergleiche mit dem Schätzwert.

1. Gib Gleichungen für die Berechnung des Volumens der abgebildeten Körper an.
Hinweis: Die Gleichungen dürfen nur die angegebenen Variablen enthalten.

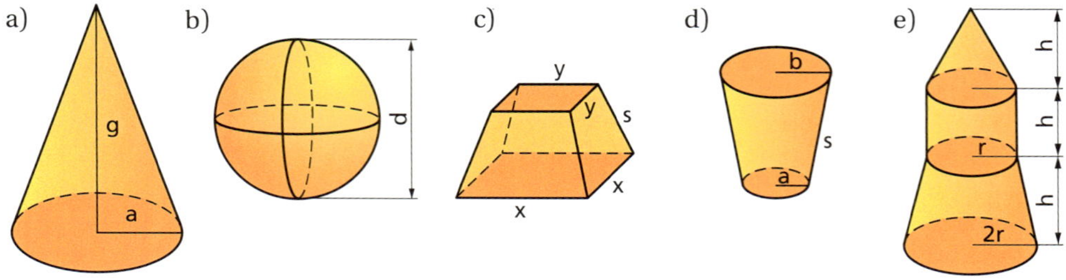

2. Wie groß ist das Volumen folgender Rotationskörper:
a) Ein Rechteck rotiert um die längere Seite (Seitenlängen: $a = 8$ cm; $b = 6$ cm).
b) Ein Quadrat rotiert um seine Diagonale (Seitenlänge: $a = 10$ cm).

3. Wie groß ist die Masse einer Hohlkugel (äußerer Durchmesser $d = 12$ cm; Wanddicke $a = 2$ mm) aus Glas? (Dichte: $2{,}7\,\frac{\text{g}}{\text{cm}^3}$)

4. a) Wie viel Liter Pflanzerde ist für 50 Blumenkübel (siehe Abbildung) erforderlich?
Maße: $d_1 = 30$ cm; $d_2 = 40$ cm; $h_1 = 15$ cm; $h = 40$ cm
b) Die Kübel sollen von außen beklebt werden. Wie hoch ist der Materialverbrauch, wenn man etwa 15 % Verschnitt einplant?

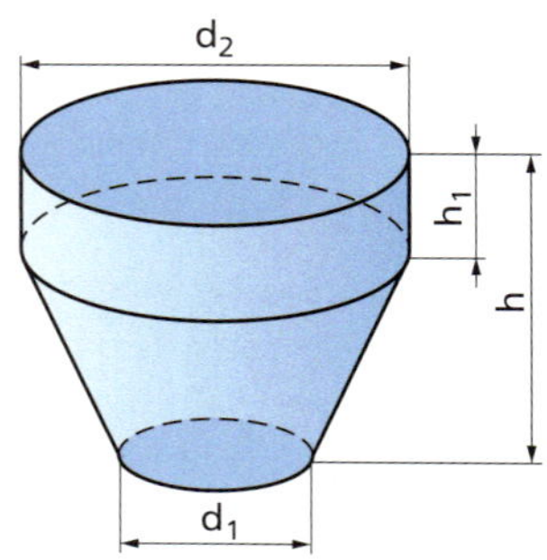

5. Der Mantel eines Kegels ist ein Halbkreis mit dem Radius R.
a) Wie groß ist die Grundfläche des Kegels?
b) Wie groß ist die Oberfläche des Kegels?
c) Wie groß ist das Volumen?
d) Durch die Spitze des Kegels wird senkrecht zur Grundebene ein ebener Schnitt geführt. Wie sieht die Schnittfläche aus? Wie groß ist sie?

6. Das nebenstehende Bauteil aus Beton hat folgende Maße:
$a = 1{,}2$ m; $b = 0{,}75$ m; $c = 0{,}6$ m; $d = 1{,}4$ m; $h = 2{,}0$ m;
Dichte: $2{,}2\,\frac{\text{g}}{\text{cm}^3}$
Berechne die Masse des Bauteiles.
Erläutere dein Vorgehen.

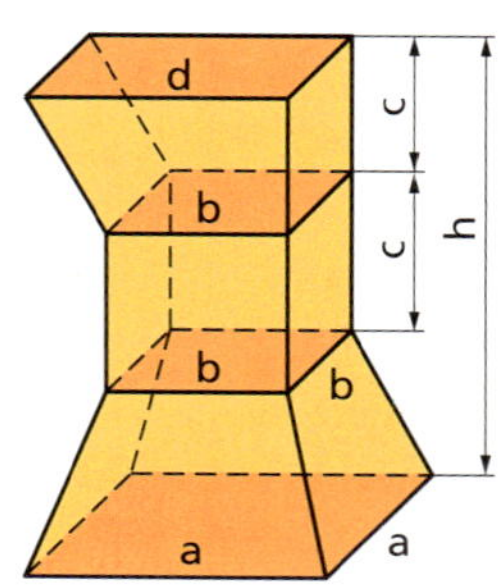

7. Welches Volumen hat der durch seinen Querschnitt gegebene Glaskörper?
Wie groß ist seine Innenfläche?
(Maßangaben in Zentimeter)

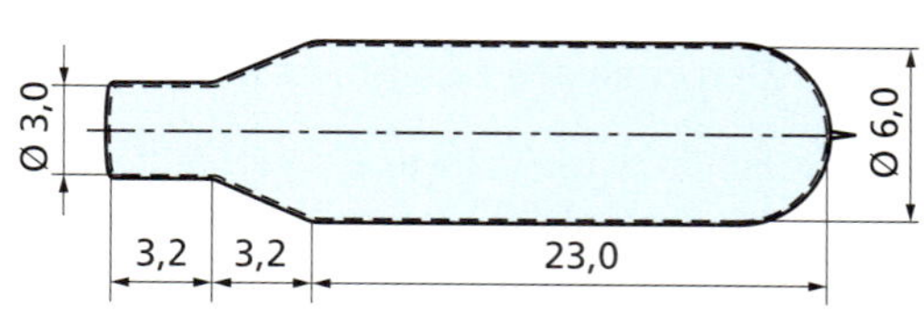

Körper

Prisma / Kreiszylinder

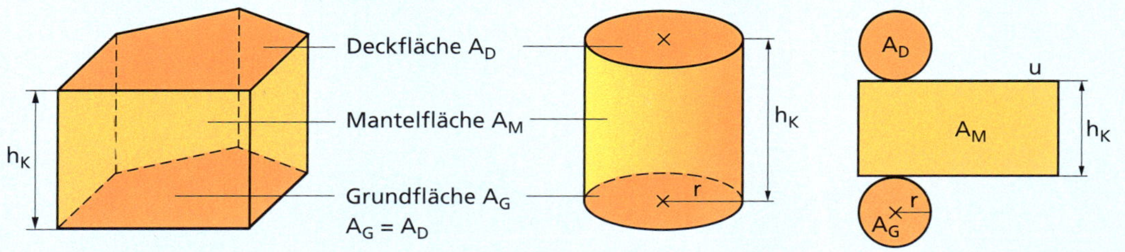

Volumen: $V = A_G \cdot h_K$

Oberflächeninhalt: $A_O = 2A_G + A_M$

Pyramide / Kreiskegel

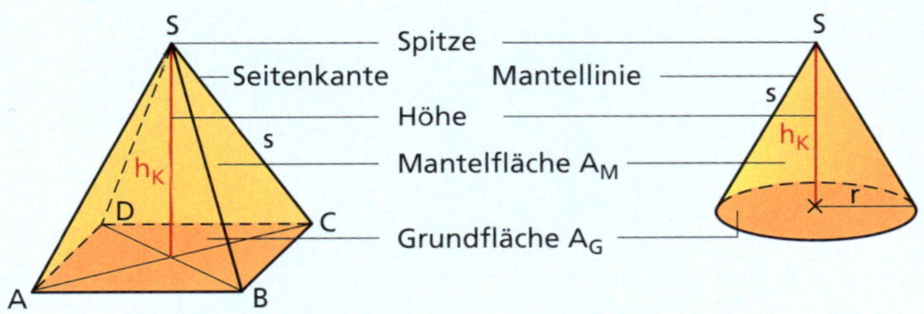

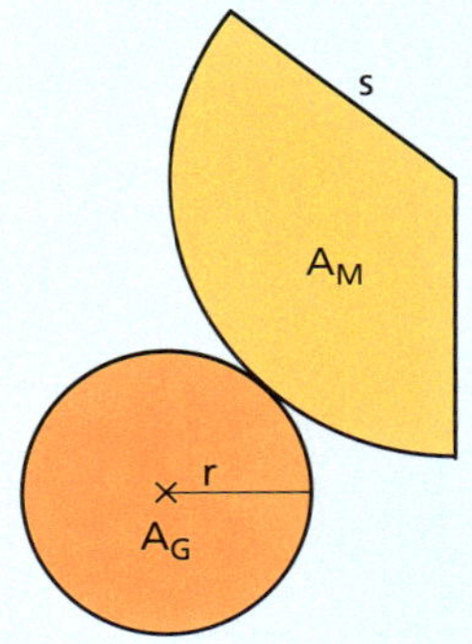

Volumen: $V = \frac{1}{3} A_G \cdot h_K$

Oberflächeninhalt: $A_O = A_G + A_M$

Kugel

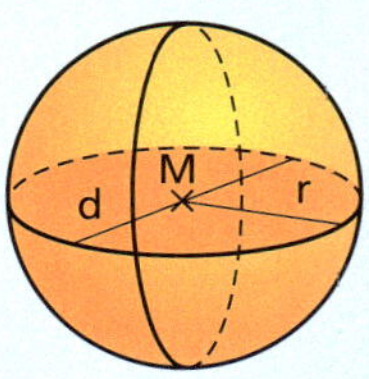

Volumen:
$V = \frac{4}{3}\pi \cdot r^3$

Oberflächeninhalt:
$A_O = 4\pi \cdot r^2$

Zusammengesetzte Körper

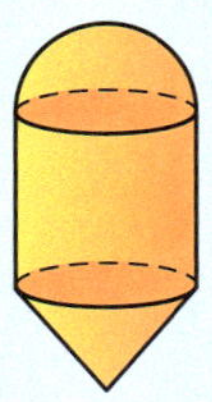

Volumen:
$V = V_1 + V_2 + V_3$

Oberflächeninhalt:
$A_O = A_{M_1} + A_{M_2} + A_{M_3}$

Stümpfe

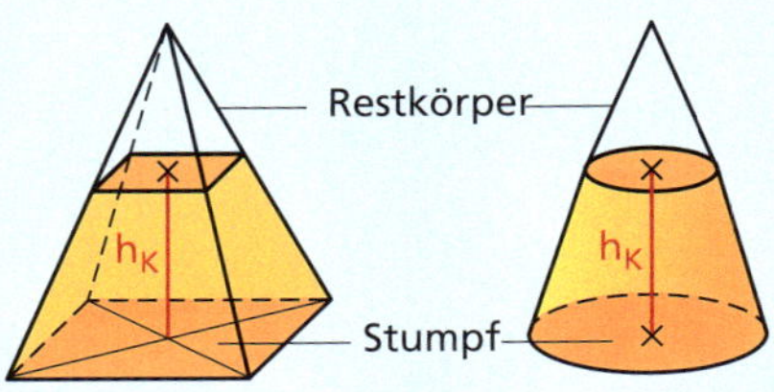

Volumen:
$V_{St} = V_K - V_R = \frac{1}{3} h_K (A_G + \sqrt{A_G \cdot A_D} + A_D)$

Oberflächeninhalt:
$A_O = A_G + A_M + A_D$

4 Mit Zufall und Wahrscheinlichkeit rechnen

Gewinnchancen beim Roulette

Ein Spieler setzt beim Roulettespiel auf das „untere Dutzend“.
Was versteht man unter dem „unteren Duzend“? Wie groß ist in diesem Fall die Gewinnchance? Vergleiche die Gewinnchancen der Spieler mit denen der Bank.

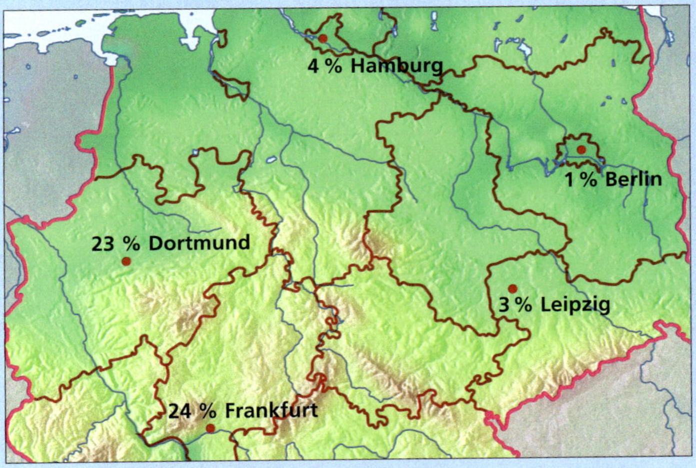

Wettervorhersagen

Niederschlagswahrscheinlichkeiten geben an, mit welcher Sicherheit ein Niederschlagsereignis (Regen, Schnee, Sprühregen) mit einer Mindesthöhe von 2 mm Wasser in einem festgelegten Zeitraum eintreten wird.
Was bedeutet eine Niederschlagswahrscheinlichkeit von 50 %? Informiere dich, wie Niederschlagswahrscheinlichkeiten ermittelt werden.

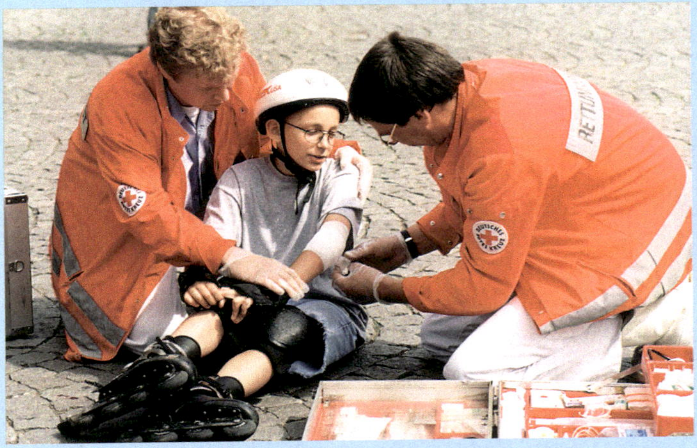

Risikogruppen

Im Straßenverkehr besitzen die 18- bis 24-Jährigen das höchste Unfallrisiko. Es ist dreimal so hoch wie bei anderen Altersklassen.
Informiere dich über die Entwicklung der Verkehrsunfälle in den vergangenen Jahren in deinem Bundesland. Begründe das hohe Unfallrisiko der Gruppe der 18- bis 24-Jährigen.

Daten erheben und verstehen

Beim Erheben von Daten muss die Ausgangsmenge, auf die sich eine Untersuchung beziehen soll, genau feststehen. Fragen müssen eindeutig formuliert werden. Dann wird z. B. in einer **Strichliste** festgehalten, wie oft jedes Ergebnis, jedes Merkmal oder jede Erscheinung auftritt.

Daten einer Befragung von 40 Schülern einer Schule über ihre Pläne nach dem Schulabschluss:

Studium	Berufsausbildung	Bundeswehr	Zivildienst	Sonstiges
𝍸 𝍸 ///	𝍸 𝍸 //	𝍸	////	𝍸 /

Daten darstellen

Aus Strichlisten lassen sich absolute und relative Häufigkeiten ermitteln. Werden den Ergebnissen, Merkmalen oder Erscheinungen Häufigkeiten zugeordnet, erhält man Häufigkeitsverteilungen. Bei relativen Häufigkeiten wird angegeben, welchen Anteil ein bestimmtes Merkmal an der Gesamtheit hat. Häufigkeitsverteilungen können tabellarisch und grafisch dargestellt werden.

	Studium	Berufsausbildung	Bundeswehr	Zivildienst	Sonstiges
Absolute Häufigkeit H	13	12	5	4	6
Relative Häufigkeit h	$\frac{13}{40} = 32{,}5\ \%$	$\frac{3}{10} = 30\ \%$	$\frac{2}{8} = 12{,}5\ \%$	$\frac{1}{10} = 10\ \%$	$\frac{3}{20} = 15\ \%$

Diagramme können absolute oder relative Häufigkeiten veranschaulichen.

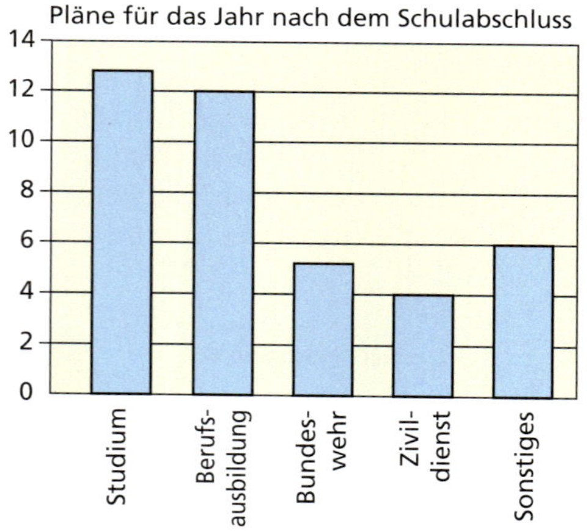

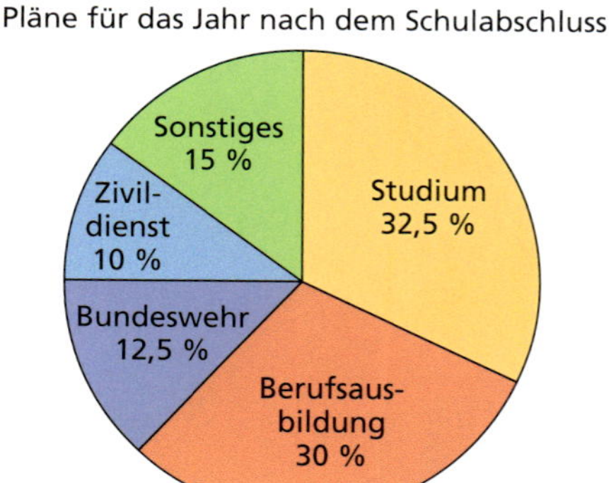

In der Befragung haben sich lediglich 40 Schüler einer **Grundgesamtheit**, die beispielsweise aus allen Schülern der Schule bestehen kann, zu ihren Zukunftsplänen geäußert. Eine solche Auswahl heißt **Stichprobe.** Die Stichprobe ist **repräsentativ,** wenn die Verteilungen der relativen Häufigkeiten in der Stichprobe und in der Grundgesamtheit etwa gleich sind. Dazu muss die Stichprobe genügend groß sein und zufällig bestimmt werden. Die Schüler der Schule müssten anteilig ähnliche Pläne haben wie die Schüler der Stichprobe. Es ist zu erwarten, dass eine Befragung von 40 Schülerinnen eine andere Häufigkeitsverteilung als die Befragung von 40 Schülern ergibt.

Daten auswerten und interpretieren

Zum Beschreiben von Häufigkeitsverteilungen können die Form der Verteilung und ausgewählte Kenngrößen dienen. **Maximum** und **Minimum** geben die größten bzw. kleinsten vorkommenden Werte an. Der **Mittelwert** ist das arithmetische Mittel, bei dem die Summe der auftretenden Werte durch deren Anzahl dividiert wird.

Ergebnisse beim Weitsprung:

Sprung	1	2	3	4	5
Weite	4,21 m	3,92 m	4,33 m	4,31 m	4,29 m

Maximum: 4,33 m *Minimum:* 3,92 m

Mittelwert: $\frac{4{,}21\text{ m} + 3{,}92\text{ m} + 4{,}33\text{ m} + 4{,}31\text{ m} + 4{,}29\text{ m}}{5} \approx 4{,}21\text{ m}$

Liegen mehrere Angaben für dasselbe Merkmal vor, wird der **gewogene arithmetische Mittelwert** berechnet. So ist beispielsweise der durchschnittliche Benzinverbrauch eines Autos im Stadtverkehr, auf Landstraßen und auf Autobahnen unterschiedlich. Um den Durchschnittsverbrauch für einen längeren Zeitraum zu bestimmen, wird der gewogene Mittelwert berechnet.

Ein Auto verbraucht durchschnittlich im Stadtverkehr 10,5 Liter, auf der Landstraße 6,3 Liter und auf der Autobahn 8,3 Liter Benzin für jeweils 100 km. Von den 15 000 km, die in einem Jahr gefahren werden, verteilen sich etwa 3 000 km auf die Stadt, 8 000 km auf die Landstraße und 4 000 km auf die Autobahn. Der Durchschnittsverbrauch beträgt:

$\frac{3\,000}{15\,000} \cdot 10{,}5\ l + \frac{8\,000}{15\,000} \cdot 6{,}3\ l + \frac{4\,000}{15\,000} \cdot 8{,}3\ l = 7{,}7\ l$ oder

$20\,\% \cdot 10{,}5\ l + 53{,}3\,\% \cdot 6{,}3\ l + 26{,}6\,\% \cdot 8{,}3\ l = 7{,}7\ l$

Aufgaben

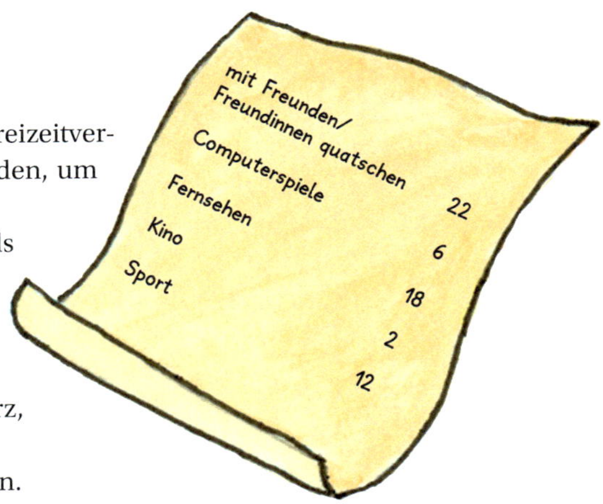

1. 30 Schüler einer Klassenstufe wurden zu ihrem Freizeitverhalten befragt. Jeder durfte sich genau zwei Mal melden, um seine Lieblingsbeschäftigungen zu nennen.
   a) Gib die verschiedenen Anteile als Bruch und als Prozentzahl an.
   b) Stelle die Angaben grafisch dar.

2. Von fünfhundert Befragten haben bei einer Umfrage 24 % die Lieblingsfarbe Rot, 18 % Blau, 30 % Schwarz, 7 % Grün und 2 % Weiß angegeben.
Alle übrigen wollten sich nicht auf eine Farbe festlegen.
   a) Bestimme die absoluten Häufigkeiten.
   b) Zeichne ein passendes Kreisdiagramm. Wie groß sind die einzelnen Sektoren?

3. Die Fläche des Landes Brandenburg beträgt 29 476,75 km². Davon werden 49,9 % landwirtschaftlich genutzt, 35 % sind Waldflächen und 3,4 % sind Wasserflächen.
   a) Wie viel Quadratkilometer Waldflächen hat das Land Brandenburg?
   b) Stelle alle Flächenanteile des Landes in einem Kreisdiagramm dar.

4. Zur Geschwindigkeitskontrolle hat die Polizei an einer Straße ein Radargerät aufgestellt. In 24 Stunden passierten insgesamt 385 Lkw, 491 Transporter und 1120 Pkw die überwachte Stelle. Die Anzahl der „Raser“ zeigt nebenstehende Darstellung.

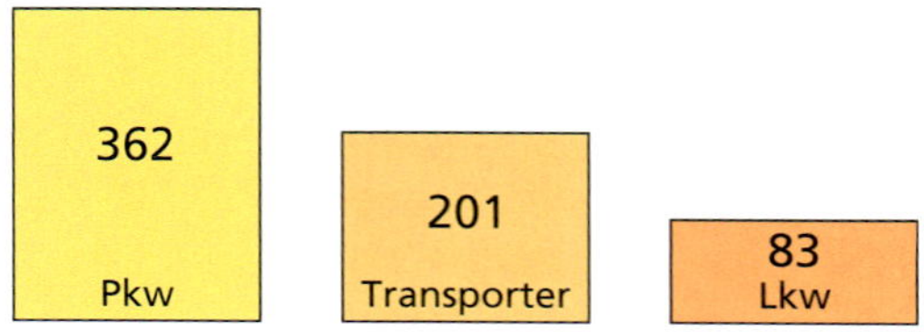

a) Formuliere eine Aussage zu dieser Übersicht.
b) Berechne die relative Häufigkeiten der „Raser“ in Prozent.
c) Wie viel Prozent aller Fahrer, die das Radargerät passiert haben, waren zu schnell?

5. Im Internet nahmen an einer Umfrage insgesamt 862 Schüler teil.

a) Interpretiert das Diagramm.
b) Gebt die absoluten Häufigkeiten für jedes Fach an und fertigt mithilfe einer Tabellenkalkulation und der Daten ein Kreisdiagramm an.
c) Führt eine entsprechende Umfrage in eurer Klasse durch und wertet die Umfrageergebnisse aus.
d) Vergleicht eure Ergebnisse mit den Ergebnissen aus dem vorgegebenen Diagramm. Was stellt ihr fest?

6. Drei neunte Klassen einer Schule haben in einem Vergleichstest die nebenstehenden Ergebnisse erreicht:

	1	2	3	4	5	6
9 a	4	8	12	2	0	2
9 b	6	6	9	1	2	0
9 c	5	7	11	2	1	1

a) Werte die Ergebnisse der einzelnen Klassen mittels Häufigkeitstabellen und geeignete Diagramme aus.
Verwende ein Tabellenkalkulationsprogramm. Begründe deine Wahl der Diagrammtypen.
b) Vergleiche nun das jeweilige Gesamtergebnis der drei Klassen miteinander und stelle es in geeigneter Form grafisch dar.
c) Welche der drei Klassen ist eine repräsentative Stichprobe für die Leistungen aller Schüler in diesem Test? Begründe.

7. 24 Schülerinnen und Schüler einer Klasse schätzen die Höhe eines 52 m hohen Turmes.
Schätzwerte in Meter: 50; 65; 60; 60; 58; 65; 45; 40; 38; 50; 50; 60; 55; 50; 60; 45; 55; 60; 57; 70; 40; 45; 50; 55

a) Werte die Schätzung aus. Welche Kenngrößen lassen sich berechnen?
b) Stelle die Schätzwerte in geeigneter Form dar und interpretiere das Diagramm.
c) Berechne zu jeder Schätzung den absoluten und den relativen Fehler.
d) Stelle die Verteilung der Fehler in einer Tabelle und in einem Histogramm dar.
e) Berechne den mittleren absoluten und den mittleren relativen Fehler.
f) Erläutere, warum man bei solchen Berechnungen den absoluten Betrag der Abweichung betrachtet und nicht die Abweichung selbst.

4.1 Zufällige Vorgänge und Zufallsexperimente

Gesellschaftsspiele werden oft durch Vorgänge entschieden, die vom Spieler nicht vorhergesehen oder beeinflusst werden können. Gewürfelte Augenzahlen sind z. B. vom Wunsch eines Spielers unabhängig, auch wenn man manchmal glaubt, dass die gewünschte Augenzahl tatsächlich gewürfelt wurde.

Warum ist das Würfeln einer Sechs nicht vorhersehbar? Suche andere zufällige Vorgänge.

Ein und derselbe Vorgang, z. B. das Schließen einer Bahnschranke, kann aber für verschiedene Beobachter unterschiedlich zufällig erscheinen.
Ein Urlauber mit geringen Ortskenntnissen denkt: „So ein Pech. Ausgerechnet jetzt geht die Schranke zu, wo ich es doch so eilig habe." Für ihn hat sich die Schranke zufällig geschlossen.
Er konnte im Voraus nicht wissen, ob er am Übergang warten muss oder nicht. Eine junge Frau weiß, dass auf dieser Strecke sehr viele Züge fahren. Sie konnte sich ziemlich sicher sein, dass sie warten muss. Ein Angestellter der Bahn kennt den Fahrplan genau. Ihm sind die Durchfahrzeiten der Züge bekannt und somit ist für ihn das Schließen der Schranke kein zufälliger Vorgang.

Je mehr Informationen Beobachter haben, umso sicherer können Erwartungen vorhergesagt werden. Aus Erfahrung weiß man, dass ein Stein nach dem Hochwerfen auf der Erde wieder herunterfallen muss. Solch ein Vorgang, bei dem nur ein **Ergebnis** möglich ist, heißt **bestimmt** oder determiniert.
Das Ziehen der Lottozahlen dagegen ist ungewiss. Ein Lottospieler würde gern im Voraus wissen, welche Zahlen bei der nächsten Ziehung gezogen werden. Wenn alles mit rechten Dingen zugeht, kann aber niemand vorhersagen, welche Zahlen das sein werden.

> **Vorgänge,** bei denen mehrere Ergebnisse möglich sind und bei denen nicht vorausgesagt werden kann, welches Ergebnis eintritt, heißen **zufällig** oder stochastisch.
>
> Zufällige Vorgänge, die unter gleichen Bedingungen beliebig oft wiederholbar sind, werden Zufallsversuche oder **Zufallsexperimente** (auch stochastische Experimente) genannt.

Die Antworten auf folgende Fragen kennzeichnen zufällige Vorgänge näher:
- Welcher Vorgang läuft ab bzw. welches Experiment wird durchgeführt?
- Welches Merkmal soll betrachtet werden? Was interessiert?
- Welche Ergebnisse können eintreten?
- Welche Bedingungen beeinflussen den Verlauf und das Ergebnis des Vorgangs?

Vorgang	Merkmal	Mögliche Ergebnisse	Bedingungen
Würfeln mit einem Spielwürfel	Augenzahl	1; 2; 3; 4; 5; 6	Wurftechnik, Beschaffenheit des Würfels und der Unterlage …
Teilnahme am Wettrennen	Sieg	ja; nein	Kondition, Laufstärke der Teilnehmer …
Wetterbeobachtung im Urlaub	Zahl der Sonnentage	0; 1; … Zahl der Urlaubstage	Urlaubzeit, Urlaubsort …

Vorgang: Drei Reißzwecken werden aus einem Becher auf eine Tischplatte geworfen.

Merkmal: Anzahl der Reißzwecken, bei denen dann die Spitze nach oben zeigt.

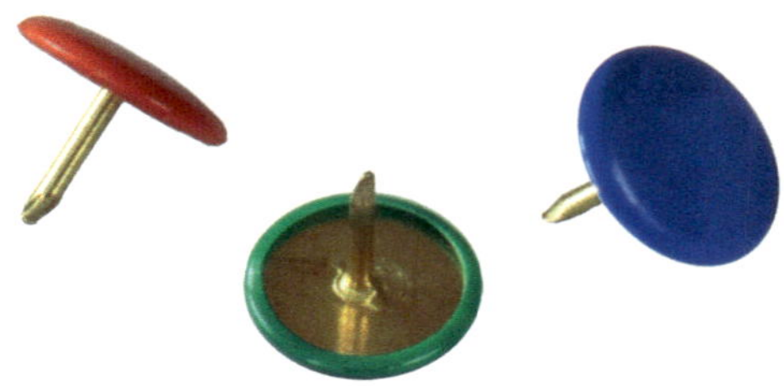

Mögliche Ergebnisse: 0; 1; 2; 3

Bedingungen: Bei jedem Wurf werden dieselben Reißzwecken in gleicher Weise geworfen.
Alle Reißzwecken liegen am Ende des Vorgangs auf dem Tisch.
Die Tischplatte hat überall die gleiche Beschaffenheit.

Bei diesem Experiment kann man beispielsweise fragen, wie groß die Chance ist, dass genau eine der Spitzen nach oben zeigt. Dazu sind viele Versuche erforderlich. Alle Versuche müssen unter gleichen Bedingungen durchgeführt werden. Ändern sich die Bedingungen, so ändern sich meist auch die Chancen für die einzelnen Ergebnisse. Die Reißzwecken dürfen also nicht ausgetauscht werden. Die Beschaffenheit der Tischplatte darf sich nicht ändern.

Zufallsexperimente sind nur dann sinnvoll, wenn die Bedingungen bei jedem Vorgang nahezu gleich bleiben.

Auch das Ziehen der Lottozahlen ist ein Zufallsexperiment. Es wird immer darauf geachtet, dass alle Ziehungsvorgänge unter genau festgelegten Bedingungen ablaufen. Dazu gehören u. a. die Vollständigkeit des Kugelsatzes, die Beschaffenheit der Kugeln und des Ziehungsgerätes und die Drehgeschwindigkeit der Ziehungstrommel. Notare überwachen die Ziehungen.

Aufgaben

1. Nenne und beschreibe Vorgänge, bei denen die Ergebnisse vorhersehbar sind, und solche, bei denen die Ergebnisse zufällig sind.

2. Drei Ein-Euro-Münzen, die sich äußerlich nicht unterscheiden lassen, werden gleichzeitig geworfen. Zeige, dass zu diesem Vorgang vier Ergebnisse gehören.
Erläutere dein Vorgehen.

3. Das Werfen einer Streichholzschachtel soll als Zufallsexperiment durchgeführt werden.
Beschreibe Merkmal, Ergebnisse und Bedingungen.

4. Welche der folgenden Ereignisse sind Zufallsversuche?
Gib jeweils eine Begründung an.
a) Klaus bestellt im Restaurant eine von 15 möglichen Mahlzeiten.
b) Ayse wirft eine Heftzwecke (Reißzwecke) zehnmal und notiert, ob die Zwecke auf dem Rücken liegt oder nicht.
c) Carsten wählt in einem Café vier verschiedene Stücke Torte von zwölf möglichen aus.
d) Emilia zieht aus einem Kartenspiel mit 32 Blatt nacheinander drei Karten.
e) Christine zieht ein Kärtchen aus einer Vokabelbox mit insgesamt 300 Kärtchen.
f) Beate spielt für 80 Cent vier Runden an einem Spielautomaten.
g) Melanie steht an einer Straßenkreuzung und notiert die Städte, aus denen die nächsten 50 Fahrzeuge kommen.
h) Philipp spielt „Scrabble" und zieht dazu aus einem undurchsichtigen Sack, in dem sich Spielsteine mit Buchstaben befinden, einen Buchstaben.
i) Erkan wirft mit einem Pfeil auf eine Dartscheibe.
j) Claudia wirft einen Schlagball 43,67 m weit.

5. Die nebenstehende Abbildung zeigt eine Straßenkreuzung.
a) Nenne und beschreibe mehrere Vorgänge, die du als zufällig bezeichnen würdest.
b) Was kann bei diesen Vorgängen in den nächsten Minuten passieren?
c) Bei welchen deiner Voraussagen bist du dir absolut sicher, bei welchen nicht?

6. Steffi und Bryan spielen „Mensch ärgere dich nicht". Nach einer Weile meint Bryan: „Der Würfel ist falsch. Die Wahrscheinlichkeiten für die hohen Zahlen sind geringer als die für die niedrigen Zahlen." Daraufhin testen sie den Würfel.
Steffi würfelt 750-mal und Bryan führt eine Strichliste.
Nach der Auszählung werden die ermittelten Häufigkeiten in eine Tabelle übertragen.

1	2	3	4	5	6
141	136	129	119	121	?

a) Gib an, wie oft eine Sechs gewürfelt wurde.
b) Wie groß sind die relativen Häufigkeiten für die einzelnen Augenzahlen?
c) Hat Bryan mit seiner Vermutung recht? Begründe.
d) Testet selbst einen Würfel und ermittelt die Wahrscheinlichkeitsverteilung.
e) Was könnt ihr über euren Würfel aussagen?

7. Eine Reißzwecke kann nach dem Werfen auf eine Tischfläche zwei Positionen einnehmen.
a) Untersucht die absoluten und relativen Häufigkeiten für die beiden Lagemöglichkeiten mehrerer Reißzwecken.
b) Stellt eure Ergebnisse der Klasse vor.

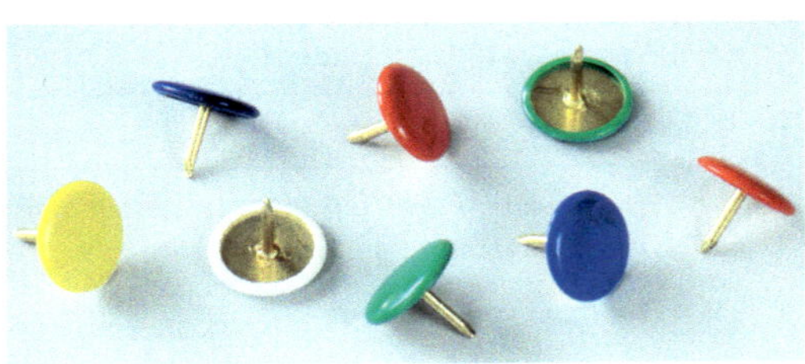

4.2 Zufallsexperimente und Wahrscheinlichkeiten

Ein Glücksrad ist in sechs gleiche Sektoren unterteilt, die unterschiedlich gefärbt sind.
Ein Hauptgewinn wird ausgegeben, wenn der Pfeil auf ein rotes Feld zeigt. Es gibt einen Trostpreis, wenn er auf ein grünes Feld zeigt. Zeigt er auf ein gelbes Feld, gibt es keinen Preis.

Welche Farbe wird deiner Meinung nach am häufigsten nach dem Drehen auftreten? Begründe deine Entscheidung.

Ereignisse

Alle Ergebnisse eines zufälligen Vorgangs bilden die **Ergebnismenge Ω,** die auch als Ergebnisraum oder Beobachtungsraum bezeichnet wird. Werden einzelne oder mehrere Ergebnisse aus einer Ergebnismenge ausgewählt, spricht man auch von einem Ereignis.

Ein **Ereignis** ist eine Teilmenge der Ergebnismenge Ω. Zur Unterscheidung der einzelnen Ereignisse werden Großbuchstaben verwendet (A, B ... bzw. E_1, E_2 ...).

Mit einem Spielwürfel können die Augenzahlen 1; 2; 3; 4; 5 und 6 gewürfelt werden.

Diese sechs Augenzahlen zusammen bilden die Ergebnismenge Ω = {1; 2; 3; 4; 5; 6}.
Andere Fälle (der Würfel liegt auf „Kippe“ oder rollt vom Tisch) bleiben unberücksichtigt.

Ereignis	Wortformulierung	Kurzformulierung
A	Die gewürfelte Augenzahl ist größer als 3.	A = {4; 5; 6}
B	Die gewürfelte Augenzahl ist gerade.	B = {2; 4; 6}
C	Die gewürfelte Augenzahl ist kleiner als 1.	C = { }
D	Die gewürfelte Augenzahl ist größer als 0.	D = {1; 2; 3; 4; 5; 6} = Ω

Wenn drei Reißzwecken auf eine Tischplatte geworfen werden, kann die Spitze bei keiner, bei einer, bei zwei oder bei allen drei Reißzwecken nach oben zeigen.

Diese vier Möglichkeiten bilden zusammen die Ergebnismenge Ω = {0; 1; 2; 3}.

Ereignis	Wortformulierung	Kurzformulierung
A	Es zeigt mehr als eine Spitze nach oben.	A = {2; 3}
B	Höchstens eine Spitze zeigt nach oben.	B = {0; 1}

Wenn die Ergebnismenge Ω genau drei Elemente enthält, können $2^3 = 8$ verschiedene Ereignisse gebildet werden.

- *Ergebnismenge:* {A; B; C}
  Ereignisse: { }, {A}, {B}, {C}, {A; B}, {A; C}, {B; C}, {A; B; C}

Allgemein gilt: Besitzt die Ergebnismenge n Elemente, so gibt es 2^n Ereignisse.
{ } ist die leere Menge, {A}, {B}, {C} nennt man auch **Elementarereignisse.**

Für den Fall, dass ein Ereignis **unmöglich** ist, schreibt man { } oder **Ø**.
Tritt ein Ereignis auf jeden Fall ein, ist es **sicher**, dann schreibt man Ω.
Beim „Werfen einer Münze" ist {W; Z} das sichere Ereignis.

- Beim zufälligen „Werfen einer Münze" kann das Wappen W oder die Zahl Z oben liegen.
  Ergebnismenge: Ω = {W; Z}
  Andere Fälle (die Münze landet auf dem Rand) bleiben unberücksichtigt.

Ereignis	Wortformulierung	Kurzformulierung
A	Wappen liegt oben.	A = {W}
B	Zahl liegt oben.	B = {Z}
C	Wappen oder Zahl liegen oben.	C = {W; Z}
D	Weder Wappen noch Zahl liegen oben.	D = { }

Ereignisse und Häufigkeiten

Zufallsexperimente können mithilfe absoluter und relativer Häufigkeit ausgewertet und verglichen werden.

Absolute Häufigkeiten H(A) geben an, wie oft ein Ereignis A bei der Durchführung von n Versuchen oder Beobachtungen eintritt. Bei **relativen Häufigkeiten** h(A) wird die absolute Häufigkeit H(A) durch die Anzahl der Versuche n dividiert.

$h(A) = \frac{H(A)}{n}$

Relative Häufigkeiten können in Bruchschreibweise, in Dezimalbruchschreibweise oder in Prozentschreibweise angegeben werden.

In einem Experiment wurden gleichzeitig drei Reißzwecken geworfen. Das Experiment wurde 1000-mal durchgeführt. Dabei wurde beobachtet und protokolliert, wie oft genau eine Spitze nach oben gezeigt hat. In der Tabelle sind die Beobachtungen nach 20, 50, 100, 200, ... 1000 Durchführungen enthalten.

n	20	50	100	200	300	400	500	600	700	800	900	1000
H(A)	6	19	39	80	130	185	219	249	299	341	386	432
h(A)	0,333	0,380	0,390	0,400	0,433	0,463	0,438	0,415	0,428	0,426	0,429	0,432

Das Diagramm zeigt die relative Häufigkeiten h(A) bei verschiedenen Anzahlen der Würfe.

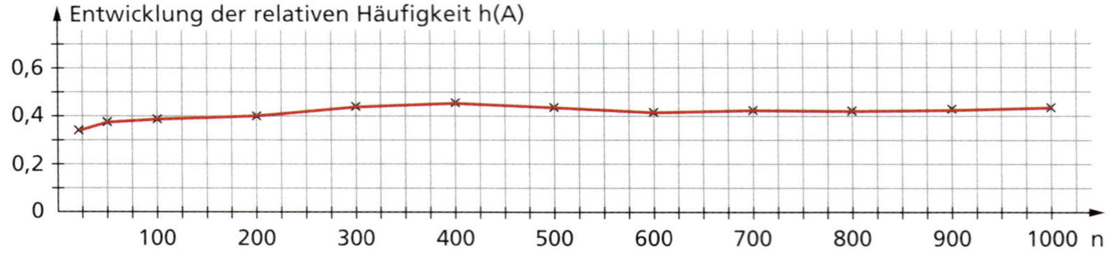

Die relative Häufigkeit h(A) stabilisiert sich bei zunehmender Anzahl der Würfe immer mehr. Die Schwankungen nehmen ab. Der Wert h(A) strebt gegen eine feste Zahl zwischen 0,4 und 0,5.

Dies kann man bei vielen zufälligen Vorgängen beobachten. So weiß man u. a. heute, dass die relative Häufigkeit der Geburt von Mädchen nur wenig vom Wert 0,5 bzw. 50 % abweicht.

Häufigkeiten und Wahrscheinlichkeiten

Das **Gesetz der großen Zahlen,** das auf Erfahrungen beruht, beschreibt diese Stabilisierung:

> Bei einer ausreichend großen Anzahl von Zufallsexperimenten weicht die relative Häufigkeit eines Ereignisses nur wenig von einem festen Wert ab.
> Der Wert, gegen den die relative Häufigkeit strebt, wird **Wahrscheinlichkeit** (engl. *probability*) genannt und mit P bezeichnet.
> Unter P(A) versteht man die Wahrscheinlichkeit des Ereignisses A.

Beim Versuch mit den drei Reißzwecken ist P(A) ≈ 0,43. Die Wahrscheinlichkeit, dass nach einem Wurf genau eine Spitze nach oben zeigt, ist ungefähr 0,43 oder 43 %.

Auch Versicherungsunternehmen nutzen diesen Zusammenhang, um die Beitragshöhen ihrer Versicherten festzulegen. Bei einem Versicherungsunternehmen sind 980 000 Fahrzeuge haftpflichtversichert. Die Tabelle enthält die Anzahl der gemeldeten Schäden zweier Risikogruppen für das vergangene Jahr.

Alter der Fahrzeughalter	Anzahl der versicherten Fahrzeuge	Anzahl der gemeldeten Schäden
unter 23 Jahren	174 000	12 300
30 bis 40 Jahre	230 000	6 200

Zur jährlichen Beitragsfestlegung wird die Versicherung neben anderen Faktoren das Schadensrisiko berücksichtigen.

Ereignis	Wortformulierung	Wahrscheinlichkeit
A	Schaden beim Halter unter 23 Jahren.	$h(A) = \frac{12\,300}{174\,000} = 0{,}07 = 7\,\%$
B	Schaden beim Halter zwischen 30 und 40 Jahren.	$h(B) = \frac{6\,200}{230\,000} = 0{,}026 = 2{,}6\,\%$

Die Wahrscheinlichkeit (das Risiko), dass ein Versicherter unter 23 Jahren einen Schaden meldet, beträgt 7 % und für die 30- bis 40-jährigen Versicherten 2,6 %.

> Die **Wahrscheinlichkeit ist ein Schätzwert** für die relative Häufigkeit.
>
> Die Wahrscheinlichkeit ist ein Wert zwischen 0 und 1 bzw. zwischen 0 % und 100 %.
>
> Die Wahrscheinlichkeit des unmöglichen Ereignisses ist 0 bzw. 0 %.
>
> Die Wahrscheinlichkeit des sicheren Ereignisses beträgt 1 bzw. 100%.

Ereignis	Absolute Häufigkeit	Relative Häufigkeit	Wahrscheinlichkeit
unmögliches Ereignis $\emptyset$	$H(A) = 0$	$h(A) = \frac{0}{n} = 0$	$P(A) = 0$
sicheres Ereignis Ω	$H(\Omega) = n$	$h(\Omega) = \frac{n}{n} = 1$	$P(\Omega) = 1$

Ordnet man jedem Ereignis eines zufälligen Vorganges seine Wahrscheinlichkeit zu, so erhält man eine **Wahrscheinlichkeitsverteilung.**

Aufgaben

1. In einem Behälter befinden sich zehn blaue (b) und zehn rote (r) Kugeln. Als Zufallsexperiment werden nacheinander drei Kugeln „auf gut Glück" gezogen und ihre Farbe wird aufgeschrieben. Ein Ergebnis könnte sein (b, r, r), ein anderes (r, b, r), d.h., die Reihenfolge der Farben wird berücksichtigt. Gib die Ergebnismenge an. Sie enthält acht Elemente.

2. In einem Behälter befinden sich zehn blaue (b), zehn grüne (g) und zehn rote (r) Kugeln. Als Zufallsexperiment werden nacheinander zwei Kugeln „auf gut Glück" gezogen und ihre Farbe wird aufgeschrieben. Die Reihenfolge der Farben wird berücksichtigt.
   a) Gib die Ergebnismenge an.
   b) Wie viele Elemente enthält die Ergebnismenge, wenn man statt zwei drei Kugeln zieht?

3. Beim Spiel „MAX" wird mit zwei Würfeln gewürfelt. Die gewürfelten Augenzahlen werden zu einer zweistelligen Zahl zusammengesetzt, sodass die größere immer den Zehner und die kleinere immer den Einer bildet. Liegen z.B. eine Eins und eine Vier, so ist das Ergebnis 41. Gleiche Augenzahlen bilden einen Pasch, z.B. zwei Fünfen den Fünferpasch. Das höchste Ergebnis sind eine Eins und eine Zwei, der sogenannte „MAX". Gib die Ergebnismenge an.

4. Informiere dich über die Spielregeln beim Roulette, benutze hierfür auch das Internet. Nenne mögliche Ergebnisse und gib die Ergebnismenge an. (Vgl. S. 133) Wie hoch sind die Gewinne bei den genannten Ergebnissen?

5. Bernd würfelt mit einem Spielwürfel, in Form eines Hexaeders mit den Zahlen 1; 2; 3; ... auf den Seitenflächen.
   a) Wie sieht ein Hexaeder aus? Gib die Ergebnismenge an.
   b) Schreibe für das Ereignis E „Es wird eine Primzahl gewürfelt" alle möglichen Ergebnisse auf.

6. Katja und Martin spielen „Mensch ärgere dich nicht“. Martin gehören die blauen Spielsteine und Katja die roten Spielsteine.
Die in der Abbildung dargestellte Spielsituation hat sich eingestellt. Katja ist am Zug.
Welche Ergebnisse können auftreten? Gib die Ergebnismenge an. Welche Ergebnisse scheinen Katja besonders zu interessieren?

7. Jemand würfelt mit zwei Spielwürfeln. Als Ergebnisse werden die Summen der gewürfelten Augenzahlen betrachtet. Gib die Ergebnismenge und folgende Ereignisse als Teilmengen der Ergebnismenge an:

a) Ereignis A: Die Augensumme ist gerade.
b) Ereignis B: Die Augensumme ist keine Primzahl.
c) Ereignis C: Die Augensumme ist ungerade und durch 3 teilbar.
d) Ereignis D: Die Augensumme ist 1.
e) Ereignis E: Die Augensumme ist eine natürliche Zahl.

8. Betrachtet wird die Ergebnismenge $\Omega = \{A; B; C; D\}$.

a) Drücke folgende Ereignisse durch die Mengendarstellung aus.
R: Es tritt keines der Ergebnisse ein.
S: Es treten die Ergebnisse A oder C ein.
T: Das Ergebnis D tritt nicht ein.
U: Die Ergebnisse B und C treten nicht ein.
V: Die Ergebnisse B oder C treten ein.
W: Die Ergebnisse A und C treten ein.
Beispiel: $U = \{A; D\}$

b) Es werden insgesamt 300 Versuche durchgeführt und die folgenden absoluten Häufigkeiten ermittelt:
$H(\{A\}) = 44;\ H(\{B\}) = 73;\ H(\{D\}) = 101$
Berechne für die Ereignisse $\{C\}$, R, S, T, U die Wahrscheinlichkeiten.
Beispiel: $P(U) = \frac{44 + 101}{300} = 0{,}483$

c) Nutze die in Aufgabe 14 a bis e auf Seite 145 angegebenen absoluten Häufigkeiten und berechne jeweils die Wahrscheinlichkeiten für R, S, T, U.

9. Bei einem Zufallsexperiment wird eine Reißzwecke geworfen. Die möglichen Ergebnisse sind (Reißzwecke mit Spitze oben, Reißzwecke mit Spitze unten).

A:  B: 

a) Gib die Ergebnismenge an.
b) Stelle alle Ereignisse als Teilmenge der Ergebnismenge dar. Beschreibe jedes Ereignis mit Worten.
c) Führe das Experiment 150-mal durch und bestimme für jedes Ereignis die Wahrscheinlichkeit.

10. Ein Glücksrad besteht aus fünf Sektoren in den Farben Rot (96°), Blau (84°), Grün (72°), Gelb (60°) und Orange (48°). In Klammern sind die Größen dazugehöriger Zentriwinkel angegeben.

a) Wie groß sind die Wahrscheinlichkeiten, dass der Zeiger nach einer zufälligen Drehung auf das entsprechende farbige Feld zeigt?
b) Das Glücksrad wurde 160-mal gedreht. Welche absoluten Häufigkeiten werden vermutlich aufgetreten sein? Begründe deine Vermutung.

11. Beim einmaligen Würfeln mit einem Spielwürfel sind sechs verschiedene Augenzahlen möglich. Die Ergebnismenge sei $\Omega = \{1; 2; 3; 4; 5; 6\}$. Gib die folgenden Ereignisse als Teilmengen von Ω an. Wähle als Bezeichnung einen Großbuchstaben.

a) Es wird eine Zahl größer als 4 gewürfelt.
b) Es wird eine Zahl kleiner als 4 gewürfelt.
c) Es wird eine Zahl größer als 6 gewürfelt.
d) Es wird eine Zahl größer als 1 gewürfelt.
e) Es wird eine Zahl größer als 0 gewürfelt.
f) Es wird eine gerade Zahl gewürfelt.
g) Es wird eine ungerade Zahl gewürfelt.
h) Es wird eine Primzahl gewürfelt.
i) Es wird eine ungerade Primzahl gewürfelt.
j) Es wird eine gerade Primzahl gewürfelt.
k) Gib zu den Ereignissen jeweils das Gegenereignis an.

12. In einem „Reißzwecken-Experiment" wird eine Reißzwecke 650-mal hintereinander auf eine Tischplatte fallen gelassen. Insgesamt zeigt 304-mal die Spitze nach oben.

a) Wie groß sind die Wahrscheinlichkeiten, die zu den Ergebnissen „Spitze oben" und „Spitze unten" gehören?
b) Sophie meint: „Das ist mir zu umständlich. Ich werfe zehn gleiche Reißzwecken 65-mal." Ist ihr Vorschlag geeignet?
c) Wenn von der Art der verwendeten Reißzwecken 40 zufällig auf den Boden fallen, bei wie vielen wird vermutlich die Spitze nach oben zeigen?

13. Ein Glücksrad besteht aus vier Sektoren, die rot, blau, grün und gelb sind. Das Glücksrad wird 700-mal gedreht. Der Zeiger steht 149-mal auf dem roten, 182-mal auf dem blauen, 222-mal auf dem grünen und 147-mal auf dem gelben Sektor.

a) Berechne die Wahrscheinlichkeiten für die einzelnen Sektoren.
b) Zeichne ein Glücksrad, das zu dieser Häufigkeitsverteilung passt. Erkläre, wie du vorgegangen bist.

14. Bei einem Zufallsexperiment können die Ergebnisse A, B, C, D eintreten.
Nach jeweils 250 Versuchen wurden folgende absolute Häufigkeiten ermittelt.
Bestimme jeweils die absolute Häufigkeit H(D) und schätze die Wahrscheinlichkeiten für die einzelnen Ergebnisse.
Du erhältst den Auftrag, zu den Experimenten b) und e) jeweils ein passendes Glücksrad zu bauen.
Beschreibe die beiden Glücksräder und vergleiche sie miteinander.

	H(A)	H(B)	H(C)	H(D)
a)	21	34	66	
b)	12	201	13	
c)	59	58	58	
d)	51	49	99	
e)	63	66	61	

15. Die Blutgruppen 0, A, B, AB treten in Mitteleuropa mit den angegebenen Wahrscheinlichkeiten auf. Wie viele der rund 82 Millionen Einwohner Deutschlands haben schätzungsweise die Blutgruppe 0, A, B bzw. AB?
Runde deine Schätzwerte sinnvoll.

Blutgruppe	0	A	B	AB
Wahrscheinlichkeit	0,38	0,42	0,13	0,07

16. Führe den Versuch mit drei Reißzwecken möglichst oft durch.

a) Erfasse in einer Strichliste, wie oft jedes Ergebnis 0, 1, 2, 3 eintritt, und gib die absoluten Häufigkeiten H(0), H(1), H(2) und H(3) an.

b) Berechne für die Ergebnisse die relativen Häufigkeiten.

c) Gib die Verteilung der Wahrscheinlichkeiten an.

17. Überprüft das Gesetz der großen Zahlen durch ein eigenes Experiment. Untersucht die relativen Häufigkeiten für das Eintreten der Augenzahlen beim Würfeln. Verwendet ein Tabellenkalkulationsprogramm.

a) Stellt eine geeignete Tabelle für 100 Versuchsdurchführungen von jeweils 20 Würfen auf.

b) Berechnet die relativen Häufigkeiten für die einzelnen Ergebnisse nach 20, 40, 60, 80, ... 2 000 Würfen. Was stellt ihr fest?

c) Stellt eure Werte in einem h_n-n-Diagramm grafisch dar. Wird eure Vermutung aus Aufgabe b) im Diagramm bestätigt?

18. Ein Losverkäufer wirbt mit dem Slogan „Jedes zweite Los gewinnt“. Welche Aussagen sind richtig?

a) Wenn der Kunde vor mir eine Niete hatte, ist mein Los ein Gewinn.

b) Die Hälfte aller Lose sind Gewinne.

c) Die Wahrscheinlichkeit für einen Gewinn beträgt 50 %.

d) Kauft jemand 20 Lose, so hat er mindestens zehn Gewinne.

e) Kauft jemand 20 Lose, so hat er höchstens zehn Gewinne.

f) Kauft jemand 20 Lose, so hat er genau zehn Gewinne.

g) Kauft jemand 20 Lose, so hat er schätzungsweise zehn Gewinne.

19. Verwendet eine Streichholzschachtel als „Würfel“. Beschriftet dazu die Seitenflächen mit Buchstaben. Die kleinen Flächen werden mit A bzw. B, die nach ihrer Größe mittleren Flächen mit C bzw. D und die größten Flächen mit E bzw. F bezeichnet.

Die Schachtel wird nun 300-mal geworfen.

a) Schätzt vor eurem Experiment die Wahrscheinlichkeiten, dass eine von drei verschiedenen Flächen nach einem Wurf nach oben zeigt.

b) Führt das Experiment nun durch und tragt die absoluten Häufigkeiten in die Tabelle ein.

H(A)	H(B)	H(C)	H(D)	H(E)	H(F)

Bestimmt die Wahrscheinlichkeiten, mit denen die einzelnen Flächen beim Werfen nach oben zeigen. Vergleicht die Ergebnisse mit euren Schätzungen.

c) Es sollen 20 Punkte auf die Ereignisse „eine kleine Fläche liegt oben“ {A; B}, „eine mittlere Fläche liegt oben“ {C; D} und „eine große Fläche liegt oben“ {E; F} nach dem Prinzip verteilt werden, je kleiner die Wahrscheinlichkeit umso größer die Zahl der Punkte. Diskutiert eure Vorschläge und präsentiert eine „gerechte“ Verteilung der Punkte.

4.3 Wahrscheinlichkeit bei Gleichverteilungen

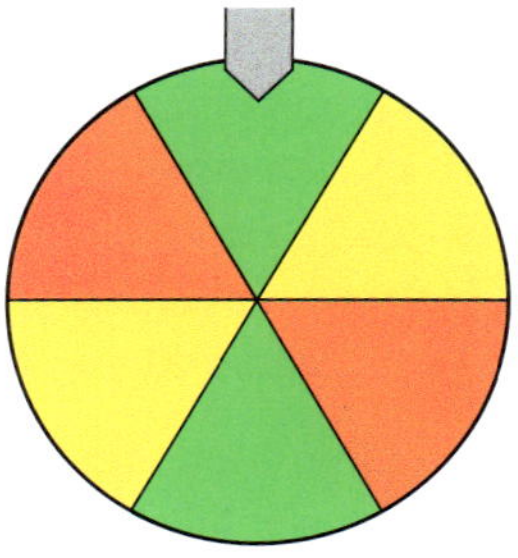

Ein Glücksrad ist in sechs gleiche Sektoren unterteilt, die unterschiedlich gefärbt sind.
Ein Hauptgewinn wird ausgegeben, wenn der Pfeil auf ein rotes Feld zeigt. Es gibt einen Trostpreis, wenn er auf ein grünes Feld zeigt. Zeigt er auf ein gelbes Feld, gibt es keinen Preis.

Welche Farbe wird deiner Meinung nach am häufigsten nach dem Drehen auftreten?
Begründe deine Entscheidung.

Die Gewinnchancen bei Würfel- und Kartenspielen sind häufig von den Spielregeln abhängig. Sie haben großen Einfluss darauf, ob das Spiel für alle Beteiligten fair ist oder nicht.

Bei Spielwürfeln erwartet man beispielsweise, dass alle Augenzahlen die gleiche Chance haben, gewürfelt zu werden, und dass damit jedes Ergebnis die gleiche Wahrscheinlichkeit besitzt. Ähnlich ist es beim Werfen einer Münze.

Es gibt auch Computerprogramme, mit denen Würfelvorgänge simuliert werden können. Hier lässt sich sehr gut überprüfen, ob der Zufallsgenerator im Computer einem idealen Würfel entspricht.

Sind bei einem zufälligen Vorgang m Ergebnisse möglich und sind alle Ergebnisse gleichwahrscheinlich, spricht man von einer **Gleichverteilung.** Die Wahrscheinlichkeit verteilt sich auf alle Ergebnisse gleichmäßig. Jedes von diesen m Ergebnissen besitzt die Wahrscheinlichkeit $\frac{1}{m}$.

Laplace-Regel

Besteht eine Ergebnismenge aus m gleichwahrscheinlichen Ergebnissen, so gilt für die Wahrscheinlichkeit P(A) eines Ereignisses A, das genau ein Ergebnis enthält:

$$P(A) = \frac{\text{Anzahl der für A günstigen Ergebnisse}}{\text{Anzahl der möglichen Ergebnisse}} = \frac{g}{m}$$

Die auf diese Art berechnete Wahrscheinlichkeit heißt auch **klassische Wahrscheinlichkeit.**

Vorgang: Werfen eines Spielwürfels *Ergebnismenge:* W = {1; 2; 3; 4; 5; 6}
Anzahl der möglichen Ergebnisse: m = 6

Ereignis	Ergebnisse, die für das Ereignis günstig sind	Anzahl der günstigen Ergebnisse g	Wahrscheinlichkeit des Ereignisses
A: Augenzahl ist eine Primzahl.	2; 3; 5	g = 3	$P(A) = \frac{3}{6} = \frac{1}{2} = 50\,\%$
B: Augenzahl ist durch drei teilbar.	3; 6	g = 2	$P(B) = \frac{2}{6} = \frac{1}{3} = 33\frac{1}{3}\,\%$
C: Augenzahl ist negativ.	unmöglich	g = 0	$P(C) = \frac{0}{6} = 0\,\%$

Aufgaben

1. Beschreibe für folgende Vorgänge die Ergebnismenge. Bei welchen Vorgängen sind alle Ergebnisse gleichwahrscheinlich, bei welchen nicht? Begründe.
a) Ziehen einer Karte aus einem Kartenspiel
b) Werfen einer Reißzwecke
c) Ziehen der ersten Kugel beim Lotto 6 aus 49
d) Werfen einer Streichholzschachtel
e) Würfeln mit zwei Würfeln und Angabe der Augensumme

2. In einem Ziehungsbehälter befinden sich schwarze und weiße Kugeln. Ordne die gefüllten Ziehungsbehälter nach der Wahrscheinlichkeit, zufällig eine schwarze Kugel auszuwählen. Gib die Wahrscheinlichkeiten auch in Prozent an.

Ziehungsbehälter	(1)	(2)	(3)	(4)	(5)	(6)
weiße Kugeln	10	200	15	2	17	999
schwarze Kugeln	10	800	60	1	0	1

3. In einen Ziehungsbehälter sollen schwarze und weiße Kugeln gelegt werden, sodass die Wahrscheinlichkeit, eine weiße Kugel zu ziehen, den folgenden Wert hat. Gib jeweils eine mögliche Verteilung schwarzer und weißer Kugeln an.
a) 10 % b) 50 % c) 20 % d) 0,5 % e) $33\frac{1}{3}\%$ f) 75 % g) 100 %

4. Zeichne das Netz eines Würfels mit schwarzen und weißen Seitenflächen und folgenden Wahrscheinlichkeiten für „Weiß":
a) $P(\text{Weiß}) = \frac{1}{2}$ b) $P(\text{Weiß}) = \frac{2}{3}$ c) $P(\text{Weiß}) = 0$ d) $P(\text{Weiß}) = 1$

5. Gib die Wahrscheinlichkeiten für das Würfeln von „Weiß" an, wenn Würfel folgende Netze haben.

a) 
b) 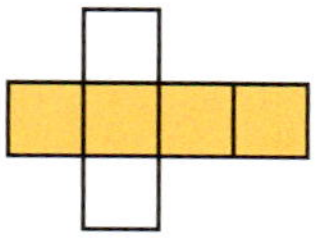
c) 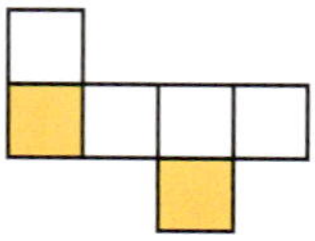

6. Gib die Wahrscheinlichkeit an, dass das Glücksrad auf einem farbigen Sektor stehen bleibt.

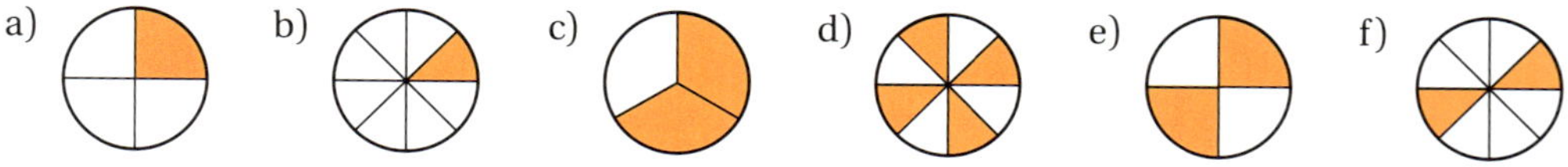

7. Ein Skatblatt mit 32 Karten wird gut durchgemischt und als Stapel auf den Tisch gelegt. Die oberste Karte wird aufgedeckt.
a) Bestimme die Wahrscheinlichkeit für die folgenden Ereignisse:
A: Es ist eine rote Karte. B: Es ist eine Kreuzkarte.
C: Es ist eine Dame. D: Es ist der Kreuzbube.
b) Der Vorgang wird 128-mal wiederholt. Mit welchen absoluten Häufigkeiten können die oben genannten Ereignisse A bis D erwartet werden?

4.4 Baumdiagramme und Pfadregeln

Zwei Spieler werfen abwechselnd jeweils zweimal hintereinander eine Münze. Spieler 1 bekommt einen Punkt, wenn bei beiden Würfen die gleiche Seite der Münze oben liegt. Spieler 2 bekommt einen Punkt, wenn sich die oben liegenden Seiten der Münzen bei beiden Würfen unterscheiden. Jeder Spieler darf 100-mal werfen.

Wer hat bei diesem Spiel die besseren Chancen?
Begründe deine Entscheidung.

Ereignisse und Gegenereignisse

Zu einem Ereignis A kann man auch immer das Gegenereignis $\overline{A}$ angeben.
Das Gegenereignis $\overline{A}$ enthält alle Ergebnisse, die im Ereignis A nicht enthalten sind.

Beim Werfen eines Würfels ist die Ergebnismenge: $\Omega = \{1; 2; 3; 4; 5; 6\}$
Für das Ereignis „Eine gerade Zahl wird geworfen" gilt: $A = \{2; 4; 6\}$
Für das Gegenereignis „Eine ungerade Zahl wird geworfen" gilt: $\overline{A} = \{1; 3; 5\}$

Die Wahrscheinlichkeiten eines Ereignisses und des entsprechenden Gegenereignisses ergeben zusammen immer 1.

Für die Wahrscheinlichkeit P(A) eines Ereignisses A und für die Wahrscheinlichkeit $P(\overline{A})$ des Gegenereignisses $\overline{A}$ gilt:

$P(A) + P(\overline{A}) = 1$ bzw. $P(A) = 1 - P(\overline{A})$

Beim Wurfexperiment mit den drei Reißzwecken gibt es zu dem Ereignis „Eine Spitze zeigt nach oben" das Gegenereignis „keine, zwei oder drei Spitzen zeigen nach oben".

Es gilt: A: Eine Spitze zeigt nach oben. $A = \{1\}$
$P(A) = 0{,}43 = 43\,\%$

$\overline{A}$: Keine, zwei oder drei Spitzen zeigen nach oben. $\overline{A} = \{0; 2; 3\}$
$P(\overline{A}) = 1 - 0{,}43 = 0{,}57 = 57\,\%$

Fallunterscheidungen bei zusammengesetzten Ergebnissen

Bei manchen Zufallsexperimenten laufen Vorgänge gleichzeitig (parallel) oder nacheinander ab. Derartige Vorgänge heißen mehrstufig, weil sie schrittweise nach einem gleichen Schema untersucht werden können.
So kann man z. B. eine Münze und eine Reißzwecke gleichzeitig oder nacheinander auf einen Tisch werfen und untersuchen, welche Seiten jeweils oben liegen. Egal, wie man vorgeht, es sind immer vier Ergebnisse möglich.

Die Ergebnisse lassen sich tabellarisch darstellen.

Münze \ Reißzwecke	Spitze oben	Spitze unten
Wappen	Wappen und Spitze oben	Wappen und Spitze unten
Zahl	Zahl und Spitze oben	Zahl und Spitze unten

In solchen Tabellen, die auch als **Mehrfeldertafeln** bezeichnet werden, können zusammengesetzte Ergebnisse sehr anschaulich dargestellt werden.

Eine weitere Veranschaulichung kann durch **Baumdiagramme** erfolgen. Hierbei werden auch stufenweise alle möglichen Fälle dargestellt. Teilvorgänge werden nacheinander betrachtet, auch wenn sie in Wirklichkeit gleichzeitig ablaufen.

Erste Stufe: Reißzwecke	**Zweite Stufe: Münze**	**Ergebnisse**
Spitze oben	Wappen	Spitze oben und Wappen
	Zahl	Spitze oben und Zahl
Spitze unten	Wappen	Spitze unten und Wappen
	Zahl	Spitze unten und Zahl

Zur Untersuchung könnte auch ein Baumdiagramm gewählt werden, bei dem auf der ersten Stufe die Lage der Münze betrachtet wird. Baumdiagramme werden auch genutzt, um herauszufinden, wie viele unterschiedliche Wege möglich sind, um von einem Punkt A über einen Punkt B zu einem dritten Punkt C zu gelangen. An Kreuzungen muss man sich oft entscheiden, welchen Weg man wählt.

Auf einer Karte befinden sich drei Punkte A, B und C, die durch drei Wege 1, 2 und 3 im ersten Teil und durch zwei Wege I und II im zweiten Teil miteinander verbunden sind. Es sollen alle Wege herausgefunden werden, die man von A nach C gehen könnte.

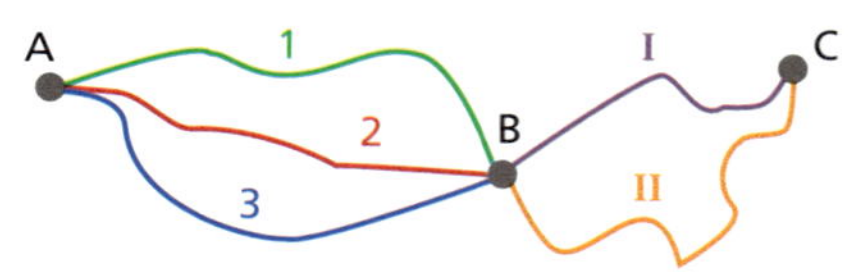

Von A nach B sind es auf der ersten Stufe drei Möglichkeiten und von B nach C auf der zweiten Stufe zwei Möglichkeiten.
Die Anzahl aller möglichen Fälle für den Gesamtvorgang lässt sich berechnen, wenn die Anzahl der Entscheidungsmöglichkeiten jeder Stufe miteinander multipliziert werden:

$3 \cdot 2 = 6$

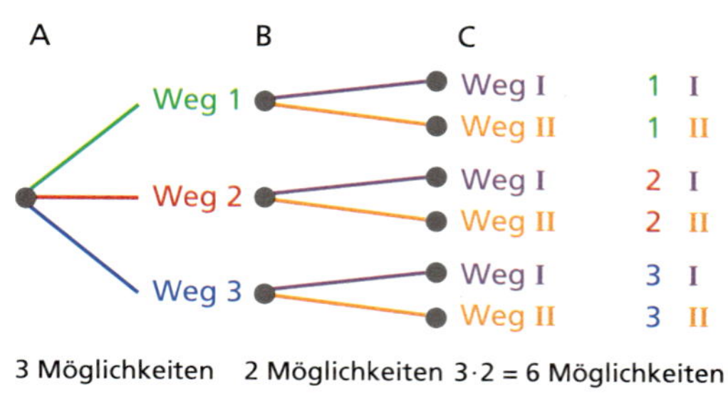

Auch die Geburt zweier Kinder kann man als Zusammensetzung zweier Teilvorgänge ansehen, die nacheinander ablaufen. Jedes Ergebnis des ersten Teilvorganges kann mit jedem Ergebnis des zweiten Teilvorganges kombiniert werden.

Eine Familie bekommt nacheinander zwei Kinder, Mehrlingsgeburten werden nicht einbezogen. Bei jeder Geburt kann entweder ein Junge (J) oder ein Mädchen (M) geboren werden.

Das nebenstehende Baumdiagramm stellt diesen zweistufigen Vorgang dar.

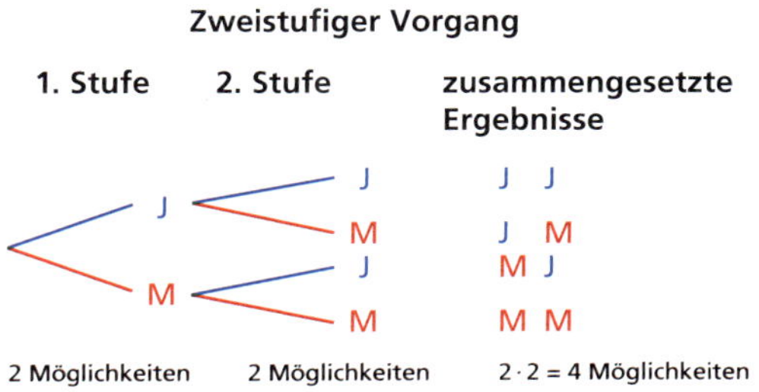

Beim Untersuchen und Darstellen mehrstufiger Vorgänge in Baumdiagrammen sind folgende Schritte wichtig:

1. Es müssen alle Teilvorgänge bestimmt werden, die nacheinander oder gleichzeitig ablaufen. Es muss geprüft werden, welche Ergebnisse der Teilvorgänge von Interesse sind.
2. Die Teilvorgänge werden nacheinander (dem zeitlichen Ablauf entsprechend) angeordnet.
3. Es werden Pfade gezeichnet. Jedes Ergebnis eines Teilvorgangs ist wieder Ausgangspunkt für alle Ergebnisse des folgenden Teilvorgangs. Es wird mit allen Teilvorgängen so verfahren.
4. Jeder fortlaufende Pfad entspricht einem zusammengesetzten Ergebnis.

Pfadregeln

Wahrscheinlichkeiten zusammengesetzter Ergebnisse lassen sich leicht berechnen.

1. Pfadregel
In einem vollständigen Baumdiagramm ist die Wahrscheinlichkeit für ein zusammengesetztes Ergebnis gleich dem Produkt der Wahrscheinlichkeiten längs des Pfades.

2. Pfadregel
Bilden mehrere zusammengesetzte Ergebnisse ein Ereignis, so ist die Wahrscheinlichkeit des Ereignisses gleich der Summe der Wahrscheinlichkeiten der einzelnen Ergebnisse.

Beim Berechnen von Wahrscheinlichkeiten zusammengesetzter Ergebnisse mehrstufiger Vorgänge kann die Häufigkeitsinterpretation der Wahrscheinlichkeit verwendet werden.

So ist z. B. die Wahrscheinlichkeit für die Geburt eines Jungen oder eines Mädchens etwa 50 %.
100 Familien werden also bei der ersten Geburt 50 Jungen bzw. 50 Mädchen bekommen.
Von den 50 Familien, die bei der ersten Geburt Jungen bekommen haben, bekommen dann bei der zweiten Geburt 25 Jungen bzw. 25 Mädchen.
Die 50 Familien, die bei der ersten Geburt Mädchen bekommen haben, bekommen dann bei der zweiten Geburt auch 25 Jungen bzw. 25 Mädchen.
Die Wahrscheinlichkeit für jede der vier Möglichkeiten bei der zweiten Geburt beträgt also 25 %.

Diese Wahrscheinlichkeit von 25 % gilt nicht nur für 100 Familien, sondern generell.

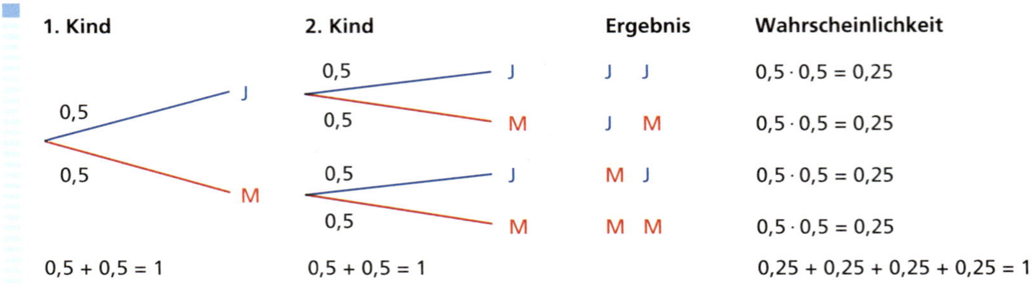

Stellt man die Frage, wie viele Familien ein „Geschwisterpärchen", also einen Jungen und ein Mädchen erwarten können, so erhält man als Ergebnis 50 %, denn: $0{,}25 + 0{,}25 = 0{,}5$
Die Wahrscheinlichkeit für gleichgeschlechtliche Geschwister beträgt ebenfalls 50 %.

Hinweise:
- Bei der Verzweigung eines Baumes ist die Summe der Wahrscheinlichkeiten aller weiterführenden Pfade gleich 1.
- Die Summe der Wahrscheinlichkeiten aller Ergebnisse mehrstufiger Vorgänge ist immer 1.

Zur Vereinfachung umfassender Baumdiagramme können Pfade auch zusammengefasst werden.

Vereinfachte Baumdiagramme

Es soll untersucht werden, mit welcher Wahrscheinlichkeit nach dem dreimaligen Würfeln mit einem Würfel die folgenden Ereignisse auftreten:

A: Es tritt genau eine 6 auf.
B: Es tritt keine 6 auf.
C: Es tritt mindestens eine 6 auf.

In den Ereignissen A, B und C interessieren nur Aussagen über die 6. Daher kann man die Ergebnisse 1, 2, 3, 4 und 5 zu dem Ergebnis „keine 6" zusammenfassen. Im Baumdiagramm erscheinen anstelle von sechs Pfaden auf jeder Stufe nur zwei Pfade.

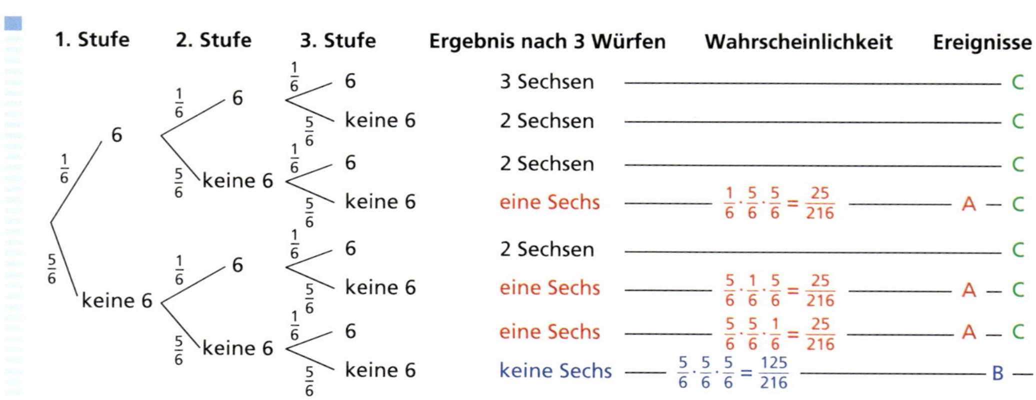

Aus dem Baumdiagramm ist ersichtlich:

A: $P(A) = 3 \cdot \frac{25}{216} = \frac{25}{72} = 0{,}347 = 34{,}7\,\%$

B: $P(B) = \frac{5}{6} \cdot \frac{5}{6} \cdot \frac{5}{6} = \frac{125}{216} = 0{,}579 = 57{,}9\,\%$

C: $P(\overline{C}) = P(B) = 0{,}579 = 59{,}9\,\%$

$P(C) = 1 - P(\overline{C}) = 1 - 0{,}579 = 0{,}421 = 42{,}1\,\%$

Zu dem Ereignis C gehören alle Ergebnisse außer dem Ergebnis „Es tritt bei den drei Würfen keine 6 auf". Das Ereignis B ist also das Gegenereignis zu C. Bevor man sieben Wahrscheinlichkeiten berechnet und addiert, ist es einfacher, mit dem Gegenereignis zu arbeiten.

Hinweis:
Um die Wahrscheinlichkeit zu berechnen, dass ein Ergebnis mindestens einmal auftritt (d. h. ein sogenanntes „Mindest-Ereignis" ist), berechnet man die Wahrscheinlichkeit des Gegenereignisses: „Das Ereignis tritt bei keiner der Wiederholungen auf".

P(mindestens einmal A) = 1 – P(keinmal A)

Ist die Anzahl gleicher Stufen in einem Baumdiagramm zu groß, kann folgender Weg gewählt werden:

1. Es werden zwei oder drei Stufen des Baumdiagramms gezeichnet und untersucht, ob sich die Wahrscheinlichkeiten der Ergebnisse auf den Stufen ändern.
2. Die Wahrscheinlichkeit des gesuchten Ereignisses für zwei oder drei Stufen wird bestimmt.
3. Der Rechenweg wird auf die entsprechende Anzahl der Stufen übertragen und die gesuchte Wahrscheinlichkeit wird berechnet.

Mit einem Würfel wird zehnmal hintereinander gewürfelt.
Es soll die Wahrscheinlichkeit dafür ermittelt werden, dass keine 6 auftritt.

Für zwei Würfe gilt: P(keine 6) $= \frac{5}{6} \cdot \frac{5}{6} = \left(\frac{5}{6}\right)^2$

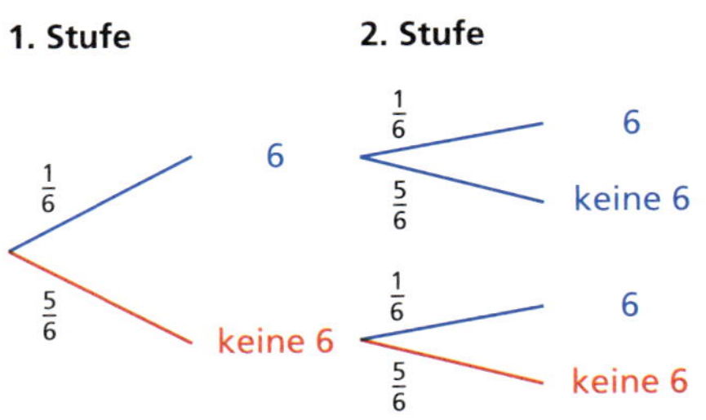

Ergebnis	Wahrscheinlichkeit
zwei Sechsen nach zwei Würfen	$\frac{1}{6} \cdot \frac{1}{6} = \frac{1}{36}$
eine Sechs nach zwei Würfen	$\frac{1}{6} \cdot \frac{5}{6} = \frac{1}{36}$
eine Sechs nach zwei Würfen	$\frac{5}{6} \cdot \frac{1}{6} = \frac{1}{36}$
keine Sechs nach zwei Würfen	$\frac{5}{6} \cdot \frac{5}{6} = \left(\frac{5}{6}\right)^2 = \frac{1}{36}$

Für zehn Würfe gilt: Der Pfad zum Ergebnis „keine 6" muss 10-mal benutzt werden.

$$P(\text{keine }6) = P(\overline{6}) = \frac{5}{6} \cdot \frac{5}{6} \cdot \frac{5}{6} \cdot \frac{5}{6} \cdot \frac{5}{6} \cdot \frac{5}{6} \cdot \frac{5}{6} \cdot \frac{5}{6} \cdot \frac{5}{6} \cdot \frac{5}{6}$$

$$P(\text{keine }6) = P(\overline{6}) = \left(\frac{5}{6}\right)^{10} = 0{,}16 = 16\,\%$$

Die Wahrscheinlichkeit dafür, dass bei den zehn Würfen keine 6 auftritt, beträgt 16 %.

Aufgaben

1. Gib zu folgenden Ereignissen das Gegenereignis in Worten an:
a) Beim Würfeln fällt eine gerade Zahl.
b) Beim Würfeln fällt eine Zahl kleiner als 4.
c) Bei der nächsten Ziehung der Lottozahlen treten nur ungerade Zahlen auf.
d) Beim nächsten Spiel schießt Energie Cottbus mehr als zwei Tore.

2. Zeige die Gültigkeit der Formel $P(\overline{A}) + P(A) = 1$ mithilfe der Gleichung für die klassische Wahrscheinlichkeit $P(A) = \frac{\text{Anzahl der für A günstigen Ergebnisse}}{\text{Anzahl der möglichen Ergebnisse}} = \frac{g}{m}$

3. Beim einmaligen Würfeln mit einem Spielwürfel treten folgende Ereignisse ein. Gib jeweils das Gegenereignis in Worten und als Menge an. Berechne die Wahrscheinlichkeit der Ereignisse und der Gegenereignisse.
a) Es wird eine ungerade Zahl gewürfelt.
b) Es wird eine Zahl gewürfelt, die größer als 1 ist.
c) Es wird eine gerade Primzahl gewürfelt.
d) Formuliere drei weitere Ereignisse.
Lasse dann von deinen Mitschülern das zugehörige Gegenereignis nennen.
Bestimmt gemeinsam die Wahrscheinlichkeit für das jeweilige Gegenereignis.

4. Neben dem Computer hat das Handy eine zentrale Bedeutung im heutigen Leben. Kaum jemand möchte darauf verzichten, jederzeit erreichbar zu sein bzw. den Kontakt zu anderen Menschen aufnehmen zu können. Die Ergebnisse einer Befragung wurden in einem Baumdiagramm dargestellt. Leider ist die Grafik unvollständig.

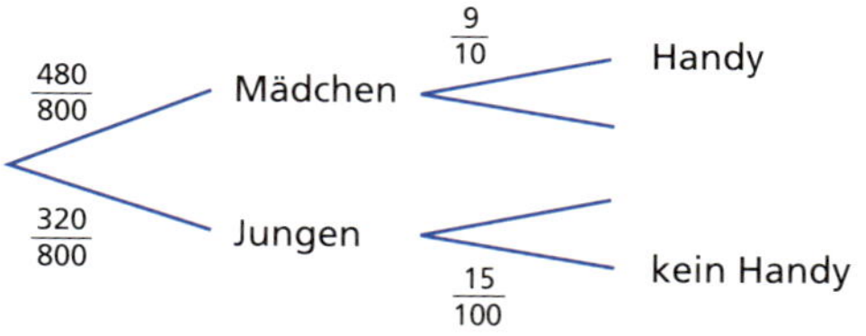

a) Beschreibe den Sachverhalt, den dieses Baumdiagramm darstellt, und ergänze die fehlenden Angaben.
b) Wie viele Mädchen haben kein Handy? Wie viele Jungen haben ein Handy? Finde weitere Fragen zum Sachverhalt und beantworte sie.
c) Sarah rechnet: $\frac{48\not{0}}{800} \cdot \frac{9}{1\not{0}} = \frac{432}{800} = 54\,\%$
Deute den Bruch und das prozentuale Ergebnis in Bezug auf den gegebenen Sachverhalt.

5. Christin besucht eine Fahrschule. Sie will den Führerschein der Klasse B erhalten. Nach 21 Stunden Unterricht darf sie die theoretische Fahrprüfung ablegen. Sie erhält drei Chancen, diese zu bestehen. Fällt sie dreimal durch die Prüfung, muss sie den Lehrgang wiederholen. Im Baumdiagramm sind alle Möglichkeiten aufgezeigt. Wie groß ist die Wahrscheinlichkeit, dass sie spätestens beim dritten Versuch die Prüfung besteht? Neun von zehn Prüflingen bestehen in der Regel die Prüfung.

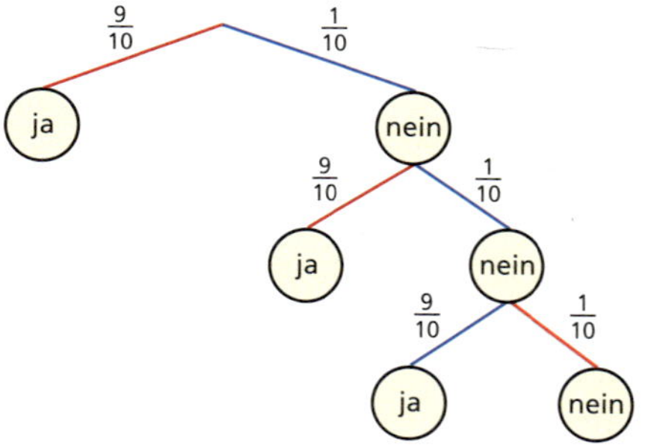

6. In einer Schüssel befinden sich drei rote, drei blaue und zwei grüne Kugeln. Eine Kugel soll dreimal hintereinander mit geschlossenen Augen gezogen werden. Die Farbe wird notiert und die jeweilige Kugel dann zurückgelegt.

a) Zeichne für den genannten Vorgang ein dazugehöriges Baumdiagramm und gib die Wahrscheinlichkeiten der einzelnen Pfade an.

b) Mit welchen Wahrscheinlichkeiten treten nach dem Ziehen folgende Ereignisse ein:
(1) die zweite Kugel ist rot,
(2) es werden drei nicht rote Kugeln gezogen,
(3) es werden genau zwei rote Kugeln gezogen?
Bevor du die Wahrscheinlichkeiten berechnest, zeichne ein vereinfachtes Baumdiagramm und gib dafür die Wahrscheinlichkeitsverteilung an.

7. Gib zu folgenden Beschreibungen mögliche Teilvorgänge an.
Untersuche Art und Verlauf der Teilvorgänge.
Stelle die zusammengesetzten Ergebnisse in einem Baumdiagramm dar.

a) In einer Unterhaltungssendung kann ein Kandidat einen Schatz finden. Er muss sich zuerst entscheiden, ob er durch Tor eins oder durch Tor zwei geht. Hinter jedem Tor befindet sich eine rote, eine gelbe und eine blaue Schatzkiste, von denen er eine öffnen muss.

b) Ein Fragebogen, der aus drei Fragen mit jeweils einer richtigen und einer falschen Antwort besteht, wird von einer Testperson ausgefüllt.

c) Auf einem Fragebogen werden die Merkmale Geschlecht (männlich bzw. weiblich) und Augenfarbe (braun, blau bzw. grün) erfragt.

8. Ermittle aus folgenden Angaben die Wahrscheinlichkeiten für das Eintreten der Teilergebnisse der Vorgänge aus Aufgabe 7:

a) Der Kandidat A bevorzugt kein Tor und keine farbige Schatzkiste.
Seine Wahl ist rein zufällig.
Mit welcher Wahrscheinlichkeit findet er den Schatz in der gelben Kiste hinter Tor 2?

b) Kandidat B hat keine Vorstellung vom Inhalt des Fragebogens.
Er wählt alle Antworten zufällig.
Mit welcher Wahrscheinlichkeit hat er alle richtigen Antworten angekreuzt?

c) 820 männliche und 730 weibliche Teilnehmer hatten einen Fragebogen ausgefüllt.
246 der männlichen Teilnehmer und 30 % der weiblichen Teilnehmer haben braune Augen.
Weiter hatten 50 % der Männer und 402 Frauen blaue Augen, der Rest hatte grüne Augen.
Mit welcher Wahrscheinlichkeit zieht man einen Fragebogen, den ein Mann mit grünen Augen ausgefüllt hat?

9. Bei einer Verkehrszählung an einer Straße wurde festgestellt, dass 25 % der vorbeifahrenden Fahrzeuge Lkws bzw. Kleintransporter, 60 % Pkws und der Rest andere Fahrzeuge waren. Bestimme die Wahrscheinlichkeit dafür, dass bei gleicher Zusammensetzung des Fahrzeugstroms für zwei vorbeifahrende Fahrzeuge Folgendes zutrifft:

a) Es sind genau zwei Pkws.
b) Es ist ein Pkw und ein Lkw bzw. Kleintransporter.
c) Es ist mindestens ein Pkw.
d) Es sind keine sonstigen Fahrzeuge darunter.

10. Ein Doppelkopfspiel besteht aus 48 Spielkarten. Gegenüber einem Skatspiel fehlen die Karten mit den Ziffern 7 und 8, dafür kommt jede Karte doppelt vor. Es soll zweimal jeweils eine Karte gezogen und wieder zurückgelegt werden.
Mit welcher Wahrscheinlichkeit treten die folgenden Ereignisse ein:
a) eine Zahlkarte und eine Bildkarte
b) zwei Zahlkarten
c) zwei Könige
d) mindestens eine Dame
e) ein Bube und eine Zahlkarte
f) eine Herzzehn und eine Dame

11. In einer neunten Klasse mit insgesamt 16 Mädchen und 9 Jungen sollen zwei Teilnehmer für den „Tag der offenen Schultür“ per Los ausgewählt werden.
Wie groß sind die Wahrscheinlichkeiten dafür, dass beim Losen zwei Jungen bzw. zwei Mädchen ausgewählt werden?

12. Aus einem Scrabble-Beutel sollen nacheinander drei Spielsteine gezogen werden. Danach soll notiert werden, welche Steine gezogen wurden. Alle Steine werden wieder zurückgelegt.
Besorgt euch ein Scrabble-Spiel und prüft die Anzahl und die Art der Spielsteine.
Führt 100 „Ziehungen“ durch.
Mit welcher Wahrscheinlichkeit treten die folgenden Ergebnisse auf:
a) genau zwei Vokale
b) genau ein Konsonant
c) zwei Vokale und ein Umlaut

13. Für ein Schulfest haben die Schüler ein Glücksrad angefertigt, das in 16 gleich große Sektoren unterteilt ist und auf denen willkürlich je viermal die Ziffern 1 bis 4 angebracht sind. Einen zweiten Preis hat derjenige gewonnen, der beim dreimaligen Drehen des Glücksrades drei gleiche Ziffern hat. Einen Hauptpreis gewinnt derjenige, der drei aufeinanderfolgende Ziffern dreht. Die Reihenfolge muss dabei eingehalten werden, also (1; 2; 3) oder (2; 3; 4). Zeichne ein Baumdiagramm und gib die unten aufgeführten Wahrscheinlichkeiten an.
a) Es wird ein Hauptpreis gewonnen.
b) Es wird ein zweiter Preis gewonnen.
c) Es wird ein Preis gewonnen.

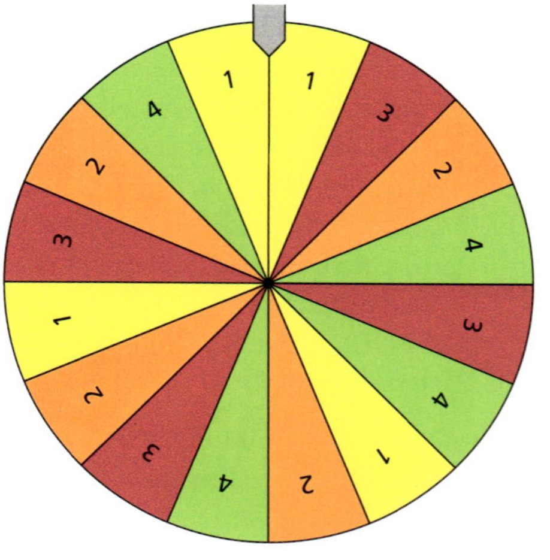

14. Eine Maschinenanlage besteht aus drei Bauteilen, die unabhängig voneinander funktionieren. Die drei Teile haben eine Ausfallwahrscheinlichkeit von 1 %, 0,5 % und 0,3 %.

a) Mit welcher Wahrscheinlichkeit arbeitet die Maschine fehlerfrei?

b) Mit welcher Wahrscheinlichkeit sind alle Bauteile defekt?

c) Mit welcher Wahrscheinlichkeit ist mindestens ein Bauteil defekt?

15. 5000 Kinder wurden befragt, ob sie schwimmen können (Merkmal „Schwimmer"). Dabei wurde nach dem Geschlecht des Kindes unterschieden. Die Resultate der Befragung sind in einer Vierfeldertafel dargestellt. Es werden ein Junge und ein Mädchen ausgewählt.

	Schwimmer	Nichtschwimmer
Junge	2056	514
Mädchen	1944	486

Stelle den Vorgang im Baumdiagramm so dar, dass die Wahrscheinlichkeiten für folgende Ereignisse angegeben werden können:

a) Mindestens ein Kind ist Schwimmer.

b) Beide Kinder sind Nichtschwimmer.

c) Genau eines der beiden Kinder ist Schwimmer.

16. Ein Sportclub veröffentlicht folgende Statistik über seine 149 Mitglieder, die entweder Fußball oder Volleyball spielen:

	Fußball	Volleyball	Summe
männlich	56	27	83
weiblich	28	38	66

a) Zeichne ein Baumdiagramm aus diesen Angaben. Die erste Stufe soll das Geschlecht sein.

b) Berechne die Wahrscheinlichkeit, bei zufälliger Auswahl ein Clubmitglied zu finden, das

A: weiblich ist und Fußball spielt,

B: männlich ist,

C: weder männlich noch Volleyballer ist,

D: Volleyball spielt.

c) Ist die Mitgliedschaft in der Fußball- oder Volleyballmannschaft geschlechtsabhängig?

17. Beim „Mensch-ärgere-Dich-nicht"-Spiel benötigt man eine Sechs, um das Haus verlassen zu können. Jeder Spieler soll in jeder Runde nur einmal würfeln. Löse die folgenden Aufgaben, nachdem du die entsprechenden Baumdiagramme erstellt und die Pfade markiert hast.
Mit welcher Wahrscheinlichkeit darfst du das Haus verlassen?

a) in der 1. Runde

b) in der 1. oder 2. Runde

c) erst in der 3. Runde

18. Gedreht werden zwei Glücksräder.

a) Wie groß ist die Wahrscheinlichkeit, mit beiden Rädern eine 3 zu erreichen?

b) Wie groß ist die Wahrscheinlichkeit, eine Summe unter 6 zu erreichen?

c) Mit welcher Wahrscheinlichkeit wird ein Pasch (d.h. zwei gleiche Zahlen) erreicht?

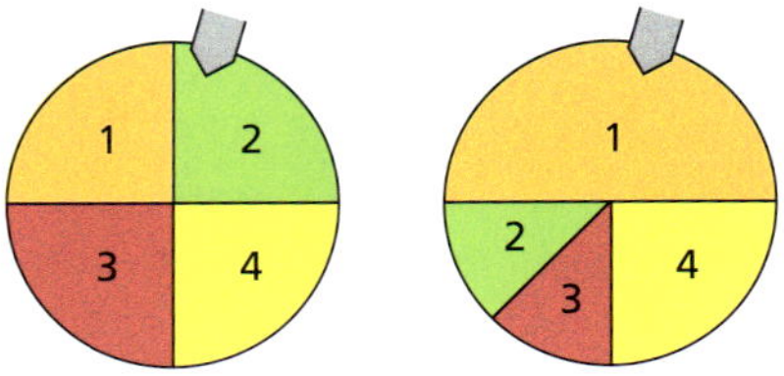

4.5 Gemischte Aufgaben

1. Gib für folgende Vorgänge des Alltags mögliche Ergebnisse bezüglich eines von dir gewählten Merkmals an und erläutere Bedingungen, die auf die Ausprägung des Merkmals Einfluss haben. Plane ein Experiment zum näherungsweisen Ermitteln der Wahrscheinlichkeiten.

a) Schlafen in der Nacht
b) Frühstücken
c) Spazierengehen
d) Zähneputzen am Abend

2. Von welchen parallel ablaufenden und zufälligen Vorgängen werden bei den folgenden Untersuchungen die Ergebnisse ermittelt? Gib Bedingungen für die Vorgänge an. Wie könnte die Wahrscheinlichkeit der Ergebnisse durch Änderung der Bedingungen verändert werden?

a) Ermitteln der Anzahlen der Familien mit 0; 1; 2; 3 oder mehr Kindern.
b) Befragen der Schüler einer Stadt zur Anzahl der Kinobesuche in einem Monat.
c) Ermitteln der Anzahl von Schülern einer Schule, die regelmäßig rauchen.

3. Stelle die folgenden Aussagen über das Ergebnis der nächsten Mathematikarbeit von Mario als Teilmenge der Ergebnismenge dar:

A: Mario erhält eine 1 oder eine 2.
B: Das Ergebnis ist nicht schlechter als 3.
C: Mario erhält keine 1, keine 5, keine 6.
D: Mario erhält mindestens eine 4.
E: Das Ergebnis ist eine gerade Primzahl.
F: Mario erhält höchstens eine 3.

4. In einer Fernsehshow kann man als Trostpreis eine Reise gewinnen. Dazu muss ein Kandidat mit geschlossenen Augen zuerst einen von drei Töpfen wählen. Zieht der Kandidat aus seinem Topf dann eine rote Kugel, hat er die Reise gewonnen. Folgende Töpfe stehen zur Auswahl:

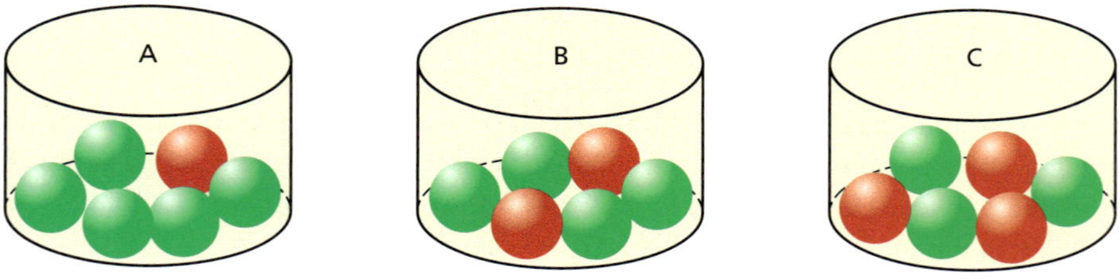

a) Wie groß ist die Wahrscheinlichkeit, eine Reise zu gewinnen?
b) Die Frau eines Kandidaten fragt, ob sie vor dem Spiel die Kugeln umverteilen darf. Der Showmaster stimmt zu. Wie würdest du die Kugeln auf die drei Töpfe verteilen, um eine möglichst große Gewinnchance zu haben?

5. Eine Lehrerin will erfragen, wie viele Schüler bereits im Ausland Urlaub gemacht haben.
Sie wählt für die Befragung die folgende Form: Zuerst zieht jeder Schüler einen Zettel mit einer Frage, den er heimlich liest. Beantwortet er die Frage mit „ja“, legt er eine rote Kugel in einen Behälter, sagt er wahrheitsgemäß „nein“, legt er eine weiße Kugel hinein.
Die Schüler kennen die möglichen Fragen auf den Zetteln und wissen, dass sie sich mit der Farbe der Kugel nicht verraten. Am Ende liegen in dem Behälter 13 rote und 37 weiße Kugeln. Die Lehrerin hat 70 % der Zettel mit der Frage „Hast du schon einmal im Ausland Urlaub gemacht?“ und den Rest mit der Frage „Stimmt es, dass du noch niemals im Ausland Urlaub gemacht hast?“ beschriftet. Kann sie aus diesen Angaben berechnen, wie viele ihrer Schüler bereits im Ausland Urlaub gemacht haben? Wenn ja, führe die Berechnung durch.

6. Steffi und Gabi stehen sich mal wieder in einem Tennismatch gegenüber. Sie kennen sich bereits aus anderen Turnieren, in denen Steffi einen Satz mit einer Wahrscheinlichkeit von 60 % gewonnen hat. Gabi hat nur vier von zehn Sätzen gewonnen. Um ein Spiel zu gewinnen, muss man zwei Sätze gewinnen, d. h., das Spiel ist auf jeden Fall nach drei Sätzen beendet.
a) Mit welcher Wahrscheinlichkeit gewinnt Gabi das Spiel?
b) Mit welcher Wahrscheinlichkeit gewinnt Steffi das Spiel?
c) Wie groß ist die Wahrscheinlichkeit dafür, dass das Spiel nach zwei Sätzen beendet ist?
d) Steffi verbessert ihre Leistungen so, dass sie den Anteil ihrer Gewinnsätze um 20 % erhöht. Reicht das aus, um Gabi mit einer Sicherheit von 80 % bei einem Spiel zu schlagen?

7. Volkan streitet sich mit seiner Schwester Yasmin wieder einmal darum, wer im Garten heute gießen muss. Allabendlich gibt es diese Situation, denn keiner von beiden steht gern 30 min im Garten und gießt die Pflanzen, die der Rasensprenger nicht erreicht. Ihr Vater beschließt, diese Zankerei ein für alle Mal zu beenden, und steckt drei rote und zwei weiße Murmeln in einen Beutel. Abwechselnd ziehen seine Kinder nun jeweils eine Murmel. Wer zuerst eine weiße Murmel zieht, muss sich um den Garten kümmern. Volkan lässt seiner Schwester beim Ziehen den Vortritt.

a) Haben beide dieselben Chancen? War Volkan nicht nur höflich, sondern auch schlau?
b) Wer hat die besseren Chancen, wenn die rote Murmel Arbeit im Garten beschert?

8. Das sogenannte „Teilungsproblem“ findet sich schon in alten arabischen Manuskripten und wurde vom italienischen Mathematiker Luca Pacioli im Jahr 1494 in folgender Form gestellt: „Eine Brigade spielt Ball. Eine Partie ist zehn Punkte wert. Sieger ist diejenige Mannschaft, die zuerst 60 Punkte erreicht. Jede Mannschaft setzt zehn Dukaten ein. Durch unvorhergesehene Umstände kann das Spiel nicht zu Ende gebracht werden. Die eine Seite hat 50 Punkte, die andere 20 Punkte erzielt. Man möchte wissen, welcher Teil des Einsatzes jeder Seite zufällt.“
Verschiedene Mathematiker lösten das Problem unterschiedlich. So gab Pacioli selbst das Verhältnis 5 : 2 der erreichten Punkte an.
Im Jahre 1654 tauschten die französischen Mathematiker Pierre de Fermat (1601 bis 1665) und Blaise Pascal (1623 bis 1662) ihre Gedanken zur Lösung des Problems in einem Briefwechsel aus.
Pascal löste das Problem, indem er für jede Mannschaft die Wahrscheinlichkeit für den Gewinn des Spiels berechnete.
Löse das Teilungsproblem in der pascalschen Weise.

9. Eine Firma liefert Autobatterien mit einer Ausschusswahrscheinlichkeit von 0,5 %.
Eine Werkstatt kauft der Firma 20 Batterien ab.
a) Mit welcher Wahrscheinlichkeit sind alle Batterien in Ordnung?
b) Mit welcher Wahrscheinlichkeit ist unter den 20 Batterien mindestens eine defekt?

10. Mit welcher Wahrscheinlichkeit ist ein zufällig ausgewählter Lautsprecher der Firmen A, B, C, D bzw. E defekt, wenn ein Großhändler im Verlauf von fünf Jahren beim Kauf eines Paares Lautsprecher (zwei Stück) folgende Erfahrungen gemacht hat:

a) Bei einer Lieferung der Firma A sind mit einer Wahrscheinlichkeit von 0,25 % beide Lautsprecher eines Paares defekt.

b) Bei einer Lieferung der Firma B sind mit einer Wahrscheinlichkeit von 81 % beide Lautsprecher eines Paares in Ordnung.

c) Bei einer Lieferung der Firma C ist mit einer Wahrscheinlichkeit von 96 % mindestens ein Lautsprecher eines Paares in Ordnung.

d) Bei einer Lieferung der Firma D ist mit einer Wahrscheinlichkeit von 19 % mindestens ein Lautsprecher eines Paares defekt.

e) Bei einer Lieferung der Firma E ist mit einer Wahrscheinlichkeit von 9,5 % genau ein Lautsprecher defekt.

11. Eine Kontrolle auf einer viel befahrenen Straße ergab bei 3 570 Fahrzeugen, dass 427 Fahrzeugführer zu schnell fuhren und 88 Fahrzeugführer nicht angeschnallt waren.

a) Schätze die Wahrscheinlichkeit, dass Fahrer an dieser Stelle zu schnell fahren.

b) Schätze die Wahrscheinlichkeit, dass sich Fahrer in dieser Region nicht anschnallen.

12. Beim einmaligen Würfeln mit einem Spielwürfel gibt es folgende Ereignisse. Gib jeweils das Gegenereignis in Worten und als Menge an. Berechne die Wahrscheinlichkeit der Ereignisse und der Gegenereignisse.

a) Es wird eine gerade Zahl gewürfelt.

b) Es wird eine Primzahl gewürfelt.

c) Es wird eine gerade Primzahl gewürfelt.

d) Es wird eine ungerade Primzahl gewürfelt.

e) Es wird eine Zahl gewürfelt, die größer als 4 ist.

f) Es wird eine Zahl gewürfelt, die kleiner als 1 ist.

g) Es wird eine Zahl gewürfelt, die größer als 1 ist.

13. Es ist ein Streit entbrannt, mit welcher Wahrscheinlichkeit beim Werfen mit zwei Würfeln ein Pasch (gleiche Augenzahl auf beiden Würfeln) auftritt. Diskutiere folgende Meinungen:

Daniel: Es gibt nur zwei Möglichkeiten: Pasch oder kein Pasch.

Daher gilt: $P(\text{Pasch}) = \frac{1}{2} = 50\,\%$

Andrea: Ich habe zu Hause 20-mal gewürfelt und 4-mal Pasch gehabt.

Also gilt: $P(\text{Pasch}) = \frac{4}{20} = \frac{1}{5} = 20\,\%$

Martin: Ich habe zwei gleichfarbige Würfel, sodass folgende Ergebnisse möglich sind:

$\underline{(1; 1)}$	(2; 1)	(3; 1)	(4; 1)	(5; 1)	(6; 1)
	$\underline{(2; 2)}$	(3; 2)	(4; 2)	(5; 2)	(6; 2)
		$\underline{(3; 3)}$	(4; 3)	(5; 3)	(6; 3)
			$\underline{(4; 4)}$	(5; 4)	(6; 4)
				$\underline{(5; 5)}$	(6; 5)
					$\underline{(6; 6)}$

Von den 21 möglichen Ergebnissen können sechs ein Pasch sein.

14. Von den 320 Fahrradbesitzern einer Schule stellten 180 ihr Fahrrad einer Mängelkontrolle vor, wobei an 45 Fahrrädern Mängel festgestellt wurden.

a) Berechne die Wahrscheinlichkeit dafür, dass ein beliebiges Fahrrad bei dieser Kontrolle mangelhaft war.

b) Wie viele mangelhafte Fahrräder kann man insgesamt bei allen Fahrradbesitzern dieser Schule erwarten, wenn man die gleiche Wahrscheinlichkeit voraussetzt?

c) Die Lehrerin einer neunten Klasse mit 28 Schülern, die alle ein Fahrrad besitzen, stellte unter Zugrundelegung der Stichprobenergebnisse folgende Fragen. Beantworte sie.

A: Mit welcher Wahrscheinlichkeit hat in meiner Klasse niemand ein verkehrssicheres Fahrrad?

B: Mit welcher Wahrscheinlichkeit haben in meiner Klasse alle ein verkehrssicheres Fahrrad?

C: Mit welcher Wahrscheinlichkeit finde ich in meiner Klasse mindestens einen Schüler, dessen Fahrrad nicht verkehrssicher ist?

d) Wie viele Fahrradbesitzer der Schule muss sich der Schulleiter mindestens herausgreifen, um mit einer Wahrscheinlichkeit von mindestens 95 % wenigstens ein mangelhaftes Fahrrad demonstrieren zu können?

15. Vor einer Zaubershow wurden am Eingang an 60 von 300 Besuchern kleine Kugeln zufällig verteilt. Während der Show bittet der Zauberer 15 Zuschauer auf die Bühne. Er behauptet, dass er sich sicher sei, dass ein „Kugelbesitzer" auf der Bühne steht.
Was hältst du von dieser Magie? Würdest du diesen Trick auch mit zehn Zuschauern wagen?

16. Bei einer Polizeikontrolle untersuchten die Beamten 250 Autos mit jugendlichen Fahrern, deren Alter bis 27 Jahre betrug, und 750 Autos mit Fahrern, die älter waren. Bei den jugendlichen Fahrern wurden 50, bei den älteren Fahrern 80 Fahrzeuge mit Mängeln festgelegt.

a) Erstelle aus diesen Angaben ein Baumdiagramm.

b) Entscheide und begründe, ob die Wahrscheinlichkeit für ein mangelhaftes Auto von den betrachteten Altersgruppen der Fahrer abhängig war.

c) Zeige, dass die Wahrscheinlichkeit, bei dieser Verkehrskontrolle ein Auto mit Mängeln zu entdecken, 0,13 betrug.

d) Wie viele Autos mit Mängeln können bei der Kontrolle der nächsten 200 Autos erwartet werden, wenn von derselben Wahrscheinlichkeit ausgegangen wird?

e) Mit welcher Wahrscheinlichkeit gilt für die nächsten zehn Autos:

A: Mindestens ein Auto ist mangelhaft.
B: Mehr als ein Auto ist mangelhaft.
C: Kein Auto ist mangelhaft.
D: Mehr als neun Autos sind mangelhaft.

17. Bei der Herstellung bunter magnetischer Figuren treten unabhängig voneinander Fehler in der Farbgebung und Fehler in der Haftfähigkeit auf. Die Wahrscheinlichkeit für einen Farbfehler beträgt 5 %, ein Fehler in der Haftfähigkeit liegt bei 2 %.

Eine Figur wird zufällig der Produktion entnommen. Berechne die Wahrscheinlichkeit für folgende Ereignisse:

A: Die Figur hat sowohl einen Farb- als auch einen Haftungsfehler.

B: Die Figur ist fehlerfrei.

Teste dich selbst

1. Die Seitenflächen eines Quaders aus Pappe wurden mit den Zahlen 1 bis 6 beschriftet. Der Quader wurde 800-mal geworfen und dabei wurden folgende Häufigkeiten ermittelt:

Seitenfläche	1	2	3	4	5	6	Summe
Absolute Häufigkeit	102	24	281	273	23	97	800

a) Berechne die relative Häufigkeit für jedes Ergebnis.
b) Gib die Wahrscheinlichkeitsverteilung in einer Tabelle an.
c) Stelle die Wahrscheinlichkeitsverteilung in einem geeigneten Diagramm dar.

2. Ein Glücksrad mit vier Sektoren soll so eingeteilt werden, dass folgende Wahrscheinlichkeiten auftreten. Grünes Feld 10 %, gelbes Feld 20 %, blaues Feld 30 % und rotes Feld 40 %.
a) Wie groß müssen die Zentriwinkel für die Sektoren gewählt werden?
b) Zeichne das Glücksrad.

3. Die Abbildung zeigt einen Dodekaeder (regelmäßiger Zwölfflächler, dessen Seitenflächen aus regelmäßigen Fünfecken bestehen). Würfelt man damit, so gilt für die Wahrscheinlichkeiten die Gleichverteilung.

a) Gib die Ergebnismenge an.
b) Berechne die Wahrscheinlichkeit für die Ergebnisse.
c) Gib folgende Ereignisse als Teilmengen der Ergebnismenge an:
A: Eine Primzahl wird gewürfelt.
B: Es wird eine durch vier teilbare Zahl gewürfelt.
C: Es wird eine Zahl gewürfelt, die größer als 10 oder durch sieben teilbar ist.
d) Berechne für die Ereignisse A, B, C die Wahrscheinlichkeiten.

4. Beim Werfen einer Reißzwecke können zwei Ergebnisse eintreten:
Spitze oben (O) oder Spitze unten (U). Die Wahrscheinlichkeiten sind: $P(O) = 0{,}4$; $P(U) = 0{,}6$
a) 500 Reißzwecken fallen zu Boden. Wie viele Reißzwecken werden vermutlich mit der Spitze nach oben zeigen?
b) Stelle den mehrstufigen Vorgang „Werfen von drei Reißzwecken" im Baumdiagramm dar.
c) Berechne die Wahrscheinlichkeit für das Ereignis „Mindestens zwei Spitzen zeigen nach oben".
d) Wie oft muss man eine Reißzwecke werfen, um absolut sicher zu sein, dass mindestens einmal die Spitze nach oben zeigt?

5. In einem Behälter befinden sich vier rote und sechs blaue Kugeln. Jemand zieht „auf gut Glück" hintereinander drei Kugeln, wobei die Kugel jedes Mal wieder zurückgelegt wird.
a) Stelle den Vorgang in einem Baumdiagramm dar.
b) Berechne die Wahrscheinlichkeit dafür, dass drei blaue Kugeln gezogen werden.
c) Berechne die Wahrscheinlichkeit dafür, dass mindestens eine rote Kugel gezogen wird.
d) Berechne die Wahrscheinlichkeit dafür, dass genau eine blaue Kugel gezogen wird.

6. Eine Firma erhält eine Lieferung von 200 Digitalkameras. Durchschnittlich 0,5 % der Kameras dieser Produktion sind defekt. Der Firmenchef wählt drei Geräte aus, um sie zu testen. Er will die Lieferung annehmen, wenn alle drei Kameras einwandfrei funktionieren.
Wie groß ist die Wahrscheinlichkeit, dass die Lieferung angenommen wird?

Begriffe

Vorgänge mit unterschiedlichen und nicht vorhersehbaren **Ergebnissen** heißen Vorgänge mit zufälligen Ergebnissen oder **zufällige Vorgänge. Zufallsexperimente** sind zufällige Vorgänge, die beliebig oft unter den gleichen Bedingungen wiederholt werden können.

Ergebnismenge

Die Gesamtheit der möglichen Resultate eines Zufallsversuchs bilden die Ergebnismenge Ω.
Vorgang: Werfen eines Würfels
Ergebnis: $\Omega = \{1; 2; 3; 4; 5; 6\}$

Ereignis

Jede Teilmenge A von Ω ist ein Ereignis.
Es fällt eine Primzahl: $A = \{2; 3; 5\}$
Das **Gegenereignis** von A enthält alle Ergebnisse, die nicht zu A gehören.
Es fällt keine Primzahl: $\overline{A} = \{1; 4; 6\}$

Gesetz der großen Zahlen

Bei einer großen Zahl von Versuchsdurchführungen wird die relative Häufigkeit stabil:
$h(A) \rightarrow P(A)$
P(A) ist die **Wahrscheinlichkeit** von A.

LAPLACE-Regel

Liegt eine Gleichverteilung der Wahrscheinlichkeiten vor, so gilt:
$P(A) = \frac{\text{Zahl der günstigen Ereignisse für A}}{\text{Zahl der möglichen Ereignisse}}$
Beim Werfen eines Würfels hat jede Zahl eine Wahrscheinlichkeit von $\frac{1}{6}$.
Für $A = \{2; 3; 5\}$ gilt: $P(A) = \frac{3}{6} = \frac{1}{2} = 50\ \%$

Mehrstufige Zufallsversuche

Bei mehrstufigen Zufallsversuchen sind die Ergebnisse zusammengesetzt. Eine vollständige Unterscheidung aller möglichen Fälle kann in einer Mehrfeldertafel oder in einem Baumdiagramm erfolgen.

Mehrfeldertafel

Werfen zweier Reißzwecken:

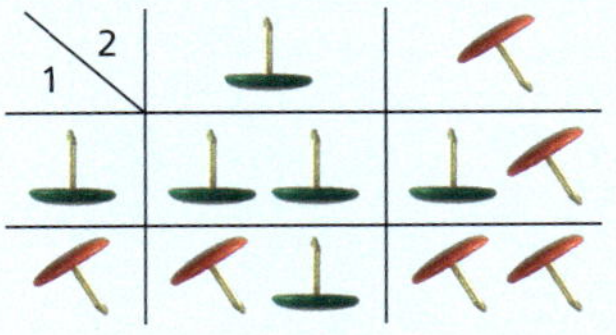

Baumdiagramm

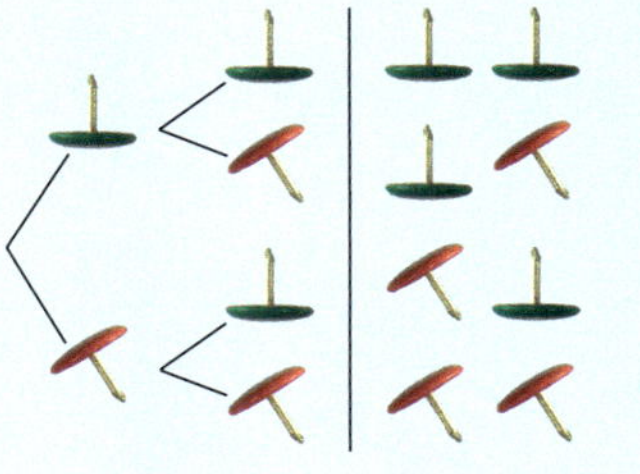

Pfadregeln

Produktregel: Die Wahrscheinlichkeit eines zusammengesetzten Ergebnisses ist gleich dem Produkt der Wahrscheinlichkeiten entlang einem Pfad.
Summenregel: Die Wahrscheinlichkeit eines Ereignisses ist die Summe der Wahrscheinlichkeiten der dazugehörigen Ergebnisse.

P() = 0,41 P() = 0,59

A: Genau eine Spitze zeigt nach oben

A = {(, ); (, )}

P(A) = P() + P()

P(A) = 0,24 + 0,24 = 0,48

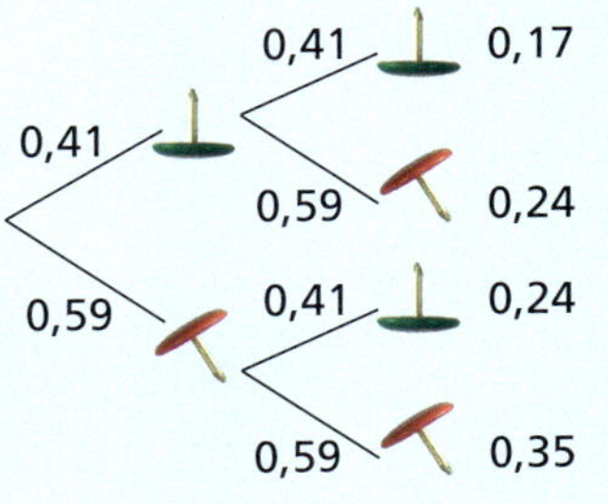

5 Anwendungen in Natur und Technik

Zerlegen von Licht in Spektralfarben

Ein Regenbogen kann nur unter bestimmten Bedingungen entstehen. Dabei wird weißes Licht in verschiedene Spektralfarben zerlegt.

Informiere dich über die Entstehung eines Regenbogens. Welche Spektralfarben gibt es und wodurch unterscheiden sie sich?

Welchen Lichtanteil kann das menschliche Auge nicht wahrnehmen?

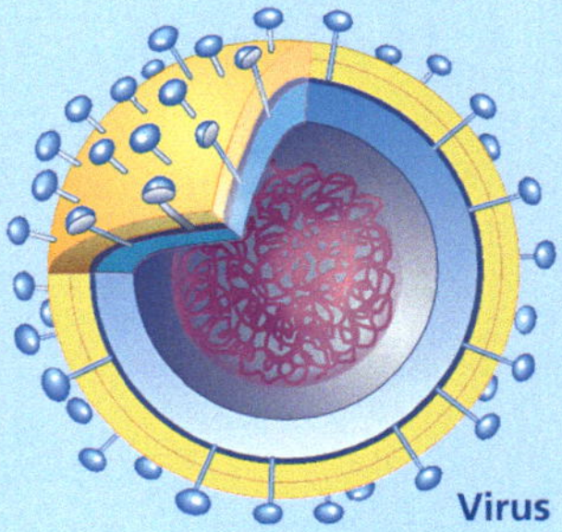

Natur in kleinen Dimensionen

Viren und Bakterien sind sehr kleine, mit bloßem Auge nicht sichtbare Organismen. Sie können sich unter bestimmten Bedingungen explosionsartig vermehren und gefährliche Krankheiten hervorrufen.

Informiert euch, welche Größe Viren bzw. Bakterien haben können. Vergleicht eure Ergebnisse miteinander, was stellt ihr fest? Gebt jeweils zwei Beispiele für Bakterien und für Viren an.

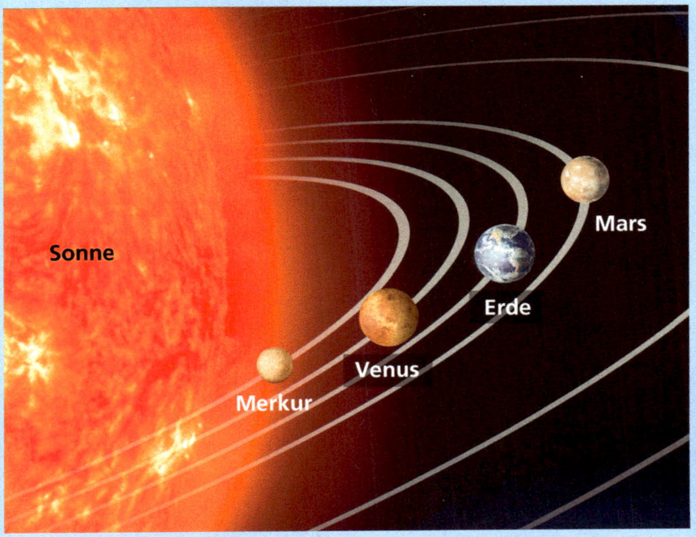

Natur in großen Dimensionen

Um unsere Sonne bewegen sich viele Planeten auf nahezu kreisförmigen Bahnen. Ihre Entfernungen zueinander und ihre Größen sind für uns oft nur schwer vorstellbar.

Informiere dich über den größten Planeten unseres Sonnensystems.

Welcher Planet bewegt sich am dichtesten an der Erde vorbei und welcher Planet ist etwa nur halb so schnell wie die Erde?

Rückblick

Darstellen von Zahlen mit abgetrennten Zehnerpotenzen

Große und kleine Zahlen können mithilfe abgetrennter Zehnerpotenzen dargestellt werden.

> Potenzen mit der Basis 10 heißen **Zehnerpotenzen.**
>
> Wird ein Dezimalbruch mit einer Zehnerpotenz *multipliziert,* so wird das Komma um so viele Stellen nach *rechts verschoben,* wie der Exponent angibt.
>
> Wird ein Dezimalbruch durch eine Zehnerpotenz *dividiert,* so wird das Komma um so viele Stellen nach *links verschoben,* wie der Exponent angibt.
>
> Falls notwendig, werden Nullen ergänzt.

$10^2 = 100$ $\quad 10^3 = 1000$ $\quad 10^5 = 100\,000$ $\quad 10^{-1} = 0{,}1$ $\quad 10^{-3} = 0{,}001$

$15{,}3842 \cdot 10^5 = 1\,5\,3\,8\,4\,2\,0$ (Stellen: 1 2 3 4 5) (Das Komma wird um 5 Stellen nach rechts verschoben.)

$7{,}822 : 10^4 = 0{,}0\,0\,0\,7\,8\,2$ (Stellen: 1 2 3 4) (Das Komma wird um 4 Stellen nach links verschoben.)

Fortsetzen von Zahlenfolgen

Eine Auflistung von Zahlen wird als Zahlenfolge bezeichnet.

> Zahlenfolgen können erzeugt werden, wenn aus einem Anfangswert nach einer bestimmten Vorschrift weitere Zahlen gebildet werden.

Anfangswert: 5 *Bildungsvorschrift:* Addiere stets 2.
Zahlenfolge: 5; 7; 9; 11; 13; 15; …

Die Bildungsvorschrift einer Zahlenfolge kann durch Probieren ermittelt werden.

> Bildungsvorschriften von Zahlenfolgen können gefunden werden, wenn aufeinanderfolgende Zahlen bekannt sind. Es können Differenzen oder Quotienten aufeinanderfolgender Zahlen berechnet, Teilfolgen untersucht oder die Zahlen der Folge in Faktoren oder Summen zerlegt werden.

Zahlenfolge: 5; 7; 10; 14; 19; 25; …
(+2, +3, +4, +5, +6, ?)

Bildungsvorschrift: Addiere zuerst 2 und erhöhe den Zuwachs dann stets um 1.

Zahlenfolge: 1; 3; 9; 27; 81; 243; …
(·3, ·3, ·3, ·3, ·3)

Bildungsvorschrift: Multipliziere stets mit 3.

Rechnen in Tabellenkalkulationen

In Tabellenkalkulationen kann mit Formeln gerechnet werden, die immer mit dem Gleichheitszeichen beginnen. Die Formeln müssen sich in der Zelle befinden, in der das Ergebnis erscheinen soll. In der Zelle selbst wird nur das Ergebnis, nicht die Formel angezeigt. Formeln können in der Eingabezeile geprüft und korrigiert werden.

Eingabezeile: C11 ▼ = =SUMME(C5:C10) — ↑ Formel

Zelle: Summe 28 — ↑ Ergebnis

Aufgaben

1. Berechne und vergleiche. Achte auf die Potenz- bzw. Produktschreibweise.

a) 10^2 und $2 \cdot 10$ b) $3 \cdot 4$ und 3^4 c) $(-2) \cdot 2$ und $(-2)^2$ d) 3^5 und 5^3

e) $(-5)^4$ und -5^4 f) 10^5 und $10 \cdot 10^4$ g) $(-7)^2$ und $\left(\frac{1}{7}\right)^2$ h) $\left(2^3\right)^2$ und 2^{3^2}

2. Berechne. Schreibe dazu die Potenzen mit positiven Exponenten.

a) 10^{-3} b) 2^{-5} c) $0{,}1^{-4}$ d) $(-3)^{-3}$ e) $\frac{1}{7^{-2}}$ f) $(-1{,}2)^{-2}$

g) $\frac{10^0}{10^{-1}}$ h) $\frac{8^{-1}}{8^0}$ i) $\frac{2^{-3}}{3^{-2}}$ j) $5^0 + 5^{-1}$ k) $5^{-1} - 5^0$ l) $(\sqrt{5})^{-1}$

3. Schreibe als Potenz mit beliebiger Basis. Nutze verschiedene Basen.

a) 10 000 b) 81 c) −27 d) 144 e) $\frac{1}{9}$ f) 0,008

g) 0,00001 h) $\frac{1}{64}$ i) $\frac{1}{8}$ j) $\frac{1}{1000}$ k) $-\frac{1}{4}$ l) 0,125

4. Schreibe die Zahlen als Produkte mit abgetrennten Zehnerpotenzen.

Beispiel: $214\,000 = 2{,}14 \cdot 10^5$ bzw. $0{,}00086 = 8{,}6 \cdot 10^{-4}$

a) 23 000 b) 6 570 000 c) 360 000 000 d) 0,00187

e) 0,000 000 45 f) −1 000 000 g) 0,34 h) 0,101

i) 12 Milliarden j) 5 Millionstel *k) 0 *l) 1

5. Welche Zahlen „stecken" hinter den Produkten? Schreibe sie auf.

a) $1{,}8 \cdot 10^6$; $1{,}8 \cdot 10^{-6}$ b) $3{,}65 \cdot 10^7$; $3{,}65 \cdot 10^{-7}$ c) $42 \cdot 10^3$; $42 \cdot 10^4$ d) $-3{,}5 \cdot 10^3$; $-3{,}5 \cdot 10^{-3}$

6. Ermittle eine mögliche Bildungsvorschrift und setze damit jede Folge um vier Glieder fort.

a) 15; 23; 31; 39; 47; … b) 2; 6; 12; 20; 30; … c) 3; 6; 12; 24; 48; …

d) 5; 20; 45; 80; 125; … e) −7; −3; 1; 5; … f) 2; 5, 10; 17; …

g) 33; 8; 44; 10; 55; … h) 2; 6; 24; 120; … *i) 1; 1; 2; 3; 5; 8; 13; …

7. Bestimme die ersten fünf Glieder der Zahlenfolgen.

a) Jeder natürlichen Zahl $n > 0$ wird ihr um 2 vermindertes Quadrat zugeordnet.

b) Jeder natürlichen Zahl wird der Quotient aus ihrem um 5 vermehrten Dreifachen und aus ihrem Doppelten zugeordnet.

c) Jeder natürlichen Zahl $n \in \mathbb{N}$ (mit $n \geq 2$) wird das Reziproke aus dem Produkt von ihr und ihrem unmittelbaren Vorgänger zugeordnet.

5.1 Natur in großen und kleinen Dimensionen

Es gibt Stoffe, die auf Wasser schwimmen, z. B. Holz und Öl, aber auch solche, die untergehen, z. B. Stahl und Quecksilber. Eine Erklärung dafür kann mithilfe der Dichten dieser Stoffe gegeben werden.

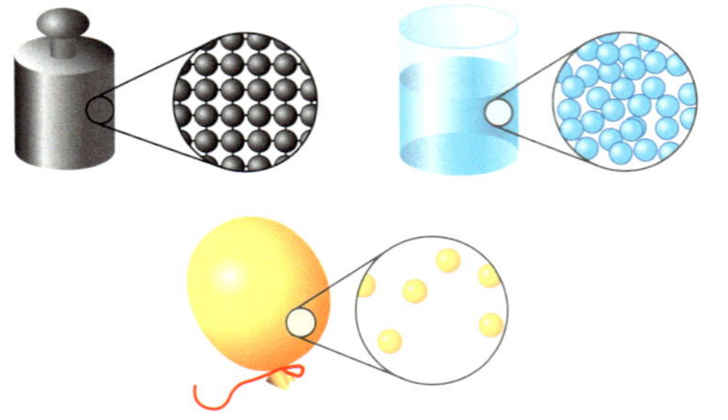

Informiere dich über die Dichten von Wasser, von Holz, von Öl, von Stahl und von Quecksilber. Begründe, warum Schiffe aus Stahl trotzdem schwimmen können.

Bausteine des Lebens

Auch heute noch leiden die Menschen in allen Erdteilen unter verheerenden Krankheiten und Seuchen, deren Erreger häufig Bakterien oder Viren sind. Derartige Mikroorganismen sind nur unter einem Mikroskop erkennbar.
Um geeignete Impfstoffe zur Bekämpfung dieser Krankheiten entwickeln zu können, sind Kenntnisse über die Erreger und über deren Eigenschaften wichtig.
Bakterien sind einzellige Organismen ohne Zellkern in Kugel-, Stäbchen-, Komma-, Schrauben- oder Spiralform.
Viren sind keine echten Lebewesen. Sie besitzen zwar Erbsubstanz, haben aber keinen eigenen Stoffwechsel und vermehren sich in Wirtszellen.

Bakterienzelle

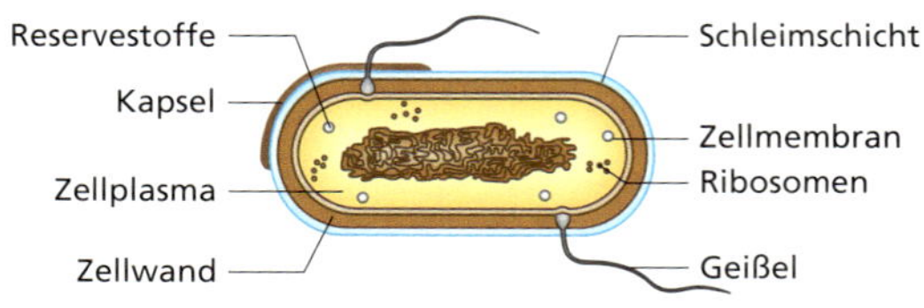

Grippevirus

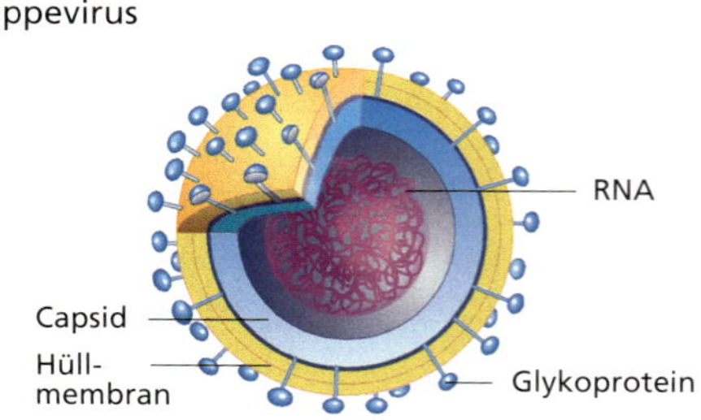

Die beiden Tabellen zeigen die Zellgrößen einiger Bakterien und Viren.

Bakterien	
Zelle	Länge
Diphtheriebakterie	200 nm
Tetanusbakterie	2500 nm
Pneumokokke	1000 nm
glatte Muskelzelle	0,3 mm
Moosblattzelle	0,25 mm

Viren	
Zelle	Durchmesser
menschliche Eizelle	100 µm
menschliche Mundschleimhautzelle	70 µm
Grippevirus	0,1 µm
rote Blutkörperchen	8 µm
weiße Blutkörperchen	20 µm

1. Informiere dich über Größeneinheiten und deren Umrechnungen.

2. a) Schreibe die Angaben in der Tabelle mit abgetrennten Zehnerpotenzen und ordne sie der Größe nach. Beginne mit der kleinsten Angabe.
b) Gib die Längen der Bakterien und die Durchmesser der Viren in der Tabelle in Zentimeter und Meter an.

Blut wird auch als flüssiges Organ bezeichnet. Es besteht aus Blutplasma, aus roten Blutzellen (Erythrozyten), aus weißen Blutzellen (Lymphozyten) und aus Blutplättchen (Thrombozyten). Die Blutmenge ist nicht bei allen Menschen gleich. Frauen haben etwa 65 ml Blut pro Kilogramm Körpermasse, bei den Männern sind es ungefähr 75 ml je Kilogramm Körpermasse.

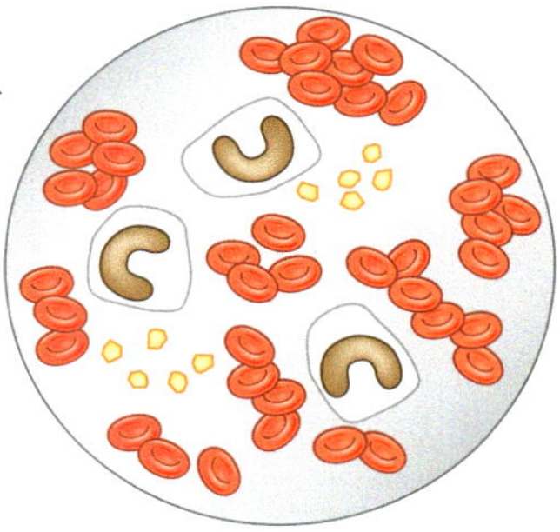

3. Bei Frauen enthält 1 mm^3 Blut etwa 4,5 Mio. Blutzellen, bei Männern sind es ungefähr 5 Mio.
a) Berechne, wie viele rote Blutzellen im Blut eines 80 kg schweren Mannes bzw. im Blut einer 60 kg schweren Frau vorhanden sind. Schreibe deine Ergebnisse mit abgetrennten Zehnerpotenzen.
b) Berechne die Streckenlänge, die man beim Aneinanderreihen der roten Blutzellen eines Mannes erhalten würde. Gib die Länge auch in Kilometer an.
c) In 1 mm^3 Blut sind ca. 7 000 weiße Blutzellen enthalten. Berechne, wie viele weiße und rote Blutzellen in deinem Blut enthalten sind.
d) Berechne den prozentualen Masseanteil deines Blutes an deiner Körpermasse. Blut hat eine Dichte von ca. $1{,}06\ g \cdot cm^{-3}$.

Anteil der Blutbestandteile

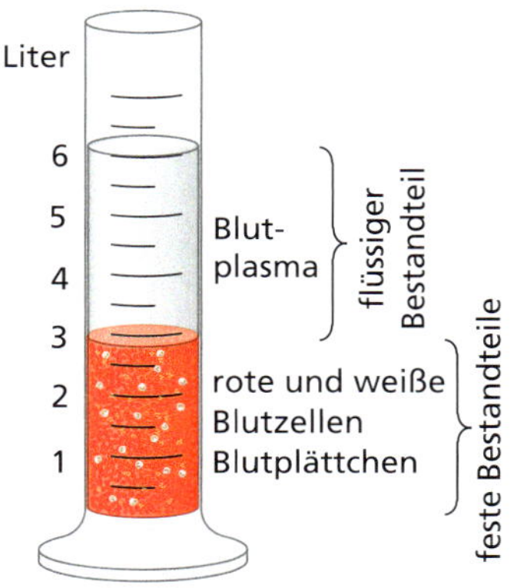

4. Für das menschliche Gehirn ist eine kontinuierliche Sauerstoffversorgung besonders wichtig. Ein Mensch atmet täglich etwa 2 500 *l* Sauerstoff ein. Nur ein kleiner Teil davon wird vom Blut aufgenommen und im Körper verbraucht. Der größere Teil wird unverbraucht wieder ausgeatmet. Ein Liter Blut kann etwa 300 ml Sauerstoff aufnehmen.
a) Ermittle die Anzahl deiner Atemzüge pro Minute im Ruhezustand. Berechne das Sauerstoffvolumen, das mit einem Atemzug in den Körper aufgenommen wird und das Volumen des Anteils, der ins Blut gelangt. Wie viel Liter Blut sind erforderlich, um dieses Sauerstoffvolumen aufzunehmen?
b) Ermittle die Anzahl deiner Atemzüge pro Minute nach 20 Kniebeugen.
Berechne das Sauerstoffvolumen und das entsprechende Luftvolumen.
c) Wie viel Liter Luft atmet ein Mensch in 70 Lebensjahren ungefähr ein?

5. Kolibris mit einer Körpermasse von ca. 3,8 g und etwa 5,6 Mio. roten Blutzellen im Blut benötigen in Ruhe ca. 10,7 ml Sauerstoff pro Gramm Körpermasse und Stunde.
a) Welches Sauerstoffvolumen benötigt ein Kolibri pro Minute im Ruhezustand?
b) Die Atemfrequenz eines Kolibris beträgt 250 Atemzüge pro Minute.
Welches Sauerstoffvolumen wird mit einem Atemzug eingeatmet?

Teilchenmodelle und die Ausbreitung von Licht und Schall

Vorstellungen vom Aufbau der Stoffe aus sehr kleinen Teilchen wurden schon in der Antike z. B. von LEUKIPP (5. Jh. v. Chr.) und DEMOKRIT (460 bis 370 v. Chr.) entwickelt. Bis Ende des 19. Jahrhunderts hielt sich die Überzeugung vom Atom als unteilbarem kleinstem Teilchen.
Später entdeckte man aber noch kleinere und leichtere Teilchen als Atome. Über 400 solcher Elementarteilchen konnten bis heute nachgewiesen werden.
Für Chemiker sind Elektronen, Protonen und Neutronen von besonderer Bedeutung.

DEMOKRIT
(460 bis 370 v. Chr.)

Die Massen und die Durchmesser einiger Elementarteilchen zeigt folgende Tabelle:

	Elektron	Proton	Neutron
Masse	$9{,}1 \cdot 10^{-28}$ g	$1{,}672 \cdot 10^{-24}$ g	$1{,}674 \cdot 10^{-24}$ g
Durchmesser	$1 \cdot 10^{-18}$ m	$1 \cdot 10^{-15}$ m	$1 \cdot 10^{-15}$ m

1. Informiere dich über unterschiedliche Atommodelle.
   Vergleiche die Vorstellungen von DALTON (1766 bis 1844), THOMSON (1856 bis 1940), RUTHERFORD (1871 bis 937) und BOHR (1885 bis 1962) miteinander.

2. Ein Sauerstoffatom hat die Ordnungszahl 8. Es besitzt acht Protonen und acht Neutronen im Atomkern und acht Elektronen in der Atomhülle.
   a) Berechne die Masse eines Sauerstoffatoms in Gramm.
   b) Gib die Anzahl der Atome an, die sich in einem Gramm Sauerstoff befinden.

3. Bei chemischen Berechnungen wird die Maßeinheit „Mol" für Mengenangaben verwendet.
   1 mol = 602 200 000 000 000 000 000 000 Teilchen
   a) Gib 1 mol mit abgetrennten Zehnerpotenzen an.
   b) Gib die Masse von 1 mol Sauerstoff an.
   c) Gib das Volumen von 1 mol eines idealen Gases unter Normalbedingungen an.
   d) Gib die Masse von 1 mol Wasser an.

Sonnenlicht hat mehrere Farbanteile. Ein Lichtstrahl wird beim Durchgang durch ein Glasprisma unterschiedlich stark gebrochen und in Spektralfarben zerlegt. Auf einem Schirm hinter dem Prima sind die Farben des Spektrums zu erkennen.
Ultraviolettes Licht wird am stärksten und infrarotes (ultrarotes) am schwächsten gebrochen.
Eine Spektralfarbe kann nicht weiter zerlegt werden. Alle Spektralfarben zusammen ergeben wieder weißes Licht.

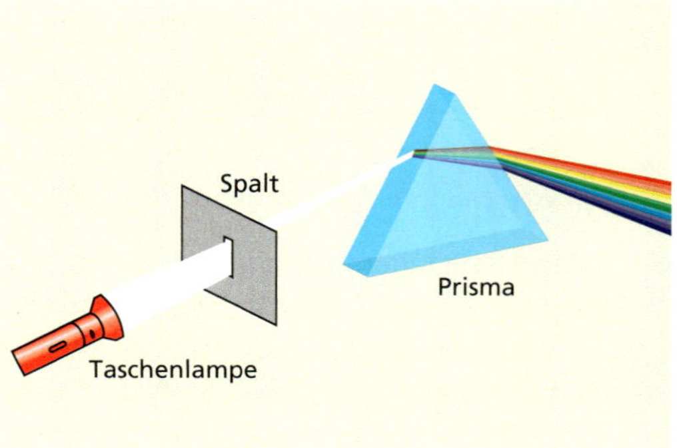

Art des Lichtes	Frequenz in 10^{14} Hz (s^{-1})	Wellenlänge λ (in Luft) in nm
Infrarotes Licht	0,1 bis 3,8	30000 bis 780
Rotes Licht	3,8 bis 4,8	780 bis 620
Oranges Licht	4,8 bis 5,0	620 bis 600
Gelbes Licht	5,0 bis 5,3	600 bis 570
Grünes Licht	5,3 bis 6,1	570 bis 490
Blaues Licht	6,1 bis 7,0	490 bis 430
Violettes Licht	7,0 bis 7,7	430 bis 390
Ultraviolettes Licht	7,7 bis 300	390 bis 10

Lichtgeschwindigkeit: Luft – ca. 300 000 $\frac{km}{s}$
Wasser – ca. 225 000 $\frac{km}{s}$
Quarzglas – ca. 205 000 $\frac{km}{s}$
Diamant – ca. 124 000 $\frac{km}{s}$

Für die Ausbreitung von Licht gilt:
$c = \lambda \cdot f$ (c – Ausbreitungsgeschwindigkeit, λ – Wellenlänge, f – Frequenz)

4. Informiere dich über die Bedeutung der Variablen c, λ und f.

5. Erkläre die Entstehung eines Regenbogens. Welche Voraussetzungen sind dafür notwendig?

6. Das menschliche Auge kann ultraviolettes und infrarotes Licht nicht sehen. Informiere dich über Wirkungen dieser Strahlungsarten. Suche Anwendungsbeispiele für diese beiden Strahlungsarten und erläutere diese. Welche Schäden kann nicht sichtbares Licht hervorrufen?

7. Das Licht von Natriumdampflampen durchdringt Nebel besonders gut. Es hat eine Wellenlänge von 590 nm. Gib die Farbe und die Frequenz an.

8. Schall und Licht haben sowohl Teilchen- als auch Welleneigenschaften. Die Ausbreitungsgeschwindigkeit von Schall ist aber wesentlich kleiner als die von Licht. Der Schall kann sich nur in Stoffen ausbreiten.
a) Informiere dich über die Ausbreitungsgeschwindigkeit des Schalls in Luft bei 20 °C.
b) Der natürliche Kammerton c hat eine Frequenz von 256 Hz. Berechne die Wellenlänge des Kammertones in Luft und in Wasser bei 20 °C.

9. Blitz und Donner sind Auswirkungen elektrischer Entladungen in der Atmosphäre. Beide Erscheinungen werden zeitversetzt wahrgenommen.
a) Erkläre die Reihenfolge der Wahrnehmungen dieser beiden Erscheinungen.
b) Peter sieht einen Blitz und hört nach sechs Sekunden den Donner. Bernd sieht den gleichen Blitz, hört den Donner bereits nach drei Sekunden. Wie weit sind die Jungen jeweils vom Gewitter entfernt?
c) Formuliere eine „Faustregel“ zur Entfernungsbestimmung eines Gewitters.

Himmelskörper, ihre Bewegungen, Massen und Größenverhältnisse

Die mittlere Entfernung zwischen der Erde und der Sonne beträgt etwa 150 Mio. km.
Dieser Abstand wird als astronomische Einheit (AE) bezeichnet. Es gilt: $1\ \text{AE} \approx 150\,000\,000\ \text{km}$
Bei einer Masse von $1{,}99 \cdot 10^{30}$ kg beträgt der Durchmesser unserer Sonne etwa 1 392 000 km.

Neben der Erde umkreisen auch noch andere Himmelskörper auf elliptischen (nahezu kreisförmigen) Bahnen die Sonne. Ihre Entfernungen zur Sonne beschreibt folgender Spruch:

Himmelskörper	Mittlere Entfernung von der Sonne in		Umlaufzeit in Jahren	Mittlere Bahngeschwindigkeit in $\text{km} \cdot \text{s}^{-1}$	Dichte in $\text{g} \cdot \text{cm}^{-3}$	Anzahl der Monde
	AE	Mio. km				
Merkur	0,39		0,24	47,9	5,3	0
Venus	0,72		0,62	35,0	4,9	0
Erde	1,00		1,00	29,8	5,5	1
Mars	1,52		1,88	24,1	4,0	2
Jupiter	5,20		11,87	13,1	1,3	16
Saturn		1427	29,46	9,6	0,7	
Uranus		2 870	84,02	6,8	1,6	
Neptun		4 496	164,79	5,4	2,3	
Pluto		5 947	247,7	4,7	4,0	

1. a) Berechne die mittleren Entfernungen vom Saturn, vom Uranus, vom Neptun und vom Pluto bis zur Sonne.

b) Wie viele Monde haben der Saturn, der Uranus, der Neptun und der Pluto? Informiere dich im Internet oder in einem Nachschlagewerk.

2. Das von der Sonne ausgestrahlte Licht benötigt eine bestimmte Zeit, bis es die Erde erreicht. Berechne diese Zeitspanne.

3. Der Mond umrundet unsere Erde in einem mittleren Abstand von 3 844 000 km. Berechne die Zeit, die ein Raumschiff mit einer Fluggeschwindigkeit von $404\,000\ \frac{\text{km}}{\text{h}}$ von der Erde bis zum Mond benötigt.

Der größte Planet unseres Sonnensystems ist der Jupiter. Sein Durchmesser ist größer als das Elffache des Erddurchmessers. Der Durchmesser des Saturns ist mehr als neunmal so groß wie der Durchmesser der Erde. Die Sonne vereint auf sich etwa 750-mal mehr Masse als die übrigen Bestandteile des Sonnensystems. Obwohl der Jupiter eine sehr große Ausdehnung hat, besitzt er nur rund $\frac{1}{1000}$ der Sonnenmasse.

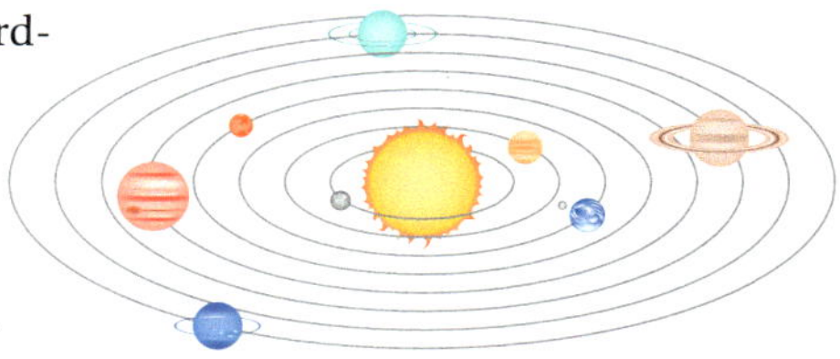

4. Der Saturn ist ein Gasplanet mit einem Äquatordurchmesser von 120 670 km.
Gasplaneten werden in der Astronomie große Planeten mit schneller Rotation genannt, die vorwiegend aus leichten Elementen wie Wasserstoff und Helium bestehen und nur einen geringen Anteil an schwererem Material (Gestein, Metalle) haben.
Welche Planeten unseres Sonnensystems sind Gasplaneten?
Berechne den Umfang des Saturns. Gib das Ergebnis mit abgetrennten Zehnerpotenzen an.

5. Unsere Sonne ist 1 300 000-mal größer als die Erde. Sie ist ein Gaskörper aus Wasserstoff und Helium. Ihre Außentemperatur beträgt etwa 6 000 °C, ihre Innentemperatur ca. 15 Mio. °C bei einem Druck von 221 Mrd. at pro Sekunde verschmelzen 657 Mio. t Wasserstoff zu 652 Mio. t Helium, wobei der Masseverlust in reine Strahlungsenergie umgesetzt wird.
Berechne den Masseverlust unserer Sonne innerhalb eines Tages.

6. Der Masseverlust unserer Sonne, von ALBERT EINSTEIN (1879 bis 1955) auch als Massedefekt m bezeichnet, ist mit einer Energiefreisetzung verbunden. Diese Energie kann mit der „einsteinschen Gleichung" berechnet werden.
Es gilt:
$E = m \cdot c^2$ (E – frei werdende Energie, c – Lichtgeschwindigkeit)

Unsere Sonne strahlt jährlich eine Energie von $3{,}4 \cdot 10^{27}$ kWh = $1{,}2 \cdot 10^{34}$ Nm ab.
Berechne den jährlichen Masseverlust der Sonne in Kilogramm und in Prozent.

Himmelskörper	**Äquatordurchmesser in km**	**Masse in 10^{24} kg**
Merkur	4876	0,34
Venus	12 104	4,87
Erde	12 756	5,97
Mars	6 788	0,64
Jupiter	143 650	1 900
Saturn	120 670	569
Uranus	51 200	87
Neptun	49 600	103
Pluto	2 300	0,013

5.2 Mathematische Berechnungen in Kunst und Architektur

Grit glaubt zu wissen, warum die Pythagoreer als Geheimzeichen ein Pentagramm, auch Drudenfuß genannt, gewählt haben. Ein Pentagramm entsteht, wenn die Diagonalen eines regelmäßigen Fünfecks eingezeichnet werden.

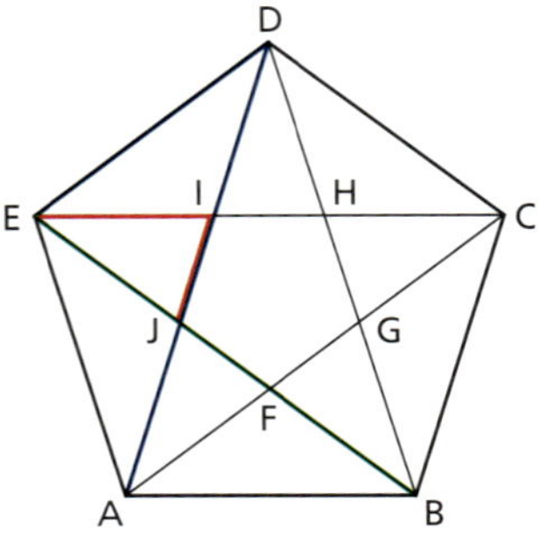

Zeichnet mehrere Pentagramme mit selbst gewählten Maßen und bildet die Verhältnisse der folgenden Streckenlängen. Was stellt ihr fest?

$\frac{\overline{EI}}{\overline{IJ}}$; $\frac{\overline{AD}}{\overline{DE}}$; $\frac{\overline{EF}}{\overline{FB}}$

Der Goldene Schnitt

Architekten haben wichtige Bauwerke schon immer nach besonderen Maßverhältnissen entworfen.
So hatten z. B. die Grundflächen griechischer Tempel in der Antike besondere Seitenverhältnisse, die als besonders schön empfunden wurden. Deshalb treten sie in Kunst und Architektur bis heute immer wieder auf.
Bei der Neuen Wache in Berlin, die von KARL FRIEDRICH SCHINKEL (1781 bis 1841) im klassizistischen Stil entworfen wurde, bilden die Gesamthöhe und die Höhe der Säulen dieses Verhältnis. Am Alten Rathaus in Leipzig teilt der Turm das Gesamtgebäude in diesem Verhältnis, das auch **Goldener Schnitt** genannt wird.

Beim Goldenen Schnitt wird eine Strecke $\overline{AB}$ so in zwei Teilstrecken zerlegt, dass sich die kleinere Teilstrecke (a – x) zur größeren Teilstrecke x verhält wie die größere Teilstrecke x zur Gesamtstrecke $\overline{AB}$. Das Teilungsverhältnis ist keine rationale Zahl.

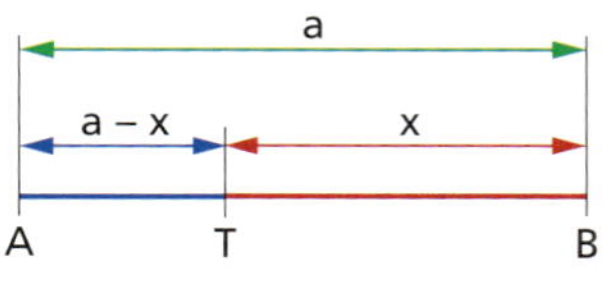

Es gilt: $\frac{a-x}{x} = \frac{x}{a}$ oder $\frac{x}{a-x} = \frac{a}{x}$

Die kleinere Teilstrecke nennt man **Minor (m)** und die größere Teilstrecke **Major (M).**

Eine Strecke $\overline{AB}$ lässt sich mit folgenden Schritten im Goldenen Schnitt teilen:

1. Auf $\overline{AB}$ wird in B die Senkrechte errichtet.
   Auf dieser Senkrechten wird von B aus $\frac{\overline{AB}}{2}$ abgetragen.
   Es entsteht C.
2. A und C werden miteinander verbunden.
3. $\overline{BC}$ wird von C aus auf $\overline{AC}$ abgetragen. Es entsteht D.
4. $\overline{AD}$ wird von A aus auf $\overline{AB}$ abgetragen. Es entsteht T.

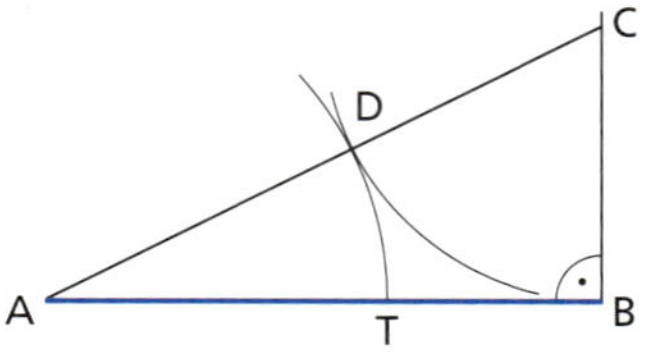

T teilt $\overline{AB}$ im Goldenen Schnitt.

1. Löse die Verhältnisgleichung $\frac{a-x}{x} = \frac{x}{a}$ nach x auf und berechne x in Abhängigkeit von a.

2. a) Zeichne eine Strecke $\overline{AB} = 10$ cm.
b) Konstruiere den Teilpunkt T so, dass $\overline{AB}$ im Goldenen Schnitt geteilt wird und $\overline{AT} > \overline{TB}$ ist.
c) Miss die Längen der Teilstrecken $\overline{AT}$ und $\overline{TB}$.
d) Bilde die Quotienten $\overline{AB} : \overline{AT}$ und $\overline{AT} : \overline{TB}$. Was stellst du fest?

3. a) Zeige, dass die beiden Gleichungen $\frac{a-x}{x} = \frac{x}{a}$ und $\left(x + \frac{a}{2}\right)^2 = a^2 + \left(\frac{a}{2}\right)^2$ zueinander äquivalent sind.
b) Begründe, dass die Gleichung $\left(x + \frac{a}{2}\right)^2 = a^2 + \left(\frac{a}{2}\right)^2$ der beschriebenen Konstruktion auf Seite 174 einer Teilung im Goldenen Schnitt entspricht.

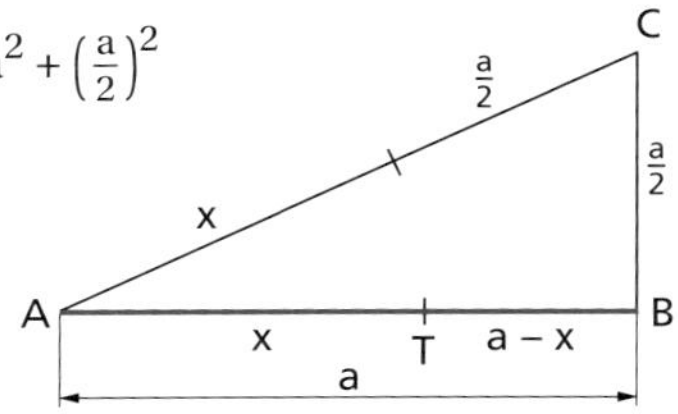

4. Rechtecke, deren Seitenlängen im Verhältnis des Goldenen Schnittes stehen, heißen auch Goldene Rechtecke.
a) Überprüfe Gegenstände mit rechteckigen Flächen (z. B. Tafel, Tisch ...) bezüglich des Verhältnisses ihrer Seitenlängen.
b) Sind Goldene Rechtecke darunter? Begründe.

5. Konstruiere ein Goldenes Rechteck mit einer Seitenlänge $\overline{AB} = a = 6$ cm.
Hinweis:
Konstruiere über der Seite a das entsprechende Quadrat und benenne die fehlenden Eckpunkte mit C und D. Zeichne den Mittelpunkt M der Strecke $\overline{AB}$ und um M einen Kreisbogen mit dem Radius $r = \overline{MC}$, der die Verlängerung der Seite $\overline{AB}$ über B hinaus schneidet. Der Schnittpunkt sei S. Ist a die kleinere der beiden Rechteckseiten, dann gilt für die zweite Rechteckseite $b = \overline{AS}$. Ist a die größere der beiden Rechteckseiten, dann ist $b = \overline{BS}$.

6. Konstruiere ein Goldenes Rechteck mit dem Umfang u = 20 cm.

7. Wohnungstüren haben oft eine Höhe von 2,00 m. Wie breit müssen die Türen sein, wenn ihre Maße dem Goldenen Schnitt entsprechen sollen?

8. Zeige, dass alle Goldenen Rechtecke zueinander ähnlich sind.

9. a) Konstruiere ein regelmäßiges Fünfeck mit der Seitenlänge a = 5 cm unter Verwendung eines Winkelmessers.
b) Welche Größen haben die Innen- bzw. Außenwinkel? Begründe.

10. Die Länge der Diagonalen in einem Pentagramm beträgt 10 cm.
a) Berechne die Länge der Diagonalenabschnitte.
b) Welchen Flächeninhalt hat das Pentagramm?

11. Überprüfe die Proportionen des Goldenen Schnitts an historischen Gebäuden.

12. Auch in der Natur findet man Goldene Schnitte.
a) Untersuche Laubblätter verschiedener Bäume (z. B. Ahorn, Kastanie ...).
b) In deinem Biologielehrbuch findest du Tiere (z. B. Insekt, Hund ...). Untersuche anhand der Abbildungen die Körperproportionen.

13. Informiere dich im Internet, bei welchen berühmten Gemälden Künstler den Goldenen Schnitt verwendet haben. Welche Bilddetails stehen in diesem Verhältnis?

Platonische Körper

Der griechische Philosoph PLATON untersuchte reguläre (regelmäßig geformte) Körper und ordnete diese den Elementen des „platonischen Weltbildes“ zu. Er war der Ansicht, dass sich die vier Urelemente Erde, Wasser, Feuer und Luft und der Weltraum jeweils einem der fünf Körper zuordnen lassen:

- Hexaeder	6 Quadrate	(Erde)
- Tetraeder	4 gleichseitige Dreiecke	(Feuer)
- Oktaeder	8 gleichseitige Dreiecke	(Luft)
- Ikosaeder	20 gleichseitige Dreiecke	(Wasser)
- Dodekaeder	12 regelmäßige Fünfecke	(Weltall)

PLATON
(427 bis 347 v. Chr.)

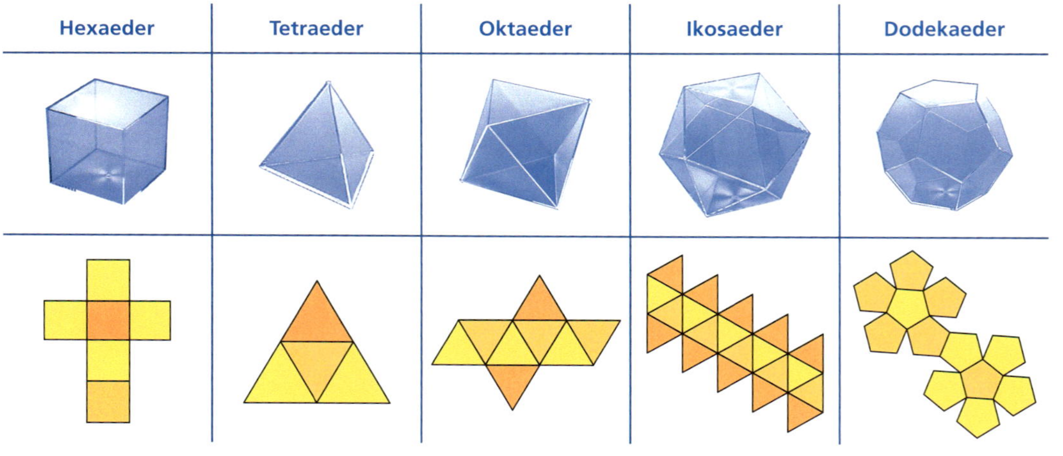

Diese Körper heißen **platonische Körper.**

Platonische Körper sind Polyeder (Vielflächner), die von ebenen Polygonen (Vielecken) begrenzt werden.
Regelmäßige (reguläre) Polyeder haben folgende Eigenschaften:
- alle Begrenzungsflächen sind regelmäßige n-Ecke
- alle Begrenzungsflächen sind zueinander kongruent
- in jeder Ecke stoßen gleich viele Kanten zusammen

Zu regelmäßigen (regulären) Polyedern können folgende Kugeln gezeichnet werden:
- eine „Umkugel“, die durch alle Eckpunkte verläuft
- eine „Inkugel“, die die Mittelpunkte aller Seitenflächen berührt
- eine „Kantenkugel“, die durch die Mittelpunkte der Kanten geht

1. Reguläre Polyeder werden von regelmäßigen n-Ecken begrenzt.
   a) Welche Arten regelmäßiger n-Ecke treten als Begrenzungsflächen bei platonischen Körpern auf?
   b) Begründe, warum nur diese Begrenzungsflächen möglich sind.

2. a) Übertrage die Tabelle in dein Heft und fülle sie für die fünf platonischen Körper aus.

	Anzahl der				
Reguläre Polyeder	Ecken (e)	Kanten (k)	Flächen (f)	Kanten, die von einer Ecke ausgehen	Flächen, die in einer Ecke zusammentreffen

b) Untersuche den Zusammenhang, den es zwischen der Anzahl der Ecken (e), der Kanten (k) und der Flächen (f) gibt. Stelle jeweils eine Gleichung auf.

c) Informiere dich über den eulerschen Polyedersatz. Formuliere ihn mit eigenen Worten.

3. Leite jeweils eine Formel zur Berechnung des Oberflächeninhalts und des Volumens eines Tetraeders mit einer Kantenlänge a her.

Hinweis:

Der Mittelpunkt M der Grundfläche teilt die Höhen des gleichseitigen Dreiecks im Verhältnis 2 : 1.

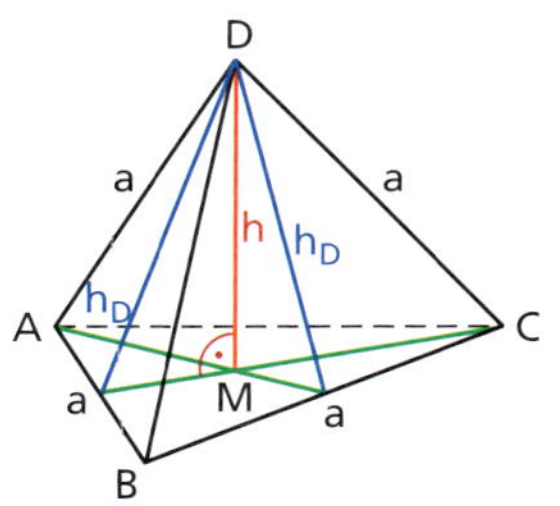

4. Es gibt Getränkebehälter, die annähernd die Form eines Tetraeders haben.

a) Berechne die Kantenlänge eines solchen Tetraeders, wenn er 0,5 Liter fassen soll.

b) Berechne das Volumen eines zweiten Tetraeders, dessen Kantenlänge doppelt so groß wie in Aufgabe a) ist. Schätze das Volumen, bevor du es rechnest.

c) Beschreibe mit eigenen Worten, wie sich das Volumen eines Tetraeders ändert, wenn seine Kantenlänge verdoppelt wird.

5. a) Zeichne einen Würfel mit der Kantenlänge a = 5 cm in Kavalierperspektive.

b) Verbinde die Mittelpunkte benachbarter Seitenflächen des Würfels miteinander. Die Verbindungsstrecken seien die Kanten eines neuen Körpers.

c) Beschreibe den neuen Körper.

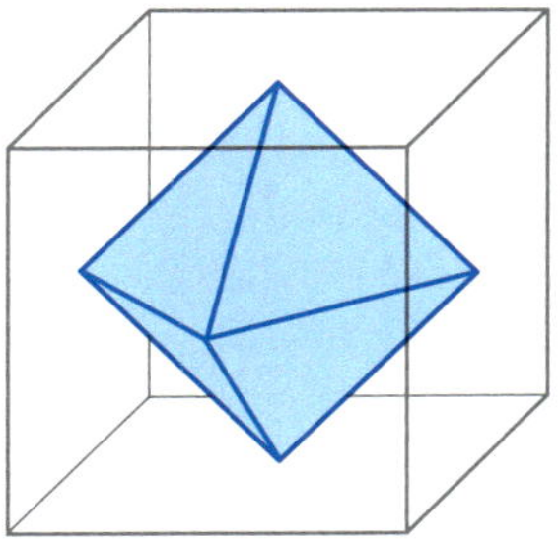

6. Verbinde die Mittelpunkte der Seitenkanten eines Würfels in der dargestellten Weise. Die Verbindungsstrecken seien die Kanten eines neuen Körpers. Untersuche, ob der neue Körper ein regulärer Polyeder ist. Begründe deine Entscheidung.
Berechne das Volumen und den Oberflächeninhalt des Restkörpers.

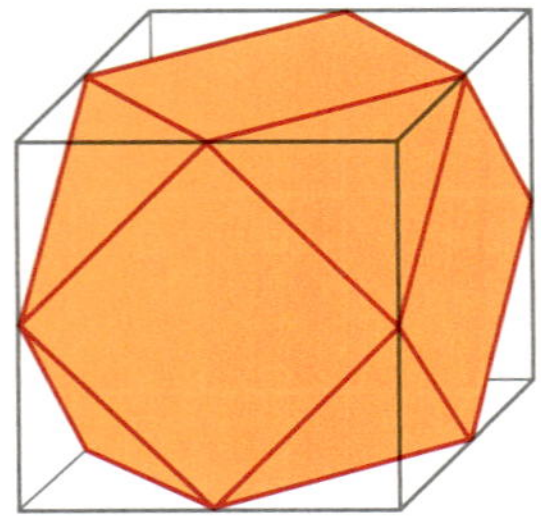

7. Ein Würfel wird durch einen Schnitt so in zwei Teile zerschnitten, dass die entstandene Schnittfläche ein regelmäßiges Sechseck ist. Zeichne in die Kavalierperspektive eines Würfels die Schnittfläche farbig ein. Berechne den Inhalt der Schnittfläche.

8. Einem Würfel mit der Kantenlänge a werden die Ecken so abgeschnitten, dass der verbleibende Körper von regelmäßigen Achtecken und gleichseitigen Dreiecken begrenzt wird.

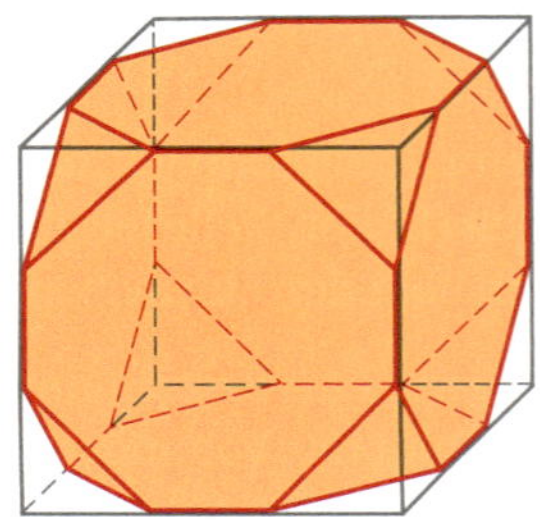

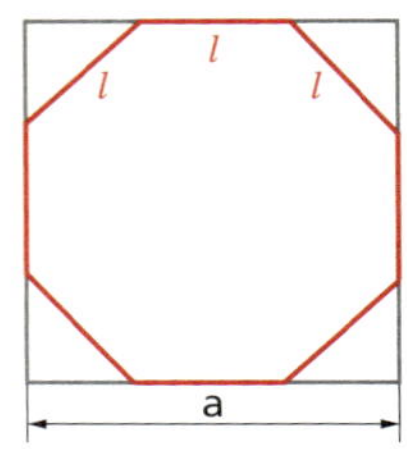

a) Gib die Anzahl der Ecken, der Kanten und der Flächen des Körpers an.

*b) Leite die Formel $l = a(\sqrt{2} - 1)$ für die Berechnung der Seitenlänge eines regelmäßigen Achtecks her.

9. Gegeben sei ein Oktaeder mit der Kantenlänge a.

*a) Leite die Formeln zur Berechnung des Oberflächeninhalts und des Volumens her.

b) Berechne Volumen und Oberflächeninhalt eines Oktaeders mit der Kantenlänge a = 5 cm.

10. Fertige aus Pappe ein Tetraeder, ein Oktaeder, ein Ikosaeder oder ein Dodekaeder an. Überlege zunächst, welche Längen die Kanten des Polyeders haben sollen.

a) Zeichne das Netz mit den entsprechenden Klebefalzen und schneide es aus.

b) Klebe den Körper zusammen.

11. Der legendäre Fußballtrainer Sepp Herberger formulierte einmal: „Der Ball ist rund." Mathematisch gesehen ist dies jedoch nicht ganz richtig. Die geometrische Vorlage des Fußballs ist ein Vielflächner, der aus zwei Arten von Polygonen zusammengesetzt ist. Die Oberfläche des Fußballs besteht aus Flächenstücken, die die Form von regelmäßigen Polygonen haben. Wer sich den Ball genau ansieht, stellt fest, dass dies nicht irgendwelche Polygone sind. Ein Fußball ist mathematisch gesehen ein Ikosaederstumpf.

a) Prüfe an einem Fußball, von welchen Polygonen er begrenzt wird. Ermittle die Anzahl der jeweils vorkommenden Polygone.

b) Bestimme die Anzahl der Ecken und Kanten. Das Zählen der Ecken und Kanten ist jedoch sehr mühselig.

c) Suche eine Möglichkeit, die Anzahl der Ecken und Kanten zu berechnen. Beachte dabei, dass keins der auftretenden Fünfecke mit einem anderen Fünfeck eine gemeinsame Ecke hat.

Die Fibonacci-Folge

In seinem Buch „Liber Abaci" stellte der italienische Mathematiker Fibonacci (eigentlicher Name Leonardo von Pisa) folgende Aufgabe:

Ein Mann hält in einem Raum, der gänzlich von der Außenwelt abgetrennt ist, ein Kaninchenpärchen. Es soll ermittelt werden, wie viele Kaninchenpaare in einem Jahr gezüchtet werden können, wenn jedes Kaninchenpärchen nach einem Monat ein weiteres Paar zur Welt bringt. Ein Pärchen kann aber erst am Ende des zweiten Monats nach ihrer Geburt zum ersten Mal Nachwuchs haben.

Leonardo von Pisa
(1170 bis 1250)

Die Anzahl der Kaninchenpaare ist eine Folge von Zahlen, die auch Fibonacci-Folge genannt wird.

1. Die folgende Tabelle zeigt, wie viele Kaninchenpaare in den ersten drei Monaten in dem Raum vorhanden sind.

Monat	1.	2.	3.	4.	5.	6.
Anzahl der Kaninchenpaare	1	1	2			

a) Übernimm die Tabelle in dein Heft und trage die Anzahl der Kaninchenpaare für die noch fehlenden Monate ein.
b) Finde heraus, wie man die Anzahl der Kaninchenpaare berechnen kann.
c) Ergänze die Tabelle bis zum zwölften Monat und berechne die noch fehlenden Paare nach deiner Vorschrift.
d) Formuliere eine Bildungsvorschrift (Berechnungsvorschrift) für die Anzahl der Kaninchenpaare in einem beliebigen Monat.
e) Übernimm die Tabelle für die zwölf Monate in eine Tabellenkalkulation.
f) Berechne in dieser Tabellenkalkulation die Anzahl der Kaninchenpaare.
g) Beschreibe, wie du in der Tabellenkalkulation beim Berechnen der fehlenden Werte vorgegangen bist.

2. Berechne alle Quotienten zweier aufeinanderfolgender Glieder der Fibonacci-Folge $\frac{1}{1}$; $\frac{2}{1}$; $\frac{3}{1}$ usw. Was stellst du fest? Formuliere den Zusammenhang mit eigenen Worten.

3. Prüfe, ob für die Fibonacci-Folgen aus Aufgabe 1 und Aufgabe 2 die folgenden Eigenschaften gelten:
a) Das Quadrat einer jeden (ab der zweiten) Zahl ist um 1 größer oder kleiner als das Produkt der vorhergehenden und der nachfolgenden Zahl.
b) Die Summe der ersten n Zahlen ist um 1 kleiner als die (n + 2)-te Zahl.
c) Die Summe der Quadrate der ersten n Zahlen ist gleich dem Produkt aus der n-ten und der (n + 1)-ten Zahl.

4. Prüfe die drei Eigenschaften aus Aufgabe 3 an zwei weiteren selbst gewählten Beispielen. Informiere dich im Internet, bei welchen Sachverhalten Fibonacci-Folgen auftreten können. Welche weiteren Eigenschaften für Fibonacci-Folgen gibt es?

6 Mit Computerprogrammen rechnen

Telefonrechnungen

Mobiltelefonkosten bei Verbindungen in andere Netze und zur Mailbox sind häufig unterschiedlich gestaffelt. Grafiken geben schnell einen Überblick.
Informiere dich über die Kosten für vergleichbare Leistungen zweier Mobiltelefonanbieter und stelle diese jeweils grafisch dar. Erläutere, für welchen Anbieter du dich entscheiden würdest.

Auswerten von Geschwindigkeitskontrollen

Beim Auswerten von Geschwindigkeitskontrollen werden gerätespezifische Fehlertoleranzen berücksichtigt. Die dafür festgelegten Geschwindigkeiten müssen vor dem Festlegen einer Ordnungsstrafe vom gemessenen Wert abgezogen werden.
Informiere dich über diese Toleranzen.
Stelle sie in einem Diagramm in Abhängigkeit von der gemessenen Geschwindigkeit dar.

Wurfparabeln im Koordinatensystem

Die Flugbahn eines Speeres hängt von unterschiedlichen Faktoren ab.
Informiere dich über derartige Faktoren und stelle die Flugbahn eines Speeres in einem Diagramm dar.
Erläutere die verwendeten Größen und ihre physikalische Bedeutung. Wie sollte man einen Speer werfen, damit er möglichst weit fliegt?

Rückblick

Tabellenkalkulationen sind Anwendungsprogramme, mit deren Hilfe u. a. immer wiederkehrende Berechnungen am Computer durchgeführt werden können.
Die dabei ermittelten Ergebnisse lassen sich speichern.

Man kann beispielsweise:
- Listen erstellten
- Berechnungen mithilfe von Formeln vornehmen
- Diagramme erzeugen

In Kalkulationstabellen, die auch als elektronische **Rechenblätter** bezeichnet werden, können in jeder Zelle Texte, Zahlen (auch mit Rechenoperationen) und Formeln eingetragen werden. Inhalte verschiedener Zellen lassen sich miteinander verknüpfen. Rechenoperationen bzw. Formeln müssen immer mit dem Zeichen „=“ beginnen und in den Zellen eingetragen werden, in denen das jeweilige Ergebnis stehen soll.

Erstellen einer Telefonrechnung für ein Handy in einer Tabellenkalkulation.
Der Tarif beinhaltet eine Abrechnung im Minutentakt.

N42 =

	A	B	C	D	E	F	G	H	I	J
1	Telefonrechnung (Preisangaben in Euro, inkl. Mehrwertsteuer)									
2										
3				Preis je Minute		Preis je	Verbindungen in min		Anzahl	Kosten
4				Hauptzeit	Nebenzeit	Verbindung	Hauptzeit	Nebenzeit	SMS	
5	Grundpreis		8,72	/	/	/	/	/	/	8,72
6	Verbindungen im eigenen Mobilfunknetz			0,15	0,15	/	28	35	/	9,45
7	Verbindungen in fremde Mobilfunknetze			0,51	0,2	/	18	41	/	17,38
8	Verbindungen in ein Festnetz			0,51	0,15	/	17	35	/	13,92
9	Verbindungen zur Mailbox			0,15	0,15	/	5	8	/	1,95
10	Kurznachrichten (SMS)			/	/	0,12	/	/	26	3,12
11										
12								Rechnungsbetrag		54,54

Schrittfolge:

1. Anlegen der Tabelle mit Textelementen
2. Eintragen von Einzelpreisen und Verbindungen
3. Eintragen von Zellenverknüpfungen über Formeln
   z. B. Zelle J8: Formel ($= D8 \cdot G8 + E8 \cdot H8$)
   Ergebnis ($0{,}51 \cdot 17 + 0{,}15 \cdot 35 = 13{,}92$)

WURZEL =D8*G8+E8*H8

	A	B	C	D	E	G	H	I	J
8	Verbindungen in ein Festnetz			0,51	0,15	17	35		13,92

Im Unterschied zum Taschenrechner werden Ergebnisse in Tabellenkalkulationen automatisch neu berechnet und sofort aktualisiert, sobald ein Eingabewert geändert wird, auf den sich eine Formel bezieht.

Tabellenkalkulationsprogramme können auch verschiedene **Diagramme (z. B. Liniendiagramme, Balkendiagramme oder Kreisdiagramme)** erzeugen.
Diagrammassistenten der jeweiligen Programme sind dabei hilfreich. Diagramm- und Tabellendaten sind stets verknüpft. Ändert man die Tabellendaten, so ändert sich auch das Diagramm.

Die Telefonkosten vom Beispiel auf Seite 181 sollen durch Diagramme veranschaulicht werden.

Im Balkendiagramm werden die absoluten Kosten der Verbindungsarten, im Kreisdiagramm die prozentualen Anteile an den Gesamtkosten darstellt.

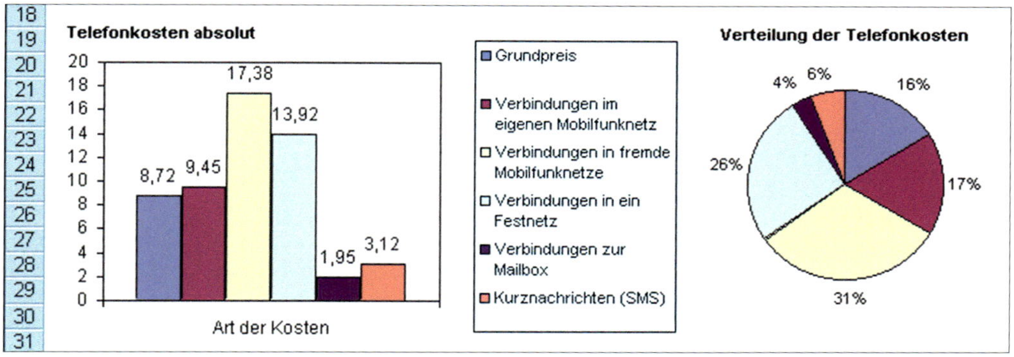

Computeralgebrasysteme (CAS) sind Programme, mit deren Hilfe gerechnet werden kann, die aber auch das **Vereinfachen von Termen** mit Variablen sowie das **Umformen und Lösen von Gleichungen und Gleichungssystemen** beherrschen. Mithilfe von Computeralgebrasystemen können **Funktionen** grafisch dargestellt und auch **Diagramme** erzeugt werden. In der Regel verfügen Computeralgebrasysteme über Texteditoren zur Dokumentation der Lösungswege.

Derive ist ein Beispiel für ein solches Programm. Eingaben können in diesem Programm entweder über die Tastatur oder über eine Menüsteuerung erfolgen.

- Terme und Gleichung können über die Tastatur in der Eingabezeile eingegeben, Befehle dann in der Menüleiste ausgewählt und aktiviert werden. Fortgeschrittene Nutzer geben auch die Befehle über die Tastatur ein.
- Termstrukturen sind genau zu analysieren und zu berücksichtigen. Klammern sind dabei sehr wichtig, auch wenn sie in der üblichen Schreibweise oft weggelassen werden können.
  In *Derive* erhalten Terme beim Weglassen von Klammern oft eine andere Bedeutung.
- Ein Komma in einer Dezimalzahl wird immer durch einen Punkt, Exponenten werden mithilfe der „^“-Taste dargestellt.
  Die Zeichen π und √ befinden sich in der Symbolleiste für mathematische Sonderzeichen.
- Rechenoperationen können „exakt“ (=) oder „approximiert“ (≈) ausgeführt werden.

Eingabe				
(2.5a + 2/5b)^2		#1	$\left(2.5\cdot a+\frac{2}{5}\cdot b\right)^2$	
		#2		$\frac{25\cdot a^2}{4}+2\cdot a\cdot b+\frac{4\cdot b^2}{25}$
2.4x^3 · 0.3x · y/(3.6x^3y)		#3	$\frac{2.4\cdot x^3\cdot 0{,}3\cdot x\cdot y}{3.6\cdot x^3\cdot y}$	
	exakt	#4		$\frac{x}{5}$
	approximiert	#5		$0{,}2\cdot x$

Gleichungen und Gleichungssysteme können in *Derive* mit dem **SOLVE-Befehl** gelöst werden, der über die *Schaltfläche* „Ausdruck lösen“ bzw. über das *Menü* „Lösen/System“ aktiviert wird.
Es können auch Gleichungen mit mehreren Variablen verwendet werden.

Rückblick

In jedem Fall müssen die Variablen, nach denen aufgelöst werden soll, im *Dialogfeld* „Lösungsvariablen" markiert werden.

In folgendem Beispiel ist das Lösen einer Gleichung gezeigt:

Gegeben ist ein rechtwinkliges Dreieck durch eine Kathete $a = 3{,}5$ cm und durch die Hypotenuse $c = 8$ cm. Berechne die Länge der Kathete b.

Das Umstellen der Gleichung $c^2 = a^2 + b^2$ nach b mithilfe des CAS liefert zwei Lösungen, die durch den logischen „Oder-Operator" ($\vee$) miteinander verknüpft sind.

Es gilt: $\sqrt{a^2} = |a|$, also $\sqrt{a^2} = -a \vee \sqrt{a^2} = a$
Streckenlängen sind immer positiv.
Es gibt nur eine Lösung: $b = \sqrt{c^2 - a^2}$

#1	$c^2 = a^2 + b^2$
#2	SOLVE($c^2 = a^2 + b^2$, b)
#3	$b = -\sqrt{(c^2 - a^2)} \vee b = \sqrt{(c^2 - a^2)}$
#4	$b = -\frac{3 \cdot \sqrt{23}}{2} \vee b = \frac{3 \cdot \sqrt{23}}{2}$
#5	$b = -7.19 \vee b = 7.19$

Die Zeilen #4 und #5 liefern (ohne Berücksichtigung des Gültigkeitsbereiches) nach Einsetzen der gegebenen Zahlenwerte über die *Schaltfläche* „Substitution" die Lösung der Aufgabe, Zeile #4 im exakten Rechenmodus und Zeile #5 nach Anwenden von Approximieren.

In folgendem Beispiel ist das Lösen eines Gleichungssystems gezeigt:

Löse das folgende Gleichungssystem:

I $3x - y = 2$
II $2x + y = 1$

#1	$3 \cdot x - y = 2$
#2	$2 \cdot x + y = 1$
#3	SOLVE([$3 \cdot x - y = 2$, $2 \cdot x + y = 1$], [x, y])
#4	$\left[x = \frac{3}{5} \wedge y = -\frac{1}{5}\right]$

Zuerst werden die Gleichungen eingegeben. Mithilfe des entsprechenden *Dialogfensters* im Menü „Lösen/System" oder nach Aktivieren der *Schaltfläche* „Lösen" erscheinen die Befehlszeile und die Lösung des Gleichungssystems.

Funktionen lassen sich im **2D-Graphikfenster** mithilfe der *Schaltfläche* „Ausdruck zeichnen" oder über den *Befehl* „Fenster/Neues 2D-Graphikfenster" darstellen. Grafikfenster und Algebrafenster sollten aus Übersichtlichkeitsgründen nebeneinander angeordnet werden.

Stelle die Funktionen $f_1(x) = 0{,}5x + 2$, $f_2(x) = 5x - 20$ und $f_3(x) = -\frac{2}{3}x$ grafisch dar.

#1	$0.5 \cdot x + 2$
#2	$5 \cdot x - 20$
#3	$-\frac{2}{3} \cdot x$

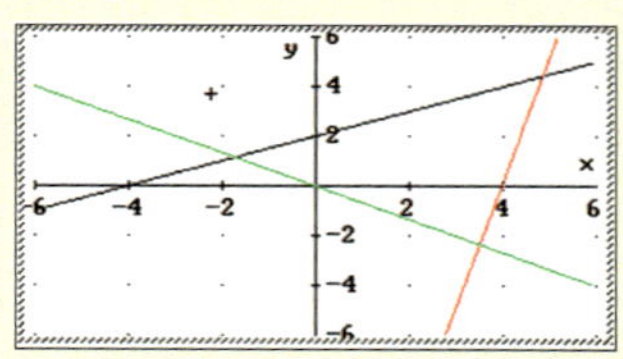

Alle Gleichungen werden im Algebrafenster eingegeben und markiert. Nach Aktivieren der *Schaltfläche* „Ausdruck zeichnen" im Grafikfenster werden die Graphen sofort in einem Koordinatensystem dargestellt. Die Graphen bilden ein Dreieck mit folgenden Eckpunkten:
A(−1,7 | 1,1), B(3,5 | −2,4), C(4,9 | 4,4)
Die Koordinaten sind Näherungswerte.
Die grafische Darstellung kann über den *Befehl* „Einbetten" aus dem *Menü* „Datei" in das Arbeitsblatt kopiert werden.

Aufgaben

1. a) Übertrage die im Beispiel auf Seite 182 verwendete Tabelle in eine Tabellenkalkulation. Verwende zum Berechnen Formeln.

b) Ändere dann die Eingabewerte für folgende Verbindungen (der Tarif bleibt unverändert):

	Verbindungen in Minuten	
	Hauptzeit	Nebenzeit
Verbindungen im eigenen Mobilfunknetz	17	32
Verbindungen in fremde Mobilfunknetze	9	19
Verbindungen in ein Festnetz	12	32
Verbindungen zur Mailbox	0	9
Anzahl SMS	117	–

2. Die folgende Tabelle enthält die Ausgaben einer Familie für drei Monate (jeweils auf volle Euro gerundet). Das Monatseinkommen der Familie beträgt 2 740 €.

	Januar	Februar	März
Miete	580	580	580
Wasser und Energie	210	260	218
Telefon	43	34	29
Versicherungen	427	70	70
Nahrungs- und Reinigungsmittel	360	575	484
Verkehrsmittel	88	105	484
Bekleidung	43	145	196
Freizeitgestaltung	77	44	102
Kreditrückzahlung	230	230	230
Sonstiges	85	167	180

a) Vergleiche die Ausgaben in den drei Monaten miteinander.
Stelle die monatlichen Ausgabepositionen dazu in einem Streifendiagramm dar.

b) Berechne die prozentualen Anteile der einzelnen Positionen für das gesamte erste Quartal und stelle sie in einem Kreisdiagramm dar.

3. a) Erstelle eine Kalkulationstabelle für Berechnungen an quadratischen Pyramiden. Die Grundseiten und Höhen sollen bekannt sein, die Höhen der Seitenflächen, die Volumen und die Oberflächeninhalte sind gesucht. Erstelle eine Tabelle für zehn Pyramiden.

b) Löse Aufgabe a) mithilfe eines CAS. Arbeite möglichst rationell.

4. Löse mit einem CAS. Stelle nach den angegebenen Variablen um.

a) $5x - \frac{2}{x} - 3$ (x) b) $5x - \frac{2}{x-3}$ (x) c) $\frac{5x-2}{x} - 3$ (x) d) $\frac{5x-2}{x-3}$ (x)

e) $A = \frac{\pi}{4}d^2$ (d) f) $e = \sqrt{a^2 + b^2}$ (a) g) $A = \frac{1}{2}(a + c)h$ (a; h) h) $\frac{1}{R} = \frac{1}{R_1} + \frac{1}{R_2}$ (R_2)

5. Berechne die Koordinaten der Eckpunkte des Dreiecks aus der Beispielaufgabe auf Seite 184 sowohl ohne Hilfmittel als auch mithilfe eines CAS. Gib die Koordinaten der Eckpunkte mit drei Dezimalstellen an.

6.1 Berechnungen in Tabellenkalkulationen

Rechnen mit Intervallen

Irrationale Zahlen lassen sich durch Folgen von Intervallen darstellen. Dabei entstehen Schachtelungen, die beim Rechnen mit irrationalen Zahlen genutzt werden können. Für das Rechnen mit Intervallen gibt es Regeln. Da beim Multiplizieren und Dividieren auch immer die Vorzeichen der Intervallgrenzen zu beachten sind, erfolgt hier eine Beschränkung auf positive Intervalle.

Zwei rationale Zahlen x_1 und x_2 mit $1 \le x_1 \le 2$ und $3 \le x_2 \le 5$ sollen addiert, subtrahiert, multipliziert und dividiert werden. Es wird mit den Intervallgrenzen gerechnet.

$x_1 + x_2 = [1; 2] + [3; 5]$ $\quad$ $x_1 - x_2 = [1; 2] - [3; 5]$ $\quad$ $x_1 \cdot x_2 = [1; 2] \cdot [3; 5]$ $\quad$ $x_1 : x_2 = [1; 2] : [3; 5]$

Aufgabe	Kleinstmögliche und größtmögliche Zahlen ermitteln	Rechnung (Intervall für Ergebnis)	Regeln für: $[a_1; a_2]$, $[b_1; b_2]$ mit $a_1, a_2, b_1, b_2 \in \mathbb{Q}$ und $0 < a_1 < a_2,\ 0 < b_1 < b_2$
$[1; 2] + [3; 5]$	untere Grenzen addieren bzw. obere Grenzen addieren	$[1; 2] + [3; 5]$ $= [1 + 3; 2 + 5]$ $= [4; 7]$	$[a_1; a_2] + [b_1; b_2]$ $= [a_1 + b_1; a_2 + b_2]$
$[1; 2] - [3; 5]$	obere Grenze von unterer Grenze bzw. untere Grenze von oberer Grenze subtrahieren	$[1; 2] - [3; 5]$ $= [1 - 5; 2 - 3]$ $= [-4; -1]$	$[a_1; a_2] - [b_1; b_2]$ $= [a_1 - b_2; a_2 - b_1]$
$[1; 2] \cdot [3; 5]$	untere Grenzen multiplizieren bzw. obere Grenzen multiplizieren	$[1; 2] \cdot [3; 5]$ $= [1 \cdot 3; 2 \cdot 5]$ $= [3; 10]$	$[a_1; a_2] \cdot [b_1; b_2]$ $= [a_1 \cdot b_1; a_2 \cdot b_2]$
$[1; 2] : [3; 5]$	untere Grenze durch obere Grenze bzw. obere Grenze durch untere Grenze dividieren	$[1; 2] : [3; 5]$ $= [1 : 5; 2 : 3]$ $= \left[\frac{1}{5}; \frac{2}{3}\right]$	$\frac{[a_1; a_2]}{[b_1; b_2]} = \left[\frac{a_1}{b_2}; \frac{a_2}{b_1}\right]$

Diese Regeln können auf das Rechnen mit irrationalen Zahlen übertragen werden. Irrationale Zahlen werden dabei mit der gewünschten Genauigkeit durch Intervalle beschrieben.

Die irrationalen Zahlen $\sqrt{2}$ und $\sqrt{3}$ sollen addiert, subtrahiert, multipliziert und dividiert werden. Es wird wieder mit den Intervallgrenzen gerechnet.

Die irrationalen Zahlen WURZEL(2) und WURZEL(3) sind gegeben durch die Intervalle
a1 < WURZEL(2) < a2 bzw. **b1 < WURZEL(3) < b2**.
Gesucht sind die Intervallgrenzen für WURZEL(2) + WURZEL(3), WURZEL(2) – WURZEL(3), WURZEL(2) * WURZEL(3) und WURZEL(2) / WURZEL(3).

	A	B	C	D	E	F	G	H	I	J	K	L
5					**Wurzel(2) + Wurzel(3) bzw. a + b**		**Wurzel(2) - Wurzel(3) bzw. a - b**		**Wurzel(2) * Wurzel(3) bzw. a * b**		**Wurzel(2) / Wurzel(3) bzw. a / b**	
6	**a1**	**a2**	**b1**	**b2**	**a1 + b1**	**a2 + b2**	**a1 - b2**	**a2 - b1**	**a1 * b1**	**a2 * b2**	**a1 / b2**	**a2 / b1**
7	1	2	1	2	2	4	-1	1	1	4	0,5	2
8	1,4	1,5	1,7	1,8	3,1	3,3	-0,4	-0,2	2,4	2,7	0,8	0,9
9	1,41	1,42	1,73	1,74	3,14	3,16	-0,33	-0,31	2,44	2,47	0,81	0,82
10	1,414	1,415	1,732	1,733	3,146	3,148	-0,319	-0,317	2,449	2,452	0,816	0,817
11	1,4142	1,4143	1,7320	1,7321	3,1462	3,1464	-0,3179	-0,3177	2,4494	2,4497	0,8165	0,8166

Rechnen mit Toleranzen

Grundlage vieler Aufgaben sind gemessene Werte, deren Genauigkeit für Ergebnisangaben wichtig ist. Die „Güte eines Maßes“ (Nennwert) kann durch ein Intervall angegeben werden. Das Intervall beschreibt dabei die zugelassene Abweichung vom genauen Wert, die auch als **Toleranz** bezeichnet wird. Der kleinste Wert dieses Intervalls heißt **untere Wertschranke**, der größte Wert **obere Wertschranke.** Zulässige Toleranzen sind für viele Zwecke in DIN-Vorschriften geregelt.

Angaben wie 500 g ± 20 g oder (500 ± 20) g bedeuten:

- Der wirkliche Wert liegt im Intervall 480 g ≤ m ≤ 520 g.
- Die untere Wertschranke ist 480 g, die obere Wertschranke 520 g.
- Die Intervalllänge beträgt 520 g – 480 g = 40 g.
- Auf der Zahlengeraden ist die Toleranz eine Strecke. Der wahre Wert liegt auf der Strecke.

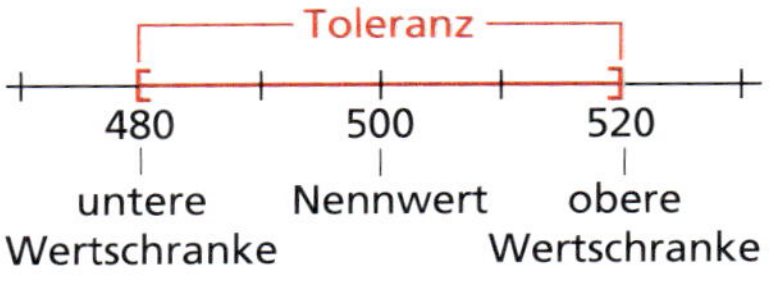

Die nebenstehende Zeichnung zeigt ein Werkstück mit einer Bohrung, deren Tiefe keine Toleranz besitzt. Der Durchmesser der Bohrung hat eine Toleranz. Die Angabe $Ø\,15^{+0,2}_{\ 0}$ bedeutet, dass die Abweichung „nach unten“ 0 mm und „nach oben“ 0,2 mm betragen darf. Die untere Wertschranke beträgt 15 mm; die obere Wertschranke 15,2 mm. Der Durchmesser muss demnach im Intervall 15 mm ≤ d ≤ 15,2 mm liegen.

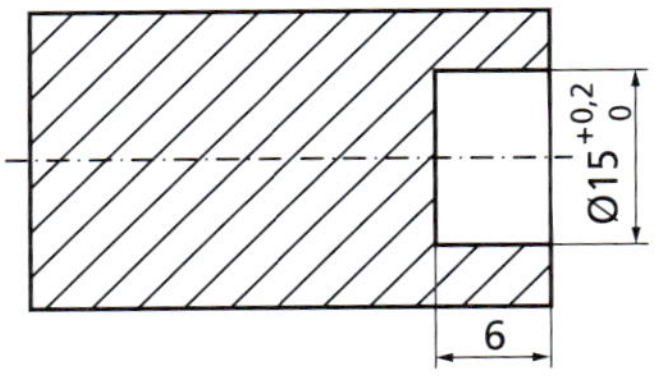

Es gibt Fälle, bei denen die Abweichungen der Messwerte vom wahren Wert nicht bekannt sind.
In solchen Fällen wird festgelegt, dass die Abweichung des Näherungswertes vom wahren Wert maximal 0,5 Einheiten des Stellenwertes der letzten angegebenen Ziffer beträgt.
Mit dieser Vereinbarung lassen sich auch wieder Wertschranken und ein gültiges Intervall für den wahren Wert angeben.

Näherungswert	Stellenwert der letzten angegebenen Ziffer	Zulässige Abweichung	Untere Wertschranke	Obere Wertschranke	Intervall für den wahren Wert
m = 500 g	Einer	0,5 g	499,5 g	500,5 g	499,5 g ≤ m ≤ 500,5 g
d = 42,6 mm	Zehntel	0,05 mm	42,55 mm	42,65 mm	42,55 mm ≤ d ≤ 42,65 mm
$v = 8{,}12\ \frac{m}{s}$	Hundertstel	$0{,}005\ \frac{m}{s}$	$8{,}115\ \frac{m}{s}$	$8{,}125\ \frac{m}{s}$	$8{,}115\ \frac{m}{s} \le v \le 8{,}125\ \frac{m}{s}$

Ergebnisse von Rechnungen mit Näherungswerten sind ebenfalls Näherungswerte. Das gilt auch für Aufgaben mit Toleranzangaben. Die Toleranzen der Eingangswerte beeinflussen die Genauigkeit des Endergebnisses. Mithilfe von Wertschranken lässt sich diese Genauigkeit gut bestimmen. Da die Wertschranken die Intervallgrenzen sind, lassen sich die Regeln für das Rechnen mit Intervallen auch auf das Rechnen mit Wertschranken anwenden. Aufwendige Rechnungen sollten mithilfe eines Taschenrechners oder in einer Tabellenkalkulation durchgeführt werden.

Die folgenden Beispiele enthalten Berechnungen mit Wertschranken.

1. Es soll das Volumen V eines zylinderförmigen Werkstücks berechnet werden.
   Der Hersteller gibt den Durchmesser des Zylinders mit $d = (25{,}0 \pm 0{,}2)$ mm und die Länge mit $h = (187 \pm 0{,}4)$ mm an.
   Es gilt: $V = \frac{\pi}{4} d^2 \cdot h$
   Es sind Toleranzen angegeben. Es wird einmal mit den unteren Wertschranken und dann noch einmal mit den oberen Wertschranken gerechnet.

2. Es soll die Durchschnittsgeschwindigkeit eines Körpers berechnet werden.
   In einer Zeit $t = 0{,}8$ s legt der Körper eine Strecke von $s = 120$ cm zurück.
   Beide angegebenen Werte sind Messwerte.
   Es gilt: $v = \frac{s}{t}$
   Da keine Toleranzen bekannt sind, werden die Werte $s = (120 \pm 0{,}5)$ cm und $t = (0{,}8 \pm 0{,}05)$ s verwendet. Es wird einmal die untere Wertschranke des Weges durch die obere Wertschranke der Zeit und dann noch einmal die obere Wertschranke des Weges durch die untere Wertschranke der Zeit dividiert.

	A	B	C	D	E	F	G
3	Aufbau	Rechnen mit Toleranzen					
4		Parameter A		Parameter B		Ergebnis	
5		Name untere Wertschranke	Name obere Wertschranke	Name untere Wertschranke	Name obere Wertschranke	Formel untere Wertschranke	Formel obere Wertschranke
6		Wert	Wert	Wert	Wert	Ergebnis	Ergebnis
7						Ergebnis gerundet	Ergebnis gerundet
8							
9	Aufgabe 1	Volumen eines zylinderförmigen Werkstücks					
10		Durchmesser d		Länge h		Volumen V=(Pi/4)*d^2*h	
11		d1	d2	h1	h2	V1=(Pi/4)*d1^2*h1	V2=(Pi/4)*d2^2*h2
12		24,8	25,2	186,6	187,4	90137,37005	93467,48339
13						90137	93467
14							
15	Aufgabe 2	Geschwindigkeit					
16		Weg s		Zeit t		Geschwindigkeit v=s/t	
17		s1	s2	t1	t2	v1=s1/t2	v2=s2/t1
18		119,5	120,5	0,75	0,85	140,5882353	160,6666667
19						141	161
20							

Untersuchen quadratischer Funktionen

Für Funktionsuntersuchungen (z. B. beim Erstellen von Wertetabellen und beim grafischen Darstellen) können Tabellenkalkulationen hilfreich sein.
Aus Wertetabellen lassen sich grafische Darstellungen relativ einfach erzeugen:

1.	*Tabellenkopf festlegen:*	z. B. Zelle A1 für x und Zelle B1 für y
2.	*Darstellungsintervall festlegen:*	z. B. $-3 \le x \le 3$ mit einer Schrittweite von 0,5 in Spalte A
3.	*Funktionswerte ermitteln:*	In Zelle B2 (der Zelle für den ersten Funktionswert) wird der Funktionsterm durch Verknüpfung von Zellen definiert. Der Funktionsterm wird dann auf die Zellen B3; B4; B5; … übertragen. Dies ist u. a. durch Kopieren möglich.
4.	*„Diagrammassistent" nutzen:*	z. B. mit Zellen B3; B4; B5; … ein Liniendiagramm erstellen

Stelle die Funktion $y = 0{,}8x^2 - 2$ im Intervall $-3 \leq x \leq 3$ grafisch dar.

BINOMVERT =0,8*A2^2-2

	A	B
1	x	y
2	-3	=0,8*A2^2-2
3	-2,5	3
4	-2	1,2
5	-1,5	-0,2
6	-1	-1,2
7	-0,5	-1,8
8	0	-2
9	0,5	-1,8
10	1	-1,2
11	1,5	-0,2
12	2	1,2
13	2,5	3
14	3	5,2
15		
16		

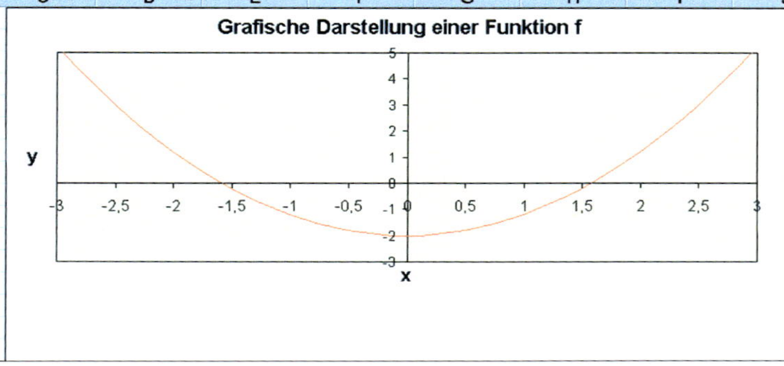

Das Rechenblatt kann später zur Darstellung anderer Funktionen genutzt werden, wenn in die Zelle B2 ein anderer Funktionsterm geschrieben und auf die Zellen B3; B4; B5; ... übertragen wird. So kann beispielsweise der Einfluss eines Parameters auf den Graphen einer Funktion experimentell untersucht werden.

Auswerten von Daten

Tabellenkalkulationen enthalten **Formeln (Funktionen),** die über das Menü „Funktion einfügen" oder über die Schaltfläche „Funktionsassistent" aufgerufen werden können. Mit der Funktion WURZEL können z.B. Näherungswerte beliebiger Quadratwurzeln ermittelt werden.

Sind Name und **Schreibweise („Syntax")** bekannt, kann eine Funktion auch direkt in die betreffende Zelle, beginnend mit einem Gleichheitszeichen, eingetragen werden.

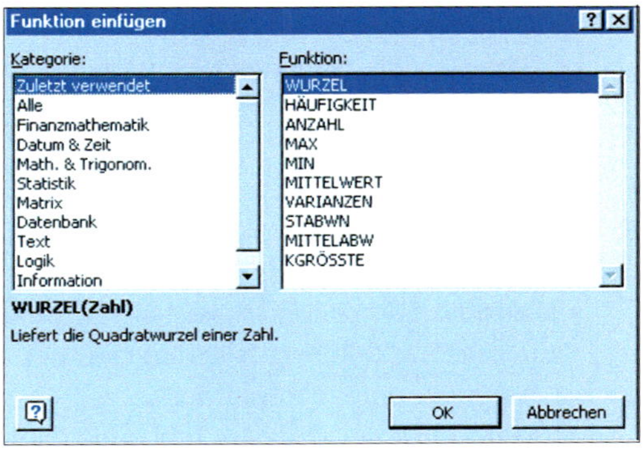

Bei 15 Jungen einer Sportgruppe wurden die Körperhöhen gemessen:
171, 175, 178, 178, 176, 177, 182, 175, 178, 180, 178, 177, 175, 182, 170 (Angaben in Zentimeter)

Nach dem Ordnen der Werte über das *Menü* „Daten" können der **Zentralwert (Median)** z und der **Modalwert** m sofort abgelesen werden.

Es gilt: $z = 177$ und $m = 178$

Das **arithmetische Mittel** x_m, die **mittlere lineare Abweichung** d, die **mittlere quadratische Abweichung** s^2 und die **Standardabweichung** s werden mithilfe von Formeln berechnet.

Das arithmetische Mittel x_m wird in der Zelle C22 mit der Formel „=MITTELWERT(C6:C20)" berechnet und als Näherungswert $x_m = 176{,}8$ ausgegeben.

Die **mittlere lineare Abweichung**

$$d = \frac{|x_1 - x_m| + |x_2 - x_m| + \ldots + |x_n - x_m|}{n}$$

wird mithilfe der Spalten D und E in der Zelle E24 berechnet.

Für die mittlere quadratische Abweichung (Varianz) s^2 und die Standardabweichung s gilt:

$$s^2 = \frac{(x_1 - x_m)^2 + (x_2 - x_m)^2 + \ldots + (x_n - x_m)^2}{n}$$

$$s = \sqrt{\frac{(x_1 - x_m)^2 + (x_2 - x_m)^2 + \ldots + (x_n - x_m)^2}{n}}$$

Das Einrichten des Rechenblattes ist zwar relativ aufwendig, die Berechnungen dafür erheblich einfacher als mit einem Taschenrechner. Für andere Eingangswerte kann man die Lösungen sofort ablesen.

In diesem Beispiel können maximal 15 Eingabewerte geändert werden.

	A	B	C	D	E	F
1	**Streumaße**					
2						
3			**Messwerte xi**	**xi - xm**	**|xi - xm|**	**(xi - xm)^2**
4						
5						
6			170	-6,8	6,8	46,24
7			171	-5,8	5,8	33,64
8			175	-1,8	1,8	3,24
9			175	-1,8	1,8	3,24
10			175	-1,8	1,8	3,24
11			176	-0,8	0,8	0,64
12			177	0,2	0,2	0,04
13			177	0,2	0,2	0,04
14			178	1,2	1,2	1,44
15			178	1,2	1,2	1,44
16			178	1,2	1,2	1,44
17			178	1,2	1,2	1,44
18			180	3,2	3,2	10,24
19			182	5,2	5,2	27,04
20			182	5,2	5,2	27,04
21						
22	**Arithmetisches Mittel xm**		**176,8**			
23						
24	**Mittlere lineare Abweichung d**				**2,5**	
25						
26	**Mittlere quadratische Abweichung (Varianz) s^2**					**10,69**
27						
28	**Standardabweichung s**					**3,27**
29						

Aufgaben

1. a) Gib fünf Beispiele für Formeln (Funktionen) in deiner Tabellenkalkulation an.
b) Setze jeweils Zahlenwerte ein und rechne dann aus.

2. a) Stelle die Funktion $y = f(x) = \frac{3}{4}x^2 - 1{,}34x + 2{,}6$ in deiner Tabellenkalkulation grafisch dar.
b) Ermittle die Nullstellen und den Scheitelpunkt der Funktion.

3. Bei Belastbarkeitstests werden Werkstoffe in eine Maschine eingespannt und einer sich steigernden Zugkraft ausgesetzt. Der Bereich elastischer Ausdehnung, bei dem eine Rückbildung beim Wegfall der Kraft möglich ist, interessiert dabei besonders.

a) Gib die Daten in deine Tabellenkalkulation ein und stelle sie grafisch dar.
Die Kraft F soll auf der x-Achse und die Dehnung D auf der y-Achse dargestellt werden. Formatiere das Diagramm nach eigenen Vorstellungen.

b) Ermittle die Gleichung einer Funktion, die den Zusammenhang näherungsweise beschreibt.
Ermittle mit dieser Gleichung fünf weitere Zahlenpaare.

Zugkraft in kN	Dehnung in %
2,588	0,0213
4,932	0,0537
7,568	0,0873
11,426	0,1379
13,769	0,1691
17,285	0,2143
20,849	0,2643
25,561	0,3132
27,002	0,3761

4. a) Untersuche in einer Tabellenkalkulation für die Funktion $y = 3 \cdot x^2$ das Verhalten der Funktionswerte $f(x + 1) - f(x)$. Interpretiere deine Ergebnisse.
b) Untersuche in einer Tabellenkalkulation für die Funktion $y = 3 \cdot 2^x$ das Verhalten der Funktionswerte $f(x + 1) - f(x)$. Interpretiere deine Ergebnisse.

6.2 Berechnungen in Computeralgebrasystemen

Mit Computeralgebrasystemen können Funktionen dargestellt sowie Gleichungen und Gleichungssysteme gelöst werden. Dies soll an quadratischen Gleichungen und Funktionen gezeigt werden.

Lösen quadratischer Gleichungen

Quadratische Gleichungen können mithilfe der Lösungsformel gelöst werden.

$$x_{1;2} = -\frac{p}{2} \pm \sqrt{\left(\frac{p}{2}\right)^2 - q}$$

Dazu müssen die Gleichungen gegebenenfalls vorher in die Normalform gebracht werden. Dies erledigt der SOLVE-Befehl im CAS ohne große Bemühungen.

Löse die Gleichungen in einem CAS:

a) $4x^2 - 8x - 24 = 8$

b) $(6x + 2)^2 + 10 = (7x + 3)^2 - 11$

c) $x^2 + px + q = 0$

Ein Umformen in die Normalform ist nicht erforderlich. Nach Eingabe der Gleichungen wird die zu lösende Gleichung markiert und über den SOLVE-Befehl gelöst.

- Zeile #5 zeigt die Lösung von a
- Zeile #7 zeigt die Lösung von b
- Zeile #9 zeigt die Lösung von c (Es ist die bekannte Lösungsformel für quadratische Gleichungen.)

#1	$4 \cdot x^2 - 8 \cdot x - 24 = 8$
#2	$(6 \cdot x + 2)^2 + 10 = (7 \cdot x + 3)^2 - 11$
#3	$x^2 + p \cdot x + q = 0$
#4	$\text{SOLVE}(4 \cdot x^2 - 8 \cdot x - 24 = 8, x)$
#5	$x = 4 \vee x = -2$
#6	$\text{SOLVE}((6 \cdot x + 2)^2 + 10 = (7 \cdot x + 3)^2 - 11, x)$
#7	$x = \frac{8}{13} \vee x = -2$
#8	$\text{SOLVE}(x^2 + p \cdot x + q = 0, x)$
#9	$x = \frac{\sqrt{(p^2 - 4 \cdot q)} - p}{2} \vee x = \frac{\sqrt{(p^2 - 4 \cdot q)} + p}{2}$

Der SOLVE-Befehl kann unübliche Darstellungen von Gleichungen erzeugen. Die in Zeile #9 dargestellten Lösungen der quadratischen Gleichung $x^2 + px + q = 0$ sind ein Beispiel dafür.

Die Gleichwertigkeit zweier Terme lässt sich aber relativ einfach prüfen.

Es kann gezeigt werden, dass die Terme $\frac{\sqrt{p^2 - 4q} - p}{2}$ und $-\frac{p}{2} + \sqrt{\left(\frac{p}{2}\right)^2 - q}$ gleichwertig sind.

1. Möglichkeit:
Es wird die Differenz beider Terme gebildet (vgl. Zeile #1). Ihre Differenz beträgt 0.

2. Möglichkeit:
Beide Terme werden mit dem Zeichen „=" verbunden (vgl. Zeile #4). Die Gleichung ist allgemeingültig, d. h., sie ist für jede Variablenbelegung eine wahre Aussage. Nach Anwendung des SOLVE-Befehls erhält man das Ergebnis „true" (vgl. Zeile #5).

#1	$\frac{\sqrt{(p^2 - 4 \cdot q)} - p}{2} - \left(-\frac{p}{2} + \sqrt{\left(\left(\frac{p}{2}\right)^2 - q\right)}\right)$
#2	0
#3	$\frac{\sqrt{(p^2 - 4 \cdot q)} - p}{2} = -\frac{p}{2} + \sqrt{\left(\left(\frac{p}{2}\right)^2 - q\right)}$
#4	$\text{SOLVE}\left(\frac{\sqrt{(p^2 - 4 \cdot q)} - p}{2} = -\frac{p}{2} + \sqrt{\left(\left(\frac{p}{2}\right)^2 - q\right)}, p\right)$
#5	true
#6	$\frac{\sqrt{(p^2 - 4 \cdot q)} - p}{2} = -\frac{p}{2} + \sqrt{\left(\left(\frac{p}{2}\right)^2 - q\right)}$
#7	$\text{SOLVE}\left(\frac{\sqrt{(p^2 - 4 \cdot q)} - p}{2} = -\frac{p}{2} + \sqrt{\left(\left(\frac{p}{2}\right)^2 - q\right)}, p\right)$
#8	$p = 1 \vee p = 0$

Sind zwei Terme nicht gleichwertig, dann weist der SOLVE-Befehl als Ergebnis konkrete Lösungen aus (vgl. Zeilen #6 bis #8).

Lösen quadratischer Gleichungssysteme

Gleichungssysteme lassen sich ohne Hilfsmittel oft nur durch kompliziertes Umformen oder gar nicht lösen. In Computeralgebrasystemen lassen sich die Koordinaten der Schnittpunkte zweier Parabeln durch das Lösen eines quadratischen Gleichungssystems als Näherungswerte ermitteln.

Löse folgendes Gleichungssystem.
Ermittle die Schnittpunkte beider Parabeln.

I $\quad y = f_1(x) = -x^2 + \frac{7}{2}$

II $\quad y = f_2(x) = -\frac{1}{4}x^2 + 2$

f_1 und f_2 schneiden einander in P_1 und P_2.

Lösungen im CAS:

$x = \sqrt{2} \wedge y = \frac{3}{2}, x = -\sqrt{2} \wedge y = \frac{3}{2}$

$P_1(-\sqrt{2} \mid 1{,}5)$ und $P_2(\sqrt{2} \mid 1{,}5)$.

#1 $\quad y = -x^2 + \frac{7}{2}$

#2 $\quad y = -\frac{1}{4} \cdot x^2 + 2$

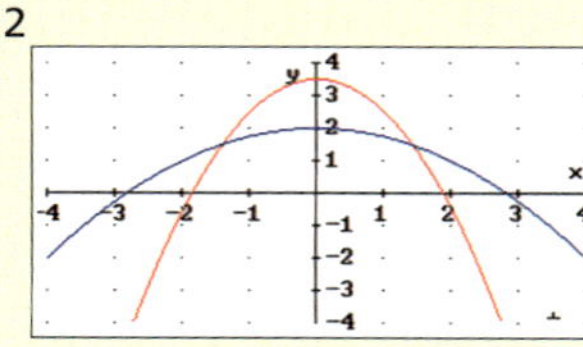

#3 $\quad$ SOLVE$\left(\left[y = -x^2 + \frac{7}{2}, y = -\frac{1}{4} \cdot x^2 + 2\right], [x, y]\right)$

#4 $\quad \left[x = \sqrt{2} \wedge y = \frac{3}{2}, x = -\sqrt{2} \wedge y = \frac{3}{2}\right]$

Untersuchen quadratischer Funktionen

Die Nullstellen quadratischer Funktionen sollen grafisch ermittelt und als Näherungswerte angegeben werden.

Ermittle die Nullstellen der quadratischen Funktion $y = 0{,}8x^2 - 2$ grafisch und gib sie mit einer Genauigkeit von drei Dezimalstellen an.

1. Schritt:
Gleichung $y = 0{,}8x^2 - 2$ im Algebrafenster eingeben und den Graphen im Grafikfenster anzeigen lassen.
Die Nullstellen können als grobe Näherungswerte sofort abgelesen werden.

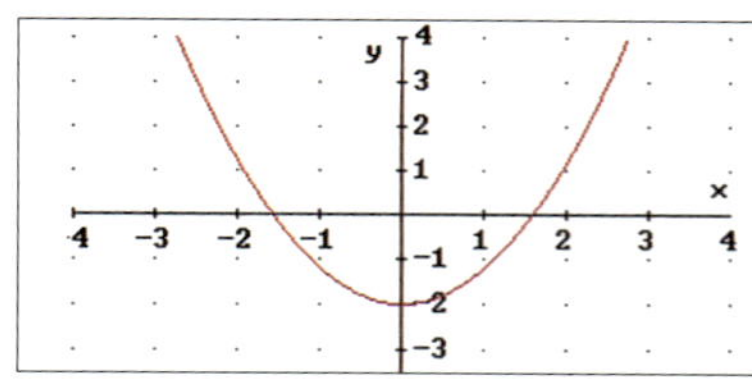

2. Schritt:
Die Ablesegenauigkeit lässt sich mithilfe der ZOOM-Funktion erhöhen. Dazu wird über die Schaltfläche „Zeichenbereich festlegen" mit dem Cursor ein Rechteck ausgewählt, das vergrößert abgebildet wird.
In nebenstehender Darstellung für $x_0 > 0$.

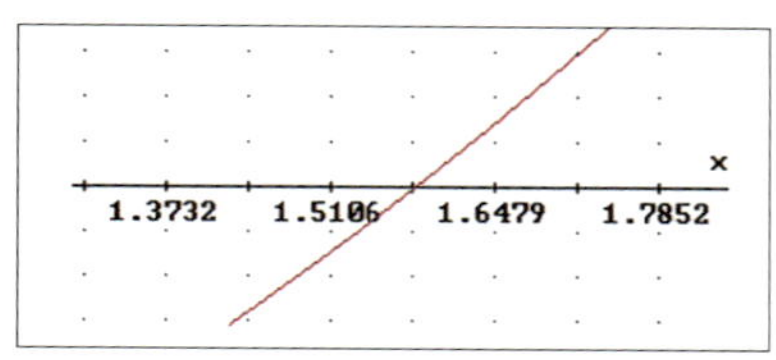

3. Schritt:
Dieser Vorgang ist für immer kleinere Intervalle wiederholbar. Zusätzlich kann der Schnittpunkt des Graphen mit der x-Achse mit dem Cursor markiert werden. Seine Koordinaten sind dann in der Statuszeile ablesbar:
$x_0 \approx 1{,}581$

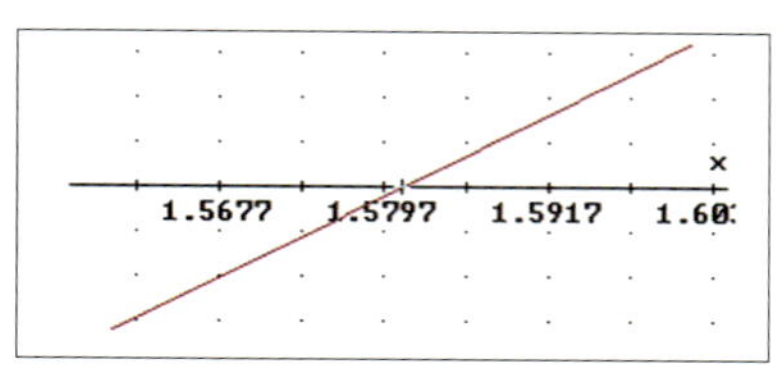

Die zweite Nullstelle $x_0 \approx -1{,}581$ kann entsprechend ermittelt werden.

Funktionsgleichungen sollen aus Informationen ermittelt werden, die über ihre Graphen bekannt sind.

Die Punkte $P_1(-1 \mid 4{,}5)$, $P_2(0{,}5 \mid -0{,}375)$ und $P_3(2 \mid -3)$ sind Punkte des Graphen einer quadratischen Funktion $y = ax^2 + bx + c$. Gib die Parameter a, b und c an.

Nach dem Einsetzen der Koordinaten der drei Punkte in die Gleichung erhält man folgendes Gleichungssystem:

I $\quad 4{,}5 = a \cdot (-1)^2 + b \cdot (-1) + c$
II $\quad -0{,}375 = a \cdot 0{,}5^2 + b \cdot 0{,}5 + c$
III $\quad -3 = a \cdot 2^2 + b \cdot 2 + c$

Der SOLVE-Befehl (Zeile #1) gibt die Lösungen $a = 0{,}5$, $b = -3$, $c = 1$ (Zeile #2) aus.
Die Funktionsgleichung $y = 0{,}5x^2 - 3x + 1$ kann im Algebrafenster eingegeben, die Punkte bzw. der Graph können im Grafikfenster kontrolliert werden.

#1 $\quad$ SOLVE([4.5 = a − b + c, −0.375 = $0.5^2 \cdot a + 0.5 \cdot b + c$, −3 = $4 \cdot a + 2 \cdot b + c$], [a, b, c])

#2 $\quad \left[a = \frac{1}{2} \wedge b = -3 \wedge c = 1\right]$

#3 $\quad y = 0{,}5 \cdot x^2 - 3 \cdot x + 1$

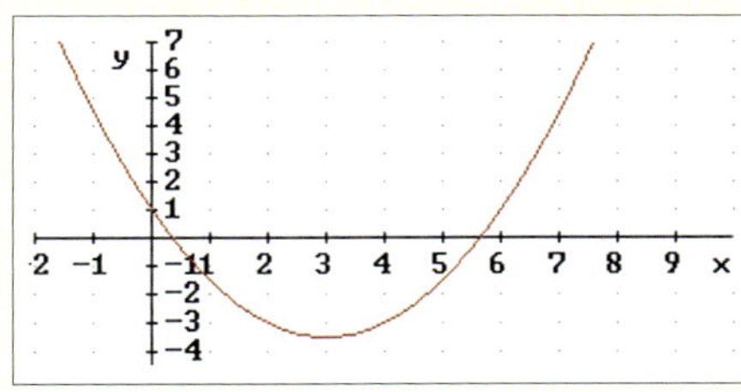

Maximum- und Minimumwerte treten bei vielen praktischen Aufgaben auf. Häufig ist es wichtig zu wissen, ob ein größter oder ein kleinster Funktionswert existiert und bei welchem Argument dies der Fall ist.

Gib die Zaunlängen a und b eines an einer Mauer liegenden (rechteckförmigen) Grundstücks so an, dass sein Flächeninhalt A möglichst groß ist. Die Gesamtlänge des Zaunes soll 80 m betragen. In der Abbildung sind drei Möglichkeiten dargestellt.

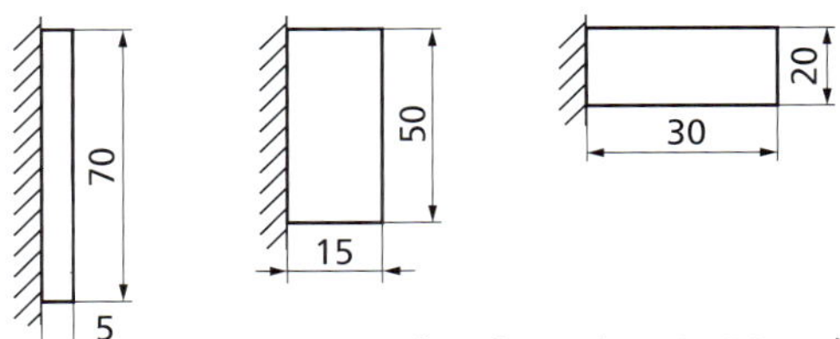

(Maßangaben in Meter)

Es gilt: $\quad$ (I) $u = 2a + b = 80$ $\quad$ (II) $A = a \cdot b$

Löst man die Gleichung (I) nach b auf (Zeilen #3 und #4) und setzt das Ergebnis in Gleichung (II) ein (Zeile #5), erhält man A als Funktion von a.

Es gilt: $\quad A = 80a - 2a^2$ $\quad$ (Zeile #6)

Diese Funktion kann im Grafikfenster dargestellt werden. Es gibt einen Maximumpunkt, dessen Koordinaten als Näherungswert ablesbar sind.

Die Genauigkeit der Ablesung lässt sich im Spurmodus, der über die Schaltfläche aktiviert werden kann, verbessern. Der „Spurpunkt“ wird mit dem Cursor auf der Kurve bewegt, bis er den höchsten Punkt erreicht hat. Die Koordinaten des Punktes lassen sich wieder in der Statusleiste ablesen.

Kreuz: 20, 800

Der Flächeninhalt des Rechtecks ist für a = 20 m und b = 40 m (folgt aus Zeile #4) am größten.
Er beträgt 800 m^2.

#1 $A = a \cdot b$
#2 $2 \cdot a + b = 80$
#3 SOLVE$(2 \cdot a + b = 80, b)$
#4 $b = 80 - 2 \cdot a$
#5 $A = a \cdot (80 - 2 \cdot a)$
#6 $A = 80 \cdot a - 2 \cdot a^2$
#7 $A = 80 \cdot a - 2 \cdot a^2$

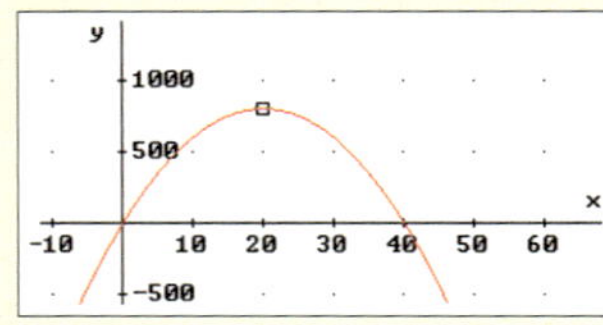

Maximum- und Minimumwerte können auch auftreten, wenn man die Abstände zweier Punkte mit gleichen x-Werten auf zwei verschiedenen Funktionsgraphen untersucht.

Für welche x-Werte ist die Differenz der y-Werte von zwei Punkten P_1 und P_2 mit gleichen x-Werten auf den Graphen der Funktionen $y = f_1(x) = 0{,}2x^2 + 1$ und $y = f_2(x) = x - 2$ am kleinsten?

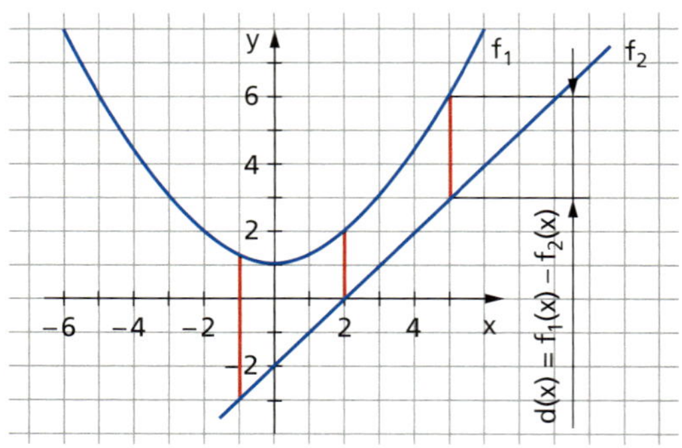

Es gilt: $d(x) = f_1(x) - f_2(x)$

$d(x) = 0{,}2x^2 + 1 - (x - 2)$

$d(x) = 0{,}2x^2 - x + 3$ (Zeilen #1 bis #4)

Aus der grafischen Darstellung (Zeile #5 und Zeile #6) können die Koordinaten des Minimumpunktes abgelesen werden.

Kreuz: 2.492063, 1.75

Die Differenz der y-Werte ist also bei $x \approx 2{,}5$ am kleinsten. Der kleinste Abstand beträgt 1,75 Längeneinheiten.

Das gleiche Ergebnis erhält man auch beim Auswerten der Wertetabelle. Dazu wird die Gleichung $d(x) = 0{,}2x^2 - x + 3$ markiert und das Menü „Analysis/Tabelle“ geöffnet. Dann müssen Intervall und Schrittweite festgelegt werden. Der x-Wert und die kleinste Differenz können abgelesen werden.
Zur Genauigkeitserhöhung kann der Vorgang für Teilintervalle wiederholt werden.

#3 $d = 0.2 \cdot x^2 + 1 - (x - 2)$
#4 $d = 0.2 \cdot x^2 - x + 3$
#5 $d = 0.2 \cdot x^2 - x + 3$

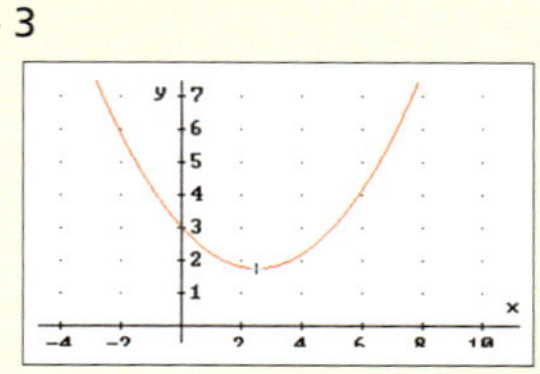

#6 $x = 2.5$
#7 $d = 1.75$
#8 TABLE$(d = 0.2 \cdot x^2 - x + 3, x, 2, 3, 0.1)$

#9

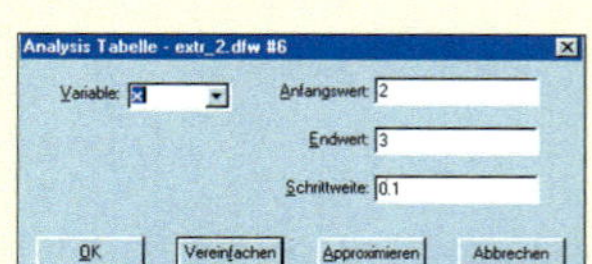

2.2	d = 1.768
2.3	d = 1.758
2.4	d = 1.752
2.5	d = 1.75
2.6	d = 1.752
2.7	d = 1.758
2.8	d = 1.768

Näherungsverfahren beim Lösen von Gleichungen

Lösungen von Gleichungen und Gleichungssystemen lassen sich mit Computeralgebrasystemen sehr einfach ermitteln. Lösungswege und Zwischenschritte sind aber nicht ersichtlich.
Das grundsätzliche Vorgehen soll anhand der Nullstellenberechnung mit dem **Intervallhalbierungsverfahren** für Funktionen demonstriert werden.

Schrittfolgen beim Intervallhalbierungsverfahren

1. Festlegen des Anfangsintervalls, in dem der Graph ohne Unterbrechung gezeichnet werden kann. Man sagt, die Funktion ist in diesem Intervall stetig. Die Funktionswerte am Anfang und am Ende des Intervalls haben unterschiedliche Vorzeichen.
2. Halbieren dieses Anfangsintervalls. Eine Nullstelle liegt genau in dem Teilintervall, bei dem die Funktionswerte am Anfang und am Ende wieder unterschiedliche Vorzeichen haben.
3. Dieses Teilintervall wird wieder halbiert.
4. Das Vorgehen wird bis zum Abbruch fortgesetzt. Ein Abbruch erfolgt, wenn eine angegebene Genauigkeit erreicht ist.

Solche Verfahren, bei denen durch wiederholtes Anwenden eines Algorithmus eine immer genauere Lösung gefunden werden kann, nennt man auch **Iteration** (iteratio (lat.) - Wiederholung).

Berechne die Nullstellen der Funktion $y = f(x) = 0{,}8x^2 - 2$ in einem Computeralgebrasystem mit dem Intervallhalbierungsverfahren auf drei Dezimalstellen genau.

Hinweise:

1. In Definitionen wird nicht mit „=“, sondern mit „:=“ gearbeitet.
2. Die Indexschreibweise für Intervallgrenzen wie z. B. i_1 und i_2 erfordert den Befehl „SUB“ bzw. den dafür vorgesehenen Operator ↓. Er ist als Schaltfläche in der Symbolleiste für mathematische Sonderzeichen zu finden. Man schreibt i↓1 für i_1 bzw. i↓2 für i_2.

Zeile #1: Eingeben der Funktionsgleichung	#1	$f(x) := 0.8 \cdot x^2 - 2$
Zeile #2: Definieren eines Intervalls	#2	i := [a, b]
Zeile #3: Berechnen der Intervallmitte als arithmetisches Mittel der Intervallgrenzen. Definieren der Funktion MITTEL	#3	MITTEL (i) := $\frac{i_1 + i_2}{2}$
Zeile #4: Testen der Funktion MITTEL mit den Intervallgrenzen 1 und 2	#4	MITTEL ([1, 2])
Zeile #5: Ergebnis: arithmetisches Mittel = 1,5	#5	1.5
Zeile # 6: Das jeweils nächste Intervall wird nach dem obigen Schema mithilfe einer „Wenn-Funktion“ (IF) ausgewählt.	#6	NEXT_INT(i) := IF f(i↓1) · f (MITTEL(i)) < 0, [i↓1, MITTEL (i)], [MITTEL (i), i↓2]

Findet im Teilintervall [i_1; MITTEL(i)] ein Vorzeichenwechsel der Funktionswerte statt, wählt man Teilintervall [i_1; MITTEL(i)], ansonsten Teilintervall [MITTEL(i); i_2].

Zeile #7: Testen der Funktion NEXT_INT mit den Intervallgrenzen 1 und 2

Zeile #8: Ergebnis: nächstes Teilintervall [1,5; 2]

Zeile #9: Definieren einer Funktion, die die ständige Wiederholung der Halbierung bis zum Erreichen einer festgelegten Abbruchsbedingung garantiert. Dazu wird der Befehl ITERATES verwendet. Als Startintervall wird [1; 2] und als Abbruchbedingung werden sechs Schritte vorgegeben

Zeile #10: Ergebnis: Tabelle mit sechs immer wieder halbierten Intervallen

```
#7    NEXT_INT ([1, 2])

#8                      [1.5, 2]

#9    ITERATES (NEXT_INT (i), i, [1, 2], 6)

                     1     2
                   1.5     2
                   1.5     1.75
                   1.5     1.625
#10             1.5625     1.625
                1.5625     1.5937
                1.5781     1.5937
```

Sechs Schritte reichen nicht aus, um die Nullstelle mit einer Genauigkeit von drei Dezimalstellen anzugeben. Die Iteration kann für eine andere Schrittzahl, oder auch für ein anderes Startintervall wiederholt werden. Soll nur das Ergebnis des letzten Schritts angegeben werden, wird anstelle des Befehls „ITERATES" der Befehl „ITERATE" verwendet.

Zeile #11: Eine Funktion NAEHERUNG wird definiert. Dabei werden die drei Schritte des Algorithmus zusammengefasst.

Zeile #12: Testen der Funktion NAEHERUNG für 15 Schritte

Zeile #13: Ergebnis: [1,581115; 1,581146]
Die anzuzeigende Stellenzahl kann im Menü „Definieren/Ausgabe-Optionen" verändert werden.

```
#11   NAEHERUNG (start_int, schritte) :=
      ITERATE (NEXT_INT(i), i, start_int, schritte)

#12   NAEHERUNG ([1, 2], 15)

#13                   [1.581115, 1.581146]
```

Aufgaben

1. Gib in dein CAS die Zahlen $\frac{222}{17}$, $\sqrt{315}$ und $\frac{\pi}{8}$ mit drei Dezimalstellen an. Erläutere dein Vorgehen.

2. Vereinfache in deinem CAS den Term $\frac{a+b}{a} - \frac{2}{a \cdot b}$.

3. Löse in deinem CAS die folgenden Gleichungen:

a) $3x - \frac{1}{4} = -12$ b) $x^2 + \frac{3}{2}x = -\frac{1}{2}$ c) $\frac{8}{x-3} - \frac{7}{x} = 1$

d) $\sqrt{3x-5} + 4 = 5$ e) $10x - 2 = \sqrt{x}$ f) $\frac{1}{x-2} + \frac{1}{x+2} = \frac{4}{x^2-4}$

4. Stelle in deinem CAS folgende Gleichungen nach den angegebenen Variablen um:

a) $s = \frac{a}{2} \cdot t^2$ nach a b) $s = \frac{a}{2} \cdot t^2$ nach t c) $T = 2\pi \cdot \sqrt{\frac{l}{g}}$ nach g

6.3 Gemischte Aufgaben

1. Übertrage die Tabelle in dein Heft und fülle sie aus. Entscheide, welche Hilfmittel sinnvoll sind. Begründe deine Entscheidung. Vergleiche deine Ergebnisse mit denen deiner Mitschüler.

Näherungswert	Intervall für den wahren Wert	Untere Wertschranke	Obere Wertschranke
50,0 kg ± 0,2 kg			
	22,8 mm < d < 23,4 mm		
		715 m^2	775 m^2
		−0,25 °C	1,25 °C
850 s ± 10 %			

2. Der größte Durchmesser einer Welle, wie in nebenstehender Abbildung, ist mit $45^{\,0}_{0,6}$ mm angegeben.

a) Gib den Nenndurchmesser, die obere Wertschranke und die untere Wertschranke des Durchmessers an.

b) Gib das Intervall für den Durchmesser einer brauchbaren Welle an.

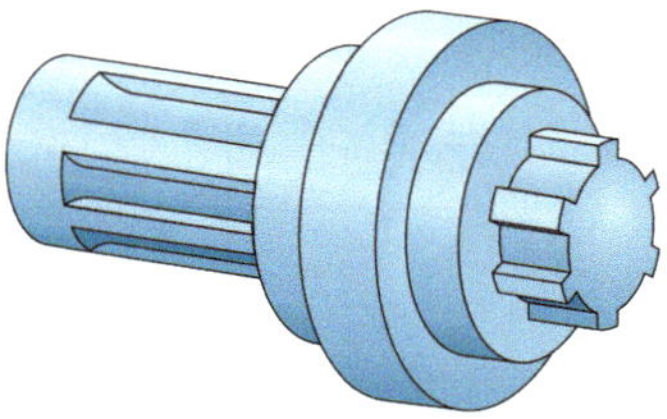

3. Ermittle die Breite d der Nut für nebenstehendes Werkstück mit der zulässigen Toleranz. Entnimm die Maße aus der Zeichnung. (Maßangaben in Millimeter)

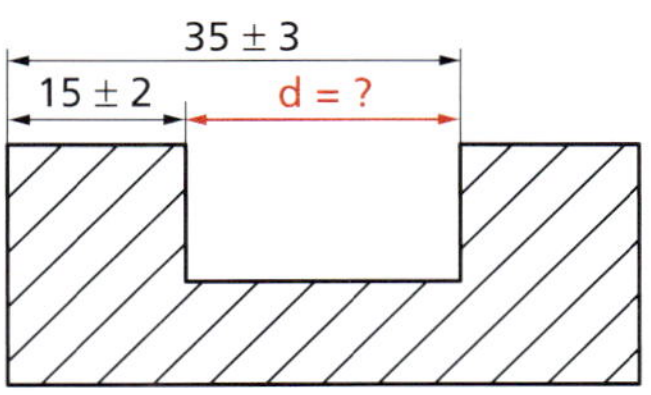

4. Die Genauigkeit eines Thermometers wird vom Hersteller mit ± 1,3 °C angegeben. Das Thermometer zeigt 27,8 °C an. Welche Temperaturen könnten wirklich herrschen?

5. Das Monatseinkommen einer Familie beträgt 2 740 €. Für sechs Monate sind die Ausgaben der Familie (Angaben in Euro) aufgelistet.

	Januar	Februar	März	April	Mai	Juni
Miete	580	580	580	580	580	580
Wasser und Energie	210	260	218	218	218	218
Telefon	43	34	29	42	37	48
Versicherungen	427	70	70	70	70	70
Nahrungs- und Reinigungsmittel	360	575	484	870	415	490
Verkehrsmittel	88	105	135	142	112	132
Bekleidung	43	145	196	128	65	122
Freizeitgestaltung	77	44	102	26	67	121
Kreditrückzahlung	230	230	230	230	230	230
Sonstiges	85	167	180	790	98	242

Berechne für die einzelnen Positionen arithmetisches Mittel, Spannweite, mittlere lineare Abweichung, Varianz und Standardabweichung. Interpretiere die errechneten Werte.

6. In einer Klassenarbeit konnten maximal 33 Punkte erreicht werden. Die Punktzahlen von 81 Schülern aus drei Parallelklassen zeigen, wie die Arbeit ausgefallen ist.

19	13	23	21	19	25	27	20	26	21	21	10	17	21	24	22	25	15	24	17	25
23	28	20	21	22	23	27	21	22	18	20	22	21	14	20	18	16	20	26	14	25
23	26	22	24	15	22	24	21	19	29	18	26	21	28	25	19	17	23	24	19	24
25	18	20	21	20	19	16	23	16	27	22	23	17	22	14	22	17	21			

Arbeite mithilfe einer Tabellenkalkulation.

a) Bestimme arithmetisches Mittel, Modalwert, Spannweite und mittlere lineare Abweichung der erreichten Punkte.
Erkläre, welche Funktionen du in der Tabellenkalkulation verwendet hast.
Stelle die Häufigkeitsverteilung der Punkte grafisch dar.

b) Teile die zu erreichenden Punkte in elf gleich breite Klassen ein.
Bestimme die Klassenmitten und ermittle wiederum die Häufigkeitsverteilung.

c) Für die Klassenarbeit wurde eine Punktverteilung vorgenommen:

Zensur	1	2	3	4	5	6
Punkte	32–33	27–31	20–26	15–19	7–14	0–6

Berechne den „Zensurendurchschnitt“.
Stelle die Zensurenverteilung grafisch dar.

7. Wende die binomischen Formeln auf folgende Terme an.
Prüfe deine Ergebnisse in einem Computeralgebrasystem.

a) $\left(2{,}6a + \frac{1}{2}\right)^2$ b) $(1{,}25x - 0{,}8y)(1{,}25x + 0{,}8y)$ c) $\left(\frac{3s^2t}{2} - \frac{2}{s}\right)^2$ d) $(\sqrt{2} + \sqrt{m})^2$

8. Ermittle a, b und c so, dass vollständige Quadrate entstehen. Stelle dazu jeweils Vermutungen auf und überprüfe sie mit einem CAS. Korrigiere gegebenenfalls und überprüfe erneut.

Beispiel: $9x^2 + a + 16y^2 = (b + c)^2$
Vermutung: $a = 24xy$, $b = 3x$, $c = 4y$

CAS: Zeile #1 (Gleichung schreiben)
Zeile #2 (24; 3 und 4 in Gleichung einsetzen)
Zeile #3 (SOLVE-Befehl anwenden)

a) $36x^2 + a + 4y^2 = (b + c)^2$ b) $0{,}81x^2 + a + 25y^2 = (b + c)^2$

c) $\frac{1}{4}x^2 + a + 16y^2 = (b + c)^2$ d) $a + 3{,}2y + 16y^2 = (b + c)^2$

e) $4x^2 - 2xy + a = (b + c)^2$ f) $2x^2 + 8xy^2 + a = (b + c)^2$

9. Ermittle in einer Tabellenkalkulation die Nullstellen der Funktion $y = 0{,}7x^2 - 3x - 2$.
Gib deine Ergebnisse mit einer Genauigkeit von drei Dezimalstellen an.

10. Erstelle eine Kalkulationstabelle zur grafischen Darstellung gestreckter, gestauchter und gespiegelter Graphen quadratischer Funktionen der Form $y = ax^2 + bx + c$.
Die Parameter sind im Rahmen der folgenden Bedingungen frei wählbar.

a) Die Parameter a und b sollen konstant sein. *Es gilt weiterhin:* $a \neq 0$ und $b \neq 0$

b) Die Parameter a und c sollen konstant sein. *Es gilt weiterhin:* $a \neq 0$

c) Die Parameter b und c sollen konstant sein. *Es gilt weiterhin:* $a \neq 0$ und $b \neq 0$

11. Eine Parabel mit $p(x) = x^2 - 4x + 1$ und eine Gerade mit $g(x) = -0{,}5x + 4$ schneiden einander. Ermittle die Koordinaten der Schnittpunkte grafisch und überprüfe sie rechnerisch. Erläutere dein Vorgehen.

12. Berechne die Nullstellen folgender Funktionen. Verwende ein Computeralgebrasystem. Erläutere dein Vorgehen.

a) $y = -x^2 + \frac{7}{2}$ b) $y = 2{,}5x^2 + 0{,}8x$ c) $y = x^2 - 3x + 0{,}5$ d) $y = 0{,}6x^2 + 2x - 7{,}1$

13. Die Punkte A, B und C sind Punkte des Graphen einer Funktion $y = ax^2 + bx + c$. Ermittle jeweils die Funktionsgleichung. Prüfe, ob die Punkte D, E und F auch zum Graphen der jeweiligen Funktion gehören. Kontrolliere deine Entscheidungen am Graphen der jeweiligen Funktion.

a) A(−2 | −1); B(0 | −3); C(2 | 7); D(−3 | 4,5); E(−1 | −3,5); F(1,5 | 3,5)

b) A(−2| −11); B(1 | 1); C(2,5 | 0,25); D(−1,5 | −7,75); E (0,5 | 0,5); F(2 | 1)

14. Die nebenstehende Skizze zeigt die Flugbahn eines Weitspringers. Finde eine quadratische Funktion, die die Flugbahn annähernd beschreibt. Nutze die Maßangaben aus der Skizze. (Als Flugbahn wird die Bahn des Schwerpunktes betrachtet.)

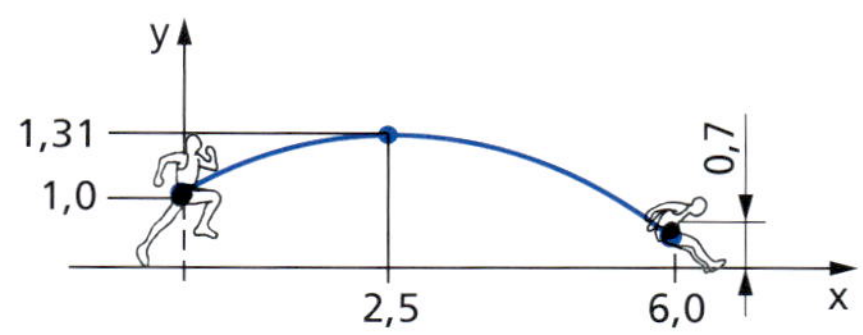

15. Der Träger einer Brückenkonstruktion hat die Form von zwei Parabelbögen p_1 und p_2. A und B sind die Fußpunkte des Trägers. (Abbildung im Koordinatensystem mit einer Koordinateneinheit von 1 m)

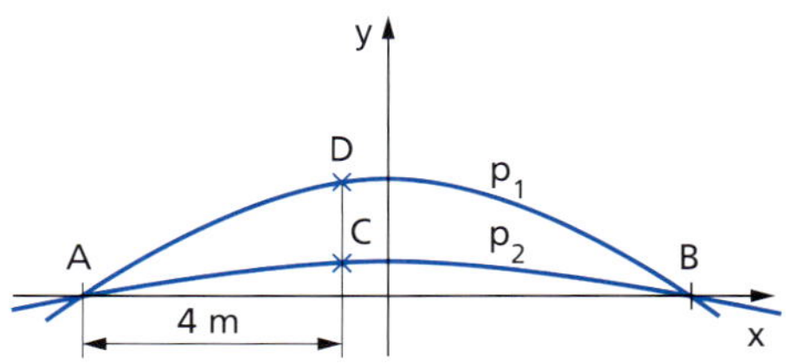

a) Berechne die Spannweite $\overline{AB}$ des oberen Bogens $p_1(x) = 2{,}5 - \frac{10}{169}x^2$.

b) Ermittle den Wert des Parameters a für den unteren Bogen $p_2(x) = 0{,}8 - ax^2$.

c) In einer Entfernung von 4 m vom Fußpunkt A befindet sich eine Verstrebung $\overline{CD}$. Berechne die Länge dieser Verstrebung $\overline{CD}$. Gib das Ergebnis in Zentimeter (ohne Komma) an.

16. Eine rechteckige Rasenfläche soll durch einen Zaun mit einer Länge von 120 m umschlossen werden. Berechne die Seitenlängen der Rasenfläche für einen maximalen Flächeninhalt. Verwende ein Computeralgebrasystem. Erläutere, wie man diese Aufgabe mithilfe von Wertetabellen lösen könnte.

17. Für den senkrechten Wurf nach oben gilt: $s(t) = v_0 t - \frac{g}{2}t^2,\ t \geq 0$

Nach wie viel Sekunden erreicht ein senkrecht nach oben geworfener Gegenstand seine größte Höhe, wenn die Anfangsgeschwindigkeit $v_0 = 20\ \frac{m}{s}$ beträgt und der Luftwiderstand nicht berücksichtigt wird? Die Fallbeschleunigung g beträgt annähernd $9{,}81\ \frac{m}{s^2}$.
Nutze ein CAS oder eine Tabellenkalkulation zur Lösung des Problems.

18. Zeichne die Graphen der folgenden Funktionen für b = −3; −2; −1; 0; 1; 2; 3:

a) $f_b(x) = (x + b)^2 + 1$ b) $f_b(x) = -\frac{1}{2}x^2 + bx + 3$ c) $f_b(x) = x^2 + bx + \frac{1}{4}(b^2 - b)$

7 Nutzen von Strategien beim Lösen von Aufgaben

Bauwerke und Konstruktionspläne

Die Skiflugschanze in Oberstdorf (Bayern) ist zur Zeit die zweitgrößte Skiflugschanze der Welt. Sie hat eine Gesamthöhe von 207 m.

Fertige eine maßstäbliche Zeichnung oder ein maßstäbliches Modell der Skiflugschanze an. Informiere dich über ihre Bauzeit und über den gegenwärtig gültigen Schanzenrekord.

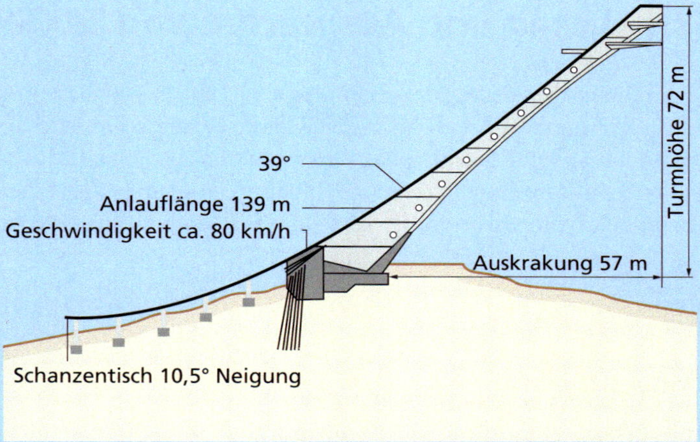

Überlegungen zur Materialeinsparung

Die Stärke des Isoliermantels eines Stromkabels kann aufgrund der Einführung neuer Materialien um 0,1 mm verringert werden. Zur Zeit beträgt der Innendurchmesser eines Kabels 1,0 mm und der Außendurchmesser 1,3 mm.

Um wie viel Quadratmillimeter verkleinert sich der Querschnitt des Isoliermantels nach Einführung der neuen Materialien? Wie viel Prozent Material kann durch diese Neuerung bei einem Kabel und bei fünf Kabeln eingespart werden?

Durchfahrtshöhen

Am Tunnel soll ein Schild für die maximale Durchfahrthöhe angebracht werden. Der Tunnel ist 6,50 m hoch, die Fahrbahn (beide Spuren) ist 6,00 m breit.

Von der Fahrbahn bis zur Tunnelwand ist jeweils noch 1 m Platz. Die Wölbung des Tunnels beginnt erst 1 m über der Erdoberfläche.

Fertige eine maßstabsgerechte Zeichnung an. Was würdest du auf das Schild schreiben?

7.1 Lesen und Auswerten von Texten

Beim Lesen von Fachtexten, beim Lösen von Sachaufgaben und beim Vorbereiten auf Vorträge ist das Erkennen, Erfassen und Nutzen wesentlicher Informationen wichtig. Häufig sind diese Informationen in neue Sachverhalte einzuordnen bzw. neu zu strukturieren.
Gleiche Anforderungen treten auch beim Lesen eines interessantes Buches, einer Zeitschrift oder beim Bearbeiten historischer Texte für den Geschichtsunterricht auf.

Beachte:
Beim Auftreten von Schwierigkeiten sollte schrittweise vorgegangen werden.
Schreibe nicht in Originaltexten, verwende möglichst Kopien.

Arbeitsschritte

1. **Erfasse einen Text bzw. eine Aufgabe.**
   - Lies Texte bzw. Aufgaben vollständig durch.
   - Überlege, ob du alles verstanden hast.
   - Stelle Fragen oder lies noch einmal.

2. **Suche und kennzeichne die Hauptinformationen.**
   - Kennzeichne alle unbekannten Wörter bzw. Begriffe mit einer festgelegten Farbe oder mit einem Fragezeichen.
   - Kennzeichne alle dir wichtig erscheinenden Wörter bzw. Begriffe mit einer anderen Farbe oder unterstreiche diese.

3. **Analysiere die Informationen.**
   - Kläre unbekannte Wörter bzw. Begriffe.
     Stelle Fragen, suche in Registern, in Nachschlagewerken oder im Internet.
   - Finde eine inhaltliche Gliederung.
     Ordne dabei Bekanntes und Unbekanntes u. a. durch Einfügen von Zwischenüberschriften am Rand des Textes.
   - Interpretiere zum Text gehörende Abbildungen.
     Suche Zusammenhänge zwischen Text und Abbildung.

4. **Fasse das Wesentliche zusammen.**
   - Verkürze lange Texte. Schreibe *deine Aufzeichnung* zum Sachverhalt.
   - Wähle Tabellen, sinnvolle Abkürzungen oder Zusammenfassungen.
   - Vergleiche deine Aufzeichnungen mit dem Originaltext.
     Prüfe, ob du alles berücksichtigt hast.

Ein schrittweises und planvolles Vorgehen beim Lesen und Auswerten von Texten erscheint anfangs schwierig und zeitaufwendig. Beim häufigen Wiederholen der vier Arbeitsschritte prägt sich aber die Vorgehensweise ein. Schriftliche Aufzeichnungen können dann häufig verkürzt werden, manche Arbeitsschritte lassen sich im Kopf erledigen, in manchen Fällen kann man ganz auf sie verzichten.

Im historischen Text auf der nächsten Seite wurden Informationen erfasst und gekennzeichnet. Eine Analyse und Zusammenfassung kann in einer Präsentation erfolgen.

Die Geschichte der Zahl Null

Die Null und der Abakus

Da Griechen und Römer auf dem **Abakus** (einem Rechenbrett) rechneten, brauchten sie keine Null(en). Die entsprechenden Stellen (Spalten für Einer, Zehner, Hunderter, Tausender) blieben einfach leer.
So besitzt die Zahl 3 055 keine Hunderter, also blieb die Hunderterspalte auf dem Abakus frei.

Kalender

Das Problem mit der **Null** wurde bei der **Entwicklung des Kalenders** deutlich, denn die ersten Kalender stellten die Römer auf. Da die Römer keine Null kannten, ließ die Kirche bei der Einführung des julianischen Kalenders auf das Jahr 1 vor Christus das Jahr 1 nach Christus folgen. ? Ein Jahr Null gab es nicht (demzufolge hat das 21. Jahrhundert eigentlich erst am 1. Januar 2001 begonnen).

Indien

Die eigentliche Zahl Null wurde erstmals in **Indien** verwandt, nicht als Platzhalter wie bei den Mayas, sondern als vollwertige Zahl. ? Mit ihr wurde (nach heute noch gültigen Regeln) **addiert, subtrahiert und multipliziert.**

Die Zahl Null

Um 711 übernahmen die Araber die indischen Zahlzeichen. Der persische Mathematiker MUHAMMAD IBN MUSA AL-CHWARIZMI (787 bis 850) stellt in seiner Schrift „Die Zahlen der Inder“ die **Zahl Null als Kreis** vor.

Mittelalter

Bis ins **Mittelalter** hinein war die Zahl Null in **Europa** unbekannt und nur die Handelsreisenden, die z. B. aus Indien kamen, berichteten davon. Vielen Menschen war das „runde Ding“ ein Werk des Teufels und somit unheimlich.

ADAM RIES

Auf der Suche nach Rechenregeln und Rechenverfahren begegnete auch den Rechenmeistern, wie **ADAM RIES** (1492 bis 1559), ? ständig das Problem der Null (denn diese Zahl wurde gebraucht, um mithilfe eines **Stellenwertsystems** rechnen zu können).

Ziffer

Die arabische Schrift beeinflusste die Bezeichnung für die Null in unserer Sprache. Null heißt auf arabisch **„sifr“.** Daraus entstand das Wort **„Ziffer“.**
Aus der Bezeichnung für „Nichts“ wurde also der mathematische Begriff Null (lat. *nulla figura* – keine Zahl).

7.2 Lösen von Sachaufgaben

„Zwei Rohre haben die Innendurchmesser 15 cm bzw. 25 cm. Sie sollen durch ein einziges Rohr ersetzt werden, durch das bei gleicher Fließgeschwindigkeit die gleiche Flüssigkeitsmenge wie durch beide Rohre zusammen fließen kann. Wie groß muss der Innendurchmesser des neuen Rohres sein?"

Zum Lösen von Sachaufgaben gibt es kein allgemeines Verfahren. Heuristische Methoden können aber in vielen Fällen weiterhelfen.

Beachte folgende Hinweise, dann kommst du auch mit schwierigen Sachaufgaben zurecht:

1. **Deine Scheu vor Sachaufgaben ist unbegründet.**
   - Das Lösen von Sachaufgaben erfordert oft Geduld und schrittweises Vorgehen.
   - Mehrmaliges Durchlesen kann deine Unsicherheiten verringern.
   - Versuche zuerst, Teile der Aufgabe zu verstehen.
2. **Überlege zuerst, schreibe dann.**
   - Stelle dir zuerst den Sachverhalt vor.
   - Überlege, worum es geht, was du darüber weißt, welche Erfahrungen dir nutzen könnten.
   - Versuche, das Ergebnis abzuschätzen.
3. **Schreibe zuerst die gesuchten und gegebenen Größen bzw. Beziehungen auf.**
   - Schreibe mathematische Textteile kürzer als Terme oder Gleichungen.
   - Verwende Tabellen, Übersichten oder Skizzen.
4. **Suche zielgerichtet nach Ideen.**
   - Plane deinen Lösungsweg.
   - Überlege dir, welche ähnlichen Aufgaben du schon gelöst hast.
5. **Arbeite deinen Plan schrittweise ab.**
   - Schreibe sauber und übersichtlich. Versuche, jeden Schritt gedanklich zu begründen.
   - Achte beim Arbeiten auf sinnvolle Genauigkeiten.
   - Führe bei komplizierten Rechnungen einen Überschlag durch.
6. **Kontrolliere deinen Plan und deine Rechnungen.**
   - Überprüfe das Ergebnis am Text und formuliere einen Antwortsatz.
   - Vergleiche, ob das Ergebnis deiner Schätzung mit deinem Rechenergebnis übereinstimmt.
   - Entscheide, welche Kontrollmöglichkeiten sinnvoll sind, und führe sie durch.
   - Versuche, andere bzw. einfachere Lösungswege zu finden.

Das **„Rückwärtsarbeiten"** bzw. **„Ausgehen vom Ziel"** ist eine oft anwendbare und sehr effektive Vorgehensweise zum Finden einer Lösungsidee. Frage dabei:
- Woraus könnte ich die gesuchte Größe unmittelbar berechnen?
- Kenne ich Gleichungen oder Formeln, in denen die gesuchte Größe vorkommt?

Der folgende Lösungsweg ist ein Beispiel für das Lösen der „Rohraufgabe“ von Seite 204 durch „Rückwärtsarbeiten“. Es wird bei der Lösungsidee ausgehend von der gesuchten Größe so lange mit Zwischengrößen gearbeitet, bis die gegebenen Größen erreicht sind.

Überlegungen	**Antworten**
Worum geht es? Welcher Sachverhalt liegt vor? Wie groß könnte der neue Durchmesser sein?	Durch ein Rohr soll die gleiche Menge Wasser fließen wie durch zwei kleinere Rohre. Die Rohre haben alle drei unterschiedliche Durchmesser. Das neue Rohr hat den größten Durchmesser. Er beträgt schätzungsweise 35 cm.
Welche Größen sind gesucht? Welche Größen sind gegeben? Welche Skizze ist sinnvoll?	*Gesucht:* d_{neu} *Gegeben:* $d_1 = 15$ cm $d_2 = 25$ cm *Skizze:* 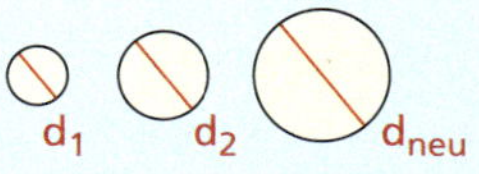
In welchen Formeln kommt der Durchmesser eines Kreises vor? Mit welchen Größen und mit welchen Formeln könnte man d_{neu} direkt berechnen? Mit welchen Größen und mit welchen Formeln könnte man den Querschnitt des neues Rohres berechnen? Mit welchen Größen und mit welchen Formeln könnte man die Querschnitte der Ausgangsrohre berechnen?	$d_{neu} = 2 \cdot r_{neu}$ $u_{neu} = \pi \cdot d_{neu}$ $A_{neu} = \frac{\pi}{4} \cdot d^2{}_{neu}$ d_{neu} kann aus dem Radius r_{neu}, dem Umfang u_{neu} oder dem Querschnitt A_{neu} des neuen Rohres berechnet werden. *Zum Beispiel:* $d_{neu} \longleftarrow A_{neu}$ $A_{neu} = A_1 + A_2$ A_1 und A_2 können mithilfe von d_1 und d_2 berechnet werden. 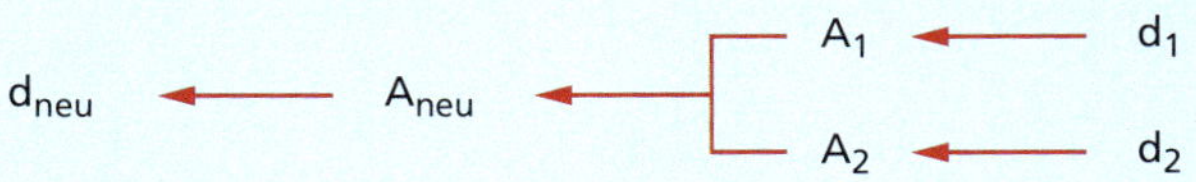
Der Lösungsplan wird von rechts nach links schrittweise abgearbeitet. Zwischenwerte werden auf drei Dezimalstellen, das Endergebnis wird auf 2 Dezimalstellen gerundet.	$A_1 = \frac{\pi}{4} \cdot d_1^2 = \frac{\pi}{4} \cdot (15\text{ cm})^2$ $A_1 = 177\text{ cm}^2$ $A_2 = \frac{\pi}{4} \cdot d_2^2 = \frac{\pi}{4} \cdot (25\text{ cm})^2$ $A_2 = 491\text{ cm}^2$ $A_{neu} = A_1 + A_2 = 668\text{ cm}^2$ $d_{neu} = \sqrt{\frac{4 \cdot A_{neu}}{\pi}} = \sqrt{\frac{4 \cdot 668\text{ cm}^2}{\pi}} = 29{,}16\text{ cm} \approx 30\text{ cm}$
Der Schätzwert wird mit dem Endergebnis verglichen. Es wird ein Antwortsatz formuliert.	*Schätzwert:* 35 cm *Endergebnis:* 30 cm Der Durchmesser von 30 cm ist möglich. Der Innendurchmesser des neuen Rohres beträgt 30 cm.

Beim Suchen nach möglichen Gleichungen können mehrere Gleichungen aufgeschrieben werden, in denen die gesuchten Größen vorkommen, unabhängig davon, ob noch andere unbekannte Größen auftreten. Wenn ein Gleichungssystem vorhanden ist, bei dem die Anzahl der Gleichungen mit der Anzahl der unbekannten Größen übereinstimmt, kann dieses Gleichungssystem z. B. mithilfe des Einsetzungsverfahrens gelöst werden.

7.3 Lösen von Konstruktionsaufgaben

Komplexe Abfolgen können oft durch Teilschritte ersetzt werden. Beim Zeichnen lassen sich zuerst wichtige Punkte und Linien ermitteln, dann schrittweise die fehlenden Stücke ergänzen. Punkte können durch Koordinaten, durch Linien oder Abstände und Winkel angegeben werden.

Beachte beim Lösen von Konstruktionsaufgaben folgende Prinzipien:

1. **Reduziere Konstruktionsaufgaben auf das Bestimmen von Punkten.**
   - Suche Linien (z. B. Geraden, Kreisbögen ...), die einander schneiden.
   - Suche Bedingungen (z. B. gleiche Abstände, gleich große Winkel ...) für Schnittpunkte.
2. **Gib für jeden Punkt Bestimmungslinien an, auf denen der Punkt jeweils liegen muss.**
   - Entscheide, welche Bestimmungslinien für die Konstruktion sinnvoll sind.
   - Prüfe jeweils, wie viele Punkte durch die Linien bestimmt werden.
3. **Formuliere Bedingungen für Bestimmungslinien bzw. für die zu konstruierenden Punkte.**
   - Fertige (wenn möglich) eine Planfigur an.
   - Suche eine Abfolge von Konstruktionsschritten und beschreibe diese.

Folgende Bedingungen bzw. Bestimmungslinien treten bei Konstruktionsaufgaben häufig auf:

Bedingung	Bestimmungslinie	Veranschaulichung
alle Punkte, die zu einem Punkt P gleichen Abstand haben	Kreis k um Punkt P mit dem Radius a	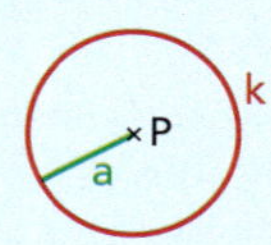
alle Punkte, die zu zwei Punkten A und B gleichen Abstand haben	Mittelsenkrechte von $\overline{AB}$	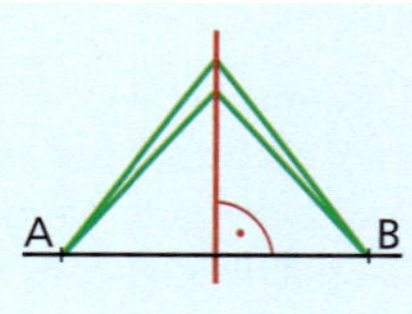
alle Punkte, die zu einer Geraden g gleichen Abstand haben	Parallelen zu g im Abstand a	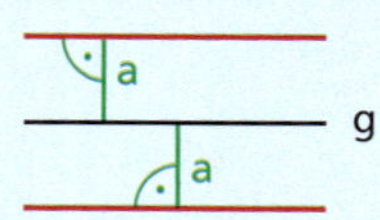
alle Punkte, die von den Schenkeln eines Winkels α gleichen Abstand haben	Winkelhalbierende w_α des Winkels α	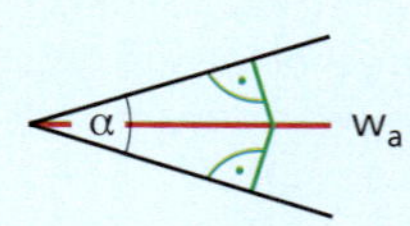
alle Punkte, für die eine Strecke $\overline{AB}$ unter dem gleichen Winkel β erscheint	Kreisbogen über die Strecke $\overline{AB}$ mit β als Peripheriewinkel	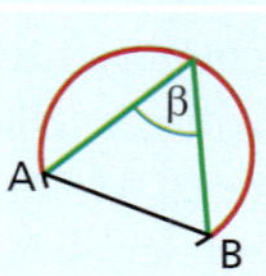

Aufgabe:

Konstruiere ein Dreieck ABC aus aus folgenden Stücken:
$c = 4{,}8$ cm, $\gamma = 90°$ und $h_c = 2$ cm

Überlegungen	Antworten
Worum geht es?	Es ist ein Dreieck zu konstruieren.
Ist eine Planfigur sinnvoll?	*Planfigur:* 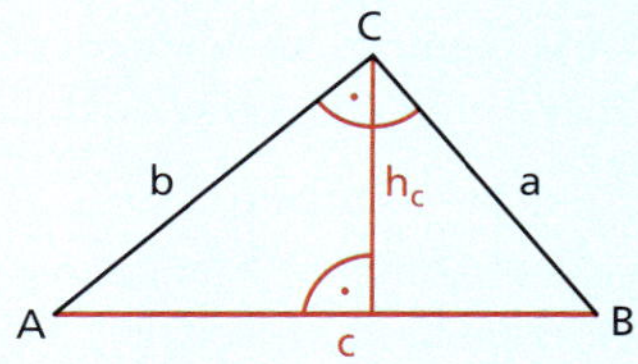
Welche Stücke sind gegeben?	Die gegebenen Stücke c, γ und h_c werden hervorgehoben.
Welche Punkte sind wichtig?	Die Punkte A, B und C bestimmen das Dreieck.
Welche Punkte lassen sich sofort festlegen?	Die Punkte A und B sind durch die Seite c festgelegt.
Welche beiden Bedingungen muss C erfüllen?	Der Punkt C muss noch bestimmt werden. Da $\gamma = 90°$ ist, muss von C aus $\overline{AB}$ unter einem Winkel von 90° erscheinen. Da $h_c = 2$ cm ist, muss C den Abstand 2 cm von $\overline{AB}$ haben.
Auf welchen Linien muss C liegen?	C liegt:
– Wo liegen alle Punkte, von denen aus die Strecke $\overline{AB}$ unter einem Winkel von 90° erscheint?	– auf dem Thaleskreis über $\overline{AB}$ mit dem Radius $r = 2{,}4$ cm
– Wo liegen alle Punkte, die von der Geraden $\overline{AB}$ den Abstand 3 cm haben?	– auf einer Parallelen zu $\overline{AB}$ im Abstand $h_c = 3$ cm
Wie weit muss man die Linien zeichnen? Welche Punkte muss man verbinden?	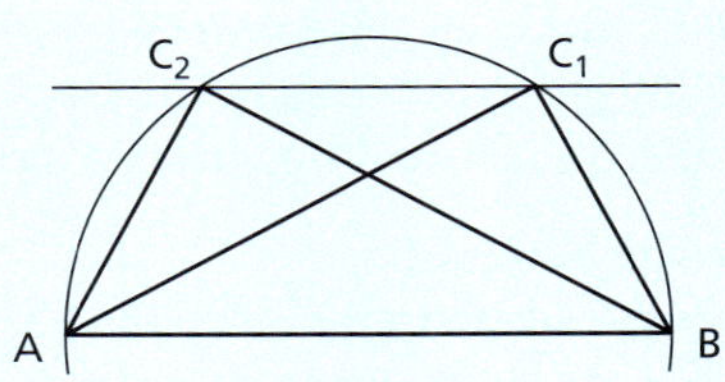
Wie viele Lösungen hat die Aufgabe?	Da der Thaleskreis über $\overline{AB}$ und die Parallele zu $\overline{AB}$ zwei Schnittpunkte haben, gibt es zwei Lösungen. Die beiden Dreiecke ABC_1 und ABC_2 sind zueinander kongruent.

7.4 Lösen von Beweisaufgaben

Bis heute beschäftigen sich Wissenschaftler immer wieder mit Problemen, die sich aus den verschiedensten Fragen ergeben. Bei vielen mathematischen Problemen steht das Finden und Beweisen neuer mathematischer Sätze im Mittelpunkt.
Im Mathematikunterricht werden nur einige Begriffe, Sätze und Verfahren der Mathematik behandelt.

Beweisaufgaben treten nicht so häufig auf. Zum Beweisen mathematischer Sätze sind neben guten mathematischen Kenntnissen und Fähigkeiten auch hohe geistige Kreativität und Kenntnisse über bestimmte Methoden und Verfahren des Entdeckens und Erfindens erforderlich. Man nennt diese Vorgehensweisen heuristische Verfahren.

Der griechische Gelehrte ARCHIMEDES rief einmal: „Heureka." (Ich hab's gefunden.)

Gehe beim Lösen von Beweisaufgaben in folgenden Schritten vor:

1. **Analysiere die Aufgabe und erfasse das Wesentliche.**
   - Prüfe und beantworte, worum es in der Aufgabe geht.
   - Fertige (wenn möglich) eine Skizze an.
   - Informiere dich über Definitionen (Festlegungen) der vorkommenden Begriffe.
   - Entscheide, was vorausgesetzt bzw. was behauptet wird.
   - Formuliere (falls möglich) in „Wenn-so-Form".

2. **Finde eine Beweisidee.**
   - Überlege, woraus die Behauptung folgen könnte.
     Prüfe, ob du Sätze mit gleicher oder ähnlicher Behauptung kennst.
   - Überlege, was sich aus den Voraussetzungen ableiten lässt.
     Prüfe, ob du Sätze mit gleichen oder ähnlichen Voraussetzungen kennst.
   - Finde Beispiele und prüfe, ob du an den Beispielen Zusammenhänge erkennen kannst.
   - Untersuche, ob verschiedene Fälle zu betrachten sind. (Fallunterscheidung)
   - Überlege, ob du ähnliche, bereits gelöste Beweisaufgaben kennst.
     Prüfe, ob sich das Vorgehen bei diesen Aufgaben auf die neue Aufgabe übertragen lässt.

3. **Stelle den Beweis dar.**
   - Zerlege den Beweis in einzelne Beweisschritte.
   - Überlege dir die Reihenfolge der Beweisschritte genau.
   - Prüfe, ob die Voraussetzungen der verwendeten Zusammenhänge erfüllt sind.
   - Gib für jeden Beweisschritt eine Begründung an.

4. **Führe eine Kontrolle durch.**
   - Prüfe, ob alle Beweisschritte lückenlos sind.
   - Prüfe, ob deine Begründungen wirklich zutreffen.
   - Prüfe, ob du alle Fälle (auch Sonderfälle) berücksichtigt hast.

Bei den folgenden Beispielen wird jeweils eine Analyse durchgeführt und das Finden einer Beweisidee vorgestellt.

Beweise folgende Aussage:

Das Produkt dreier aufeinanderfolgender ganzer Zahlen ist durch 24 teilbar, wenn die kleinste Zahl gerade ist.

Überlegungen	Antworten
Worum geht es?	Es geht um die Teilbarkeit eines Produktes.
Welche Begriffsdefinitionen treten auf?	Eine Zahl z ist durch 24 teilbar, wenn es eine natürliche Zahl k gibt, sodass gilt: $z = 24 \cdot k$
Was sind die Voraussetzungen?	Von drei aufeinanderfolgenden ganzen Zahlen a; b und c ist a gerade.
Was ist die Behauptung?	24 teilt $\mid a \cdot b \cdot c$
Woraus könnte die Behauptung folgen?	Die Faktoren müssen durch 2, durch 3 und durch 4 teilbar sein.
Was zeigen mir Beispiele?	*Zahlenbeispiele:* $2 \cdot 3 \cdot 4 = 24$ $4 \cdot 5 \cdot 6 = 120$ $6 \cdot 7 \cdot 8 = 336$ *Gesetzmäßigkeiten:* Eine der Zahlen ist immer **durch 3 teilbar.** Die erste und die letzte Zahl sind immer durch 2 teilbar. Entweder die erste oder die letzte Zahl ist durch 4 teilbar.

Beweise folgende Aussage:

Wenn in einem Trapez ABCD mit AB || CD die Diagonalen e und f senkrecht zueinander sind, gilt: $e^2 + f^2 = (a + c)^2$

Überlegungen	Antworten
Worum geht es in der Aufgabe? Ist eine Planfigur sinnvoll? Was sind die Voraussetzungen? Was ist die Behauptung?	Es geht um ein Trapez mit den Diagonalen e und f und den Grundseiten $\overline{AB}$ und $\overline{CD}$. 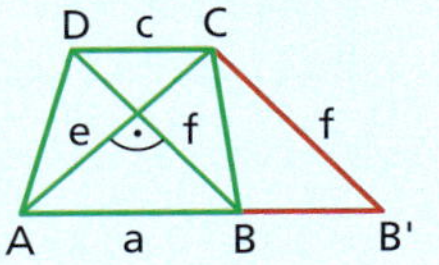 *Voraussetzung:* AB || CD und $\overline{AC} \perp \overline{BD}$ *Behauptung:* $e^2 + f^2 = (a + c)^2$
Welche Sätze haben gleiche oder ähnliche Behauptung?	Der Satz des Pythagoras sagt etwas über die Summe der Quadrate von Seiten aus. *Es gilt:* $a^2 + b^2 = c^2$
Woraus würde die Behauptung folgen?	Es müsste ein rechtwinkliges Dreieck mit e und f als Katheten und (a + c) als Hypotenuse vorhanden sein.
Wie kann ich mir die Voraussetzungen verschaffen?	Ich verschiebe f um c in Richtung AB. Winkel zwischen f und e bleiben erhalten.

Aufgaben

Lösen von Gleichungen und Ungleichungen

1. Löse die folgenden Gleichungen inhaltlich.
Erläutere bei jeder Gleichung, wie du vorgegangen bist.
Führe auch immer eine Probe durch.

a) $3x + 12 = 39$ b) $8x - 18 = 30$ c) $-3x - 5 = -41$
d) $-5x + 3 = 43$ e) $(x - 7):8 = 5$ f) $2(x - 22) = -20$
g) $(x + 12):6 = 9$ h) $x:12 + 18 = 20$ i) $x \cdot 12 - 16 = 20$

2. Löse die folgenden Gleichungen inhaltlich. Führe auch immer eine Probe durch.
Finde eine allgemeine Lösungsvorschrift für derartige Gleichungen.
Stelle diese Lösungsvorschrift zur Diskussion.

a) $\frac{21}{x} = \frac{7}{3}$ b) $\frac{9}{x} = \frac{54}{30}$ c) $\frac{x}{4} - 5 = -\frac{1}{4}$ d) $\frac{-8}{27} = \frac{56}{x}$
e) $\frac{7}{17} = \frac{x}{51}$ f) $\frac{3}{8} = \frac{27}{x}$ g) $\frac{x}{21} = \frac{121}{231}$ h) $2{,}5 : x = 7{,}5 : 1{,}5$

3. Löse jede der folgenden Gleichungen auf zwei unterschiedlichen Wegen.
Entscheide, in welchen Fällen der zweite Lösungsweg als Probe dienen kann.

a) $22x + 9 = 19x + 15$ b) $13x + 17 = 9x + 37$ c) $10x - 4 = 8x - 6$
d) $4x - 8 = 2x - 2$ e) $-6 + 3x = -9 + 4x$ f) $-5 - 12x = 8 - 10x$
g) $2x + 5 = 8x - 4$ h) $3 - 2x = -5 - 6x$ i) $5 + 12x = 8 + 10x$

4. Gib alle natürlichen Zahlen an, die folgende Gleichungen erfüllen. Löse inhaltlich.
Erläutere in jedem Fall deinen Lösungsweg. Vergleiche mit anderen Vorschlägen und entscheide, welcher Vorschlag aus deiner Sicht der bessere Lösungsweg ist.
Begründe deine Entscheidung.

a) $3(x + 2) = 5x + 2 \cdot 3$ b) $3(x + 2)^2 = 27$ c) $x^3 - 6 = x$
d) $(x + 1) \cdot (x - 1) = 0$ e) $(x + 1)^2 = 0$ f) $(x - 1)^2 = 0$

5. Welche ganzen Zahlen zwischen –5 und 10 erfüllen die folgenden Ungleichungen?
Ermittle die Lösungen durch systematisches Probieren.
Stelle die Lösungsmengen jeweils auf einem Zahlenstrahl dar.

a) $0{,}5x + 6 > 10$ b) $(x - 3)^2 \geq 0$ c) $\frac{3}{6}x + 2 < 2$ d) $2(x - 1) > x - 1$
e) $2(x + 1) < x + 1$ f) $\frac{1}{4}x - 2 < 0$ g) $2(x + 1) > x + 1$ h) $2(x - 1) < x - 1$

6. Löse folgende Gleichungen durch inhaltliches Überlegen.
Finde eine allgemeine Lösungsvorschrift für derartige Gleichungen.

a) $x(x + 9) = 0$ b) $2x(x - 3) = 0$ c) $x(3x - 12) = 0$ d) $(x - 5)(x + 4) = 0$
e) $(x - 2{,}5)^2 = 0$ f) $\left(x + \frac{3}{4}\right)^2 = 0$ g) $(x + \sqrt{2})(x - 5) = 0$ h) $(2x - 1)(3x + 2) = 0$

7. Gib fünf rationale Zahlen an, die folgende Ungleichungen erfüllen.
Erläutere, wie du deine Zahlen gefunden hast.

a) $x + 1 \leq 0$ b) $x - 4 > 5$ c) $3(x + 2) > 12$ d) $\frac{1}{5}x + \frac{3}{10} < \frac{1}{2}$
e) $x + 7 < x - 3$ f) $\frac{x}{4} < x$ g) $30x > 40$ h) $\sqrt{x} < 0$

8. Löse folgende Gleichungen durch inhaltliches Überlegen.
Führe in jedem Fall auch eine Probe durch.

a) $5x = 75$ b) $5 + x = -15$ c) $15 - x = 45$ d) $x - 15 = 80$
e) $5x + 15 = 80$ f) $x^2 = 2{,}25$ g) $x^3 = -125$ h) $10^x = 1000$
i) $\sqrt{x} = 1{,}3$ j) $\sqrt[3]{x} = 4$ k) $x \cdot x = x + x$ l) $|x| = 15$

9. Löse folgende Bruchgleichungen durch inhaltliches Überlegen.
Worauf sollte man deiner Meinung nach beim Lösen derartiger Aufgaben achten?
Erläutere jeweils an einem Beispiel.

a) $36 : x = 6$ b) $-\frac{1}{2} = \frac{24}{x}$ c) $5 = 2 + \frac{6}{x}$ d) $\frac{x+5}{5} = 4$
e) $\frac{x}{5} = \frac{24}{60}$ f) $\frac{x}{2} = -4{,}5$ g) $\frac{1}{x+1} = \frac{1}{5}$ h) $\frac{16}{x} + 4{,}5 = 8$

10. Finde alle Lösungen der folgenden Gleichungen durch inhaltliches Überlegen.
Welche mathematischen Gesetzmäßigkeiten hast du beim Lösen verwendet? Erkläre.

a) $5(x + 1) \cdot x = 0$ b) $x(x - 8) = 0$ c) $(x - 3{,}5) \cdot (x + 3{,}5) = 0$
d) $6(x - 3) = 30$ e) $x^2 + 1 = 170$ f) $\sqrt{x - 7} = 7$
g) $(x - 5) : 4 = 15$ h) $-x + x = 0$ i) $3x + 3 = 3$

11. Gib mindestens fünf Zahlenpaare $(x \mid y)$ an, die die Gleichung erfüllen.
Stelle diese Zahlenpaare als Punkte in einem Koordinatensystem dar.
Suche Gemeinsamkeiten und Unterschiede. Erläutere.

a) $2x - y = 1$ b) $4y - x = 0$ c) $\frac{1}{2}x + y = 2$ d) $2x + y = 1$
e) $y - 4x = 0$ f) $x + \frac{1}{2}y = 2$ g) $-2x + y = 1$ h) $y + 4x = 0$

12. Berechne näherungsweise mit dem Taschenrechner. Gib immer mit drei Dezimalstellen an.

a) $2{,}5^x = 10$ b) $x^5 = 81$ c) $3^x = 9{,}5$ d) $x^3 = 5$ e) $\sqrt{x} = 7$

Lösen von Konstruktionsaufgaben

13. Zeichne vom abgebildeten Körper ein Schrägbild mit $\alpha = 45°$ (nach rechts).

a) Wie viele Eckpunkte hat der Körper?
b) Wie viele Punkte sind zu zeichnen?
c) Wie viele Kanten sind nicht sichtbar?

14. Zeichne vom Körper aus Aufgabe 13 die Vorderansicht, die Draufsicht und ein Netz.

15. Es sollen folgende Figuren konstruiert werden.
Reduziere die Aufgabe auf das Bestimmen von Punkten.
Gib jeweils an, wie viele und welche Punkte zu konstruieren sind, um die Figur zu erhalten:

a) die Mittelsenkrechte einer Strecke b) eine Winkelhalbierende
c) die Höhe eines Dreiecks d) ein Dreieck
e) ein Viereck f) ein Kreis
g) eine Tangente an einen Kreis von einem Punkt außerhalb des Kreises

16. Gib jeweils die Menge aller Punkte einer Ebene an, die folgende Bedingung erfüllen.

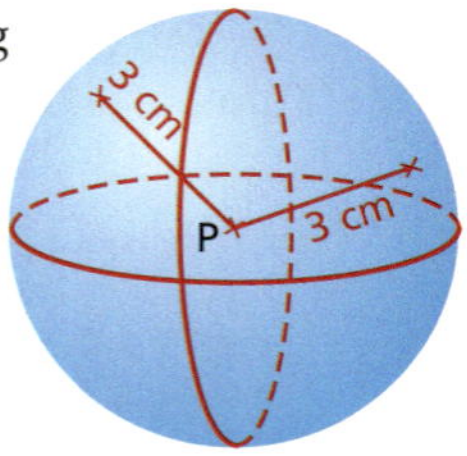

a) Der Abstand von einem Punkt P soll 3 cm betragen.
b) Der Abstand von den zwei Punkten P und Q soll gleich sein.
c) Der Abstand von einer Geraden g soll 4 cm betragen.
d) Der Abstand zu zwei einander schneidenden Geraden soll gleich sein.
e) Von einem Punkt A aus soll eine Strecke unter einem Winkel von 90° erscheinen.

17. Gegeben sind ein Punkt P und eine Gerade g in einer gemeinsamen Ebene. Bestimme alle Punkte der Ebene, die von P den Abstand 3 cm und von g den Abstand 2 cm haben.

18. Gegeben sind in einer Ebene zwei einander schneidende Geraden g und h. Bestimme alle Punkte, die von beiden Geraden den gleichen Abstand und vom Schnittpunkt S die Entfernung 3 cm haben.

19. Bestimme alle Punkte einer Ebene, die von drei gegebenen Punkten dieser Ebene den gleichen Abstand haben.

20. Bestimme alle Punkte einer Ebene, von denen aus zwei auf einer Geraden liegende Strecken $\overline{AB}$ und $\overline{BC}$ unter dem gleichen Winkel von 40° erscheinen.

21. Erläutere, wo der Punkt A bei folgenden Vorgaben liegen muss. Gib zunächst eine Bedingung für A an.
Verwende nebenstehende Zeichnung.

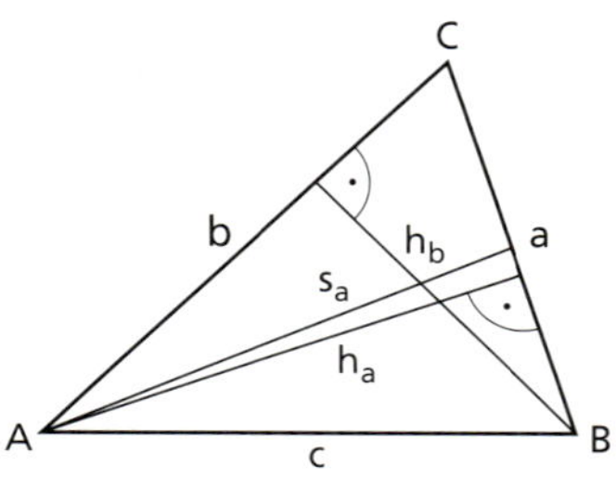

a) $c = 3{,}5$ cm b) $b = 4$ cm c) $h_a = 5{,}2$ cm
d) $s_a = 4{,}8$ cm e) $\beta = 40°$ f) $\alpha = 30°$

22. Wo liegt der Punkt B, wenn folgende Stücke gegeben sind:
a) $c = 5$ cm; $a = 3$ cm b) $h_b = 2{,}5$ cm; $c = 4$ cm
c) $a = 4{,}5$ cm; $\beta = 90°$ d) $h_b = 3$ cm; $\beta = 50°$

23. Von einem Rechteck ABCD sind jeweils zwei Größen gegeben.
Erläutere, wo der Punkt D liegt.

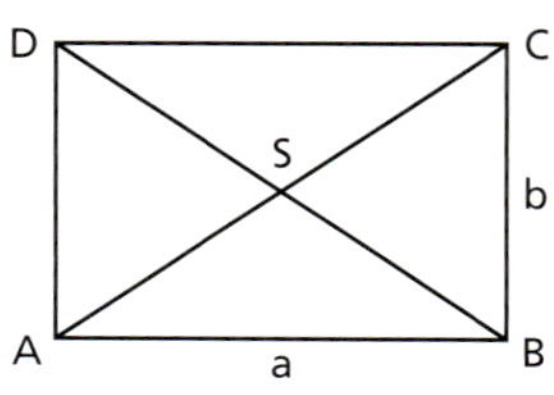

a) $a = 7$ cm; $b = 5$ cm
b) $a = 6$ cm; $\sphericalangle ABS = 25°$
c) $\overline{AC} = 9$ cm; $\overline{AD} = 4$ cm

24. a) Es soll das Schrägbild des abgebildeten Körpers mit den angegebenen Maßen gezeichnet werden.
b) Zeichne auch die Vorderansicht und die Draufsicht.

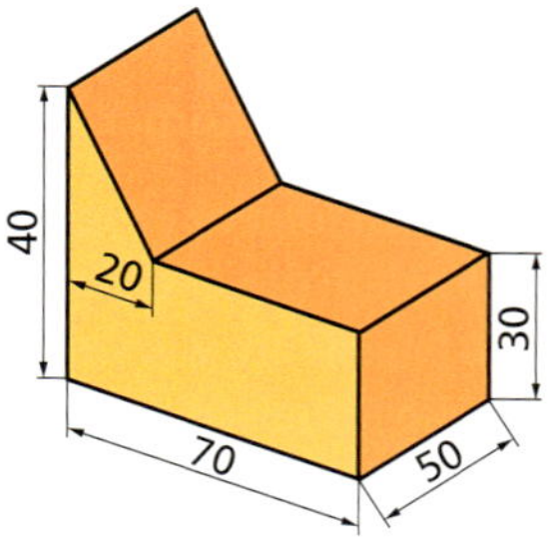

25. Konstruiere Vierecke mit folgenden Vorgaben:
a) *Parallelogramm:* $a = 2{,}8$ cm; $d = 5{,}3$ cm; $\alpha = 115°$
b) *Drachenviereck:* $a = 6{,}4$ cm; $b = 4{,}0$ cm; $\gamma = 55°$
c) *Rhombus:* $a = 3{,}5$ cm; $\beta = 130°$
*d) *Trapez:* $a = 5{,}0$ cm; $b = 4{,}5$ cm; $d = 5{,}5$ cm; $h = 4{,}0$ cm

26. a) Konstruiere einen Rhombus ($a = 3$ cm; $\alpha = 50°$).
b) Führe dann eine zentrische Streckung mit dem Streckungsfaktor $k = 2$ am Schnittpunkt der Diagonalen als Streckungszentrum durch.
c) Vergleiche Ausgangs- und Endfigur miteinander. Formuliere eine wahre Aussage.

27. Trage die Punkte A(2 | 1); B(4 | 2); C(3 | 3) und Z(2 | 2) in ein Koordinatensystem ein. Konstruiere dann das Bild des Dreiecks ABC bei einer zentrischen Streckung mit dem Zentrum Z($k = 3$).

Lösen durch Probieren

28. Bei einer Variante des „Nimm-Spiels" werden von elf Münzen abwechselnd durch zwei Spielpartner ein, zwei oder drei Münzen weggenommen. Gewonnen hat der Spieler, dem es gelingt, die 11. Münze zu nehmen.
a) Führt mehrere Spiele durch.
b) Versucht, eine Strategie zu finden, mit der man immer gewinnen kann.

29. Gib möglichst viele Antworten auf folgende Fragen:
a) Woraus lässt sich die Fahrtzeit eines Pkw unmittelbar berechnen?
b) Woraus lässt sich die Seite a in der abgebildeten Figur unmittelbar berechnen?
c) Woraus lässt sich der Flächeninhalt der Grundfläche eines Prismas, die ein rechtwinkliges Dreieck ist, unmittelbar berechnen?
d) Woraus lässt sich das Volumen eines Hohlzylinders aus Eisen unmittelbar berechnen?

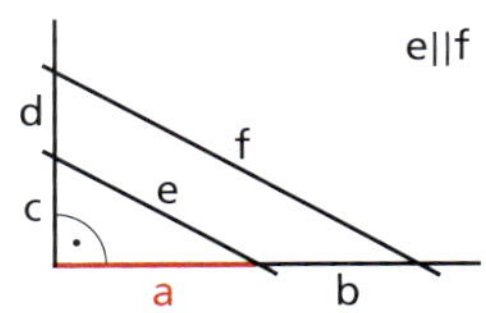

30. Zeichne Lösungsgraphen. Verwende die Methode des Rückwärtsarbeitens.
a) In ein Abwasserrohr münden drei Zuflüsse, deren Innendurchmesser 16,0 cm; 19,5 cm und 22,8 cm betragen. Wie groß muss der Durchmesser des Abwasserrohres mindestens sein, damit es bei gleichen Flussgeschwindigkeiten die gesamte Abwassermenge fassen kann?
b) Eine quadratische Koppel soll durch einen Elektrozaun eingezäunt werden. Auf der Flurkarte ist dafür eine Fläche von 0,68 ha angegeben. Wie viel Meter Draht werden benötigt, wenn zwei Drähte in verschiedenen Höhen (60 cm und 120 cm) gespannt werden sollen?
c) Zwei Metallwürfel mit den Kantenlängen a_1 und a_2 werden zu einem einzigen Würfel umgegossen. Wie groß ist der Oberflächeninhalt des neuen Würfels?
d) Berechne den Flächeninhalt des rechteckigen Feldstücks. Maße werden durch Abschreiten ermittelt. Es wird die Linie von A über D nach B abgeschritten. Für 8 m sind es etwa zehn Schritte. Von A nach D sind es 188 Schritte, von D nach B sind es 344 Schritte. Gib den Flächeninhalt des Feldstückes an.

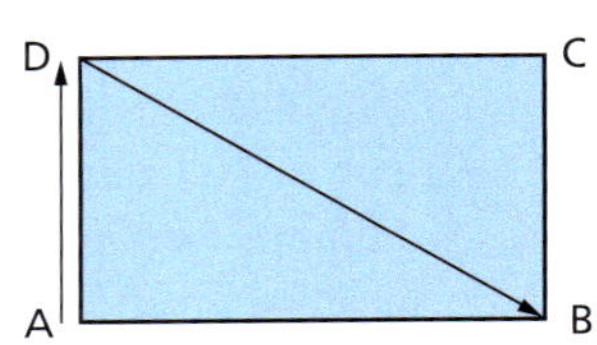

e) Eine rechteckige Fläche, die nebenstehender Abbildung entspricht, hat einen Flächeninhalt von 108 m^2. Reichen 40 m Zaun für das Einzäunen dieser Fläche aus? Begründe.

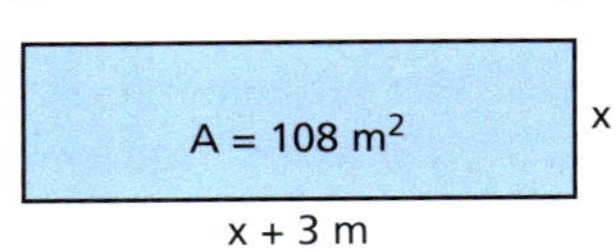

31. Löse folgende Aufgaben. Beginne deine Überlegungen immer am Ende der Ereignisabfolge.

a) Ein Bäcker hat einen Korb mit einer bestimmten Anzahl Brötchen. Der erste Kunde kauft ihm die Hälfte der Brötchen ab, der zweite Kunden kauft die Hälfte des Restes. Der dritte Kunde nimmt vom verbleibenden Rest wieder die Hälfte. Der vierte Kunde nimmt schließlich die übrig gebliebenen 17 Brötchen. Wie viele Brötchen waren es zu Beginn?

b) Als ein Postmeister gefragt wurde, wie viele Pferde der König zum Wechseln auf der Poststation bestellt hat, soll er geantwortet haben:
„Mit der Hälfte der bestellten Pferde und einem halben fährt der König selbst. Mit der Hälfte des Restes und einem halben fährt der Minister, mit der Hälfte des bleibenden Restes und einem halben fahren die Diener. Das übrig bleibende letzte Pferd benutzt der Vorreiter."
Wie viele Pferde waren bestellt?

c) Die Angelfreunde Anton, Bert und Christian wollen am Wochenende gemeinsam angeln und in einer Hütte übernachten. Anton soll Brötchen mitbringen. Als er am Samstag in die Hütte kommt, ist keiner der beiden anderen Freunde da. Er isst deshalb ein Drittel der Brötchen und geht angeln. Dann kommt Bert, der nicht weiß, ob die beiden anderen Freunde schon gegessen haben, isst ein Drittel der vorhandenen Brötchen und geht. Danach kommt Christian. Auch er isst ein Drittel der noch vorhandenen Brötchen. Es bleiben acht Brötchen übrig. Wie viele Brötchen hatte Anton mitgebracht?

d) Erläutere an einer Skizze, wie man vom Fluss genau 6 Liter Wasser heraufholen kann, wenn nur ein 4-Liter-Eimer und ein 9-Liter-Eimer ohne Maßeinteilung zur Verfügung stehen?

32. Drückt folgende Sachverhalte durch Gleichungen aus.
Findet jeweils eine Lösungsidee. Erläutert eure Lösungsideen.
Gebt jeweils eine Lösung an.

a) Ein Graben mit einem gleichschenkligen Trapez als Querschnitt, das einen Flächeninhalt von 1,75 m^2 hat, soll auf der Sohle und an den Seiten mit einer etwa 10 cm starken Schicht aus Natursteinen ausgelegt werden. Wie viel Tonnen Steine werden benötigt, wenn 1 m^3 Steine etwa 2 t wiegt. Die Grabensohle ist gleich der Grabentiefe und die Böschungslänge ist halb so lang wie die Grabenbreite.

b) Ein rechteckförmiger Garten wird mit Zaunfeldern zu je 2 m Länge eingezäunt. Es werden 60 Zaunfelder benötigt. Der Garten hat eine Fläche von rund 750 m^2. Berechne die Seitenlängen des Gartens.

c) Auf einem Gemüsefeld von 18 ha Größe sind Erntearbeiten durchzuführen. Am ersten Tag wird ein Streifen von 50 m Breite abgeerntet. Danach stellt man fest, dass der verbleibende Rest des Feldes quadratisch ist.
Wie viele Tage werden bei gleichbleibender Arbeitsleistung noch benötigt?

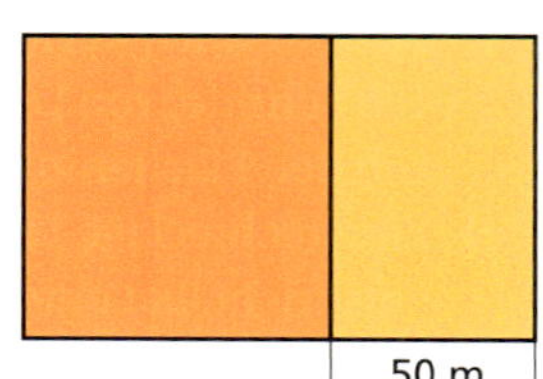

7.5 Gemischte Aufgaben

Innermathematische Aufgaben

1. Eine gerade Pyramide mit quadratischer Grundfläche hat eine Kantenlänge von 25 cm und eine Höhe von 18 cm.

a) Berechne das Volumen der Pyramide.

b) Welche Masse hat die Pyramide? Sie besteht komplett aus Holz ($\varrho = 0{,}9\ \text{g} \cdot \text{cm}^{-3}$).

c) Berechne den Oberflächeninhalt der Pyramide.

2. Das Bild einer linearen Funktion f(x) ist durch die Punkte A(1 | 6) und B(3 | –1) gegeben. Das Bild der Funktion g(x) ist durch eine Normalparabel durch die Punkte K(–3 | 0) und L(–4 | 3) gegeben.

a) Stelle die Funktion f(x) im Koordinatensystem dar.

b) Ermittle die Funktionsgleichung von f(x) und berechne die Nullstelle.

c) Ermittle die Funktionsgleichung von g(x) und berechne die Nullstellen.

d) Bestimme den Scheitelpunkt der Funktion g(x), stelle die Funktion grafisch dar und kontrolliere, ob die Punkte K und L auf dem Graphen liegen.

e) Berechne die Schnittpunkte beider Funktionen. Durch die Punkte A, B, K und L ist ein Viereck bestimmt. Berechne dessen Umfang und Flächeninhalt.

3. Zwei Kreise mit den Mittelpunkten M_1 und M_2 haben den gleichen Radius $r_1 = r_2 = 7$ cm. Sie schneiden einander so, dass jeweils die Peripherie eines Kreises den Mittelpunkt des anderen Kreises durchläuft (vgl. Abbildung 1).

a) Berechne den Umfang der Figur.

b) Suche eine Formel für den Umfang der Figur in Abbildung 2.

Abbildung 1

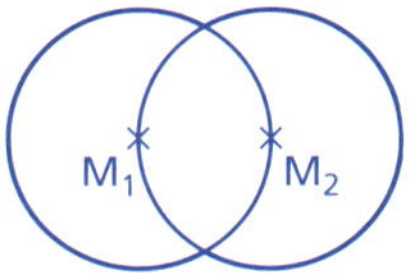

Abbildung 2

4. Einem Kreis mit einem Radius von 10 cm wird ein Drachenviereck so einbeschrieben, dass alle Eckpunkte des Vierecks auf der Peripherie des Kreises liegen. Berechne Umfang und Flächeninhalt des Drachenvierecks für folgende Fälle:

a) Die Diagonalen im Drachenviereck verhalten sich zueinander wie 2 : 1.

b) Eine Seite des Drachenvierecks ist 3 cm länger als die andere Seite.

5. Ein Quader mit a = 17 cm, b = 11 cm und h = 8 cm wird durch ein Rechteck BCLK in zwei Teile unterteilt.

Es gilt: $\overline{AK} = \overline{KE}$ und $\overline{DL} = \overline{LH}$

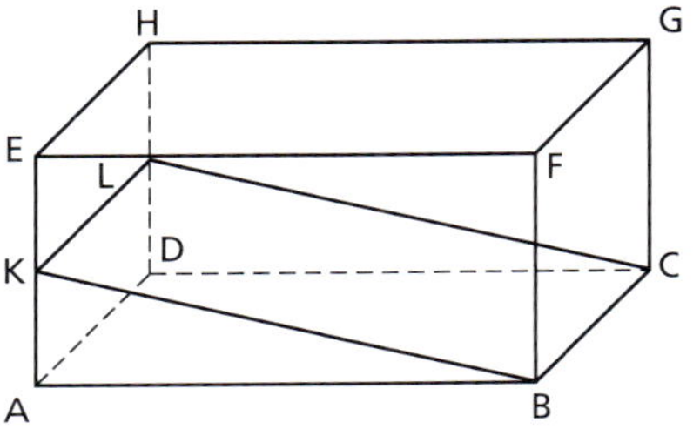

a) Berechne Umfang und Flächeninhalt des Rechtecks BCKL.

b) Zeichne die Vorderansicht und die Draufsicht des Teilkörpers ABCDKL.

c) Zeichne die Vorderansicht und die Draufsicht des Teilkörpers KBCLEFGH.

6. Zwei Würfel mit jeweils einer Kantenlänge von 11 cm werden Pyramiden einbeschrieben.

1. Fall: – Würfel und Pyramide haben die gleiche Grundfläche.
– Pyramidenspitze und Diagonalenschnittpunkt der Würfeldeckfläche sind gleich.

2. Fall: – Würfel und Pyramide haben die gleiche Grundfläche.
– Pyramidenspitze ist ein Eckpunkt der Deckfläche des Würfels.

a) Zeichne beide Würfel mit den einbeschriebenen Pyramiden als Schrägbild.
b) Vergleiche die Oberflächeninhalte und die Volumen der Pyramiden miteinander.

7. Durch die Funktion $f(x) = y = x^2 + 6x + 7$ ist eine Parabel gegeben. Die Parabel schneidet die y-Achse im Punkt A und die x-Achse in den Punkten B und C.
a) Zeichne die Parabel und berechne die Koordinaten der Punkte A, B und C.
b) Berechne die Seitenlängen, den Umfang und den Flächeninhalt des Dreiecks ABC.
c) Gib die Gleichungen für die Geraden AB, BC und AC an.

8. In einem rechtwinkligen Dreieck ABC mit dem rechten Winkel bei C ist die Höhe $h_c = 8$ cm.
a) Ermittle die Seitenlängen für drei verschiedene Dreiecke mit dieser Höhe.
b) Berechne für jedes Dreieck den Flächeninhalt.
c) Ermittle die Seitenlängen für ein solches Dreieck, wenn sein Flächeninhalt minimal ist.

9. Ein gleichschenkliges Trapez hat einen Flächeninhalt von 250 cm^2. Die parallelen Seiten verhalten sich zueinander wie 3 : 2 und sind 18,5 cm voneinander entfernt.
a) Ermittle den Umfang des Trapezes.
b) Zeichne es in einem geeigneten Maßstab.
c) Zeichne den Umkreis des Trapezes.
d) Berechne den Umkreisradius.

10. In einem rechtwinklig-gleichschenkliges Dreieck ABC ist die Hypotenuse 8 cm lang. Das Dreieck soll vom Mittelpunkt M des Umkreises aus zentrisch gestreckt werden.
Im Ergebnis der Streckung soll die Hypotenuse $2\frac{1}{2}$-mal so lang werden.
a) Zeichne das Dreieck ABC und führe die Streckung durch. Bezeichne das Bild mit A'B'C'.
b) Berechne den Flächeninhalt des Dreiecks A'B'C'.

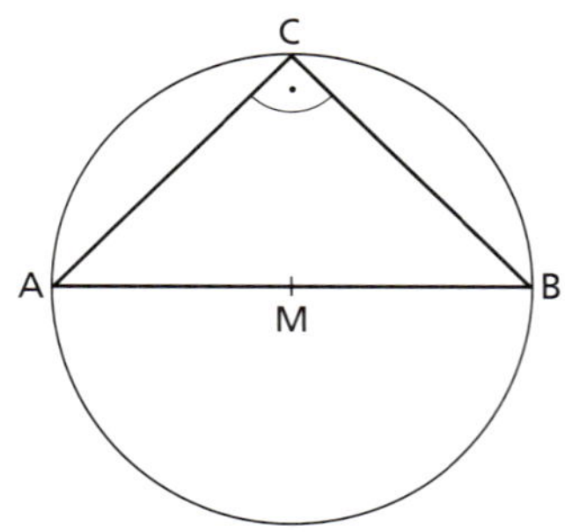

Mathematik im Alltag

11. Ein Gehege für Meerschweinchen liegt so wie in der Abbildung an einer Mauer.
Es soll ein Zaun gebaut werden. Astrid kauft sich sieben Meter des Zaunes und überlegt, in welcher Form sie den Zaun aufstellt, damit die Meerschweinchen eine größtmögliche Grasfläche zur Verfügung haben.

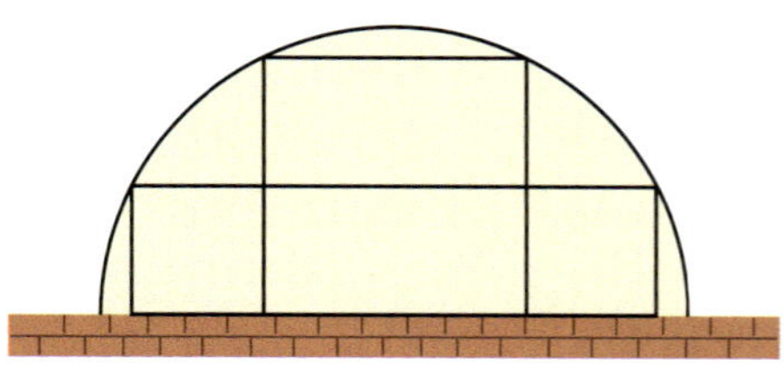

a) Berechne die Maße (Länge, Breite, Radius, Flächeninhalt) für ein halbkreisförmiges, ein quadratisches und ein rechteckförmiges Gehege.
b) Astrid möchte es auch noch mit einem trapezförmigen Gehege versuchen. Finde heraus, mit welchen Maßen das Trapez einen maximalen Flächeninhalt besitzt.
Versuche, eine Lösungsidee mithilfe einer dynamischen Geometriesoftware zu finden.

12. Ein 2,60 m hohes Zimmer mit einer Grundfläche von 5 m × 5 m ist zu renovieren. An die Decke und die Wände sollen Tapeten geklebt und der Fußboden soll mit Auslegeware ausgelegt werden. Tür und Fenster werden nicht berücksichtigt.

a) Berechne für den Einkauf der Materialien zuerst alle erforderlichen Flächeninhalte.

b) Fertige eine Übersicht für die notwendigen Angaben (Größen) an.

c) Plane die Mengen der zu kaufenden Materialien.
Liste auch die notwendigen Werkzeuge und Hilfsmittel auf.

d) Lege eine Reihenfolge für die einzelnen Arbeitsschritte fest. Schreibe diese als Liste. Ordne in der Liste den Arbeitsschritten die benötigten Werkzeuge und Hilfsmittel zu.

e) Führe eine Kostenabschätzung durch.
Verwende dazu die folgende Tabelle als Kalkulationsgrundlage:

Arbeitsschritte	Material	Preis pro m²	Fläche in m²	Summe
alte Tapeten entfernen				
neue Tapeten kleben	Tapete	0,30 €	77,00	23,10 €
zweimal streichen	Farbe	0,25 €	144,00	36,00 €
Fußboden auslegen	Teppichboden	10,00 €	25,00	250,00 €
Fußbodenleisten	Fußbodenleisten	2,00 €	20,00	40,00 €
Leim, Kleber, Folie, Pinsel ...			50,00 €	
Gesamt			ca.: 400,00 €	

***13.** Ein pyramidenförmiges Betonteil soll von einem Kran angehoben werden. Ein Arbeiter überlegt, an welcher Stelle die Kette unter dem Körper hindurchgelegt werden muss, damit ein Gleichgewicht entsteht. Entnimm die Maße aus nebenstehender Abbildung.

(Maßangaben in Millimeter)

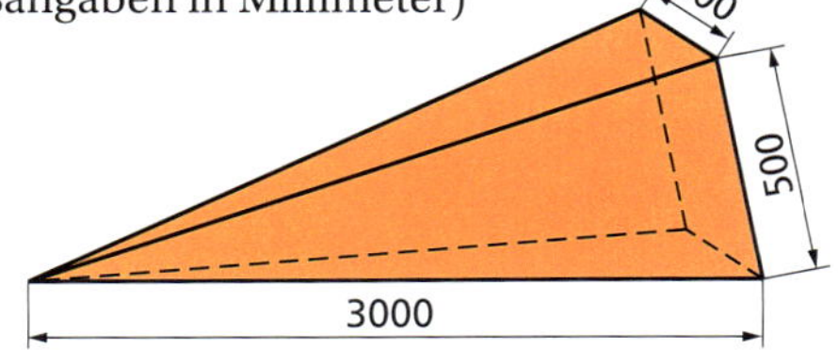

a) Berechne die Masse des Körpers und bestimme den Anlegepunkt der Kette.

b) Warum ist deiner Meinung nach die Überlegung des Arbeiters wichtig?

***14.** Zwei alte Scheunen stehen im Abstand von 5,00 m nebeneinander.
Mit zwei dicken Holzbohlen, von denen eine 9,00 m lang und die andere 7,00 m lang ist, sollen die beiden Scheunen abgestützt werden. Dazu werden die Holzbohlen jeweils unten an der anderen Scheunenmauer befestigt (vgl. Abbildung). Berechne, in welcher Höhe sich die beiden Bohlen kreuzen.

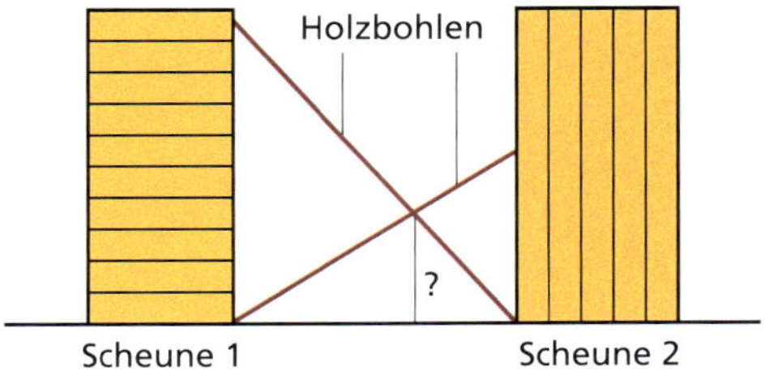

15. Hausmann Dirk bügelt für sein Leben gern. Er benötigt für ein T-Shirt durchschnittlich drei Minuten, für eine Hose zwei Minuten und für eine Bluse fünf Minuten. Die Bügelwäsche legt er sorgfältig übereinander. Nach genau einer Stunde hat er 18 Bügelstücke geschafft. Ermittle, aus wie vielen Stücken der Wäschestapel bestehen könnte. Es gibt mehrere Lösungen.

16. Handy-Andy will sich ein neues Mobiltelefon leisten. Im Handyladen werden ihm nun drei verschiedene Angebote gemacht.

Angebot 1: Keine Grundgebühr und ein Minutenpreis von 14 ct

Angebot 2: Grundgebühr 8,50 € und Minutenpreise von 10 ct

Angebot 3: Grundgebühr 12,95 € und Minutenpreise von 8 ct

a) Berechne die monatlichen Kosten für jeweils 30, 60 und 120 Gesprächsminuten.

b) Entscheide, bei welcher Gesprächsdauer welches Angebot am sinnvollsten ist.

c) Begründe deine Entscheidung.

17. Christian hat sieben Gäste eingeladen und möchte als Zwischenmahlzeit Eierkuchen anbieten. In einem Kochbuch findet er ein Grundrezept für Eierkuchen. Das Rezept ist für etwa sechs große Eierkuchen gedacht.
Christian plant für jeden Gast und für sich selbst jeweils zwei bis drei Eierkuchen.

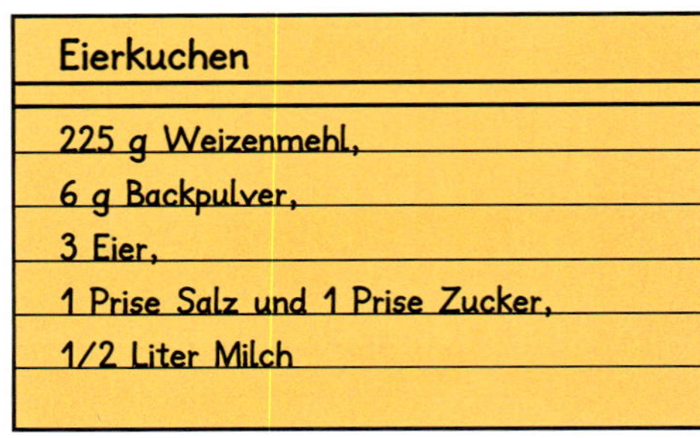

a) Wie viel Kilogramm Mehl, wie viel Eier und wie viel Liter Milch muss er mindestens einkaufen?

b) Fertige eine Übersicht an, aus der man schnell die benötigten Zutaten für 10, 15, 20, 25 und 30 Eierkuchen ablesen kann.

c) Löse die Aufgabe b) in einer Tabellenkalkulation.

18. Aus einem A4-Blatt sollen zwei Sorten Kreise ausgeschnitten werden, Kreise mit einem Durchmesser von 7 cm und Kreise mit einem Durchmesser von 5 cm.

a) Fertige eine Skizze an. Lege die Kreise so, dass möglichst viele Kreise entstehen.
Es sollen höchstens doppelt so viele Kreise mit r = 5 cm wie Kreise mit r = 7 cm sein.

b) Berechne, wie viel Prozent Abfall bei deinem Vorschlag entstehen.

c) Vergleiche deinen Vorschlag mit den Vorschlägen deiner Mitschüler.

d) Entscheidet gemeinsam, wer den besten Lösungsvorschlag gefunden hat.

e) Begründet, warum es der beste Vorschlag ist.

19. Auf einem Spielplatz soll ein Spielgerät aufgestellt werden, an dem sich eine Rolle an einem Seil entlangbewegen kann. Die Höhen der Stützen betragen $h_1 = 3{,}00$ m und $h_2 = 5{,}00$ m.
Berechne den Abstand der Stützen. Das Seil ist 14,00 m lang. Es soll höchstens 0,50 m über der Erde durchhängen.
Vereinfachend wird angenommen, dass sich das Seil nicht ausdehnt.

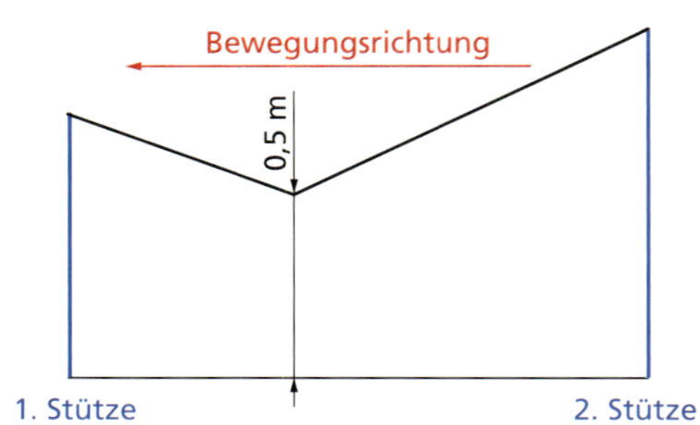

Sportliches

20. Es soll eine neue Beachvolleyballanlage entstehen. Die Gesamtfläche der Anlage ist rechteckig. Sie wird 70,00 m lang und 45,00 m breit. Auf dieser Fläche werden vier Volleyballfelder (jeweils 8,00 m breit und 16,00 m lang) untergebracht. Jedes Feld wird zwei Ständer für das Netz bekommen, die in 1,50 m tiefen Löchern mit jeweils einem Durchmesser von ca. 50 cm einbetoniert werden. Um die Anlage und zwischen den Spielfeldern soll ein 2,60 m hoher Ballfangzaun aufgestellt werden.

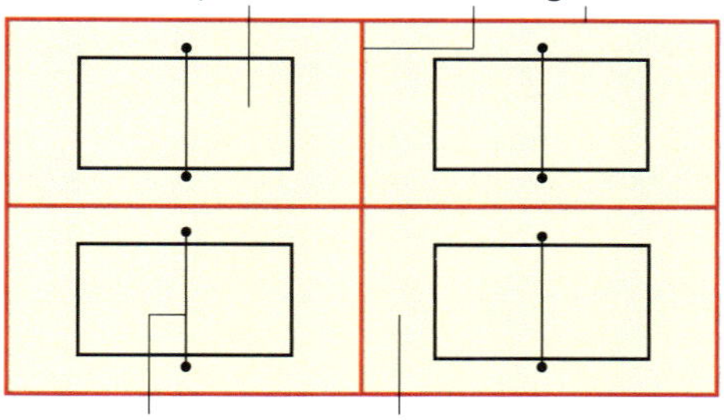

a) Berechne, wie viel Kubikmeter Sand für den kompletten Platz benötigt werden. Die durchschnittliche Sandtiefe soll 40 cm betragen.
b) Berechne, wie viele Lkw-Fuhren nötig sind, wenn pro Fahrt höchstens 18 Tonnen Sand geladen werden können. Sanddichte: etwa $1{,}1\ g \cdot cm^{-3}$
c) Berechne die Gesamtlänge des Ballfangzaunes.
d) Berechne, wie viel Kubikmeter Beton für die Netzpfahllöcher einzuplanen sind.

Erweiterungen

21. Der 1. Volleyballklub sucht Sponsoren zur Finanzierung der Anlage. Für die Volleyballnetze, für die Ständer und für den Sand werden Sponsoren gefunden. Lediglich der Sandtransport wird zu einem Problem, denn der Fuhrunternehmer möchte die Spritkosten für die Lkw-Fuhren erstattet bekommen.
Die Kiesgrube liegt genau 22 km entfernt. Der Lkw benötigt für 100 km etwa 18 *l* Diesel bei einem Literpreis von 141 ct. Berechne die Kosten für den Dieselkraftstoff.

22. Zur Eröffnung der Anlage wird ein Turnier geplant. Zu dem Turnier melden sich 18 Mannschaften (davon sieben Damenteams). Der Verein entscheidet, Männer und Frauen getrennt spielen zu lassen. Zwei Tage stehen für das Turnier zur Verfügung. Es soll jede Mannschaft gegen jede andere Mannschaft spielen.
a) Ermittle, wie viele Spiele insgesamt stattfinden.
b) Plane eine Spielserie mit Anfangszeiten und Volleyballfeldbezeichnungen. Gehe davon aus, dass pro Spiel etwa 30 min eingeplant werden müssen. Um ein System zu entwickeln, wie die Anzahl der Spiele sich zur Anzahl der Mannschaften verhält, kann man mit einer kleinen Anzahl von Mannschaften beginnen, um daraus eine Formel ablesen zu können. Dies führt zur Formel $\frac{n \cdot (n-1)}{2}$. Die Variable n gibt die Anzahl der Mannschaften an.

A Anhang

Zum Nachschlagen

Potenzen

$a^m \cdot a^n = a^{m+n}$	$a^n \cdot b^n = (a \cdot b)^n$	$(a^m)^n = a^{mn} = (a^n)^m$	$a^m : a^n = a^{m-n}$	$a^n : b^n = (a : b)^n$

Wurzeln

$\sqrt[n]{a} \cdot \sqrt[n]{b} = \sqrt[n]{a \cdot b}$	$\sqrt[n]{\sqrt[m]{a}} = \sqrt[m]{\sqrt[n]{a}} = \sqrt[m \cdot n]{a}$	$\frac{\sqrt[n]{a}}{\sqrt[n]{b}} = \sqrt[n]{\frac{a}{b}}$ (für b > 0)	$(\sqrt[n]{a})^m = \sqrt[n]{a^m}$

Binomische Formeln

$(a + b)^2 = a^2 + 2ab + b^2$	$(a - b)^2 = a^2 - 2ab + b^2$	$(a + b)(a - b) = a^2 - b^2$

Körper

Körper	Volumen	Oberflächeninhalt	Grundflächeninhalt	Mantelflächeninhalt
Prisma	$V = A_G \cdot h$	$A_O = 2 \cdot A_G + A_M$	$A_G = \frac{a^2}{4} \cdot \sqrt{3}$ (dreiseitig)	$A_M = 3 \cdot a \cdot h$ (dreiseitig)
Kegel	$V = \frac{1}{3} A_G \cdot h$	$A_O = \pi \cdot r \cdot (r + s)$	$A_G = \pi \cdot r^2$	$A_M = \pi \cdot r \cdot s$
Kugel	$V = \frac{4\pi \cdot r^3}{3}$	$A_O = 4\pi \cdot r^2$	–	–

Quadratische Funktionen

$y = f(x) = x^2 + px + q$

$(p, q \in \mathbb{R})$

Normalform

D: $-\infty < x < +\infty$ W: $q - \frac{p^2}{4} \leq y < +\infty$

Scheitelpunkt: $S\left(-\frac{p}{2}; \frac{p^2}{4} + q\right)$

Nullstellen: $x_{1;2} = -\frac{p}{2} \pm \sqrt{\left(\frac{p}{2}\right)^2 - q}$

Diskriminante: $D = \left(\frac{p}{2}\right)^2 - q$

D > 0	D = 0	D < 0
zwei	eine	keine Nullstelle

Scheitelpunktform

$y = (x + d)^2 + e$ S(–d; e)

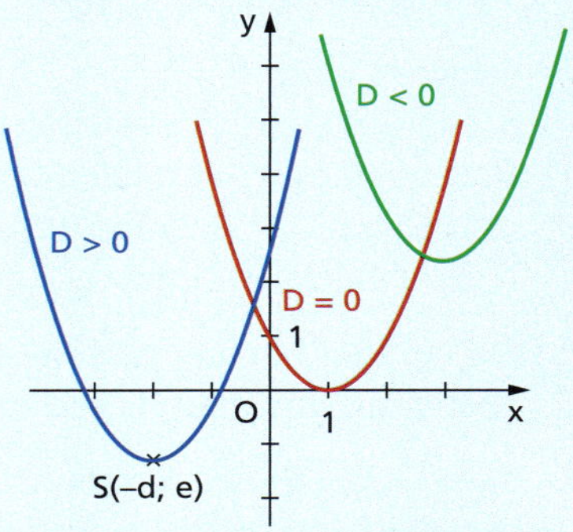

Lage- und Streumaße

Mittelwert	$\bar{x} = \frac{x_1 + x_2 + \ldots x_n}{n}$	n – Anzahl der Werte
Spannweite	$R = x_{Max} - x_{Min}$	x_{Max} – größter Wert, x_{Min} – kleinster Wert
Standardabweichung	$s = \sqrt{\frac{(x_1 - \bar{x})^2 + (x_2 - \bar{x})^2 + \ldots (x_n - \bar{x})^2}{n - 1}}$	für Stichproben
	$\delta = \sqrt{\frac{(x_1 - \bar{x})^2 + (x_2 - \bar{x})^2 + \ldots (x_n - \bar{x})^2}{N}}$	für Grundgesamtheiten

Jahresabschlusstest

1. Vereinfache folgende Terme weitgehend:

a) $\frac{3x^3y^3}{2ab}$ b) $\frac{65x^2y^4z^2}{13xy^3z^3}$ c) $8 \cdot 10^8 \cdot 0{,}4 \cdot 10^{-6}$ d) $\sqrt[4]{\sqrt{6561}}$

2. Forme folgende Terme so um, dass keine Wurzel mehr im Nenner auftritt. Fasse zusammen. Beachte, welche Werte für x, y, z in Aufgabe b) möglich sind.

a) $\frac{232}{11+\sqrt{5}}$ b) $\frac{\sqrt{xy}-\sqrt{xz}}{\sqrt{xy}+\sqrt{xz}}$ c) $\frac{\sqrt{12x}+\sqrt{8y}}{2\sqrt{x}-2\sqrt{y}}$

3. Skizziere jeweils ein Schrägbild von den dargestellten Körpern in nebenstehender Abbildung. Berechne jeweils das Volumen.

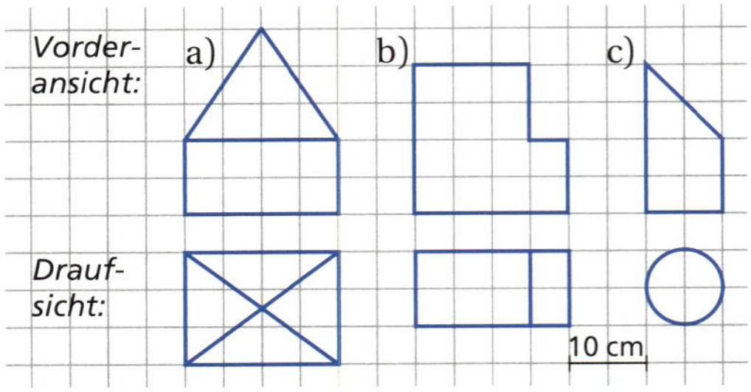

4. Berechne die Größen in den Klammern.

a) *Kegel:* $V = 240\text{ cm}^3$; $h = 8\text{ cm}$ $(r; A_M)$

b) *Kugel:* $A_O = 425\text{ dm}^2$ (V)

5. Ein Swimmingpool hat die Form eines geraden Prismas. Zum Füllen des Beckens werden 2 m^3 Wasser pro Minute eingelassen.

a) Berechne, wie viel Kubikmeter Wasser zum vollständigen Füllen nötig sind. Wie viele Stunden dauert das Füllen?

b) Es wird nur 19 h lang Wasser in den Pool eingelassen. Um wie viel Zentimeter liegt der Wasserspiegel gegenüber dem vollständig gefüllten Becken tiefer?

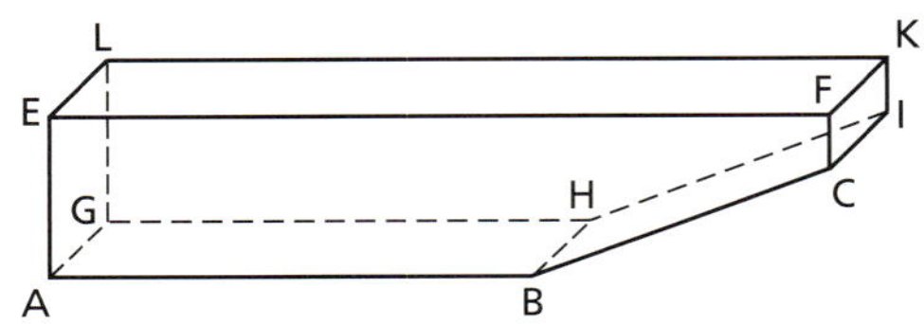

$\overline{AB} = 25\text{ m}$; $\overline{AG} = 24\text{ m}$; $\overline{AE} = 2{,}30\text{ m}$; $\overline{EF} = 50\text{ m}$; $\overline{CF} = 1{,}10\text{ m}$

(Abbildung nicht maßstäblich)

6. Gegeben ist die Funktion $y = f(x) = 2x^2 + 4x - 2{,}5$.

a) Gib den Scheitelpunkt, den Wertebereich und das Monotonieverhalten an.

b) Berechne die Nullstellen der Funktion.

c) Bestimme $y_1 = f(3)$ und $f(x_1) = 4$.

d) Zeichne den Graphen im Intervall $-3 \le x \le 1$ in ein Koordinatensystem.

7. Die Nullstellen einer quadratischen Funktion in Normalform sind $x_1 = 3{,}5$ und $x_2 = -2{,}5$. Bestimme eine zugehörige Funktionsgleichung.

8. Verwende folgende Angaben. Bestimme die Spannweite der zugelassenen Fahrzeuge. Berechne den Durchschnittswert für die zugelassenen Pkws. Ermittle die Standardabweichung.

Bundesland	Fahrzeuge insgesamt	davon Pkws
Berlin	9497	81668
Brandenburg	86995	72217
Mecklenburg-Vorpommern	61199	50905
Sachsen	166450	143025
Sachsen-Anhalt	91771	77857
Thüringen	94825	81036

Lösungen zu „Teste dich selbst"

Rechnen mit Termen, Potenzen und Wurzeln (Seite 52)

1. $\sqrt{12} = 3{,}464$; $\sqrt{21{,}5} = 4{,}637$; individuelle Wahl der Intervallschachtelung

2. 5; 0; 3; 25; 1(für $x \neq 0$); $|r|$; $|s|$; $|a+b|$; $|u+v|$; 4x; $|1+x|a^2$

3. a) $7 - 2\sqrt{3}$; $\frac{7+2\sqrt{5}\sqrt{2}}{3}$; $-\sqrt{3}$; $\sqrt{7}+2$; $\frac{\sqrt{2}}{8}$ b) 3,536; 4,442; −1,732; 4,646; 0,177

4. $D = \{x \in \mathbb{R} \mid x \geq 0\}$; $D = \{x \in \mathbb{R} \mid x \leq 0\}$; $D = \mathbb{R}$; $D = \{0\}$; $D = \mathbb{R}$; $D = \{y \in \mathbb{R} \mid y \geq -3\}$; $D = \{y \in \mathbb{R} \mid y \geq 3\}$; $D = \{z \in \mathbb{Z} \mid 0 \leq z \leq 7\}$; $D = \{\,\}$

5. z. B.: $\sqrt{a-3}$; $\sqrt{b^2-1}$; $\sqrt{-2c}$; $\sqrt{d^2}$

6. rationale Zahlen: a), b), d), f), j) irrationale Zahlen: c), e), h), i)

7. a) $L = \{-6; 6\}$ b) $L = \{-3\sqrt{7}; 3\sqrt{7}\}$ c) $L = \{\,\}$
d) $L = \{-7; 5\}$ e) $L = \{1 - 3\sqrt{7}; 1 + 3\sqrt{7}\}$ f) $L = \{81\}$
g) $L = \{169\}$ h) $L = \{\,\}$ i) $L = \{35\}$ j) $L = \{\,\}$

8. a) $L = \{4\}$ b) $L = \{\sqrt[3]{63}\}$ c) $L = \{-\sqrt[3]{25}\}$ d) $L = \{3\}$ e) $L = \{\sqrt[3]{63} + 1\}$

9. a) $d_{min} \approx 3{,}88$ m; $d_{max} \approx 3{,}92$ m b) $d = (3{,}90 \pm 0{,}02)$ m

10. untere Wertschranke: 355 g; obere Wertschranke: 363 g; $d = (359 \pm 4)$ g

Quadratische Gleichungen und quadratische Funktionen (Seite 92)

1. a) S(0 | −2) gestreckt, nach oben offen, 2 Nullstellen
b) S(0 | 4) gestaucht, nach unten offen, 2 Nullstellen
c) S(0 | −1) gestreckt, nach unten offen, keine Nullstelle
d) S(0 | −1,5) gestaucht, nach oben offen, 2 Nullstellen

2. a) S(−3 | −7) b) S(1 | −2) c) S(−8 | 0) d) S(0,5 | 1,5)

3. a) S(−3 | −4) $x_1 = -5$; $x_2 = -1$
b) S(5 | −14) $x_1 \approx 1{,}26$; $x_2 \approx 8{,}74$
c) S(−3,5 | −6,25) $x_1 = -6$; $x_2 = -1$
d) S(0,5 | −2,25) $x_1 = -1$; $x_2 = 2$

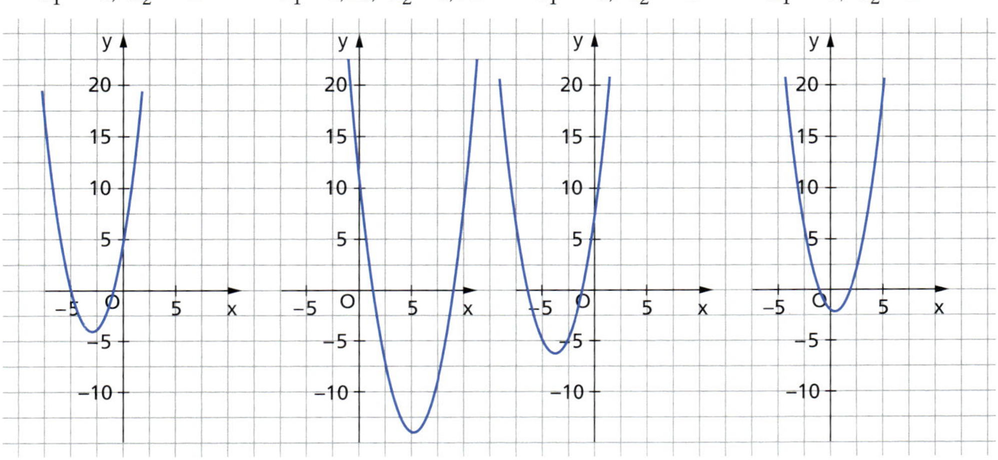

4. a) S(−3 | 7)   b) S(−2 | −2)

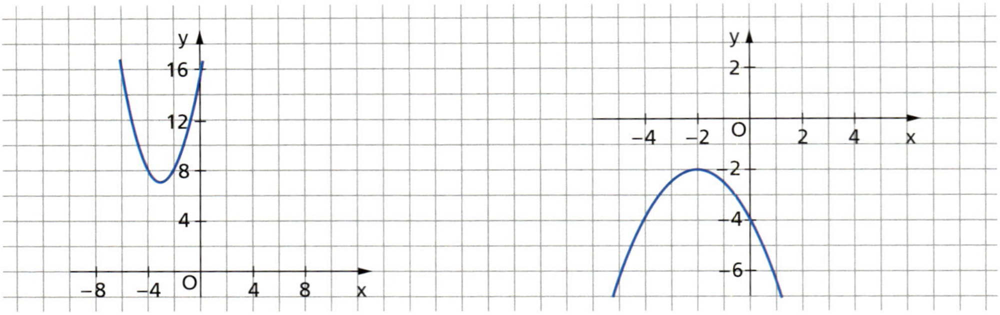

5. a) $x_1 = -1;\ x_2 = 2$ b) $x_1 = 1;\ x_2 = 3$ c) $x_1 = -3;\ x_2 = 1$
d) $x_1 = x_2 = 1$ e) keine Lösung   f) $x_1 = 1;\ x_2 = 2$

6. a) $x_1 = -2;\ x_2 = 2$ b) $x_1 = 1;\ x_2 = 2$ c) $x_1 = -1;\ x_2 = 1;\ x_3 = -\sqrt{2};\ x_4 = \sqrt{2}$
d) $x_1 = 1;\ x_2 = -\sqrt[3]{2}$ e) $x_1 = -\sqrt{2};\ x_2 = \sqrt{2};\ x_3 = -2;\ x_4 = 2$ f) $x_1 = \sqrt[3]{2};\ x_2 = -\sqrt[3]{4}$

7. Schnittpunkt (−1 | 3)

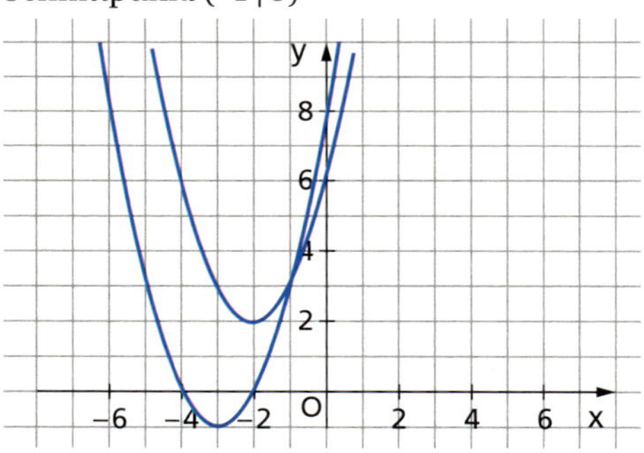

8. a) $y = x^2 + 4x$
b) $y = 0{,}5x^2 - x - 2$

9. a) $z_1 = 3;\ z_2 = 5$
b) $z_1 = \frac{2}{3};\ z_2 = \frac{1}{4}$
c) $a_1 = 9$ LE; $b_1 = 11$ LE
d) $a = 13$ LE; $b = 11$ LE

10. $N = \frac{U^2}{100}$ (0 V < U ≤ 220 V)

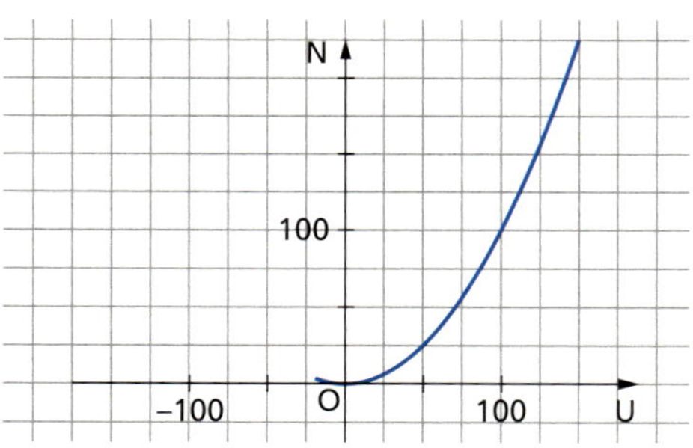

11. Zwei Zahlen: $x_1 = 6$ und $x_2 = -2$

Körperberechnung und Körperdarstellung (Seite 130)

1. a) $V = \frac{1}{3}\pi a^2 \cdot g$ b) $V = \frac{1}{6}\pi \cdot d^3$

c) $V = \frac{1}{3}\sqrt{s^2 - \left(\frac{x-y}{2}\right)^2}\,(x^2 + xy + y^2)$ d) $V = \frac{1}{3}ws^2 - \left(\frac{b-a}{2}\right)^2 (b^2 + ab + a^2)$

e) $V = V_{Kegel} + V_{Zylinder} + V_{Stumpf}$

$V = \frac{1}{3}\pi r^2 \cdot h + \pi r^2 \cdot h + \frac{1}{3}\pi h \cdot (7r^2)$ durch Zusammenfassen erhält man $V = \frac{11}{3}\pi r^2 h$

2. a) $V \approx 905\ cm^3$ b) $V \approx 740\ cm^3$

3. $m \approx 240\ g$

4. a) $V \approx 2\,150\ dm^3 \approx 2\,150\ l$

b) Materialverbrauch mit 15 % Verschnitt etwa $27\ m^2$

5. a) $A_G = \frac{\pi}{4}R^2$ b) $A_O = \frac{3}{4}\pi R^2$ c) $V = \frac{\pi}{24} \cdot R^3 \cdot \sqrt{3}$

d) gleichseitiges Dreieck, Seitenlänge R; $A = \frac{1}{4}R^2 \cdot \sqrt{3}$

6. $m \approx 3{,}5\ t$

7. $V \approx 697\ cm^3$; $A \approx 510\ cm^2$

Mit Zufall und Wahrscheinlichkeit rechnen (Seite 162)

1. a) relative Häufigkeit: 0,13; 0,03; 0,35; 0,34; 0,03; 0,12

b) Wahrscheinlichkeit (gerundet): 0,12; 0,03; 0,35; 0,35; 0,03; 0,12

c)

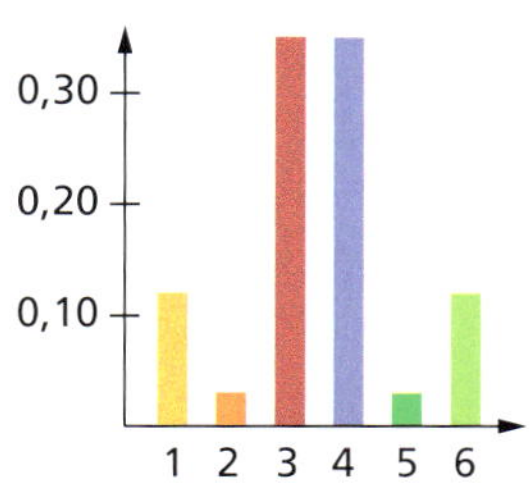

d)

	1	2	3	4	5	6
$\frac{1}{P}$	8	33	3	3	33	8
Punkte	2	7	1	1	7	2

2. a) grün: 36°; gelb: 72°; blau: 108°; rot: 144°

b)

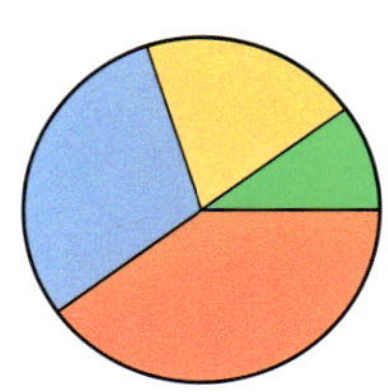

3. a) $\Omega = \{1; 2; 3 \ldots 12\}$

b) Die Wahrscheinlichkeit ist für alle Ergebnisse $\frac{1}{12} \approx 0{,}08$

c) $A = \{2; 3; 5; 7; 11\}$ $B = \{4; 8; 12\}$ $C = \{7; 11; 12\}$

d) $P(A) = 0{,}42$ $P(B) = 0{,}25$ $P(C) = 0{,}25$

4. a) etwa 200

b)

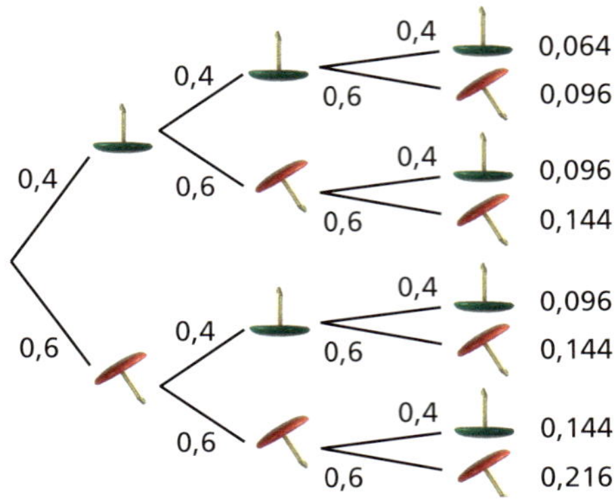

c) $0{,}064 + 3 \cdot 0{,}096 = 0{,}352$

d) unendlich oft

5. a)

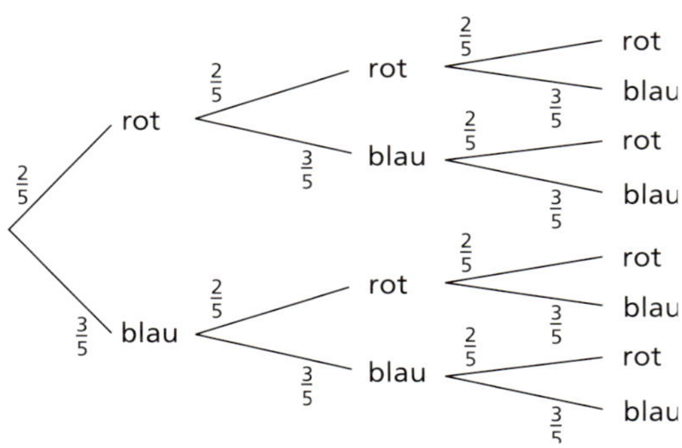

b) $\left(\frac{3}{5}\right)^3 = \frac{27}{125} = 0{,}216$

c) $\left(\frac{2}{5}\right)^3 + 3 \cdot \frac{3}{5} \cdot \left(\frac{2}{5}\right)^2 + 3 \cdot \frac{2}{5} \cdot \left(\frac{3}{5}\right)^2 = \frac{98}{125} = 0{,}784$

d) $3 \cdot \frac{3}{5} \cdot \left(\frac{2}{5}\right)^2 = \frac{36}{125} = 0{,}288$

6. $(0{,}995)^3 = 0{,}985 = 98{,}5\ \%$

Jahresabschlusstest (Seite 222)

1. a) $\frac{4}{3}bxy$ b) $5xy$ c) 320 d) 3

2. a) $22 - 2\sqrt{5}$
b) x, y, z ≥ 0 oder x, y, z ≤ 0 oder x ≠ 0 und nicht y, z = 0: $\frac{xy + xz - 2|x|\sqrt{yz}}{xy - xz}$
c) $\frac{\sqrt{3} \cdot x + (\sqrt{2} + \sqrt{3})\sqrt{xy} + \sqrt{2} \cdot y}{x - y}$

3. a) $V = 4\,500\ \text{cm}^3$
b) $V = 3\,500\ \text{cm}^3$
c) $V \approx 1178{,}1\ \text{cm}^3$

zu 3.

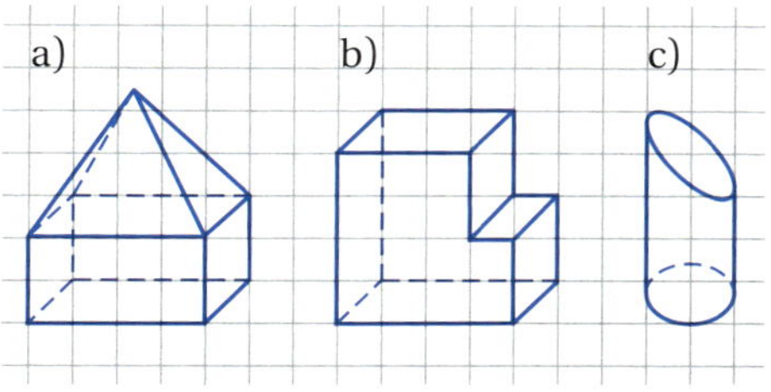

4. a) $r \approx 9{,}5$ cm; $A_M = 370\ \text{cm}^2$
b) $V \approx 817{,}28\ \text{dm}^3$

5. a) $V = 2\,400\ \text{m}^3$; $t = 20$ h
b) 10 cm tiefer

6. a) $S(-1\,|\,-4{,}5)$; $-4{,}5 \leq y$ und $y \in \mathbb{R}$;
für $x < -1$ monoton fallend,
für $x > -1$ monoton wachsend
b) $x_1 = -2{,}5$; $x_2 = 0{,}5$
c) $f(3) = 27{,}5$
$f(x) = 4 \Rightarrow x_1 = -3{,}06$; $x_2 = 1{,}06$
d) siehe nebenstehende Abbildung

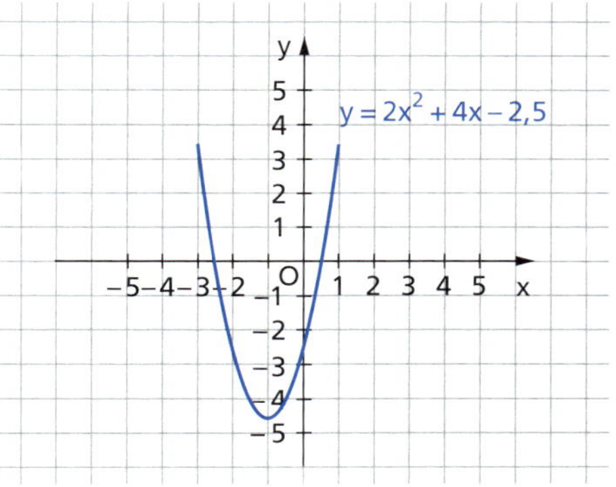

7. $y = x^2 + x - 8{,}75$

8. $w = 105\,251$
$\bar{x} = 84{,}451{,}\bar{3}$
$s = 79\,358{,}14$

Register

Bildquellenverzeichnis

adpic Bildagentur/B. Leitner: 44/1
BackArts GmbH: 71/1
Bibliographisches Institut & F. A. Brockhaus: 108/1; 174/1
Blume, Bernd: 54/1
Comstock Images/Fotosearche: 180/1; 181/1
Corel Photos Inc.: 55/2
Deutsches Rotes Kreuz/DRK: 133/3
DUDEN PAETEC GmbH: 64/1; 133/2; 137/2; 149/1; 170/1; 176/1; 176/2; 179/1; 203/2; 208/1; 213/1
Fischer, Rainer: 94/1; 132/1; 133/1; 162/1; 177/1
Hemera Photo Objects: 95/3; 113/1; 115/1; 129/1; 129/2; 155/1; 178/1
iStockphoto/Alistair Scott: 161/1; Konstantin Sukhinin: 7/3; MH: 201/1
Liesenberg, Günter: 7/2; 25/1; 30/1; 81/1; 95/1; 95/2; 107/1; 107/2; 114/1; 124/1; 146/1; 201/2; 203/1; 214/1
Mahler, Boris: 137/1; 138/1; 139/1; 144/1; 144/2; 156/1
NASA: 6/1; 7/1; 51/1; 165/2; 172/1
panthermedia/M. Wessel: 181/2
Photo Disc Inc.: 219/1; 220/1
Photo Sphere: 204/1
picture-alliance/dpa: 55/1; 181/3
Pitopia/Alexander Walther, 2006: 42/1; Rebel, 2004: 165/1
Wahl, Steffen: 200/1

Körper mit ebenen Begrenzungsflächen

A_M Mantelfläche; A_O Oberfläche; V Volumen

Prismen

A_G Grundfläche

Allgemein gilt: $V = A_G h$ $\quad A_O = 2A_G + A_M$ $\quad A_G = A_D$

Quader

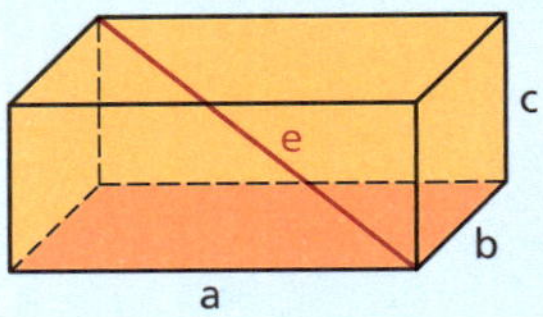

$e = \sqrt{a^2 + b^2 + c^2}$

$A_G = ab$

$A_M = 2(ac + bc)$

$A_O = 2(ab + ac + bc)$

$V = abc$

Würfel

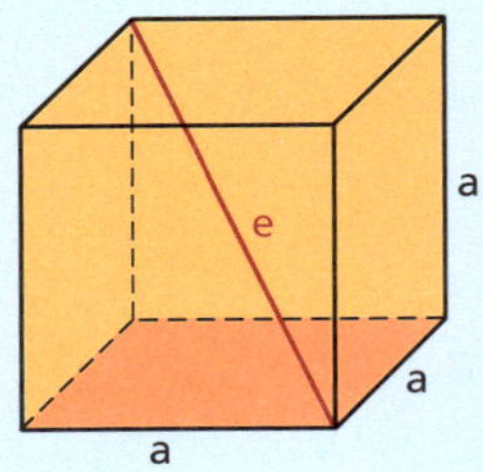

$e = a\sqrt{3}$

$A_G = a^2$

$A_M = 4a^2$

$A_O = 6a^2$

$V = a^3$

dreiseitiges Prisma

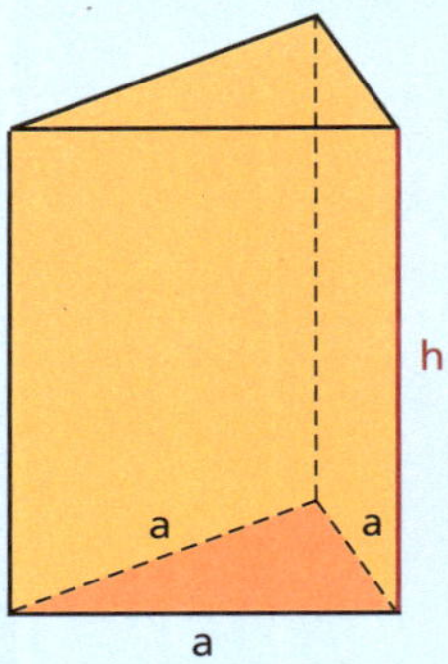

$A_G = \frac{a^2}{4}\sqrt{3}$

$A_M = 3ah$

$A_O = \frac{a}{2}(a\sqrt{3} + 6h)$

$V = \frac{a^2}{4}h\sqrt{3}$

sechsseitiges Prisma

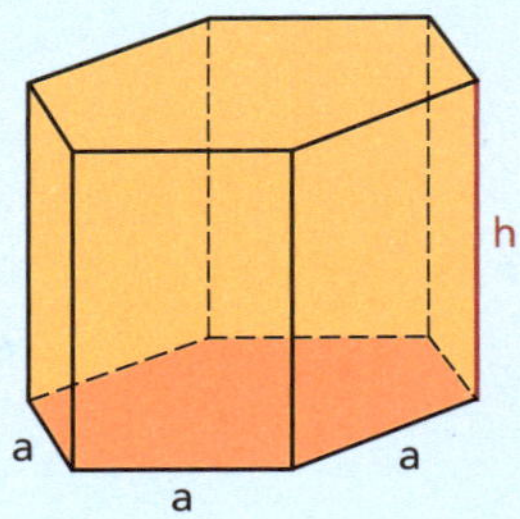

$A_G = \frac{3a^2}{2}\sqrt{3}$

$A_M = 6ah$

$A_O = 3a(a\sqrt{3} + 2h)$

$V = \frac{3a^2}{2}h\sqrt{3}$

Pyramiden

A_G Grundfläche; h_s Höhe der Seitenfläche

Allgemein gilt: $V = \frac{1}{3}A_G h$ $\quad A_O = A_G + A_M$

quadratischen Pyramide

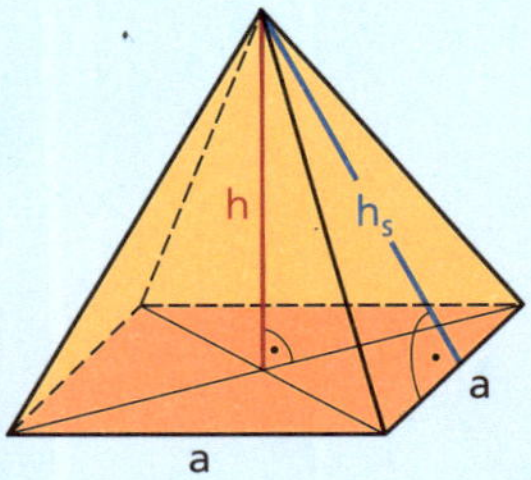

$A_G = a^2$

$A_M = 2ah_s$

$A_O = a(a + 2h_s)$

$V = \frac{a^2}{3}h$

regelmäßige sechsseitige Pyramide

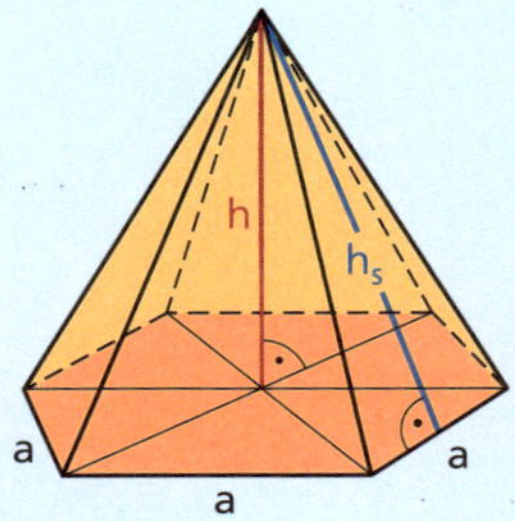

$A_G = \frac{3a^2}{2}\sqrt{3}$

$A_M = 3ah_s$

$A_O = \frac{3a^2}{2}(a\sqrt{3} + 2h_s)$

$V = \frac{a^2}{2}h\sqrt{3}$